新工科建设之路·计算机类精品系列教材

数据结构

（思政版）

编　著　王　霞　白学明

参　编　李秋玲　吕同昕　李　云　郭小春
　　　　张国锋　冯　玲　冯　斌　郇正良
　　　　李　鑫　黄　勇　李　芳　钱　艺
　　　　叶长国　栾云才

電子工業出版社

Publishing House of Electronics Industry

北京·BEIJING

内容简介

本书全面而深入地介绍了计算机科学中数据结构的基本概念、原理和应用。主要内容包括：数据结构概述、线性表、栈和队列、串、数组与广义表、树与二叉树、图、查找、排序。此外书中还介绍了数据结构的应用，展示了数据结构在算法设计、数据库系统、操作系统、网络编程等领域中的具体应用实例，并且提供了丰富的实验题目和练习题，帮助读者加深对数据结构和算法的理解和应用。

本书除了阐述数据结构学科的基本概念、基本理论和基本方法，还强调数据建模和求解算法的思想，重点培养学生的抽象建模能力、算法设计能力、算法的语言描述能力、数据结构的应用创新能力。

本书编写之时坚持语言流畅、通俗易懂的指导思想，力求概念表述严谨，算法分析深入浅出，既便于作为教材使用，又适合作为自学参考书使用。

未经许可，不得以任何方式复制或抄袭本书之部分或全部内容。
版权所有，侵权必究。

图书在版编目（CIP）数据

数据结构 : 思政版 / 王霞, 白学明编著. -- 北京 :
电子工业出版社, 2024. 11. -- ISBN 978-7-121-49216
-7

Ⅰ. TP311.12

中国国家版本馆 CIP 数据核字第 202417UT91 号

责任编辑：赵玉山
印　　刷：三河市双峰印刷装订有限公司
装　　订：三河市双峰印刷装订有限公司
出版发行：电子工业出版社
　　　　　北京市海淀区万寿路 173 信箱　邮编 100036
开　　本：787×1 092　1/16　印张：20　字数：565 千字
版　　次：2024 年 11 月第 1 版
印　　次：2024 年 11 月第 1 次印刷
定　　价：59.00 元

凡所购买电子工业出版社图书有缺损问题，请向购买书店调换。若书店售缺，请与本社发行部联系，联系及邮购电话：（010）88254888，88258888。

质量投诉请发邮件至 zlts@phei.com.cn，盗版侵权举报请发邮件至 dbqq@phei.com.cn。

本书咨询联系方式：（010）88254556，zhaoys@phei.com.cn。

前　言

在计算机科学的世界里，数据结构是一门至关重要的基础课程。它不仅是算法设计和程序优化的基础，还是解决各种实际问题的关键。因此，编写一本全面、系统、深入的数据结构教材，对培养计算机科学人才具有重要意义。

王霞老师主持的“数据结构”课程被评为山东省一流本科课程。本书是编著者针对数据结构课程概念多、算法灵活和抽象性强等特点，在总结长期教学经验的基础上，融合了计算机科学基础知识与思政元素编写的教材。全书力求通过数据结构的教学，不仅传授给学生专业知识，还培养学生的家国情怀、中华文化的认同感、哲学思考能力。

在编写过程中，本书力求做到以下四点。

（1）全面性：本书涵盖了数据结构的各个领域，从基础的线性数据结构到复杂的图形数据结构，再到高级数据结构，都有所涉及。编著者希望通过本书，使读者能够全面了解和掌握数据结构的基本概念、原理和应用。

（2）深入性：对于每一种数据结构，本书不仅介绍了其定义和性质，还深入剖析了其实现方法和应用场景。编著者希望通过这些深入的分析和讨论，使读者能够真正理解和掌握数据结构的精髓。

（3）实用性：本书注重理论与实践相结合，通过大量的实例和练习题，帮助读者理解和掌握数据结构的实际应用。同时，本书还介绍了数据结构在算法设计、数据库系统、操作系统、网络编程等领域中的重要作用，使读者能够深入理解数据结构在计算机科学中的核心地位。

（4）前沿性：随着计算机科学的不断发展，新的数据结构和算法不断涌现。本书介绍了一些最新的数据结构和算法，以及它们在实际应用中的优势和局限性。编著者希望读者能够通过本书了解数据结构最新的研究进展和动态。

最后，我们衷心希望本书能够成为读者学习数据结构的良师益友，帮助读者在计算机科学的道路上走得更远、更稳。同时，我们也欢迎读者提出宝贵的意见和建议，以便我们不断改进和完善本书。

目　　录

第 1 章　数据结构概述

什么是数据结构（Data Structure）？数据结构研究的问题是什么？它包括哪些内容？使用什么表示方法？这是学习正式内容之前首先需要明确的几个问题。本章将对数据结构这门课程做概要陈述，主要介绍数据结构的有关概念及它所研究的问题与内容，目的是让读者对数据结构课程先有个大致的了解，为后续内容的学习提供必要的基础知识。本章的主要内容包括：数据结构研究的问题；数据结构的基本概念和相关术语；算法与算法性能分析；数据结构的算法描述工具。

1.1　数据结构研究的问题

数据结构作为一门学科如何给出一个确切的描述？该学科所研究的问题是什么？在实际应用中起什么作用？下面的介绍将给出答案。

1.1.1　计算机解决实际问题的一般步骤

利用计算机解决实际问题一般需要经过 7 个步骤。

（1）问题定义。通过对问题的深入分析，理解问题是什么，需要做什么，用户要求是什么，已知数据（Data）是什么，最终结果是什么，对已知数据如何处理才能得到要求的结果。

（2）建立模型。将实际问题经过多次抽象，建立起计算机能存储、处理的数据模型。这是比较关键和困难的一步。涉及四个世界和三级抽象。四个世界分别是现实世界（客观世界）、信息世界（概念世界）、数据世界、机器世界。三级抽象分别是现实世界到信息世界的抽象，建立信息模型（概念模型）；信息世界到数据世界的抽象，将信息数据化并建立数据模型；数据世界到机器世界的抽象，建立数据存储模型并在机器中实现。

（3）定义数据。用适当的描述、表达工具定义数据的逻辑模型和物理模型。逻辑模型定义是对信息模型数据化的抽象逻辑描述，不考虑机器实现，只考虑数据本身及其逻辑关系的表达，独立于计算机。物理模型定义是对数据模型的机器化，将数据及其关系映射到机器内，转化成计算机能存储、表示、加工处理的形式。

（4）设计算法。设计求解问题的策略和方法，并用适当的工具详细描述。这一步是最困难的，因为许多问题没有现成或可用的算法，需要探索、发现、创新。另外，一些问题有多种求解方法，需要找出最优算法，这也是很困难的事情。

（5）编写程序。程序就是将算法用适当的计算机程序设计语言描述出来。编写程序就是将算法翻译成计算机能执行的操作步骤。这一步相对而言是最容易的，只要掌握一门计算机语言的知识，就可以完成。

（6）调试运行。将程序和数据输入到计算机中，进行测试，查错修改，直至完全正确，正式开始运行，得到结果。只有这一步工作是由计算机完成的。

（7）分析结果。对计算结果进行分析，看其是否符合实际问题的要求，如果符合，问题得到解决，可以结束；如果不符合，说明前面的步骤存在问题，必须从头开始逐步检查，找出错误，重新设计，这往往是一个循环的过程。

1.1.2　数据结构学科概念及其所研究的内容

数据结构是研究程序设计中非数值计算的操作对象及其关系、操作的专门学科，蕴含了马克思主义世界观中辩证统一的思想。

对数据结构概念的理解应抓住三个要点。

（1）数据结构研究的对象是程序设计中非数值计算的操作对象。非数值计算的操作对象不能使用现有的数学模型计算，需要专门的计算方法。在计算机应用中，大约 90%的计算和数据处理问题都是非数值型数据，因此，对这些对象及其操作的研究形成了专门的学科。而对数值计算对象的研究，用到了大量的数学方法，形成了专门的数值分析学科（也称为计算方法或计算数学）。

（2）数据结构研究的非数值操作对象之间的关系包括两种：逻辑关系和存储关系，或称为逻辑结构（Logical Structure）和存储结构（Storage Structure）。众所周知，用计算机解决实际问题时，首先需要将问题域中的对象及其关系抽象成数据模型，数据的逻辑模型就是对数据对象（Data Object）及其逻辑关系的一种抽象描述。数据的存储模型是逻辑结构在计算机中的存储映象，数据存储结构需要考虑的是数据元素（Data Element）的存储方式和逻辑关系的表示方法。

（3）数据结构研究的主要问题是数据操作的算法设计，有的教材命名为《数据结构与算法》，以突出其算法设计的重要性。算法设计的过程就是寻找求解问题的步骤并确切描述的过程，需要有一定的探索创新能力和设计表达能力，这是学习数据结构的重点和难点。

1.1.3　数据结构的建模举例

下面通过几个实际例子，说明数据结构的抽象建模过程，同时给出数据结构中主要研究的几种数据类型（Data Type）。

例 1.1　给定一批数据，这批数据之间没有定义任何关系，经常进行的操作是查找和排序等，这种数据元素之间除“属于同一集合”的关系外，没有其他关系的数据类型称为集合。例如，确定一名学生是否为班级成员，只需要将班级看作一个集合即可。

例 1.2　学生管理系统。该系统所处理的数据是多个表格，如表 1.1～表 1.4 所示。

表 1.1　学生基本情况表

学号	姓名	性别	出生年月	毕业学校	政治面貌	家庭住址	联系电话
1001	张小明	男	1998.10	青岛三中	党员	山东青岛	
1002	李小鹏	男	1999.2	烟台二中	团员	山东烟台	
1003	王小勇	男	2000.1	泰安一中	团员	山东泰安	
1004	刘晓丽	女	1999.12	昆明九中	党员	云南昆明	
1005	孙晓梅	女	2000.6	延边六中	团员	吉林延边	
1006	杨晓红	女	1999.10	和田八中	团员	新疆和田	

表 1.2　学生成绩表　　单位：分

学号	姓名	C 语言	数据结构	操作系统	数据库	网络	其他
1001	张小明	92	89	90	88	98	
1002	李小鹏	80	82	85	81	79	
1003	王小勇	76	78	72	79	75	
1004	刘晓丽	90	92	89	93	96	
1005	孙晓梅	78	81	85	83	90	
1006	杨晓红	82	89	83	86	87	

表 1.3　学生日常表现情况表

学号	姓名	政治表现	纪律	参加活动	早操出勤	社会实践	受奖情况
1001	张小明	优秀	优秀	优秀	优秀	良好	三好学生
1002	李小鹏	良好	良好	良好	良好	良好	优秀干部
1003	王小勇	良好	一般	良好	一般	良好	
1004	刘晓丽	优秀	优秀	优秀	优秀	优秀	三好学生
1005	孙晓梅	良好	良好	良好	良好	良好	优秀团员
1006	杨晓红	良好	良好	良好	良好	良好	

表 1.4　学生身体情况表

学号	姓名	身高/m	体重/kg	心理状况	病史纪录	其他
1001	张小明	1.82	65	健康	无遗传病	
1002	李小鹏	1.78	62.5	良好	无遗传病	
1003	王小勇	1.73	68	一般	无遗传病	
1004	刘晓丽	1.65	56	健康	无遗传病	
1005	孙晓梅	1.69	53	一般	无遗传病	
1006	杨晓红	1.63	65	健康	无遗传病	

表 1.1～表 1.4 中的每一列称为一个属性，列中的每个值表示一个学生的一个特征。表 1.1～表 1.4 的每一行称为一个记录，描述某个学生在某一方面的多个特征。在数据结构中，将记录称为数据元素或结点（Node）。一个表中的任意数据元素规定有先后顺序关系，其先后顺序的预定或按输入时的自然顺序排列，或按某些属性值的大小升序或降序排列。这种定义了数据元素之间的完全顺序关系的数据结构称为线性数据结构。

例 1.3　计算机操作系统中的文件（File）管理问题。计算机操作系统的文件管理采用多级目录结构，如图 1.1 所示。

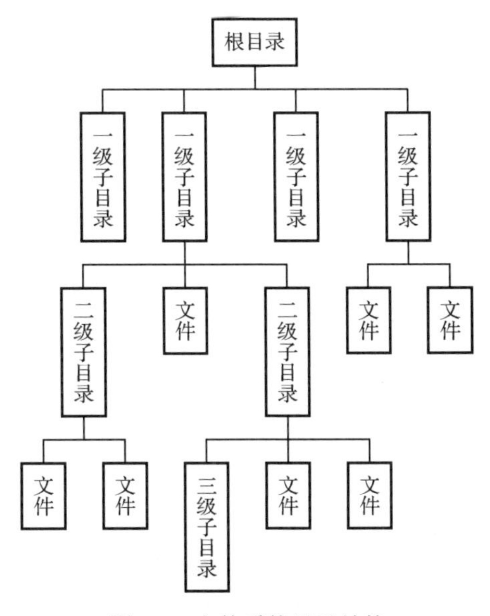

图 1.1　文件系统目录结构

这种多级目录结构形成一棵倒立的树。树中的目录或文件抽象成数据元素，称为结点，结点之间的关系是一对多的关系。我们将此类具有一对多关系的数据结构称为树形结构，简称树结构（Tree Structure）。

例 1.4 课程安排问题。某校计算机科学与技术专业的教学计划课程安排如表 1.5 所示。

表 1.5 某校计算机科学与技术专业的教学计划课程安排

课程代号	课程名称	先行课
C1	程序设计基础	无
C2	离散数学	C1
C3	数据结构	C1、C2
C4	汇编语言	C1
C5	算法的设计与分析	C3、C4
C6	计算机组成原理	C11
C7	编译原理	C5、C3
C8	操作系统	C3、C6
C9	高等数学	无
C10	线性代数	C9
C11	大学物理	C9
C12	数值分析	C1、C9、C10

上述课程之间有的存在先后关系，必须按顺序开设，有的没有先后关系，可以并行开课。用一个直观的图形表示它们之间的顺序关系，如图 1.2 所示。

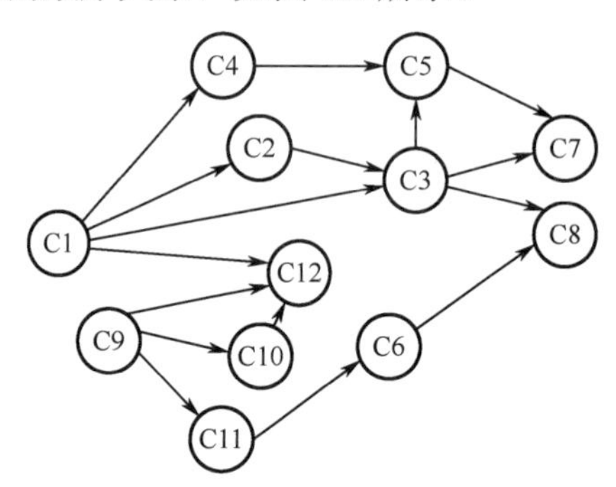

图 1.2 教学计划课程安排顺序图

从图 1.2 中可以看出，一门课程可以有多门先行课，也可以有多门后继课。这种数据元素之间存在多对多关系的数据结构称为图结构（Graph Structure）。图结构是一种复杂的数据结构。

以上通过将四个实际问题的例子抽象成四种基本的数据结构类型，使读者从中体会数据建模的过程与步骤，并对数据建模思想给予高度重视。数据建模的过程实际上就是先分析、理解问题，在此基础上进行信息抽象，然后做数据化描述，其中经过了信息抽象和数据抽象两级抽象化处理。

课外阅读：数据结构的发展

1968 年，著名的计算机科学家 Donald Ervin Knuth 开创了数据结构的最初体系，他所著的《计算机程序设计艺术》的第一卷《基本算法》是第一本较系统地阐述数据的逻辑结构和存储结构及其操作的著作。他是算法和程序设计技术的先驱者，是计算机排版系统 TeX 和字体设计系统 MetaFont 的发明者，他于 1974 年获得计算机科学界的最高奖——图灵奖。

随着大型程序和大规模文件、系统的出现，结构化程序设计成为程序设计方法的主要研究方向。瑞士计算机科学家 Niklaus Wirth 于 1976 年出版的《算法+数据结构=程序》一书中指出：程序是由算法和数据结构组成的，程序设计的实质就是对所处理的问题选择一种合适的数据结构，并在此结构基础上施加一种合适的算法。他发明了多种计算机语言（包括 Pascal、Modula 和 Oberon 等），并在软件工程领域做出过开拓性的贡献，于 1984 年获得图灵奖。

数据结构是计算机学科中的一门综合性专业基础课程，它不仅是程序设计的基础，也是设计和实现编译程序、操作系统、数据库系统及其他系统程序和大型应用程序的重要基础。它是融合数学、计算机硬件和计算机软件的一门核心课程。

数据结构的相关研究仍在不断发展：一方面，面向各领域中特殊问题的数据结构正在研究和发展之中；另一方面，从抽象数据类型（Abstract Data Type）的观点来讨论数据结构，已成为一种新的趋势，越来越被人们所重视。

1.2 数据结构的基本概念和相关术语

任何一门课程都要引进许多概念和术语，数据结构也不例外。在后面的讨论中，要涉及数据结构的若干个重要概念和术语，在此先给出几个常用的基本概念和术语。

1.2.1 数据的基本概念

1. 数据

表示信息且能被计算机存储、处理的各种符号统称为数据。数据是一个抽象的概念，其内容非常广泛，包括数值、文字、图形、图像、音频、视频等。日常生活中经常使用“扫一扫”的二维码，也是数据。数据是信息的载体，信息是数据的内涵。

2. 数据项

具有独立的逻辑含义且不能再分解的数据称为数据项（Data Item）。要认识一个客观对象，必须抓住该客观对象的特征，而要表示一个客观对象，需要使用一些抽象的数据来表示。这些表示客观对象某个特征的数据就称为一个数据项。数据项被称为原子数据项，因为它不能再分解成更小的、具有独立逻辑意义的数据单位。数据项是客观对象某一特征的数据表示，是数据处理的最小单位。

3. 数据元素

数据元素是相关数据项的集合。数据元素是同一对象、多个特征的抽象数据表示。从逻辑角度看，一个数据项只能反映客观对象的一个特征，多个数据项反映客观对象的多个特征，它们作为一个整体，才能全面刻画该客观对象的性质和状态。从存储角度看，数据元素是作为一个完整的数据存储的，在数据处理过程中，数据的读写和存储都是以数据元素为基本单位的。因此，把数据元素看作数据处理的基本单位。数据元素在不同的学科和不同场合下还有其他名称，如在数据库中将其称为记录，在 C 语言中将其称为结构，在树结构和图结构中将其分别称为结点和顶点等。

4. 数据对象

具有相同性质的数据元素构成的集合称为数据对象。一个数据元素表示一个客观对象，描述一类在某些方面具有共同特征的客观对象所得到的一组数据元素构成的一个集合就是一个数据对象。如果说数据元素是个体性概念的话，那么，数据对象就是一个集合性概念，这是二者的本质区别。在计算机的数据存储管理中，一个数据对象被组织成一个文件（或表）的形式进行整体存储、维护并永久保存，因此，数据对象是数据的存储管理单位。

数据项、数据元素、数据对象既是数据逻辑组织的层次单位，又是计算机存储管理数据的层次单位。三者之间的关系是，相关数据项的集合构成一个数据元素，相关数据元素的集合构成一个数据对象。再高一层的数据单位是数据库，它是相关数据对象的集合。由于涉及数据对象之间更复杂的关系，所以数据结构只研究到数据对象（或文件）层次，数据库层次存储处理由数据库原理及应用学科专门讨论。

1.2.2 数据结构的相关术语

1. 数据结构

在数学学科中，把一个集合和定义在该集合中的一组元素关系统称为一个结构（或空间）。类似地，在数据结构中，一个数据元素的集合及定义在该集合上的数据元素之间的某些特定关系统称为一个数据结构。简单地说就是数据结构=数据元素集合+一组关系集合。

形式表示为 Data_Structure=(*D*, *R*)，其中，*D* 表示数据元素集合，*R* 表示数据元素之间的特定关系集合。例如：*D*={ 21, 65, 32, 18, 53 }，*R*={ <18, 21>, <21, 32>, <32, 53>, <53, 65> }。

注意：这里的数据结构概念与数据结构作为一门学科所描述的概念是两个不同的术语，此处数据结构的概念，着重强调数据及其关系，是数据组织形式的一种界定，它包含逻辑结构和物理结构（也称为存储结构）两个层面的含义。数据的逻辑结构是指，在完全不考虑机器实现的情况下，单纯从数据本身及其逻辑关系出发，讨论其组织描述问题。其实质是对客观对象及其关系进行抽象化、数据化的表示。数据的存储结构是指逻辑结构映射到计算机内部的存储结构。由于计算机中的物理数据是二进制代码，按位（Bit）、字节（Byte）、字（Word）、块（Block）、文件、卷（Volum）等方式进行存储，逻辑数据必须转换成计算机便于存储、处理的结构，这个过程称为存储映象。存储结构包括两个方面，即数据元素本身的存储方式和关系的表示。

2. 逻辑结构

根据数据元素之间特定的逻辑关系不同，数据的逻辑结构分为四种。

（1）集合结构（Set Structure），数据元素之间没有任何联系，是一种完全松散的结构。

（2）线性结构（Liner Structure），数据元素之间存在一对一的序关系，这种一对一的序关系称为完全序。

（3）树结构简称树，数据元素之间存在一对多的关系，这种结构是表示具有层次结构数据的最佳形式。

（4）图结构简称图，数据元素之间存在多对多的关系，这种结构用于表示数据之间存在的复杂网络关系。

数据元素的四种逻辑结构如图 1.3 所示。

每一种逻辑结构都有自身的优缺点和不同的应用场合，在实践中应该根据具体需求选择不同的数据逻辑结构或融合多种逻辑结构，其蕴含着马克思主义辩证唯物理论的重要原则之一，即“具体问题具体分析”。

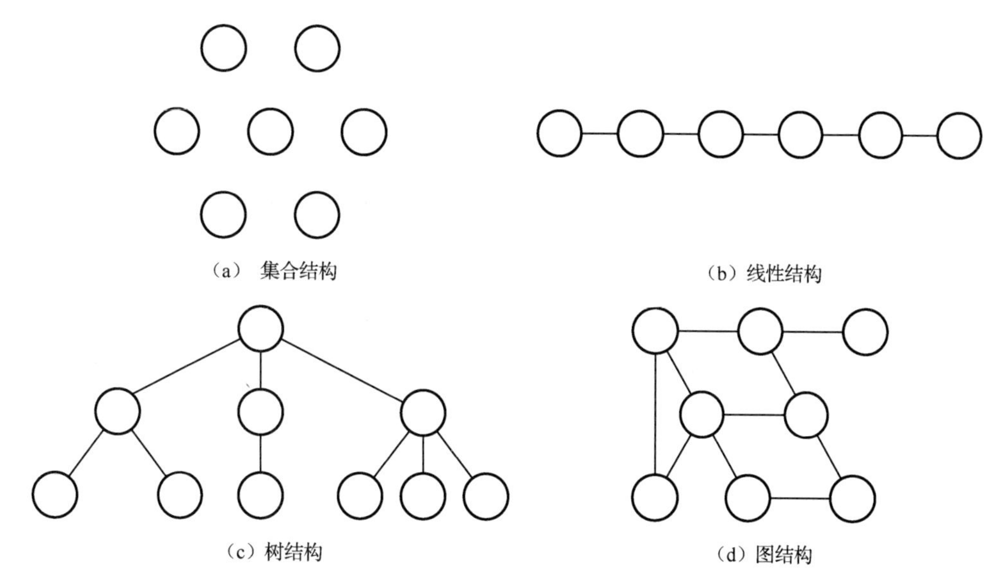

（a） 集合结构　（b）线性结构　（c）树结构　（d）图结构

图 1.3　数据元素的四种逻辑结构

3. 存储结构

按照数据元素的存储方式和关系表示方法的不同，数据的存储结构有以下四种常用的类型。

（1）顺序存储结构（Sequential Storage Structure），简称顺序结构。这种存储方式用一块较大的连续存储区域，按照预先约定的某种次序，将数据元素逐个连续地存放在一起，用物理位置的相邻关系表示数据元素之间的逻辑关系，是一种既简单又经济的存储方式。

（2）链式存储结构（Link Storage Structure），简称链接结构，这种存储方式将每一个数据元素用一块较小的连续区域存放，称为一个结点，不同的数据元素存储区可以连续，也可以不连续（离散存储），用指针（Pointer）表示逻辑关系。在结点中设置一个或多个指针，指向它的前驱元素或后继元素的地址（Address）。

（3）索引存储结构（Index Storage Structure），简称索引结构。这是一种顺序加链接的存储方式，数据元素按顺序存储结构存放，然后用每个数据元素的关键字和存储地址构造一个索引表，单独存储（按关键字有序存放）。这种存储结构不反映逻辑关系，适用于存储集合结构的数据元素。

（4）散列存储结构（Hash Storage Structure），简称散列结构，是一种数据元素按顺序或链接方式存储，并在数据元素的关键字与存储地址之间建立一种映射的存储方式，这种存储结构也不表示数据元素之间的逻辑关系，适用于存储集合结构的数据元素。

例 1.5　将数列 21, 65, 32, 18, 53 分别按顺序存储结构和链式存储结构存储，在机器内的放置如图 1.4 所示。

地址	内容
1000	…
1002	21
1004	65
1006	32
1008	18
1010	53
	…

（a）顺序存储结构

地址	内容
1000	53
1002	^
1004	21
1006	1018
1008	
1010	18
1012	1000
1014	32
1016	1010
1018	65
1020	1014
	…

（b）链式存储结构

图 1.4　数列的存储结构

1.2.3　数据类型的概念

数据类型是数据结构中最重要的概念之一，区分数据类型的原因一是数据类型决定数据的运算，不同类型的数据可以施加的运算是不同的；二是数据类型决定存储空间的分配，不同类型的数据在存储时分配存储空间的大小也不同；三是数据类型决定数据的访问，读写数据时是按照存储地址进行访问的，而数据的存储地址计算依赖于数据类型。因此，构造合适的数据类型对程序设计是非常重要的。

1. 数据类型

数据类型是一组数据的集合与定义在该集合上的一组运算（或操作）的总称。简单地说就是数据类型=数据的集合+运算的集合。

这里定义的运算多数是非数值计算，是与逻辑结构有关、机器能够支持实现的操作，数据类型分为原子类型和结构类型。原子类型是机器本身能够实现的具体数据类型，如各种程序设计语言中提供的标准类型。结构类型是利用原子类型构造出的更为复杂的数据类型，如 C/C++语言中的数组、结构体和共用体等，这些类型机器本身并不支持，但可以通过程序和原子类型实现。

注意：数据类型强调的是运算，它把数据和运算融合在一起作为一个整体对待，这是它与数据结构的主要区别。

数据类型举例：C 语言中的整型数据是一个数据类型，它由计算机所能表示的整数集合与定义在该集合上的+、-、*、/、%五种运算构成；布尔类型是由 0 和非 0（表示假和真）及三种逻辑运算&&、||、！构成的一种数据类型。

2. 抽象数据类型

抽象数据类型一般是指由用户定义，表示应用问题的一个数学模型和定义在该模型上的一组操作的总称。简单地说，抽象数据类型就是数据结构与数据运算的统一体，即抽象数据类型 = 数据结构 + 数据运算。

定义中使用了数学模型一词，应理解为数据是抽象的和有结构的，这些抽象数据是用变量和它们的定义域表示的，而不是具体数值的集合。结构是对数据之间的关系给予确切的定义。因此，抽象数据类型应包括三个方面的含义，即数据的结构、数据的取值范围和数据的运算。抽象数据类型的概念与数据类型的概念没有本质上的差别，只是在不同层次上的抽象描述而已。数据类型是对计算机硬件系统已经实现或支持的一些具体数据类型的描述，它是对机器硬件系统能够存储和操作、运算的一种抽象。而抽象数据类型是在更高一层的抽象层上的数据类型，不考虑机器如何实现，因此其适用范围更广。两者的关系就像面向对象程序语言中的类与对象的关系一样。应注意它们之间的细微差别。

1）抽象数据类型的分类

抽象数据类型可细分为三种：原子数据类型（Atomic Data Type）是一种变量的值不能再分解的简单数据类型，如 C 语言中的简单变量就是一种原子数据类型；静态聚合数据类型（Static Aggregate Data Type）的变量的值是由固定个数的数据项组成的复合数据类型，如 C 语言中的数组和结构体；动态聚合数据类型（Dynamic Aggregate Data Type）的变量的值是由个数可变的数据项组成的复合数据类型，如某些语言中提供的变体记录。后两种聚合数据类型相当于 C/C++语言中的结构体和联合体。

2）抽象数据类型的描述

抽象数据类型的定义格式如下。

```
ADT <抽象数据类型名> {
        数据对象定义:
        数据关系定义:
        数据运算定义:
    } ADT <抽象数据类型名>
```

其中数据运算的定义格式如下。

```
<运算名称>(参数表)
    { 初始条件描述；
      操作结果描述；}
```

复数类型的 ADT 定义（抽象数据类型定义）如下。

```
ADT  Complex  {
    数据对象：D={(a, b)| a, b 为实数 }
    数据关系：R={ <a, b>| a 是复数的实数部分，b 是复数的虚数部分 }
    数据运算：assign(x, y, &z)                //存储一个复数
              操作结果：输入两个实数 x、y，返回复数 z。
              add(z1, z2, &z)                 //复数加法
              操作结果：输入两个复数 z1、z2，返回它们的和 z=z1+z2。
              subtraction(z1, z2, &z)         //复数减法
              操作结果：输入两个复数 z1、z2，返回它们的差 z=z1-z2。
              multipliction(z1, z2, &z)       //复数乘法
              操作结果：输入两个复数 z1、z2，返回它们的积 z=z1*z2。
              divsion(z1, z2, &z)             //复数除法
              操作结果：输入两个复数 z1、z2，返回它们的商 z=z1/z2。
} ADT Complex
```

3．多形数据类型

值的成分不确定的数据类型称为多形数据类型（Polymorphic Data Type）。它与抽象数据类型具有相同的抽象层次，不同的是，其数据的关系和运算是确定的，但数据的结构是不确定的。

在数据结构中，关于数据类型的概念沿用了程序设计语言的术语，更确切的表达用“数据模型”更为合理一些。

课外阅读：数据结构中的“辩证统一”思想

数据结构实际上包含了两个层面的意思：字面意思是“数据的结构”，也就是指数据以什么样的形式组织起来以便于存储；深层含义是如何处理数据，或者说是“数据的处理”。为什么把数据的结构和处理一起研究呢？这里就体现了“辩证统一”的思想。首先，把数据按照一定的结构存储起来的目的是提高处理效率，因此只研究数据结构，不研究数据处理，这样的数据结构是没有意义的；其次，要想提高数据处理的效率，除了需优化算法本身，还经常需要优化数据结构，也就是说优化数据结构是提高数据处理效率的有效途径。

因此，数据结构这门课除了研究数据的结构，还要研究对数据进行的相关操作。结构和操作是辩证的统一，是不可分割的整体，应当一起研究。这就像我国的改革与开放必须同时进行，二者相辅相成，改革必然要求开放，开放也必然要求改革。如习近平在十九届中共中央政治局常委同中外记者见面会上的讲话中提到的“我们将总结经验、乘势而上，继续推进国家治理体系和治理能力现代化，坚定不移深化各方面改革，坚定不移扩大开放，使改革和开放相互促进、相得益彰。”

1.3　算法与算法性能分析

数据结构与算法之间存在着本质联系。在涉及某一类型的数据结构时，总要涉及其上施加的运算。只有通过对所定义运算的研究，才能清楚理解数据结构的定义和作用。数据结构从本质上

讲就是研究算法的学科。什么是算法？一个算法应该具备哪些特点？设计算法有什么要求？如何评价一个算法的优劣？评价指标是什么？这都是学习数据结构课程所要考虑的基本问题。

1.3.1 算法的概念及特征

算法是数据结构中最为重要的概念，但又是难以严格定义的概念，在此仅给出算法概念的描述性定义，并通过它的一些重要特征加以说明，从中领会和理解算法的内涵。

1. 算法的概念

对某个特定问题求解步骤的一种描述称为算法（Algorithm）。

算法的概念分为广义和狭义两个层次。广义来说，解决每个问题或做任何一件事情的过程，预先都必须有计划、步骤和顺序，将整个解决问题过程的顺序和步骤完整地描述出来就是算法。狭义的算法概念是指在数据结构中，利用计算机解决问题的步骤描述。

2. 算法的特征

算法除了求解步骤的顺序性，还具有以下五个重要特征。

（1）有穷性。一个算法的操作步骤必须是有限的，换句话说，任何问题，在经过有限个步骤之后，一定能够完成，因为用计算机求解问题不允许无限计算下去，永远得不到结果。

（2）确定性。算法要求每一个步骤所要执行的操作或运算必须是完全确定的，不能是似是而非的。因为计算机不像人一样能灵活判断分析，只能按算法的步骤机械地执行规定的动作，当某个步骤的操作有歧义时，机器将不知道如何做。

（3）可行性。算法的每一个步骤，都可以通过将已经实现的基本操作运算执行有限次来实现。

（4）输入性。一个算法应该有 0 个以上的输入数据。算法是数据加工处理过程的控制程序，而数据是被处理的原材料，执行一个算法首先应提供这些数据，当然，有些问题的算法可能不需要输入数据，这并不意味着没有数据处理，而是被处理的数据已经在机器内，或者是在加工处理过程中生成的。

（5）输出性。每个算法必须有 1 个以上的输出数据。无论如何，算法执行完后，一定要给出一个结果，可能是写出结果数据，也可能是一个明确的是与不是、成功与不成功、对与错的回答信息，还可能是算法本身出现的错误提示等。

3. 算法的描述方法

（1）用自然语言描述。用人类通常使用的语言表示算法。该方法的优点是自然、方便、易读、易理解；缺点是存在歧义。

（2）用图形描述。用某些图形表示算法步骤和控制流程。该方法的优点是简单、直观、形象、容易阅读理解；缺点是对于复杂的问题可能要画很大的图形，画图和阅读不方便。

（3）用某种类语言描述。类语言是介于自然语言和形式化的编程语言之间的一种专用语言，如常用的类 C、类 C++、类 Pascal、类 Java 等。它在形式上像程序设计语言，但又不局限于严格的语法规则，具有自然语言那种较灵活自由的性质。

（4）用某种编程语言描述。用某种编程语言描述就是程序，可以直接编译执行。由于编程语言的严格语法约束，一般不使用，只有当算法上机实现时才使用。

1.3.2 算法的设计要求

实际问题千变万化，解决问题的算法多种多样，在设计算法的过程中，不同的设计者可以充分发挥自己的智慧、能力、经验和技巧，自由地展示自己的才能。但是也不能完全自由化，需要遵循一些基本的规则和要求。在算法设计方面至少应符合以下几点要求。

1．正确性

这是算法设计的最基本、最重要、第一位的要求。只有算法正确，才能保证其可信、可靠、可用。否则，一切无从谈起。正确性要求的含义有多个层次：①不含语法错误；②对于几组输入数据能够得出满足要求的结果；③对于精心选择的、典型的、苛刻的、带有刁难性的几组数据能够得出满足要求的结果；④对于一切合法的输入数据都能得到满足要求的结果。通常将第三层意义的正确性作为衡量算法是否合格的标准。

2．可读性

可读性的含义是指算法思想表达的清晰性、易读性、易理解性、易交流性等多个方面，还包括适应性、可扩充性和可移植性等。早期由于计算机硬件系统在速度、容量、外设等方面的限制，使得算法程序的设计者挖空心思、千方百计地寻找各种特别的算法技巧，以达到节省空间、提高运行速度的目的，这使得许多算法和程序令人望而生畏、难以读懂，无法交流、借鉴，严重影响了算法发挥作用。随着计算机硬件方面的高速发展，运行速度、容量的大幅度提高，外设品种和功能的丰富多样，软件方面的交流、共享、兼容、复用要求，人们已经不再看中算法和程序的效率问题，而把可读性提高到更加重要的地位。请记住，软件是为客户开发的，算法和程序是让他人阅读的。效率和可读性相比，后者更加重要。

3．健壮性

算法的健壮性是指它运行的稳定性、容错性、可靠性和环境适应性等。当出现输入数据错误、无意的操作不当或某种失误、软/硬件平台和环境变化等故障时，能否保证算法正常运行，不至于出现难以理解的现象或难以处理的结果，甚至出现瘫痪、死机的情况。要树立“用户是上帝”的理念，时刻想着用户对操作的简单性和方便性要求，保证程序能稳定运行，适应情况的变化，避免异常情况的发生。

4．经济性

经济性是指算法的时空效率问题。虽然强调算法的可读性，但并非不考虑效率。应该在保证可读性的前提下，尽可能做到节省运行时间和存储空间。尽管计算机在硬件方面的规模不断提高，但总有极限值，而所解决问题的规模和复杂性也越来越大，软件的规模发展更快，对时间和空间的要求越来越高，因此，算法的经济性仍然是不能忽略的问题之一。

1.3.3 算法的性能分析

算法的性能分析是算法设计中非常重要的方面。所谓的算法性能分析，实质上就是评价算法的时空效率问题。为此，必须提出评价算法优劣的指标和方法。

1．算法性能的评价指标

评价一个算法的优劣，主要从两个方面考虑：一是执行算法所耗费的时间，称为时间复杂度；二是算法中所使用的额外存储空间的开销，称为空间复杂度。

1）算法的时间复杂度

一个算法执行所使用的时间称为该算法的时间复杂度。算法的时间复杂度一般是问题规模的函数，通常用 $T=T(n)$表示。其中，n 为问题规模，即算法所处理的数据量；T 为算法所用的时间。

算法的执行时间等于该算法所有语句执行次数（包括重复执行次数）×执行每条语句所花费的时间再求和。由于每条语句的执行时间是由 CPU 的速度决定的，对机器而言是常数，因此可以忽略不计，只考虑语句的执行次数（称为频率或频度）即可。为了进一步简化计算，可以只用算法中某条主要语句（执行时间最长的语句）的执行频度来计算。因为主要语句的频度乘以语句条数就是算法时间复杂度的最大值，换句话说，时间复杂度是主要语句频度的倍数。这样简化后的计算结果，并不影响算法时间复杂度的估计。

基于上述分析，在评价算法的优劣时，总是用某条主要语句的执行频度代替时间复杂度。

对不同算法应选择其合适的主要语句计算执行频度。例如，对于查找算法，通常只计算比较语句的执行次数，简称比较次数；对于排序算法可计算比较次数，也可计算移动次数，但某些情况下移动数据较少，甚至不执行移动，还是计算比较次数。

计算语句的执行频度仍然是一个复杂的问题。例如查找算法，被查找的元素所在的位置不同，其比较的次数也不同，显然无法衡量整个算法的时间复杂度。为此需要进一步简化，提出三种时间复杂度评价指标。

算法在最坏情况下的时间复杂度称为最坏时间复杂度，指的是算法计算量可能达到的最大值；算法在最好情况下的时间复杂度称为最好时间复杂度，指的是算法计算量可能达到的最小值；算法的平均时间复杂度是指算法在所有可能的情况下，按照输入实例以等概率出现时，算法计算量的加权平均值。

2）算法的空间复杂度

算法的空间复杂度是指算法执行过程中所使用的额外存储空间的开销，不包括算法程序代码和所处理的数据本身所占用的空间，通常用所使用额外空间的字节数表示，计算比较简单，记为 $S=S(n)$，n 为问题规模。

3）评价算法时间复杂度时考虑的因素

算法时间复杂度的影响因素主要有四个方面：一是计算机硬件系统的运行速度；二是所使用的软件环境，包括所选择的程序设计语言和相应的编译程序质量，不同的编程语言和编译程序所产生的可执行代码的大小与执行速度有较大差别；三是算法本身的策略，采用不同的存储结构和不同的算法过程，是影响时间复杂度最本质的原因之一；四是所处理数据量的多少，很显然，数据越多，所花费的时间就越多。由于前两个因素是无法控制的、非本质的外部因素，所以在评价算法时间复杂度时不予考虑，只考虑后两个因素。

算法时间复杂度的大小与算法的策略有密切的关系，同一操作采用不同的算法策略，其时间复杂度的差别很大。例如，数组 $A[1, 2, \cdots, n]$按数据的大小顺序存储，要在该数组查找一个等于给定值 x 的数据元素，若找到，返回所在的位置（下标 i），若找不到，则返回 0。

如果采用顺序查找策略，逐个比较进行查找，当找不到时，比较的次数是 n，即时间复杂度 $T(n)=n$。如果采用折半查找策略，每次取中间元素比较，若相等，则找到，返回下标；若小于，则在左端继续折半查找；若大于，则在右端继续折半查找，每次使查找范围缩小一半。比较的次数为 $\log_2 n$ 。假定 $n=2^k$，则顺序查找和折半查找的算法时间复杂度分别是 n 和 $k+1$。

这里顺便指出，数据存储结构对算法的时间复杂度也有间接影响，因为算法策略依赖于数据存储结构。例如，对于上述查找操作，如果采用链式存储结构，就只能进行顺序查找，不能采用折半查找，所以算法的时间复杂度只能是 n。

2. 算法性能的评价方法

算法性能的评价方法主要有以下两类。

1）事后统计法

事后统计法就是编写算法对应程序，统计其执行时间。一个算法用计算机语言实现后，在计算机上执行所消耗的时间与很多因素有关，如计算机的运行速度、编写程序采用的计算机语言、编译产生的机器语言代码质量和问题的规模等。这种方法存在两个问题：一是必须执行程序；二是很多因素掩盖了算法的本质。数据结构中一般不采用此种方法。

2）预先估计法

数据结构中所使用的方法主要是预先估计方法，即在算法设计时，事前评价其时空效率问题。预先估计方法又可分为以下两种。

（1）精确计算法。当一个算法已经用某种类语言表示后，算法的主要操作语句就确定了，可以直接计算某个语句的执行频度和额外使用存储空间的字节数，从而得到时间复杂度和空间复杂度的确切数值。求语句的频度问题，关键是计算循环部分的执行次数，尤其是多重循环结构和递归算法，应仔细分析。对循环结构要注意循环控制条件所决定的重复次数，计算各层循环体内外各语句的执行次数再求和即可。对递归算法要了解其执行过程，掌握递推公式。

精确计算时间复杂度对于较为简单的算法是可行的，当算法规模较大，结构非常复杂，代码又很长时，计算起来是非常困难的。多数情况下并不需要精确计算算法的时间复杂度，只需给出一个估计范围的上下界即可。

（2）近似估计法。这是数据结构最常用的方法。将时间复杂度和空间复杂度用数量级表示，即

$$T(n)=O(f(n))$$
$$S(n)=O(g(n))$$

式中，$f(n)$和$g(n)$是一个比较简单的已知函数，作为比较的尺度。

它表示随着问题规模n的增大，算法执行时间的增长率（算法额外占用空间的增长率）和$f(n)$（$g(n)$）的增长率相同，称作算法的渐进时间复杂度（渐进空间复杂度）。

数学符号“O”的严格定义为（以渐进时间复杂度为例），若$T(n)$和$f(n)$是定义在正整数集合上的两个函数，则$T(n)=O(f(n))$表示存在正的常数C和n_0，使得当$n \geqslant n_0$时，满足：$0 \leqslant |T(n)| \leqslant C|f(n)|$。

通常使用的比较尺度如下。

$O(1)$，称为常量级，时间复杂度是一个常数。

$O(n)$，称为线性级，时间复杂度是问题规模n的线性函数。

$O(n^2)$，称为平方级，时间复杂度与问题规模n的二次函数是同一数量级。

$O(n^3)$，称为立方级，时间复杂度与问题规模n的三次函数是同一数量级。

$O(\log_2 n)$，称为对数级，时间复杂度与问题规模n的对数函数是同一数量级。

$O(n\log_2 n)$，时间复杂度是介于线性级和平方级之间的一种数量级。

$O(2^n)$，称为指数级，时间复杂度与问题规模n的指数函数是同一个数量级。

$O(n!)$，称为阶乘级，时间复杂度与问题规模n的阶乘是同一数量级。

其中前四种称为多项式数量级，中间两种称为对数数量级，后两种称为指数数量级。它们之间的关系是$O(1)<O(\log_2 n)<O(n)<O(n\log_2 n)<O(n^2)<O(n^3)<O(2^n)<O(n!)$。

从选取的算法效率的比较尺度可以看出，除常量级外，其他参考标准都是问题规模n的函数，当n增加时，函数的增长速度差别是非常大的，由此可以反映出，一个算法的策略对算法效率具有非常明显的影响。当一个问题的算法时间复杂度具有多项式数量级时，称其是一个可以计算的问题，算法具有多项式数量级的所有问题统称为 P 类问题（包括对数数量级问题）。所有的非 P 类问题称为 NP 类问题，这类问题是不可计算的，因为，虽然从理论上能说明计算时间是有限的，但从实现角度是行不通的。例如，求解汉诺塔问题的时间复杂度是 $O(2^{64})$，用每秒数亿次计算的

大型计算机计算也需要成千上万年，显然不可行。

算法性能分析举例。

例 1.6 计算以下程序段的时间复杂度（为叙述方便，每个语句前都加行号）。

```
① for(i = 1 ; i < n ; i ++)
②   {  y = y + 1 ;
③      for(j = 0 ; j <= 2*n ; j ++)
④          x ++ ;
    }
```

这是一个二重循环程序，各条语句的执行次数如下。

语句①n 次（当 i=n 时结束，做了 n 次判断和累加操作）。

语句②n−1 次。

语句③(n−1)(2n+1)次（比循环体内语句多执行 1 次）。

语句④2n(n−1)次。

所以 $T(n)=n+(n-1)+(n-1)(2n+1)+2n(n-1)=4n^2-2n-1$。

若用数量级估计，则有 $T(n)=O(n^2)$。

例 1.7 计算以下程序段的时间复杂度。

```
long int   factor(int n)
    { if(n == 0)
          return 1;
      else   return(n * factor(n-1));
    }
```

解：这是一个递归算法。可用递推方法计算。

注意 $f(n)=nf(n-1)$（$n>0$），设 $f(n)$的时间复杂度为 $T(n)$。

则有

$$
\begin{aligned}
T(n)&=T(n-1)+1 \text{（计算 } f(n-1) \text{的时间复杂度后又做了 1 次加法）}\\
&=T(n-2)+1+1=T(n-2)+2\\
&=\cdots\\
&=T(1)+n-1\\
&=T(0)+n\\
&=1+n
\end{aligned}
$$

所以 $T(n)=n+1=O(n)$。

例 1.8 计算以下程序段的时间复杂度。

```
i = 1;
while(i <= n)i = i*2;
```

解：当 i=1, 2, …, 2^k 时，执行，直到 $2^k=n$ 为止，所以执行次数 $k=\log_2 n$，$T(n)=\log_2 n=O(\log_2 n)$。

例 1.9 计算以下程序段的时间复杂度。

```
void   sort(int a[ ], int j,n)
    { int i, temp ;
      if(j < n)
       { for(i = j ; i <= n ; i ++)
             if(a[i]<a[j])
               { temp =a[i]; a[i] =a[j] ; a[j] =temp ; }
```

```
        j++ ;
        sort(a,j,n);
      }
  }
```

解：这是一个选择排序程序，每趟从第 $n-j+1$ 个数据元素中选择一个最小的数据元素放到第 j 个位置上（$j=1, 2, \cdots, n-1$），经过 $n-1$ 趟排序结束。本算法采用递归策略，排序过程中的主要操作是比较和移动数据元素，也可能不需要移动，而比较是一次也不能少的，所以我们用算法中总的比较次数代替算法的时间复杂度。设对 n 个数据元素排序的时间复杂度为 $T(n)$，则：

当 $n=1$ 时，$T(n)=1$。

当 $n>1$ 时，$T(n)=T(n-1)+n-1$（从 n 个数据元素挑选一个最小的，需比较 $n-1$ 次）。

$$
\begin{aligned}
T(n)&=T(n-1)+n-1\\
&=T(n-2)+T(n-1)+n-1=T(n-2)+n-1+n-2\\
&=\cdots\\
&=T(1)+n-1+n-2+\cdots+2+1\\
&=n-1+n-2+\cdots+2+1 \qquad (T(1)=0)\\
&=n(n-1)/2=O(n^2)
\end{aligned}
$$

课外阅读：算法设计中的“大局意识”

设计的算法是否高效，需要通过分析算法的时间复杂度和空间复杂度来评价，这可以从两个方面理解：一是时间复杂度和空间复杂度与问题规模密切相关，如中国庞大的人口规模导致教育、医疗等问题很难解决；二是时间复杂度和空间复杂度往往很难兼顾。因此，一个好的算法，要从宏观和大局意识出发，统筹兼顾时间复杂度与空间复杂度对算法的影响。同理，作为学生也应该从大局意识的角度协调学习知识与培养特长的关系，实现二者相互促进，协同发展。

1.4　数据结构的算法描述工具

本书使用类 C 语言定义数据类型并表示算法，以下对该语言的语句成分和语法规则做简单介绍。它们在以后各章中会频繁使用，必须熟练记忆并会使用。

1.4.1　符号常量定义

```
# define TRUE   1
# define FALSE   0
# define OK   1
# define ERORR   0
# define OVERFLOW   -1
# define INFEASIBLR   -2
```

1.4.2　数据存储结构定义

用类型定义 typedef 描述。

```
typedef   int   Bool ;
typedef   int   Status ;
```

1.4.3 运算符

算术运算符：+、-、*、/、%（取余）。

比较运算符：==、! =、<、>、<=、>=。

逻辑运算符：||（或）、&&（与）、!（非）。

1.4.4 函数

1. 自定义函数

自定义函数的一般格式如下。

```
〈函数类型〉〈函数名〉(〈参数表〉)    {
      // 算法说明
      〈局部变量说明〉;
      〈语句序列〉;
} // 〈函数名〉
```

2. 标准函数

```
max(表达式 1, 表达式 2, …, 表达式 m)      //返回 m 个表达式的最大值
min(表达式 1, 表达式 2, …, 表达式 m)      //返回 m 个表达式的最小值
abs(表达式)      //返回表达式的绝对值
eof()            //判断文件结束
elon()           //判断行结束
bof()            //判断文件开始
```

1.4.5 语句

1. 计算赋值语句

```
变量名 = 表达式;                                //单个变量赋值
变量名 1 = 变量名 2 = … = 变量名 n = 表达式;     //串联赋值
结构名 = 结构名;                                //结构体变量整体赋值
结构名 ={值 1, 值 2, …, 值 m }
数组名[ ]= 表达式;                              //数组初始化
数组名[ low ..high] = 数组名[ low ..high] ;      //数组整体赋值
变量名 ←→ 变量名;                               //交换赋值
变量名 = 条件表达式? 表达式 1: 表达式 2          //条件赋值
```

2. I/O 语句

```
scanf(<"格式描述">, &变量名 1, &变量名 2, …, &变量名 k)  //输入语句
printf(<"格式描述">, 表达式 1, 表达式 2, …, 表达式 m)    //输出语句
getchar();                                              //字符输入
putchar();                                              //字符输出
```

3. 注释语句

```
// 注释内容          //单行注释
/* 注释内容 */       //多行注释
```

4．条件选择语句

（1）单选择语句。

```
if(条件表达式)语句 S;                    //S 可以是复合语句{ 语句序列; }
```

（2）双选择语句。

```
if(条件表达式)语句 S1;
else 语句 S2 ;
```

（3）多选择语句（开关语句）。

格式一：

```
switch(表达式) {
    case < 值 1 >: 语句序列 1 ;   break ;
    case < 值 2 >: 语句序列 2 ;   break ;
    …   … ;
    case < 值 n >: 语句序列 n ;   break ;
    default : 语句序列 n+1 ;
  } // end   switch
```

格式二：

```
switch   {
    case   < 条件 1 >: 语句序列 1 ;   break ;
    case   < 条件 2 >: 语句序列 2 ;   break ;
    …   … ;
    case   < 条件 n >: 语句序列 n; break ;
    default : 语句序列 n+1 ;
  } // end   switch
```

5．循环语句

（1）计数循环语句。

```
for(循环变量 = 初值; 循环变量<=终值; ++/--循环变量++ /--)
    {   语句序列 ; }
```

（2）当循环语句。

```
while(条件表达式 )
    { 语句序列 ; }
```

（3）重复循环语句。

```
do {
        语句序列 ;
    } while(条件表达式)
```

6．其他控制语句

```
return < 表达式 >;          //返回语句
break ;                     //case 或循环终止语句
exit(代码);                 //异常结束语句
```

课外阅读：强国有我

古人云："学如弓弩，才如箭镞。"大学时代是学习专业知识的黄金时期，学生的第一任务就是学习，应自觉学习专业技能，大学生应努力提高知识素养和个人综合能力，实现中国梦需从学习专业知识开始，勤奋学习才能追赶上时代前进的步伐，增强本领才能赢得未来。习近平对新时代中国青年的深情寄语：新时代中国青年要增强学习紧迫感，如饥似渴、孜孜不倦学习，努力学习马克思主义立场观点方法，努力掌握科学文化知识和专业技能，努力提高人文素养，在学习中增长知识、锤炼品格，在工作中增长才干、练就本领，以真才实学服务人民，以创新创造贡献国家！

本章小结

本章主要介绍了数据结构的基本概念和术语，以及算法和算法时间复杂度的分析方法，主要学习要点如下。

（1）理解数据、数据元素、数据对象、数据类型、数据结构、数据的逻辑结构与存储结构的概念，以及数据的逻辑结构与存储结构间的关系。

（2）理解并掌握 ADT 定义、表示和实现方法。

（3）理解算法的五个特征和算法正确性的确切含义。

（4）理解算法的四个衡量标准。

（5）重点掌握计算语句频度和估算算法时间复杂度的方法。

习题 1

一、选择题

1．（　　）是数据的基本单位。

A．数据结构　　B．数据元素　　C．数据项　　D．数据类型

2．以下说法中不正确的是（　　）。

A．数据结构就是数据间的逻辑结构。

B．数据类型可看作程序设计语言中已实现的数据结构。

C．数据项是组成数据元素的最小标识单位。

D．数据的抽象运算不依赖具体的存储结构。

3．计算机算法是解决问题的有限运算序列，它具备输入性、输出性、（　　）5 个特征。

A．可执行性、可移植性和可扩充性　　B．可行性、确定性和有穷性

C．确定性、有穷性和稳定性　　D．易读性、稳定性和安全性

4．一般而言，最适合描述算法的语言是（　　）。

A．自然语言

B．程序设计语言

C．介于自然语言和程序设计语言之间的类语言

D．数学公式

5．通常所说的时间复杂度是指（　　）。

A．语句的频度　　B．算法的时间消耗

C．渐近时间复杂度　　D．最坏时间复杂度

6．若 A 算法的时间复杂度为 $O(n^3)$，B 算法的时间复杂度为 $O(2^n)$，说明（　　）。

A．对于任何数据量，A 算法的时间开销都比 B 算法小

B．随着问题规模 n 的增大，A 算法比 B 算法有效

C．随着问题规模 n 的增大，B 算法比 A 算法有效

D．对于任何数据量，B 算法的时间开销都比 A 算法小

7．算法分析的目的是（　　）。

A．找出数据结构的合理性　　B．研究算法中输入和输出的关系

C．分析算法的效率以求改进　　D．分析算法的易懂性和文档性

8．下面程序段的时间复杂度为（　　）。

```
for(i=0; i<m; i++)
    for(j=0; j<n; j++)
        a[i][j]=i*j;
```

A．$O(m^2)$　　B．$O(n^2)$　　C．$O(mn)$　　D．$O(m+n)$

9．下面程序段的时间复杂度为（　　）。

```
int f(int n)
  {    if(n==0 || n==1) return 1;     else    return    n*f(n-1);   }
```

A．$O(1)$　　B．$O(n)$　　C．$O(n^2)$　　D．$O(n!)$

二、填空题

1．数据的（　　　）结构依赖于计算机语言。

2．在线性结构中，第一个结点（　　　）前驱结点，其余每个结点有且只有（　　　）个前驱结点；最后一个结点（　　　）后继结点；其余每个结点有且只有（　　　）个后继结点。

3．在树结构中，根结点没有（　　　）结点，其余每个结点有且只有（　　　）个前驱结点；叶结点没有（　　　）结点，其余每个结点的后继结点可以有（　　　）个结点。

4．在线性结构、树结构和图结构中，前驱结点和后继结点之间分别存在着（　　　）、（　　　）和（　　　）的关系。

5．评价一个算法优劣的两个主要指标是（　　　）和（　　　）。

6．数据的逻辑结构分为（　　　）、（　　　）、（　　　）和（　　　）四种。

7．数据的存储结构分为（　　　）、（　　　）、（　　　）和（　　　）四种。

8．算法的时间复杂度除了与问题规模有关，还与输入实例的（　　　）有关。

三、问答题

1．简述数据元素的概念。

2．简述数据结构的概念。

3．简述数据类型的概念。

4．简述数据逻辑结构的概念及其四种类型。

5．简述数据存储结构的概念及其四种类型。

6．叙述数据类型与抽象数据类型的联系与区别。

四、计算题

1．假设两个算法在同一台计算机上执行，执行时间分别是 n^2 和 2^n，如果要使前者快于后者，

n 至少需要多大？

2．有时为了比较两个同数量级的算法优劣，必须突出主项的常数因子，而将低次项用 $O()$表示，如 $T_1(n)=1.39n\log_2 n+100n+256=1.39n\log_2 n+O(n)$；$T_2(n)=2.0n\log_2 n-2n=2.0n\log_2 n-O(n)$；

这两个式子表示，当 n 足够大时，$T_1(n)$优于 $T_2(n)$，因为前者的系数因子小于后者。请用此方法表示下列函数，并指出当 n 足够大时，哪一个算法较优，哪一个算法较劣。

（1）$T_1(n)=5n^2-3n+60\log_2 n$。

（3）$T_2(n)=3n^2+1000n+3\log_2 n$。

（3）$T_3(n)=8n^2+3\log_2 n$。

（4）$T_4(n)=1.5n^2+O(n)$。

3．执行下面程序段时，S 语句的执行次数是多少？

```
for(i=1; i<=n; i++)
    for(j=1; j<=i; j++) S;
```

第 2 章　线性表

从本章到第 5 章讨论的线性表、栈（Stack）、队列、串和数组等都属于线性结构。线性结构的基本特点是除第一个元素无直接前驱，最后一个元素无直接后继外，其他每个数据元素都有一个直接前驱和一个直接后继。线性表是最简单、最基本、最常用的一种线性结构，也是其他数据结构的基础，尤其是单链表，是贯穿整个数据结构课程的基本结构。本章先讨论线性表，内容包括线性表的概念、特点、逻辑结构和 ADT 定义，线性表的两种存储结构（顺序存储结构和链式存储结构），以及它的主要操作算法及性能分析。本章所涉及的许多问题都具有一定的普遍性。因此，本章是整个课程的重点与核心内容，也是后续章节的重要基础。

2.1　线性表的类型定义

线性数据结构是指在数据元素之间定义了一种序关系（一对一），称为线性关系，线性表是描述线性数据结构的抽象数据模型。本节主要介绍线性表的概念、特点、逻辑结构及其 ADT 定义。

2.1.1　线性表的概念、特点与逻辑结构

1. 线性表的概念

线性表是一种线性数据结构。它的特点是数据元素之间存在一种线性关系，即数据元素是一个接一个排列在一起的。一个线性表中的数据元素应该具有相同的类型，或者说线性表是由同一种类型的数据元素构成的线性结构。根据这些特点，由 n（$n \geq 0$）个类型相同的数据元素构成的有限序列就称为一个线性表，数据元素的个数 n 称为线性表的长度。当 $n=0$ 时，表示线性表是一个空表，表中不包含任何数据元素。

线性表中的数据元素可以是一些简单类型的数据，也可以是结构较复杂的数据。在实际生活中，很多问题都可以抽象成线性表，如企业、单位或部门的人事、财务、仓储、销售管理等问题，所使用的表格绝大多数是线性表的原型。以学校的学生管理为例，学生的基本信息表、成绩登记表、健康状况表等都是线性表。例如，英文字母表（A, B, ⋯, Z）是一个线性表，数据元素是表中的每个英文字母；而在学生成绩表中，每个数据元素是一个学生多门课程成绩的复杂结构类型。

2. 线性表的特点

从线性表的定义可知，线性表具有如下基本性质（或特点）。

（1）有限性。线性表长度必须是有限的，这主要是由于计算机存储的限制，因为计算机存储器的容量总是有限的，所以不可能存储无限个数据元素的线性表。

（2）有序性。线性表的数据元素之间是有顺序限制的，这种顺序用直接前驱和直接后继给予严格描述，它准确地表达了数据元素之间的顺序关系。

（3）同型性。线性表中的数据元素是同一种类型，不同类型的数据元素不能组成线性表。

（4）抽象性。数据元素的类型没有具体定义，只是给出一种抽象的说明，它们既可以是简单的数据类型，也可以是结构复杂的数据类型。这种抽象性使得线性表更具广泛意义，为实际应用提供了极大的灵活性。

（5）原子性。从数据的存储结构看，数据元素整体作为一个独立的存储对象，不能再分解成更小的数据单位进行存储。在这种意义下数据元素的原子性可称为存储原子性。

3．线性表的逻辑结构

通常，采用数学中的向量表示线性表的逻辑结构，将一个线性表记为

$$(a_1, a_2, \cdots, a_{i-1}, a_i, a_{i+1}, \cdots, a_n)$$

其中的数据元素类型不具体指定，用抽象的 ElemType 表示，在具体问题应用时可以定义具体的数据类型。线性表中相邻的数据元素之间存在着顺序关系，a_{i-1} 称为 a_i 的直接前驱，a_{i+1} 称为 a_i 的直接后继。确切地说，对于每个数据元素 a_i，当 i=2, …, n 时，它有且仅有一个直接前驱 a_{i-1}，当 i=1, 2, …, n−1 时，它有且仅有一个直接后继 a_{i+1}，而 a_1 没有前驱元素，称为第一个数据元素，a_n 没有后继元素，称为最后一个数据元素。a_i 的序号 i 是它在表中的位置，称为第 i（i=1, 2, …, n）个数据元素下标（或索引）。

例如：英文中使用的大、小写字母按它们的机内 ASCII 码排列构成一个线性表，数据元素是单个字母。

(A, B, C, …, X, Y, Z, a, b, c, …, x, y, z)

又如：某高校从 2010 年到 2016 年的在校学生人数按年度排列构成一个线性表，数据元素是整数类型。

(6600, 8000, 11000, 12000, 15000, 16000, 18000)

再如：一个班的学生成绩表按学号排列，构成一个线性表，如表 2.1 所示。数据元素是一个记录。

表 2.1　学生成绩表

学号	姓名	数学/分	语文/分	英语/分	物理/分	化学/分
202007001	张三	91	95	88	89	96
202007002	李四	75	89	80	66	90
202007003	王五	95	88	80	94	85

线性表是一种基本的数据结构，是其他数据结构的基础，其基本算法也是其他算法的基础。在工作和生活中的许多实际应用问题都可以抽象成线性表，因此，线性表是应用广泛的一种数据结构。

2.1.2　线性表的 ADT 定义

建立了线性表的逻辑结构后，自然应该定义一组相应的运算，从而得到线性表的 ADT。数据运算是定义在逻辑结构层次上的，具体实现是建立在存储结构基础上的。下面定义的线性表基本运算只是形式化描述，具体算法只有在确定了线性表的存储结构之后才能实现。

1．线性表的 ADT 定义

```
ADT  Liner_List  {
    数据对象定义：D ={ ei | ei∈ElemType && 0<=i<=n && n>=0 }
    数据关系定义：R ={ <ei-1, ei> | ei-1, ei∈D && 2<=i<=n }
    数据操作定义：
    （1）初始化一个线性表：void  InitList(&L)
        初始条件：线性表 L 不存在
        操作结果：构造一个空的线性表 L
```

（2）清空一个线性表：void　ClearList(&L)

初始条件：线性表 L 存在

操作结果：将线性表重置为空表

（3）撤销一个线性表：void　DestroyList(&L)

初始条件：线性表 L 存在

操作结果：将线性表 L 销毁

（4）判断线性表是否为空：Bool　ListEmpty(L)

初始条件：线性表 L 存在

操作结果：判断线性表是否为空，是则返回 TRUE，否则返回 FALSE

（5）求线性表的长度：int　ListLength(L)

初始条件：线性表 L 存在

操作结果：返回线性表中的所含数据元素的个数

（6）取某个表元素：void　GetElem(L, i, &e)

初始条件：线性表 L 存在且 1<=i<=LengthList(L)

操作结果：返回线性表 L 中的第 i 个元素的值或地址

（7）查找值为给定值 x 的第一个数据元素：int　LocateElem(L, x)

初始条件：线性表 L 存在

操作结果：在线性表 L 中查找值为 x 的数据元素，若返回在线性表 L 中首次出现值为 x 的数据元素的序号 i，则查找成功；若在线性表 L 中未找到值为 x 的数据元素，返回一特殊值 0，则查找失败

（8）在线性表中指定的位置插入一个数据元素：bool　ListInsert(&L, i, x)

初始条件：线性表 L 存在，插入位置正确（1<=i<=n+1, n 为插入数据元素前的表长）

操作结果：在线性表 L 的第 i 个位置上插入一个值为 x 的新数据元素，这样使原序号为 i, i+1, …, n 的数据元素的序号变为 i+1, i+2, …, n+1，插入后的表长=原表长+1

（9）删除第 i 个位置上的数据元素：bool　ListDelete(&L, i, &e)

初始条件：线性表 L 存在，1<=i<=n

操作结果：在线性表 L 中删除序号为 i 的数据元素，删除后使序号为 i+1, i+2,…, n 的数据元素变为序号为 i, i+1, …, n-1，新表长=原表长-1，并返回数据元素值

（10）将两个线性表首尾连接，构成一个新的线性表：void　ListLink(&L1, L2)

初始条件：两个线性表 L1、L2 都存在

操作结果：将第二个线性表接到第一个线性表之后构成一个新线性表，返回第一个线性表的地址

（11）将两个按某种顺序有序排列的线性表归并成一个新的有序线性表：void　ListMerge(L1, L2,&L)

初始条件：两个有序线性表 L1 和 L2 都存在

操作结果：将两个按某种顺序有序排列的线性表归并成一个新的有序线性表，并返回新线性表的地址

（12）访问线性表的某个数据元素：void　visit(e)（访问可以是任何合法操作）

初始条件：线性表 L 存在

操作结果：对指定数据元素做规定的操作

（13）遍历一个线性表：void　ListTraverse(L)

初始条件：线性表 L 存在

操作结果：按次序访问线性表中的每个数据元素一次且只访问一次

（14）将线性表就地逆置：void　ListReverse(&L)

初始条件：线性表 L 存在

操作结果：将线性表数据元素的顺序变成与原来的顺序恰好相反（称为就地逆置）

（15）复制线性表：void　ListCopy(L1, &L2)

初始条件：线性表 L1 存在，线性表 L2 不存在

操作结果：将线性表 L1 复制到线性表 L2 中

（16）分解线性表：void　ListDivision(& L1, &L2)

初始条件：线性表 L1 存在，线性表 L2 不存在

操作结果：将线性表 L1 按某种条件分拆成两个，其中一部分仍在线性表 L1 中，另一部分在线性表 L2 中

} ADT　Liner_List

2．定义说明

（1）上述线性表的 ADT 定义中并未列出全部运算，只是给出一些常用的基本运算，每一个基本运算在实现时也可能根据不同的存储结构派生出一系列相关的运算。例如，线性表的查找在链式存储结构中还会按序号查找；又如，插入运算也可能是将新数据元素插入适当位置，等等。不可能也没有必要将全部运算都定义出来，定义什么运算，往往还要根据实际问题或数据处理的需要确定。实际应用线性表模型时，可以灵活地选取数据结构并定义相应的运算。因为有些运算还可以用已有的基本运算表示出来，所以可以不定义。

（2）在 ADT 定义中，由于线性表仅仅是一个抽象在逻辑结构层次上的线性数据结构，尚未涉及它的存储结构，因此每个操作运算在逻辑结构层次上还不能用具体的某种程序语言写出详细的算法过程，而算法的实现只有在存储结构确立之后才能具体表示。

在数据结构课程中，我们将会遇到大量的算法实践，因为算法联系着数据在计算过程中的组织方式，为了描述某种实践操作，经常需要进行各种算法实践。实践是检验真理的唯一标准。理论依赖实践，同时理论又反过来指导实践，这体现了马克思主义哲学的实践观。

2.2 线性表的顺序存储结构及其算法实现

线性表的存储结构有很多种，包括顺序存储结构的顺序表和有序顺序表，链式存储结构的单链表、双向链表和循环链表等，本节主要讨论线性表的顺序存储结构及其算法实现。

2.2.1 线性表的顺序存储结构

1．顺序表

1）静态顺序表

（1）存储方式。线性表的顺序存储方式是在内存中用一组指定大小、地址连续的存储单元，按照线性表数据元素的逻辑顺序，“一个紧接一个”地按顺序存放线性表的各个数据元素，通过物理位置的相邻表示数据元素之间的逻辑关系。这种存储形式的线性表称为静态顺序存储结构，简称静态顺序表，其存储结构如图 2.1 所示。如果顺序表的数据元素是按其值的大小升序（或降序）存放，则称之为静态有序顺序表。

线性表中数据元素的逻辑序号是从 1 开始的，而对应顺序表的数组下标是从 0 开始的，要注意它们之间的转换。

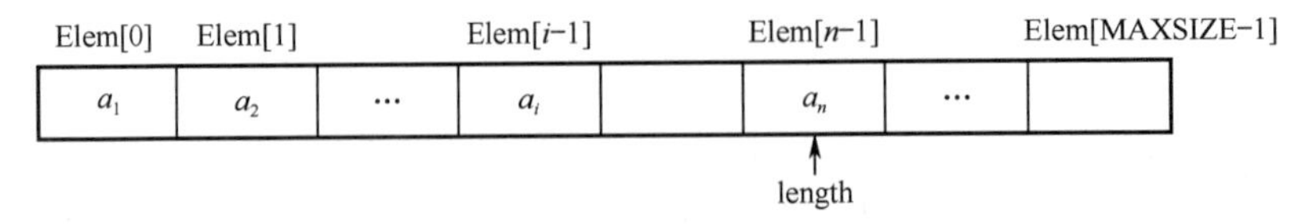

图 2.1 线性表的静态顺序存储结构

（2）存储结构定义。用数组存储一个静态顺序表，既简单，又方便。数组一旦被定义，编译系统就在程序运行之前为其预分配存储空间，其大小在程序运行期间不允许改变，这也是称其为静态顺序表的原因。静态顺序表的定义格式如下。

```
# define  MAXSIZE  100                    //预先指定数组大小。
typedef   ElemType  SSList [ MAXSIZE ];
```

定义静态顺序表时，其大小一般要比线性表的长度大一些，预留部分空闲单元，以便能进行插入操作，究竟预留多少个空闲单元，只能大致估计。预留空间太大会造成空间浪费，太小又容易产生溢出，这是静态顺序表的缺陷之一。本章不使用，在后面讨论查找和排序算法时用到。

2）动态顺序表

为了动态分配存储空间和存储结构的灵活性和完美性，可以增加一个表示线性表的整体信息的结构体类型，称为头结点，它含三个域，分别是数组的首地址*elem、实际元素个数 length 和数组大小 ListSize。这种存储结构在定义时只定义头结点，数组空间在程序执行过程中动态申请和释放，其存储结构如图 2.2 所示。

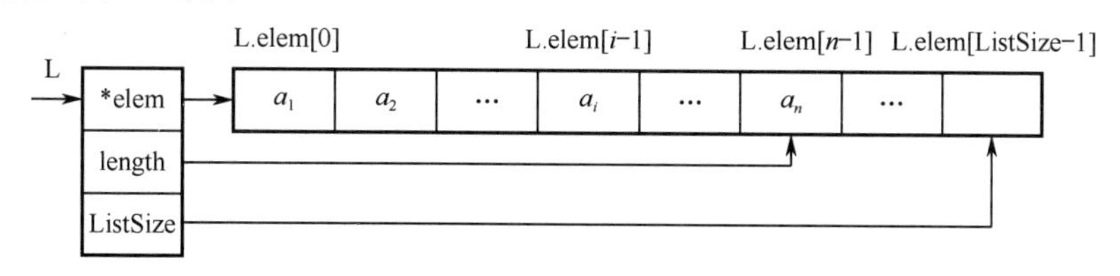

图 2.2　线性表的动态顺序存储结构

类型格式定义如下。

```
#define  List_Init_Size   100         //定义线性表的初始大小
#define  ListIncrement   10           //定义增量大小
Typedef  struct {
         ElemType   *elem ;
               int   length ;
               int   ListSize ;
         } SeqList ;
```

用类型 **SeqList** 定义一个顺序表时，既可以将头结点定义成一个结构体变量，也可以定义成一个指向头结点的指针，即

```
SeqList   L；  或 SeqList   *L ;
```

申请数组空间时，使用语句 L.elem =(*ElemType)malloc(sizeof(ElemType)* L.ListSize)。

使用变量形式访问头结点的某个域时，使用 L.elem、L.length、L.ListSize，访问数组元素的格式为 L.elem[i]。用指针形式访问某个域时，使用 L-> elem、L->length、L->ListSize，访问数组元素的格式为 L->elem[i]。

如果不特别声明，本书均使用第一种方式。

3）存储结构特点

事物具有两面性。唯物辩证法认为，万事万物中都存在矛盾，矛盾是对立统一的，要用一分为二的两点论和重点论看待问题、思考问题、分析问题和解决问题。无论是静态顺序表还是动态顺序表，都利用了内存地址空间的一维线性、连续性等特点，一个接一个连续存储的数据元素使线性表的逻辑结构顺序与存储结构顺序保持一致，既简单自然，又方便实现。顺序表既有明显的优点，也存在一定的缺点。

顺序表的优点如下。

（1）存储密度大，节省存储空间。

（2）便于随机访问，访问效率高。设第一个数据元素 a_1 的存储地址为 Loc(a_1)，每个数据元素占 d 个存储单元，则第 i 个数据元素的地址为

$$\mathrm{Loc}(a_i)=\mathrm{Loc}(a_1)+(i-1)d \qquad 1\leqslant i\leqslant n$$

由此可见只要知道顺序表首地址和每个数据元素所占地址单元的个数就可求出第 i 个数据元

素的地址，这也使顺序表具有按数据元素的序号随机存取的特点。

（3）存储实现简单，容易实现。几乎所有程序设计语言都支持数组这种数据结构类型。数组在内存中占用的存储空间就是一块连续的存储区域，因此，用一维数组表示顺序表的数据存储区域是最简单、最适合的。

顺序表的缺点如下。

（1）连续性。由于顺序存储结构用物理位置表示逻辑关系，所以需要占用连续的存储区域，当数据量很大，没有足够大的连续区域容纳这些数据时，虽然有许多小的空闲区，它们的容量之和远远大于数据量，但系统仍然无法分配，这无形中造成了对数据量的一种隐形限制。

（2）静态性。顺序存储一般用数组实现，而定义数组必须指定数组的大小，数组大小一旦确定，程序运行过程中一般不允许改变，这对一些数据量动态变化较大的情况是非常不方便的。

（3）某些运算存在不方便性。顺序存储结构对于插入和删除操作极为不便，需要移动大量的数据元素，从而降低算法的时间效率。

综上所述，顺序存储结构适用于数据量基本不变，查找频繁，极少插入、删除数据元素的情况。

2. 有序顺序表

有序顺序表的存储方式与顺序表类似，不同的是，有序顺序表将数据元素按数据项的值升序（或降序）排列。这种存储结构主要用于查找算法，可以提高查找算法的效率。有序顺序表通常用数组定义，不需要增加头结点。

2.2.2 顺序表的基本算法实现

1. 初始化算法 InitList(L)

（1）算法思想。顺序表的初始化就是构造一个空表，即申请一个头结点，并设置 L.length=0，L.ListSize =MAXSIZE。

（2）算法描述。

```
void   InitList(SeqList &L)
    {   L.elem =(ElemType *)malloc(sizeof(ElemType)*MaxSize);
        L.length =0 ;
        L.ListSize =MAXSIZE ;
    }
```

用主函数调用初始化函数的方法如下。

```
main()
{   SeqList    L;
    InitList(L);
    ……
  }
```

2. 创建算法 CreateList(&L, n)

（1）算法思想：先初始化一个空表，再逐个输入数据元素。

（2）算法描述。

```
void   CreateList(SeqList &L, int    n)                    //建立 n 个数据元素的顺序表
          {   int k ;
```

```
        InitList(L);
        for(k =0 ; k < n ; k++)
            scanf(&L.elem[i]);
    }
```

3．插入算法 ListInsert(&L,i,x)

顺序表的插入是指，在顺序表的第 i（$1 \leqslant i \leqslant n+1$）个位置上插入一个值为 x 的新数据元素。

插入前的顺序表为$(a_1, a_2, \cdots, a_{i-1}, a_i, a_{i+1}, \cdots, a_n)$，表长为 n。

插入后的顺序表为$(a_1, a_2, \cdots, a_{i-1}, x, a_i, a_{i+1}, \cdots, a_n)$，表长为 $n+1$，如图 2.3 所示。

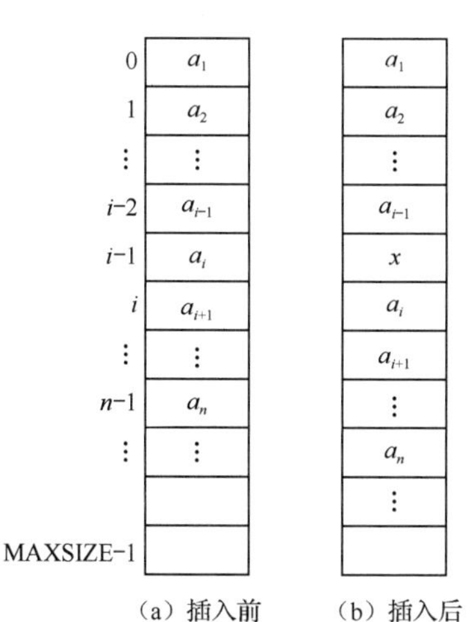

图 2.3　顺序表的插入示意图

（1）算法思想。顺序表插入数据元素的步骤如下。

① 检查插入位置的合法性，若不合法，则返回错误信息，否则继续。

② 将 $a_i \sim a_n$ 顺序向后移动一个位置，为新数据元素腾出空位置。

③ 将 x 插入空出的第 i 个位置。

④ 修改表长 L.length。

⑤ 返回插入成功信息。

（2）算法描述。

```
bool  ListInsert(SeqList &L, int i, ElemType x)          //在第 i 个位置插入数据元素 x
    {  int j;
       if(L.length ==MaxSize || i<1 || i >L.length +1)
         return false;                                    //若顺序表空间已满或参数 i 非法，返回 false
       for(j =L.length-1;j>=i-1;j--)
          L.elem[j+1]=L.elem[j] ;                         //移动结点
       L.elem[i-1] =x ;                                   //插入新数据元素
       L.length++ ;                                       //表长+1
       return   true ;                                    //插入成功
    }
```

（3）算法说明。

① 因为顺序表中数据区有 MaxSize 个存储单元，所以在向顺序表中插入数据元素时，应先检查顺序表空间是否已满，若表已满，则不能再插入，否则将产生溢出错误。

② 要检验插入位置 i 的合法性，这里 i 的有效范围为 $1 \leqslant i \leqslant n+1$，其中 n 为原表长。

（4）算法的时间性能分析。

顺序表的插入运算，时间主要消耗在移动数据元素上，在第 i 个位置上插入数据元素 x，从 a_i 到 a_n 都要向后移动一个位置，共需要移动 $n-i+1$ 个数据元素，而 i 的取值范围为 $1 \leqslant i \leqslant n+1$，即有 $n+1$ 个位置可以插入。设在第 i 个位置插入的概率为 p_i，则平均移动数据元素的次数为

$$E_{\text{in}} = \sum_{i=1}^{n+1} p_i(n-i+1)$$

在插入位置为等概率的情况下，$p_i = \dfrac{1}{n+1}$，则有

$$E_{\text{in}} = \sum_{i=1}^{n+1} p_i(n-i+1) = \frac{1}{n+1}\sum_{i=1}^{n+1}(n-i+1) = \frac{n}{2}$$

这说明在顺序表中进行插入操作，需要移动一半的数据元素，时间复杂度为 $O(n)$。

4．删除算法 ListDelete(L,i)

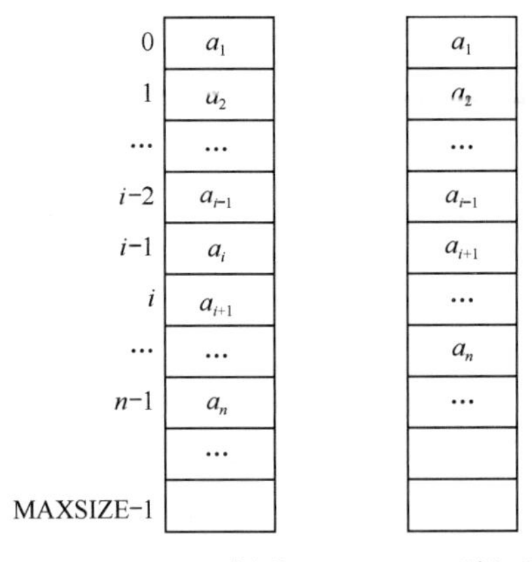

图 2.4　顺序表的删除示意图

顺序表的删除运算是指将顺序表中第 i（$1 \leqslant i \leqslant n$）个数据元素从顺序表中删去。

删除前的顺序表为$(a_1, a_2, \cdots, a_{i-1}, a_i, a_{i+1}, \cdots, a_n)$，表长为 n。

删除后的顺序表为$(a_1, a_2, \cdots, a_{i-1}, a_{i+1}, \cdots, a_n)$，表长为 $n-1$，如图 2.4 所示。

（1）算法思想。顺序表删除数据元素的步骤如下。

① 检查删除位置的合法性，若不合法，则返回错误信息，否则继续。

② 删除第 i 个数据元素。

③ 将 $a_{i+1} \sim a_n$ 顺序向前移动一个位置。

④ 修改表长 L.length。

（2）算法描述如下。

```
bool  ListDelete(SeqList &L, int i, &e)
  {  int   j;
    if(i<1 || i>L.length)               //检查顺序表及删除位置的合法性
      return false ;
    for(j =i; j <=L.length-1; j++)
      L.elem[j-1]=L.elem[j];            //向前移动
      L.length--;
    return true;                        //删除成功
  }
```

（3）算法说明。

① 删除第 i 个数据元素，i 的取值为 $1 \leqslant i \leqslant n$，否则第 i 个数据元素不存在，因此，要检查删除位置的合法性。

② 当表空时，不能进行删除操作，表空时 L.length=0，条件（i<1||i >L.length）包括对表是不是空表的检查。

③ 删除 a_i 之后，该数据元素已经不存在，如果需要该数据元素，则要先取出 a_i，再做删除操作。

（4）算法的时间性能分析。

与插入运算相同，其时间也主要消耗在了移动表中的数据元素上，删除第 i 个数据元素时，其后面的数据元素 $a_{i+1} \sim a_n$ 都要向前移动一个位置，共移动了 $n-i$ 个元素，因此平均移动数据元素的次数为

$$E_{\mathrm{de}} = \sum_{i=1}^{n} p_i (n-i)$$

在等概率情况下，$p_i = \dfrac{1}{n}$，则有

$$E_{\mathrm{de}} = \sum_{i=1}^{n} p_i (n-i) = \frac{1}{n} \sum_{i=1}^{n} (n-i) = \frac{n-1}{2}$$

这说明在顺序表中进行删除操作时，大约需要移动表中一半的数据元素，时间复杂度为 $O(n)$。

5. 按值查找算法 LocateElem（&L,x）

顺序表中的按值查找是指，在顺序表中查找与给定值 x 相等的数据元素。

（1）算法思想。从第一个数据元素 a_1 开始，依次和 x 比较，直到找到一个与 x 相等的数据元素为止，若找到，则返回它在顺序表中的下标或序号（二者差 1）；若查遍整个表都没有找到与 x 相等的数据元素，则返回 0。

（2）算法描述。

```
int  LocateElem(SeqList L, Elemtype x)
     {  int i=0;
        while(i< L.length && L.elem[i]!=x)
            i++ ;
        if(i>=L.length) return 0;
        else    return i+1;                    //查找成功，返回序号 i+1
     }
```

（3）算法的时间性能分析。

算法的主要运算是比较。显然比较的次数与 x 在表中的位置有关，也与表长有关。当 $a_1=x$ 时，比较 1 次就查找成功。当 $a_n=x$ 时，比较 n 次才查找成功。平均比较次数为$(n+1)/2$，时间复杂度为 $O(n)$。查找不成功时，时间复杂度为 $O(n)$。

2.2.3 顺序表应用举例

例 2.1 将顺序表$(a_1, a_2, \cdots, a_n)$重新排列为以 a_1 为界的两部分：a_1 前面的值均比 a_1 小，a_1 后面的值都比 a_1 大（这里假设数据元素的类型具有可比性，可设为整型)，操作前后的顺序表如图 2.5 所示。这种操作称为划分，a_1 称为基准。

（a）划分前	（b）划分后
25	15
30	10
20	20
60	**25**
10	30
35	60
15	35
…	…

图 2.5 顺序表的划分

划分的方法有很多种，下面介绍的划分算法思路简单，但性能较差。

算法思想：从第二个数据元素开始到最后一个数据元素，逐一向后扫描。

（1）若当前数据元素 a_j 比 a_1 大，表明它已经在 a_1 的后面，不必改变它与 a_1 之间的位置，继续比较下一个。

（2）若当前数据元素 a_j 比 a_1 小，说明它应该在 a_1 的前面，此时先将它前面的元素都依次向后移动一个位置，然后将它置于最上方。

算法描述如下。

```
void  partition(SeqList   *L)
     {  int   i, j ;
        ElemType   x, y ;
        x=L.elem[0];                           //将基准置入 x
        for(i=1; i<=L.length ; i++)
          if(L.elem[i]<x)                      //当前数据元素小于基准
            {  y =L.elem [i];
               for(j=i-1; j>=0 ; j--)          //移动
                   L.elem[j+1]=L.elem[j] ;
               L.elem[0]=y ;
            }
     }
```

本算法使用两层循环，外层循环执行 $n-1$ 次，内层循环移动数据元素的次数与当前数据元素的大小有关，当第 i 个数据元素小于 a_1 时，要移动它前面的 i−1 个数据元素，再加上当前结点的保存及写入，所以移动 i−1+2 次，在最坏情况下，a_1 后面的结点都小于 a_1，故总的移动次数为

$$\sum_{i=2}^{n}(i-1+2)=\sum_{i=2}^{n}(i+1)=\frac{n(n+3)}{2}$$

即最坏情况下移动数据元素的时间复杂度为 $O(n^2)$。

例 2.2 将两个有序顺序表 A 和 B，归并成一个有序顺序表 C。

算法思想：假设有序顺序表的数据元素均按从小到大的方式排列，用顺序表存储。依次扫描有序顺序表 A 和 B 中的数据元素，比较当前数据元素 A[i]和 B[j]的值，将值较小的数据元素赋给 C[k]，以此类推，直到一个线性表扫描完毕为止，然后将未完的那个顺序表中的余下部分赋给有序顺序表 C 即可。有序顺序表 C 的容量要能够容纳 A、B 两个有序顺序表相加的长度。

算法描述如下。

```
void  MergeSqList(SeqList  A, SeqList  B,  SeqList  &C)
  {  int  i =j =k =0 ;
    C.elem =(ElemType *)malloc(sizeof(ElemType)*(A.length + B.length));
     while(i <A.length && j <B.length )
        if(A.elem[i] < B.elem[j])
              C.elem[k++]=A.elem[i++];
        else   C.elem[k++]=B.elem[j++];
     while(i < A.length)
        C.elem[k++]=A.elem[i++];
     while(j < B.length)
        C.elem [k++]=B.elem [j++];
    C.length =k
    C.ListSize=C.length
  }
```

若有序顺序表 A 的表长是 m，B 的表长是 n，则算法的时间复杂度是 $O(m+n)$。

例 2.3 求两个集合的并集、交集和差集。

算法思想：设集合 $A=\{a_1, a_2, \cdots, a_i, \cdots, a_m\}$，集合 $B=\{b_1, b_2, \cdots, b_i, \cdots, b_n\}$用顺序表存储，运算结果用顺序表 C[$m$+$n$]表示。

（1）求 $A\cup B$ 的算法思想。

先将顺序表 A 中的数据元素复制到顺序表 C 中。从顺序表 B 中逐个取数据元素 B[j](j=1, 2, ⋯, n)，与顺序表 A 中的每个数据元素 A[i]（i=1, 2, ⋯, m）比较，若相等，则跳过 B[j]，在顺序表 B 中取下一个数据元素，若扫描完顺序表 A 的全部数据元素都不相等，则将 B[j]复制到 C[k](k=m+1, m+2, ⋯, m+n)中，直到顺序表 B 中的所有数据元素都取完为止。

算法描述如下。

```
viod  union(SeqList  A, B, &C)
        {  int i, j, k ;
           c.elem =(ElemType *)malloc(sizeof(ElemType)*(A.length + B.length));
           for(i =0 ; i < A.length ; i ++) C[i] =A[i] ;            //将顺序表 A 复制到顺序表 C
           k =A.length   ;
           for(j =0 ; j < B.length ; j ++)                          //逐个取顺序表 B 中的数据元素并插入顺序表 C
              {  i =0 ;
                 while(i < A.length && B[j] !=A[i]) i++ ;           //与顺序表 A 中的数据元素逐个比较
                 if(i >=A.length)C[k++] =B[j];
```

```
        }  // end for
      C.lenght=k ;
      C.ListSize =(A.length + B.length);
    }                                                    //算法结束
```

（2）求 $A \cap B$ 的算法思想。

从顺序表 A 中逐个取数据元素 A[i](i=1, 2, …, m)，与顺序表 B 中的每个数据元素 B[j](j=1, 2, …, n）比较，若相等，将 A[i]复制到 C[k]中，这里 k=1, 2, …, min(m, n)，否则，在顺序表 A 中取下一个数据元素，直到顺序表 A 中的所有数据元素取完为止。

算法描述如下。

```
viod   intersection(SeqList   A, B, &C)
    {  int i, j, k =0 ;
      C.elem =(ElemType *)malloc(sizeof(ElemType)* min(A.length, B.length));
      for(i =0 ; i < A.length ; i ++)                //逐个取顺序表 A 中的数据元素并插入顺序表 C
        {  j =0 ;
          while(j < B.length && B[j] !=A[i]) j ++ ;    //与顺序表 B 中的数据元素逐个比较
          if(j < B.length)C[k++] =A[i];
        }
      C.lenght=k ;
      C.ListSize =max(A.length, B.length);
    }                                                //算法结束
```

（3）求 $A-B$ 的算法思想。

从顺序表 A 中逐个取元素 A[i]（i=1, 2, …, m），与顺序表 B 的每个数据元素 B[j]（j=1, 2, …, n）比较，若相等，则跳过 A[i]，在顺序表 A 中取下一个数据元素；否则，若扫描完顺序表 B 的全部数据元素都不相等，则将 A[i]复制到 C[k]（k=1, 2, …, max(m, n)）中，在顺序表 A 中取下一个数据元素，直到顺序表 A 中的所有数据元素取完为止。

算法描述如下。

```
void   difference(SeqList   A, B, &C)
    {  int i, j, k =0 ;
      C.elem =(ElemType *)malloc(sizeof(ElemType)*max(A.length + B.length));
      for(i =0 ; i < A.length ; i ++)                //逐个取顺序表 A 中的数据元素并插入顺序表 C
        {  j =0 ;
          while(j < B.length && B[j] !=A[i]) j ++ ;    //与顺序表 B 中的数据元素逐个比较
          if(j >=B.length)C[k++] =A[i];
        }  //end for
       C.lenght=k ;
      C.ListSize =max(A.length, B.length);
    }                                                //算法结束
```

上述三个算法使用的都是二重循环，其时间复杂度都是 $O(mn)$。

课后阅读：数据库技术的底层存储-关系数据模型

在知识的运用过程中，我们要学会灵活运用，举一反三，注重学习的顺向迁移。数据结构和算法的魅力也在于此，很多时候我们不需要“死记硬背”某个数据结构或算法，而是要学习其背后的思想和处理技巧，这才是最有价值的。

数组是非常紧凑的数据结构，它占用的内存要比其他结构少，内存利用率更高，对 CPU 高速缓存支持也更友好。它也是目前流行的数据库技术的底层存储基础。1970 年，IBM 公司的研究员 Edgar Frank Codd 发表了论文 A Relational Model of Data for Large Shared Data Banks，该论文提出了关系数据模型的概念。此后，他致力于研究数据的规范化，分析和数据建模等，并发表了不少这方面的文章，为关系数据模型奠定了理论基础。目前，几乎所有的信息系统都需要使用数据库系统来组织、存储、操纵和管理业务数据。数据库领域也是现代计算机学科的重要分支和研究方向。在数据库领域已经产生了 4 位图灵奖得主，他们在数据库理论和实践领域均有突出贡献。

“干一行、爱一行，专一行、精一行。”大学生要想为国家和民族作出贡献，在科技攻关之路上有所突破，就需要有执着专注、精益求精、一丝不苟、追求卓越的工匠精神，将来为全面建设社会主义现代化国家、实现中华民族伟大复兴的中国梦贡献自己的力量。

2.3 线性表的链式存储结构及其算法实现

由于顺序表存在占用连续的存储空间，不便于动态增减，插入、删除效率低的缺点，所以，对数据量动态变化或插入、删除频繁的场合不能适应，为此需要考虑其他存储结构。本节介绍线性表的链式存储结构，它不需要占用地址连续的存储单元，可以离散存放，并通过指针（或称为链）表示数据元素之间的逻辑关系。采用这种存储结构，对线性表的插入、删除不再需要移动数据元素，并且允许表长随意变化。

线性表的链式存储结构灵活多样，包括单链表、双向链表、循环链表、静态链表等多种形式，它们分别适用于不同场合、不同运算的算法实现。

2.3.1 单链表存储结构

1．存储方式

Data	Next
数据域	指针域

图 2.6 单链表结点结构

单链表用一组任意的存储单元来存储线性表中的数据元素，每个数据元素必须占用一块连续的存储单元存放，数据元素之间可以连续存放，也可以不连续存放。数据元素之间的线性关系用指针表示，即对于每个数据元素 a_i，除了存放数据元素自身的信息 a_i，再增加一个存放其后继元素 a_{i+1} 所在的存储单元地址，这两部分信息组成一个结构体，称为一个“结点”，单链表结点结构如图 2.6 所示。

图 2.6 中存放数据元素信息的部分称为数据域，存放其后继结点指针（地址）的部分称为指针域。每个数据元素对应一个结点，n 个数据元素的线性表的所有结点，通过各结点的指针拉成了一条“链”，如图 2.7 所示。

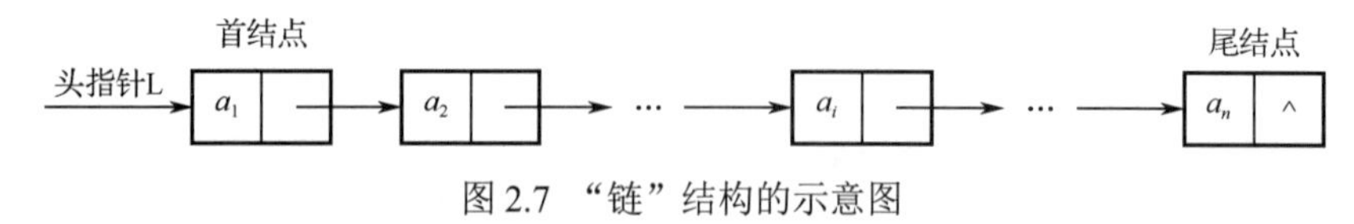

图 2.7 “链”结构的示意图

这种存储结构称为链表，又因每个结点只有一个指向后继元素的指针，所以称其为单链表。结点的个数称为单链表的长度，简称表长。表长为 0 时称为空表，单链表为空时，L 为 NULL。

单链表的第一个数据元素所在的结点称为首结点，为了能找到第一个结点的存储位置，需专门设置一个指向首结点的指针（如 L），这个指针称为头指针，通过头指针可以访问到第一个结点，然后沿着链可以逐个访问其他结点。由此可见，有指针后可以完全确定单链表。基于这个原因，我们通常用“已知单链表 L”或“给定单链表 L”表示给定了整个单链表。

单链表的最后一个结点称为尾结点，由于它没有后继结点，所以其指针域置为空指针，并用符号“^”表示，当访问到一个结点的指针域为空时，说明到达了最后一个结点，利用这一特点可以判断对单链表的访问是否结束。

2．存储结构定义

由于所有结点结构都相同，且结点个数可以不固定，当需要添加一个新数据元素时，只要申请一个结点的存储空间，填入数据元素，并拉到链表中即可，所以对单链表的定义不需要定义出其全部结点，只需要定义一个结点的结构类型和一个头指针类型即可，其他结点可以在程序中生成。结点结构定义如下。

```
typedef  struct  LNode  {
         ElemType  data ;                    //定义数据域
         struct  LNode  *next ;              //定义指针域
  } LNode，*LinkList ;                       //定义结点和头指针类型名
LinkList  L ;                                //定义头指针变量
```

定义说明：

（1）上述定义中，在定义结点的结构内部又用到了结点结构本身，所以是一种递归定义。

（2）定义中的结点类型名 LNode 用于以后申请结点空间时指定空间大小。

（3）定义中的指针类型名*LinkList 用于定义单链表表头指针，指向表头结点。

（4）为了增加算法的可读性，定义中的类型名尽可能用全称，并适当地加以注释。

（5）申请建立一个新结点时，先用 LNode 说明一个结点指针变量 p，再申请结点空间，并将地址放到 p 中，最后填入数据，如图 2.8 所示。操作语句如下。

```
p =(LNode*)malloc(sizeof(LNode));
p->data =x ;
p->next =NULL ;
```

（6）不含任何结点的单链表称为空表。显然，单链表为空时，L 为 NULL。

例如，图 2.9 是线性表($a_1, a_2, a_3, a_4, a_5, a_6, a_7, a_8$)对应的单链表存储结构示意图，图 2.10 是其在内存空间中的实际存储情况。

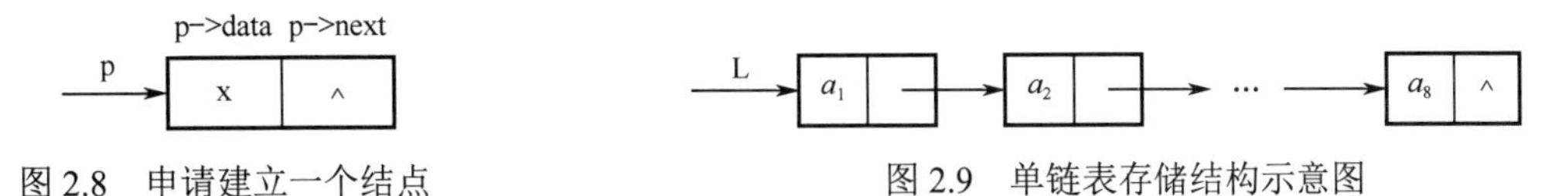

图 2.8 申请建立一个结点　　图 2.9 单链表存储结构示意图

在图 2.10 中，第一个结点的地址 160 放到一个指针变量（如 L）中，最后一个结点没有后继结点，其指针域必须置空，表明此表到此结束。作为线性表的一种存储结构，我们关心的是结点间的逻辑结构，而对每个结点的实际地址并不感兴趣，所以通常采用的单链表，即用图 2.9 的形式而不用图 2.10 的形式表示。

	a_5	200	110
	⋮	⋮	⋮
	a_2	190	150
L →	a_1	150	160
	⋮	⋮	⋮
	a_3	210	190
	a_6	260	200
	a_4	110	210
	⋮	⋮	⋮
	a_8	NULL	240
	⋮	⋮	⋮
	a_7	240	260

图 2.10 链式存储结构

3．存储结构的特点

单链表存储结构与顺序表存储结构相比，二者的优缺点恰好相反，即顺序表的优点正是单链表的缺点，而顺序表的缺点也是单链表的优点。

单链表存储结构的优点：（1）不必占用连续的存储空间。（2）插入、删除操作不需要移动数据元素，算法效率高。（3）便于动态增长

或缩短。

单链表存储结构的缺点：（1）只能顺序访问，查找操作效率低。（2）额外空间开销大。

4．不带头结点的单链表

单链表存储结构对于插入或删除结点的操作存在不便之处。实现插入、删除的语句序列因插入或删除的位置不同而不同，以插入操作为例进行说明。

在首结点之前插入一个结点示意图如图 2.11 所示。

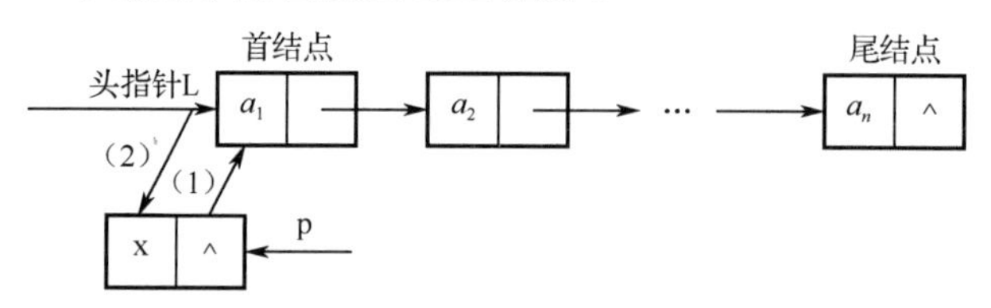

图 2.11　在首结点之前插入一个结点示意图

操作语句序列：（1）p->next=L；（2）L=p。

在尾结点之后插入一个结点示意图如图 2.12 所示，设尾结点由指针 q 指向。

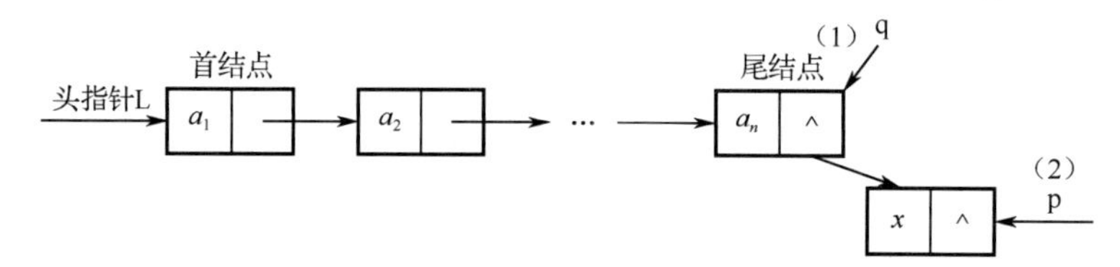

图 2.12　在尾结点之后插入一个结点示意图

操作语句序列：（1）q->next=p；（2）p->next=NULL。

在单链表的中间插入结点示意图如图 2.13 所示。设在指针 q 所指向的结点之后插入一个结点。

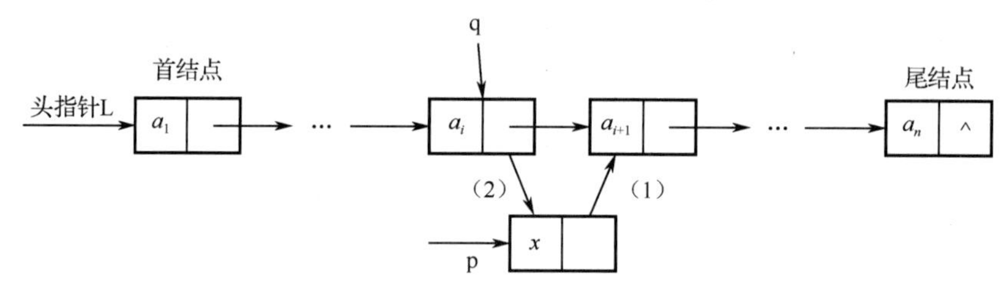

图 2.13　在单链表的中间插入结点示意图

操作语句序列：（1）p->next =q->next；（2）q->next =p。

由于上述不同情况的出现，因此，在插入算法中，需要对不同情况进行判断，并分别进行不同的处理，这给算法设计带来一些麻烦。为了避免这些情况，可以采用下面给出的一种带头结点的单链表存储结构。

5．带头结点的单链表

在单链表的首结点之前增加一个额外的结点，称为单链表的头结点，其中的数据域空闲或存储其他信息（如表长），指针域指向首结点，其存储结构如图 2.14 所示。

在这种存储结构下，插入、删除操作的语句序列在任何位置都相同。仍以插入操作为例进行说明，设在指针 p 所指结点之后插入一个结点，新结点指针为 q，则不论指针 p 指向头结点、尾结点、还是某个中间结点，插入操作的语句序列都是 p->next =q->next；q->next =p。

从不带头结点和带头结点两种单链表存储结构对某些操作算法的影响中不难看出，采用不同的存储结构的确可以使某些算法简化，因此，选择存储结构时应考虑是否有利于算法的实现。

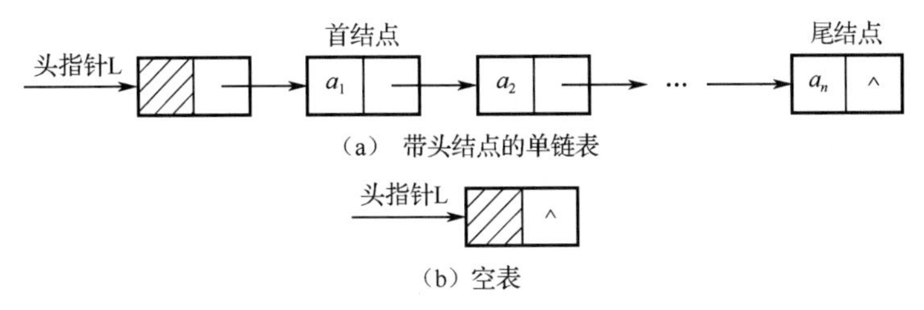

图 2.14　带头结点的单链表和空表的存储结构

带头结点的单链表存储结构定义与不带头结点的单链表存储结构定义完全相同，不同之处在于，在建立一个空的单链表时，必须先申请一个头结点，用头指针指向它，且将指针域置为 NULL。此时，判断表空的条件变为 L->next==NULL，而不是 L==NULL。

6. 带结构信息的单链表

一般地，对于单链表还可以增加一个含三个域的结构体，分别存储头结点、尾结点和表长，其存储结构如图 2.15 所示。

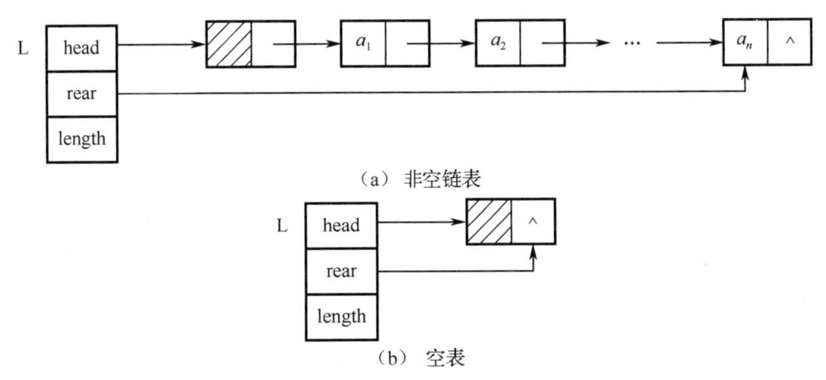

（a） 非空链表

（b） 空表

图 2.15　带结构信息的单链表的存储结构

这种存储结构的定义分为两部分，先定义结点类型，再定义链表信息结构体类型。定义格式如下。

```
typedef  struct  LNode  {              //定义单链表结点类型
         ElemType   data ;
         struct  LNode   *next ;
      }  LNode, *LinkList ;
typedef  struct  HNode  {
         LinkList  head,  rear ;
         int  length ;
      } HNode ;
```

在这种存储结构下，求单链表长度、从单链表尾结点之后插入新结点等操作的算法变得非常简便。

带头结点的单链表恰似一列行驶的火车，头结点好比火车头，它带领其他所有的结点。在生活中，头结点就像我们树立的榜样和先进典型，可以起到引领和带头作用，能够带领周围的人共同前进。而指向其他结点的指针，更像是坚守在普通岗位的普通工作者，齐心协力奔向共同的目标。因此，大学生要在集体中发挥模范带头作用，国家的发展、社会的进步、人民的安康，离不开每个人的努力。

2.3.2 单链表的基本运算

以下算法都基于带头结点的单链表存储结构。

1. 初始化算法 InitList（&L)

初始化一个单链表，就是建立一个空的单链表。算法过程为，先申请一个头结点，再用头指针指向它，将指针域置为 NULL。算法描述如下。

```
void  InitList(LinkList  &L)
    {  L =(LinkList)malloc(sizeof(LNode));
       L->next =NULL ;
}
```

算法的时间复杂度为 $O(1)$。

2. 创建算法 CreateList(&L)

1）头插法（前拉法）

单链表与顺序表不同，它是一种动态分配的存储结构，链表中的每个结点占用的存储空间不是预先分配的，而是运行时系统根据需求生成的。因此建立单链表从空表开始，每读入一个数据元素，就申请一个结点，然后插在链表的头部，图 2.16 所示为线性表(25,45,18,76,29)的链表建立过程，因为结点是在单链表的头部插入的，读入数据的顺序和线性表中的逻辑顺序是相反的。

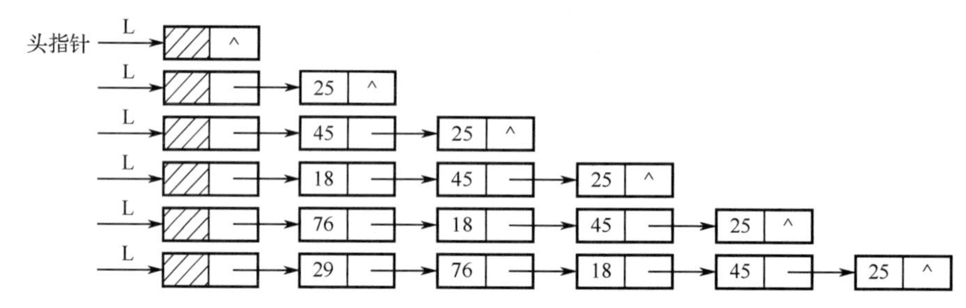

图 2.16 头插法建立单链表

算法如下。

```
void  CreateList_H(LinkList  & L)
    {  InitList(L);          //初始化时为空表
       LNode *s;
        int x;               //设数据元素的类型为 int
        scanf("%d",&x);
        while(x ! =Minint)
          {  s =(LinkList)malloc(sizeof(LNode));
             s->data =x ;   s->next =L->next ;   L->next =s ;
             scanf("%d",&x);
          }
    }
```

算法的时间复杂度为 $O(n)$，n 为单链表中数据结点的个数。

2）尾插法（后拉法）

算法思想：每次将新结点插到单链表的尾部，因此需要使用一个指针 r，它始终指向链表中的尾结点，以便能够将新结点插到链表的尾部，图 2.17 所示为在链表的尾部插入结点以建立单链表的过程。

初始状态：尾指针 r=L；按线性表中数据元素的顺序依次读入数据元素，不是结束标志时，申请结点，先将新结点插到尾指针 r 所指结点的后面，然后尾指针 r 指向新的尾结点。

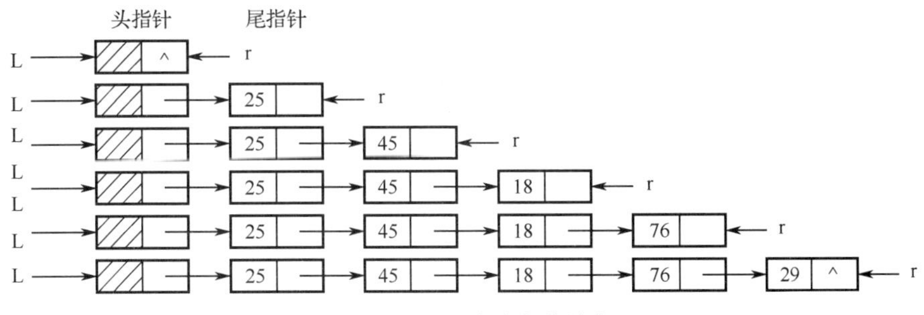

图 2.17　尾插法建立单链表

算法如下。

```
void  CreateList_R(LinkList &L)
    { InitList(L);                          //初始化时为空表
      Lnode  *s, *r =L ;
      int x ;                               //设数据元素的类型为 int
      scanf("%d",&x);
      while(x ! =flag)                      //flag 为输入结束标志
         {  s =（LinkList）malloc(sizeof(LNode));
            s->data=x;
            r->next =s;                     //将指针 s 指向的结点插到尾指针 r 指向结点的后面
            r =s;                           //尾指针 r 指向新的尾结点
           scanf("%d",&x);
         }
      r->next=NULL ;                        //对于非空链表，尾结点的指针域置为空
    }
```

算法的时间复杂度为 $O(n)$，n 为单链表中数据结点的个数。

3．求表长算法 ListLength（LinkList　L）

算法思想：使用一个移动指针 p 和计数器，指针 p 每向后移动一个结点，计数器的值+1。初始状态指针 p 指向头结点，计数器的值 j=0。

（1）设 L 是带头结点的单链表（线性表的长度不包括头结点）。

算法描述如下。

```
int  ListLength1(LinkList  L)
    { LNode  * p =L;                        //指针 p 指向头结点
      int  j=0;
      while(p->next)
       { p =p->next ;  j++;  }              //指针 p 指向第 j 个结点
      return  j;
    }
```

（2）设 L 是不带头结点的单链表。

算法描述如下。

```
int  ListLength2 (LinkList  L)
```

```
  { LNode   * p =L;
    int  j;
     if(!p) return  0;                 //空表
     j=1;                              //在非空表的情况下，指针 p 指向第一个结点
     while(p->next)
        { p=p->next ;  j++ ; }
     return  j;
  }
```

从上面两个算法中可以看出，不带头结点的空表情况要单独处理，而带头结点的则可以统一处理。在以后的算法中若不加说明，则默认单链表是带头结点的。算法的时间复杂度均为 $O(n)$。

4．查找算法

（1）按序号查找结点 GetElem(L, i, &e)。

算法思想：从单链表的第一个结点开始，判断当前结点是否是第 i 个结点，若是，则提取它的值并返回 true，否则继续判断下一个结点，如果一直到单链表结束都没有第 i 个结点，则返回 false。

算法描述如下。

```
bool  GetElem(LinkList   L, int i, ElemType &e);
            //在单链表 L 中查找第 i 个结点，找到提取它的值并返回 true，否则返回 false
   {  Lnode   * p =L->next;
      int  j=1;
      while(p &&   j<i )
        {  p=p->next;  j++;  }
      if(!p||j>i)return false;
      else
       {
       e=p->data;
       return true;
       }
   }
```

（2）按值查找，即定位 LocateElem(L,x)。

算法思想：从单链表的第一个结点开始，判断当前结点的值是否等于 x，若是，返回该结点的逻辑序号，否则继续查找后面的结点，如果一直查找到单链表结束都找不到，则返回 0。

算法描述如下。

```
LinkList  LocateElem(LinkList   L, ElemType x)
    //在单链表 L 中查找值为 x 的结点，找到后返回其指针，否则返回 0
 {  LNode   * p=L->next;
    int i=1;
    while(p!=NULL && p->data !=x)
        { p=p->next;
         i++;
        }
  if（p==NULL）
     return 0;
  else
     return(i);
```

```
    }
```

当单链表的长度为 n 时，算法的时间复杂度为 $O(n)$。

5. 插入算法 ListInsert（&L,i,x）

（1）后插结点：假设指针 p 指向单链表中的某结点，指针 s 指向待插入的值为 x 的新结点，将结点*s 插到结点*p 的后面，如图 2.18 所示。

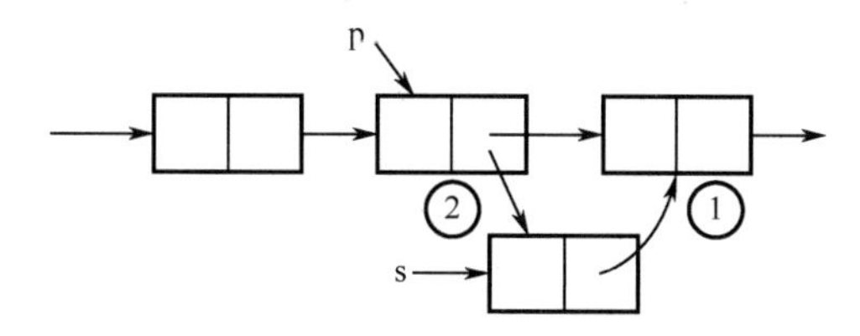

图 2.18　在指针 p 指向的结点之后插入一个结点

操作语句序列如下。

```
① s->next =p->next;
② p->next =s;
```

注意：两个指针的操作顺序不能交换。

（2）前插结点：假设指针 p 指向链表中的某结点，指针 s 指向待插入的值为 x 的新结点，将结点*s 插到结点*p 的前面，如图 2.19 所示。

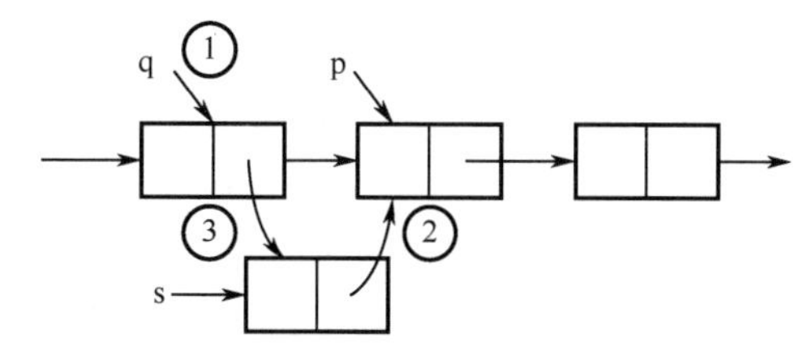

图 2.19　在指针 p 指向的结点之前插入一个结点

与后插结点不同的是，前插结点首先要找到结点*p 的前驱结点*q，再插入结点*s，设单链表头指针为 L，操作如下。

```
q =L;
while(q->next !=p)
    q=q->next;                    //找到结点*p 的前驱结点
    s->next=q->next;
    q->next=s;
```

后插结点算法的时间复杂度为 $O(1)$，前插结点算法因为要找结点*p 的前驱结点，时间复杂度为 $O(n)$。其实，我们关心的是数据元素之间的逻辑关系，所以仍然可以将结点*s 插到结点*p 的后面，然后将 p ->data 与 s->data 交换即可，这样既满足了逻辑关系，也能使时间复杂度减小为 $O(1)$。

（3）插入算法 ListInsert(L, i, x)。

算法思想如下。

① 找到第 i-1 个结点，若存在，继续执行步骤②，否则结束。

② 申请、建立新结点。

③ 插入新结点。

④ 结束。

算法描述如下。

```
bool  ListInsert(LinkList  &L,  int i,  ElemType  x)  //在单链表 L 的第 i 个位置上插入值为 x 的结点
    {  int j=0;
       LNode  * p=L, *s ;
       if(i<=0)return false;                          //参数 i 错误，返回 false
       while(j<i-1&&p!=NULL);                          //查找第 i-1 个结点
        {  j++;
           p=p->next;
        }
       if(!p)return false;                             //第 i-1 个结点不存在，不能插入
       else { s=（LinkList）malloc(sizeof(LNode));      //申请、插入结点
             s->data =x ;
             s->next =p->next ;                        //新结点插入第 i-1 个结点的后面
             p->next =s
           return true ;
          }
    }
```

算法的时间复杂度为 $O(n)$，其中 n 为单链表的长度。

6．删除算法 ListDelete(L, i,e)

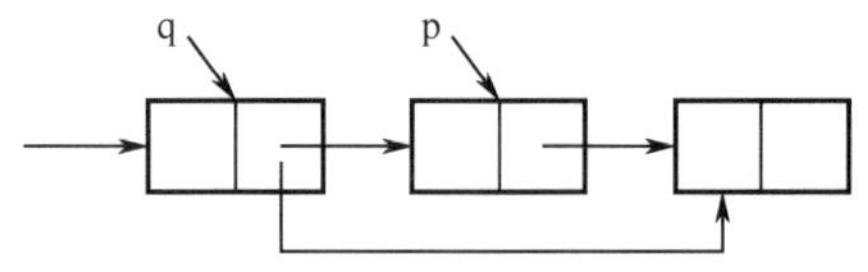

图2.20　删除指针p所指结点的操作示意图

（1）删除第 i 个结点：设指针 p 指向单链表中第 i 个结点，删除指针 p 所指结点的操作示意图如图 2.20 所示。

通过图 2.20 可知，要实现对指针 p 所指结点的删除，首先要找到指针 p 所指结点的前驱结点，然后完成指针的操作即可。

指针操作语句序列如下。

```
q->next=p->next ;   free(p);
```

显然，找指针 p 所指结点的前驱结点算法的时间复杂度为 $O(n)$，其中 n 是单链表的长度。若要删除指针 p 所指结点的后继结点（假设存在），则可以执行以下语句序列。

```
s =p->next ;
p->next =s->next ;
free(s);
```

算法的时间复杂度为 $O(1)$。

（2）删除算法：ListDelete(L,i,e)。

算法思想如下。

① 找到第 i-1 个结点，若存在则继续步骤②，否则结束。

② 若存在第 i 个结点则继续步骤③，否则结束。

③ 删除第 i 个结点。

④ 结束。

算法描述如下。

```
bool  ListDelete1(LinkList  &L，int i,Elemtype &e)   //删除单链表 L 上的第 i 个结点
      {  int j=0;
```

```
        LNode   * p=L, *s ;
         if(i<=0)return false;                          //参数 i 错误，返回 false
        while(j<i-1&&p!=NULL);                          //查找第 i-1 个结点
          {  j++;
             p=p->next;
          }
        if(!p)return false;                             //第 i-1 个结点不存在，不能插入
         else
           {  s =p->next ;                              //指针 s 指向第 i 个结点
              e=s->data;
              p->next=s->next;                          //从单链表中删除
              free(s);                                  //释放指针 s
              return true;
           }
     }
```

单链表的长度为 n 时，该算法的时间复杂度为 $O(n)$。

（3）删除值为 x 的结点 ListDelete(&L, x)。

若给出的不是被删结点的序号，而指定删除值为 x 的结点，则应先查找待删除的结点，若找到则删除，否则返回失败信息。算法描述如下。

```
bool   ListDelete2(LinkList   &L，ElemType x)                 //删除单链表 L 上的值为 x 的结点
     {  LinkList   s, p =L ;
        while(p->nex t&& p->next->data ! =x) p =p->next ;     //查找值为 x 的结点
        if(!p){ printf( " 结点不存在\n " );   return false;  }
        else
          {  s =p->next ;                                     //指针 s 指向第 i 个结点
             p->next=s->next;                                 //从单链表中删除
             free(s);                                         //释放指针 s
             return true;
          }
     }
```

通过上面的基本操作我们得知：在单链表上插入或删除一个结点时，必须知道其前驱结点。单链表不能按序号随机访问结点，只能从头结点开始一个一个地按顺序访问。

7．归并算法 List Merge(L1, L2, &L)

设 L1 和 L2 是两个有序单链表，即结点按数据的大小升序或降序排列，设计算法，将两个有序单链表合并成一个新的有序单链表 L。要求不建立新的单链表，而是直接将有序单链表 L1 和 L2 中的结点归并到新的有序单链表 L 中。

算法思想：分别从两个有序单链表中取一个结点，比较值的大小，将值小的结点插到新链表的最后，直到某个链表空为止，然后将非空链表的剩余部分连接到新链表之后。

算法步骤如下。

① L 指向 L1，即有序单链表 L 使用 L1 的头结点。

② 设置三个指针 h1、h2、h，指针 h1、h2 分别指向有序单链表 L1、L2 的首结点，指针 h 指向有序单链表 L 的尾结点（开始指向有序单链表 L 的头结点）。

③ 指针当 h1 和 h2 都不空时，重复执行如下语句。

若 h1->data <=h2->data，将指针 h1 连接到指针 h 之后，指针 h 指向指针 h1，指针 h1 指向有序单

链表 L1 的下一个结点。

否则将指针 h2 链接到指针 h 之后，指针 h 指向指针 h2，指针 h2 指向有序单链表 L2 的下一个结点。

④ 若指针 h1 不空，则将有序单链表 L1 的剩余部分链接到指针 h 之后，即 h->next=h1。

若指针 h2 不空，则将有序单链表 L2 的剩余部分链接到指针 h 之后，即 h->next=h2。

⑤ 算法结束。

算法描述如下。

```
void  ListMerge(LinkList L1, L2, &L)                //将两个有序单链表归并成一个新有序单链表
    { LinkList   L, h1, h2, h ;
      h1 =L1->next ;  h2 =L2->next ;               //初始化
      L =L1 ;  h =L ;  free(L2);
      while(h1 && h2)                               //从指针 h1 和指针 h2 中选择较小者链接到结点*h 后
          if(h1->data <=h2->data)
               {  h->next =h1 ;  h =h1 ;  h1 =h1->next ; }    //指针 h1 小，链接结点*h1
          else  {  h->next =h2 ;  h =h2 ;  h2 =h2->next ; }   //指针 h2 小，链接结点*h2
      if(h1) h->next =h1 ;                                    //链接指针 h1 的剩余部分
      if(h2) h->next =h2 ;                                    //链接指针 h2 的剩余部分
    }
```

如果要求将升序单链表归并为降序单链表，则可以将算法中的向后拉改为向前拉，且无须设置指针 h。

当两个单链表的长度分别是 n 和 m 时，归并算法的时间复杂度为 $O(n+m)$。

8．逆置算法 ListReverse（&L,）

已知单链表 L，设计算法，将单链表 L 就地逆置，即将单链表反向，每个结点的指针由原来指向它的后继结点变为指向它的前驱结点，尾结点变为首结点。单链表的逆置如图 2.21 所示。

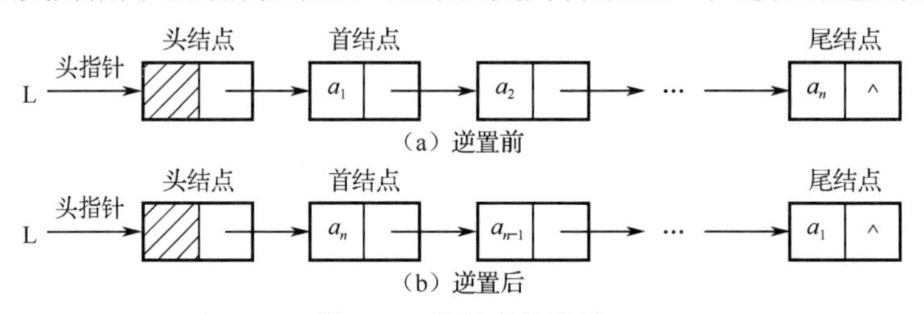

图 2.21　单链表的逆置

算法思想：先将首结点的指针域置空，然后从第二个结点开始，逐个修改指针域，使其指向前驱结点。算法中需要设置三个指针 p、q、r，指针 p 指向当前结点，指针 q 指向当前结点的前驱结点，指针 r 指向当前结点的后继结点，如图 2.22 所示。算法步骤如下。

① 初始化，指针 p 指向首结点，q=NULL。

② 当指针 p 不空时重复执行：指针 r 指向指针 p 指向结点的后继结点，修改 p->next 为 q；指针 q 指向指针 p 指向的结点，指针 p 指向指针 r 指向的结点，如图 2.22 所示。

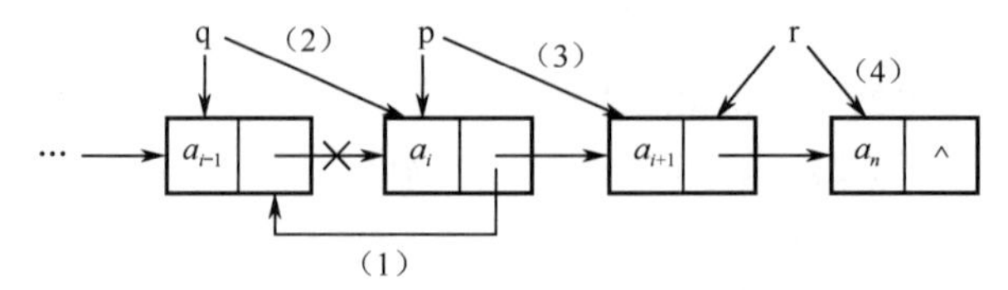

图 2.22　单链表逆置修改指针示意图

③ L->next 指向尾结点，结束。

算法描述如下。

```
void  ListReverse(LinkList &L)                          //单链表就地逆置
    {  LinkList p, q, r ;
       p =L->next ;   q =NULL ;                         //设置初始位置
       while(p)
           { r =p->next ;   p->next =q ;   q =p ; p=r;}  //逐个修改指针指向前驱结点
       L->next =q ;                                     //头指针指向尾结点
    }
```

说明：还可以采用向前拉的方法解此问题。算法思想是，从第二个结点开始，逐个插到队首，读者可以自己写出这种算法。

逆置算法的时间复杂度为 $O(n)$。

编写链表的相关代码是比较考验编写者的逻辑思维能力的，因为在链表的相关代码中，许多是指针的操作与边界条件的处理，稍有不慎就会造成 bug（程序缺陷）。观察一个人编写的链表相关代码，可以看出这个人是否足够细心，考虑问题是否全面，思维是否缜密。这也是很多公司的面试考题喜欢让面试者手写链表相关代码的原因。

2.3.3　双向链表

在单链表中，每个结点只含一个指向其后继结点的指针域 next，因此若已知某结点的指针为 p，其后继结点的指针为 p->next，而要找它的前驱结点，则只能从该链表的头结点的指针开始，顺着各结点的指针域进行顺序查找。查找后继结点的时间复杂度为 $O(1)$，查找前驱结点的时间复杂度为 $O(n)$，如果希望查找前驱结点的时间复杂度也能达到 $O(1)$，则只能付出空间的代价：给每个结点再加一个指向前驱结点的指针域，双向链表结点的结构如图 2.23 所示，用这种结点组成的链表称为双向链表，简称双链表。双向链表可以带头结点，也可以不带头结点，它们存储结构分别如图 2.24 和图 2.25 所示。

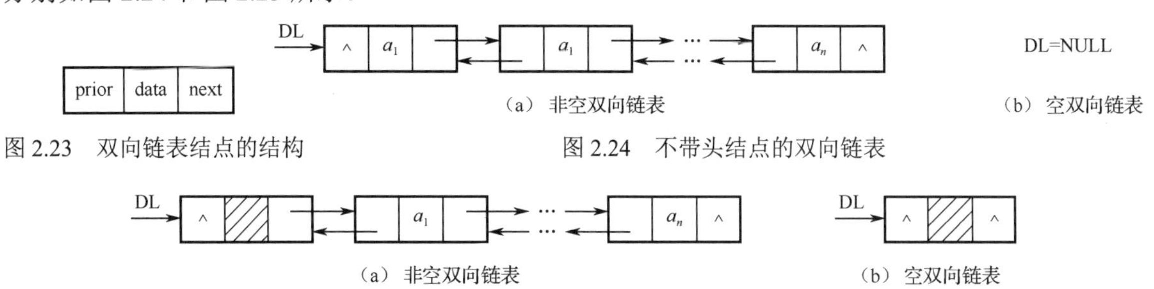

图 2.23　双向链表结点的结构

图 2.24　不带头结点的双向链表

图 2.25　带头结点的双向链表

双向链表结点类型定义如下。

```
typedef   struct   DLNode    {
             ElemType   data ;
             Struct   DLNode    *prior, *next ;
} DLNode, *DLinkList ;
```

和单链表类似，双向链表通常也用头指针标识，通过某结点的指针 p 可以直接得到它的后继结点的指针 p->next 和前驱结点指针 p->prior。

设指针 p 指向双向循环链表中的某一结点，即 p 是该结点的指针，则 p->prior->next 表示的是指针 p 指向结点的前驱结点的后继结点指针，即与指针 p 相等；类似地，p->next->prior 表示的是指针 p 指向结点的后继结点的前驱结点指针，也与指针 p 相等，所以有。

p->prior->next =p->next->prior =p

相邻结点指针域的关系如图 2.6 所示。

双向链表存储结构的优点：查找前驱结点时不需要再循环。从任何一个结点出发，既可以向前，也可以向后逐个访问结点。使连续查找多个数据元素变得非常方便。但缺点是额外空间开销较大。

双向链表中结点的插入操作：设指针 p 指向双向链表中某结点，指针 s 指向值为 e 的待插入结点，将指针 s 指向的结点插到指针 p 指向的结点前面，插入操作如图 2.27 所示。

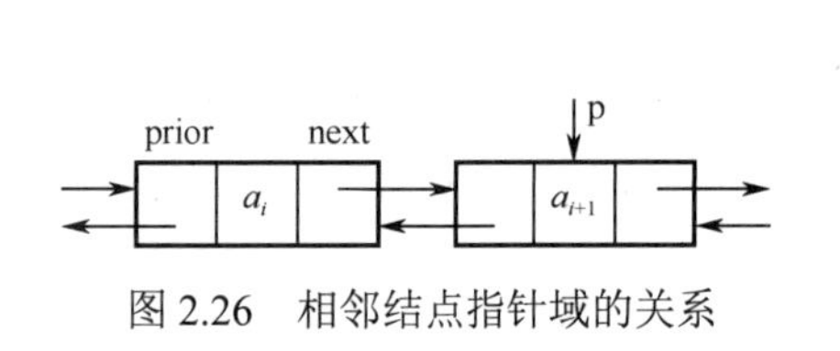

图 2.26　相邻结点指针域的关系

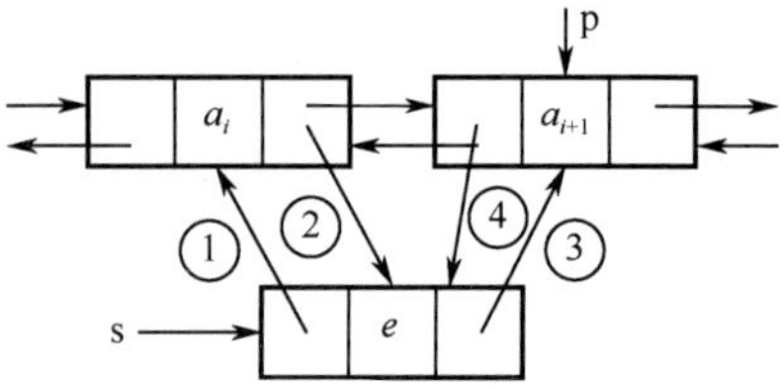

图 2.27　在双向链表中插入结点

实现插入的语句序列如下。

```
① s->prior =p->prior ;
② p->prior->next =s ;
③ s->next =p ;
④ p->prior =s ;
```

指针操作的顺序不是唯一的，但也不是任意的，操作①必须要放到操作④的前面完成，否则指针 p 指向的结点的前驱结点的指针就丢掉了。读者把每条指针操作的含义搞清楚，就不难理解了。

双向链表中结点的删除操作：假设指针 p 指向双向链表中某结点，删除指针 p 指向的结点，操作示意图如图 2.28 所示。

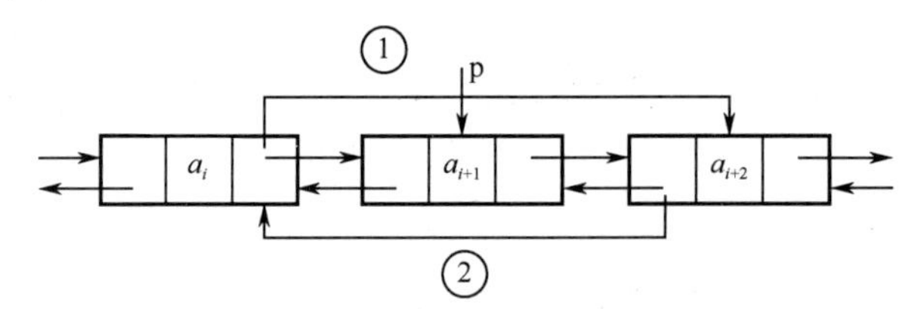

图 2.28　在双向链表中删除结点

操作语句序列如下。

```
① p->prior->next =p->next ;
② p->next->prior=p->prior ;
③ free(p);
```

在双向链表中，有些运算（如求表长、按序号查找、按值查找等）的算法与单链表的相应算法是相同的，这里不再介绍。

2.3.4　循环链表

1. 单循环链表

对于单链表而言，最后一个结点的指针域为空，如果将该单链表的头指针置入该指针域，则使得链表头尾相连，就构成了单循环链表，其存储结构如图 2.29 所示。

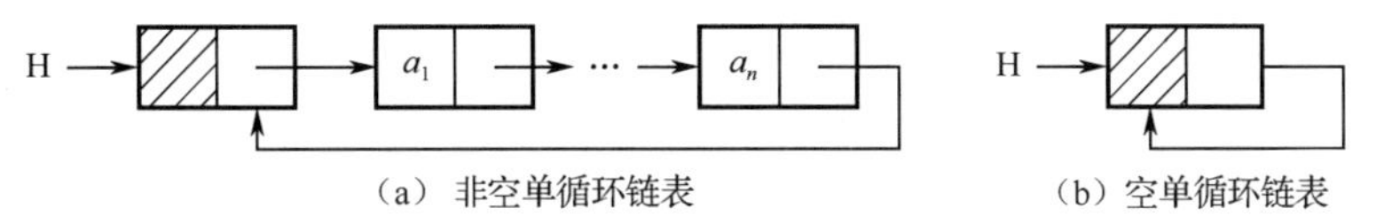

图 2.29　带头结点的单循环链表的存储结构

在单循环链表上的操作基本上与非循环链表相同，只是将原来判断指针是否为 NULL 变为判断指针是否是头指针，没有其他的变化。

单链表只能从头结点开始遍历整个链表，而对于单循环链表则可以从链表中任意结点开始遍历整个链表，不仅如此，有时只在表尾、表头进行某些操作，此时可以修改链表的标识方法，不设置头指针，而设置一个指向尾结点的指针 T（称为尾指针）来标识，可以使某些操作效率得以提高。

例如，将两个单循环链表 L1、L2 合并，即将 L2 的第一个数据结点接到 L1 的尾结点，如果用头指针标识，则需要查找到第一个链表的尾结点，其时间复杂度为 $O(n)$，而用尾指针 T1、T2 来标识，则时间复杂度降为 $O(1)$，两个单循环链表的合并操作示意图如图 2.30 所示。

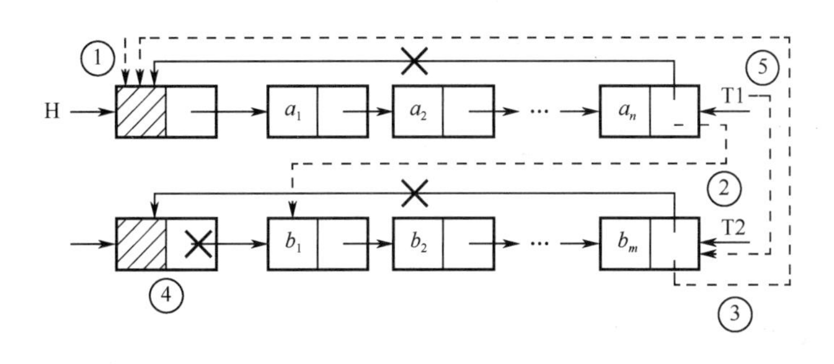

图 2.30　两个单循环链表的合并操作示意图

操作语句序列如下。

```
① p=T1->next ;                    //保存 L1 的头结点指针
② T1->next =T2->next->next ;      //头尾连接
③ free(T2->next);                 //释放 L2 的头结点
④ T2->next =p ;                   //组成循环链表
⑤ T1 =T2 ;                        //指针 T1 指向 L2 的尾结点
```

2. 双循环链表

与单循环链表类似，对双向链表也可以利用头、尾结点的前驱、后继结点指针域链接成头尾相接的形式，称为双循环链表，图 2.31 和图 2.32 分别是不带头结点和带头结点的双循环链表存储结构。

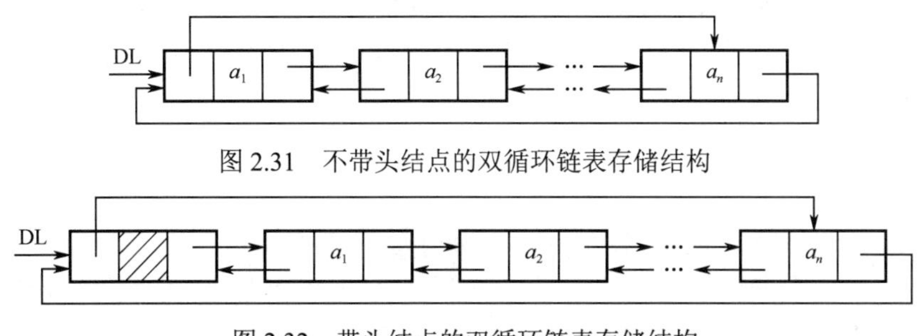

图 2.31　不带头结点的双循环链表存储结构

图 2.32　带头结点的双循环链表存储结构

双循环链表的定义及插入、删除等操作与双向链表相似。

在实际的软件开发中，双向链表和循环链表虽然会占用更多的内存，但比单链表的应用更广泛，原因就在于，双向链表可以快速找到某个结点的前驱结点，且支持双向遍历，这也是用空间换时间的算法设计思想。

当内存空间充足时，如果更加追求代码的执行效率，可以选择空间复杂度相对较高、时间复杂度相对较低的算法或数据结构。相反，如果内存比较小，如代码运行在手机或单片机上，这时就要利用时间换空间的设计思路。缓存技术实际上就是利用了空间换时间的设计思想。如果我们把数据存储在硬盘上，就会比较节省内存，但每次查找数据都要访问一次硬盘，查找速度会比较慢，但如果我们通过缓存技术，事先将数据加载到内存中，虽然会比较耗费内存空间，但是每次查询数据的速度就会大大提高。

2.3.5 单链表应用举例

例 2.4 已知单链表 L。编写算法将结点按其值的大小升序排列，排序前后的单链表如图 2.33 所示。图 2.33（a）所示为排序前的单链表，图 2.33（b）所示为排序后的单链表。

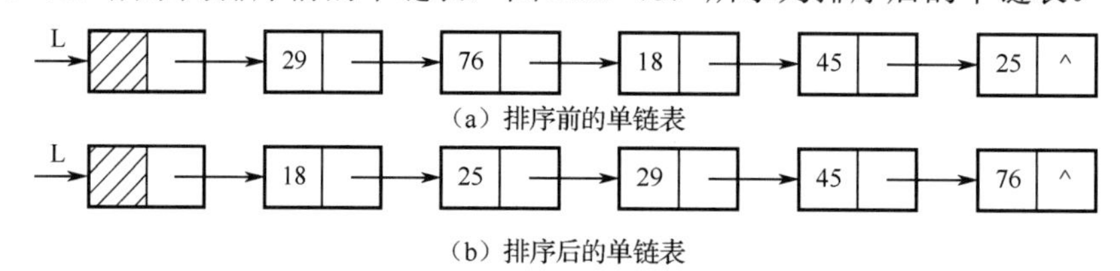

图 2.33 单链表排序

算法思想：用直接插入法进行排序。将单链表看作两部分，前面部分为已经排好序的部分（开始只有一个结点），后面是待排序的部分。每次从待排序部分中取一个结点，插到前面已排好序的单链表中的适当位置，直到所有结点都排好序为止。算法需要设置三个指针 p、h、t，指针 p 指向待插入的结点，指针 h 指向未排序部分的第一个结点，指针 t 为工作指针，寻找插入位置并指向该位置，单链表插入排序初始状态如图 2.34 所示。

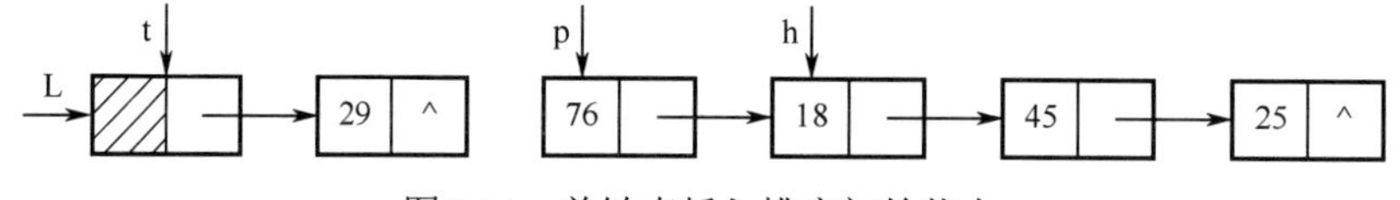

图 2.34 单链表插入排序初始状态

算法操作步骤如下。

① 指针 p 指向第二个结点。

② 外循环，当指针 p 不空时重复执行。

指针 h 指向指针 p 指向结点的后继结点，指针 t 指向已排序部分的第一个结点。

③ 内循环，当 p->data > t->data 且 t->next ≠NULL 时重复执行 t=t->next。

将指针 p 指向的结点插到指针 t 指向的结点之后，取下一个要插入的结点 p=h，指针 h 指向的结点后移一个结点位置。

④ 结束。

算法描述如下。

```
void  Listinsertsort(Linklist  &L)                    //单链表插入排序
   {  if(! L->next ||! L->next->next) return  ;     //当单链表为空或只有一个结点时，直接返回
      LinkList p, h, t ;
```

```
    p =L->next->next ;                         //指针 p 指向未排序部分的第一个结点
    L->next->next=NULL;                        //将原单链表断开，分成已排序和未排序两部分
    while(p)                                   //在未排序部分逐个取结点插入
      { h =p->next ;
        t =L ;                                 //指针 t 指向已排序部分的第一个结点
        while(t ->next && p->data > t->next->data ) t =t->next ;       //查找插入位置
        p->next =t->next ;   t->next =p ;      //插入结点
        p =h ;                                 //取下一个结点插入
      }
}
```

该算法使用了二重循环，时间复杂度为 $O(n^2)$。

还可以用简单选择排序法对单链表结点进行排序，其算法思想是每次从未排序部分中选择一个值最小的结点，连接到已排序部分的尾结点上。读者可以自己写出简单选择排序算法。

例 2.5 已知单链表 L，写出删除值重复的结点（只保留一个）的算法。在单链表中删除重复结点如图 2.35 所示，图 2.35（a）为删除前的单链表，图 2.35（b）为删除后的单链表。

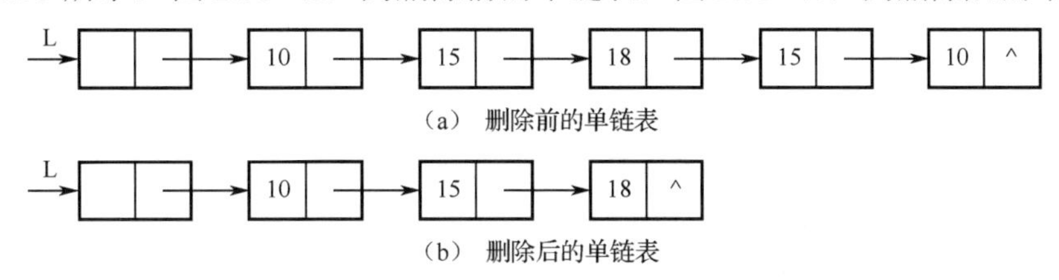

图 2.35 在单链表中删除重复结点

算法基本思想：用指针 p 指向第一个结点，从它的后继结点开始到单链表结束，找与其值相同的结点并删除，指针 p 指向下一个结点，依次类推，当指针 p 指向最后一个结点时，算法结束。

算法描述如下。

```
void  DelLinkList( LinkList  &L)
  { LinkList  p, q, r ;
    p =L->next ;                     //指针 p 指向第一个结点
    if(! p) return ;
    while(p)
      { q =p;
        while(q->next)               //从结点*p 的后继结点开始查找重复结点
           {  if(q->next->data ==p->data)
               { r =q->next ;        //找到重复结点，用指针 r 指向它，删除结点*r
                 q->next =r->next ;
                 free(r);
               }                     //end if
             else q =q->next ;
           }                         //end  while(q->next)
        p=p->next;                   //指针 p 指向下一个结点，继续
      }                              //end while(p->next)
}                                    //算法结束
```

算法的时间复杂度为 $O(n^2)$。

例 2.6 设计算法，用单链表表示多项式 $P_n(x)$。

算法思想：题目要求将一个多项式用单链表存储结构表示。

先分析如何用单链表存储一个多项式。设多项式按降幂排列，即

$$p_n(x)=a_nx^n+a_{n-1}x^{n-1}+\ldots+a_2x^2+a_1x+a_0$$

有些项的系数可能为 0，使该项不出现，指数 n 不是连续的，因此，一般多项式可写为

$$p_n(x)=p_mx^{e_m}+p_{m-1}x^{e_{m-1}}+\ldots+p_1x^{e_1}$$

一个多项式的每一项由该项的系数和指数唯一确定，因此可以用数对(p_i, e_i)表示一项。整个多项式可用各项的数对表示，即

$$p_n(x)=\{(p_m,e_m),(p_{m-1},e_{m-1}),\ldots,(p_1,e_1)\}$$

每一项用一个结点表示：结点结构含 3 个域：系数域 coef、指数域 expn、指针域 next（指向下一个结点）。所有结点拉成单链表即可得到多项式的单链表存储结构。

例如：多项式 $p(x)=5x^{10}+2x^6+6x^3+3x+1$，其单链表存储结构如图 2.36 所示。

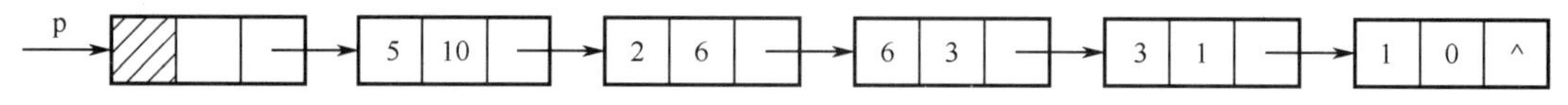

图 2.36　多项式的单链表存储结构

两个多项式相加如图 3.37 所示。设置 3 个工作指针，pp 和 qq 分别指向两个多项式的当前结点，指针 hh 指向指针 pp 指向结点的前驱结点。其加法规则是，同次项系数相加，若相加后系数不等于 0，则修改指针 pp 指向的结点的系数域，删除指针 qq 指向的结点；若相加后系数为 0，则删除指针 pp 和指针 qq 指向的结点，且各后移一个结点；若幂次不相同，又分两种情况：当指针 pp 指向的结点的指数小于指针 qq 指向的结点的指数时，将指针 qq 指向的结点链接到指针 pp 指向的结点之前，否则，连到指针 pp 指向的结点之后。

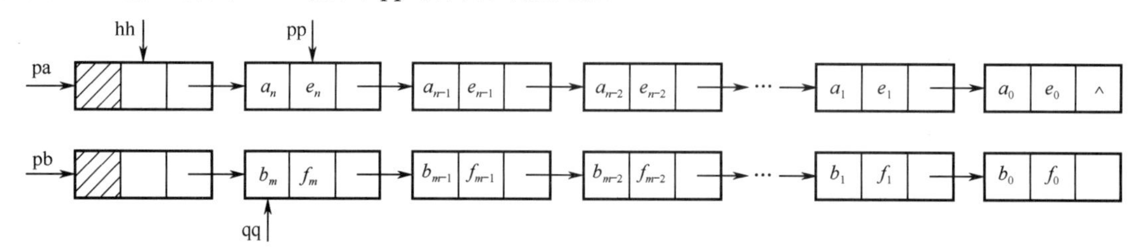

图 2.37　两个多项式相加

算法描述如下。

```
typedef  struct  PNode  {                        //定义多项式结点类型
          float  coef ;
           int  expn ;
          struct  PNode  *next ;
      } PNode,  *PLinkList ;
void  polynadd(PLinkList  &pa, & pb )             //多项式相加
  { float  a ;
    PLinkList  pp, qq, hh ;
    pp =pa->next ; hh =pa ;  qq =pb->next ;
    while(pp && qq)
       switch  {
           case (pp->expn ==qq->expn):            //同次项
                { a =pp->coef + qq->coef  ;
                 if(a !=0)                        //相加系数不为 0 时，修改指针 pp 指向结点的系数域
                     {  pp->coef =a ;
                        hh=pp;  pp =hh->next ;
```

```
                        pb =qq->next ; free(qq);
                        qq=pb->next ;   }
              else   {                                    //相加系数为 0 时，删除指针 pp 和指针 qq 指向的结点
                        hh->next =pp->next ;    free(pp);
                        pb->next =qq->next ;    free(qq);
                        pp =hh->next ; qq =pb->next//各后移一个结点
                      }                                   //end   if
              break ;
             }                                            //end case(pp->expn ==qq->expn)
         case    pp->expn > qq->expn :                    //指数不同且指针 pp 指向的结点的指数大，将指针 qq 指
                                                          //向的结点连到指针 pp 指向的结点之前
             {   pb->next =qq->next   ;   qq->next =pp ;
                 hh->next =qq ;      hh =qq ;
                 qq =pb->next ;      break ;
             }                                            //end case    pp->expn < qq->expn
         case    pp->expn < qq->expn :                    //指数不同且指针 pp 指向的结点指数小，将指针 qq 指向
                                                          //的结点链到指针 pp 指向的结点之后
             {   pb->next =qq->next ;    qq->next =pp->next ;
                 pp->next =qq ;   hh =pp ;
                 pp =hh->next ;    qq =pb->next ;
                 break
             }                                            //end case    pp->expn < qq->expn :
        }                                                 //end switch
    }                                                     //算法结束
```

算法的时间复杂度为 $O(m+n)$。

例 2.7 基于多项式的单链表存储结构，写出求多项式导数的算法。

算法思想：对多项式函数逐项求导，利用导数公式 $(a_i x^i)' = i a_i x^{i-1}$，逐个结点修改系数域和指数域即可。注意遇到常数项结点时，因其导数为 0，应删除。类型定义同例 2.6。

算法描述如下。

```
void  coefdifferentation(PLinkList   & P)
    {  PLinkList   pp =P->next ;
       while(pp && pp->expn > 1)                          //对指数大于 1 的项逐个结点计算导数
           { pp->coef =pp->coef * pp->expn ;
            if(pp)
              {   pp->expn - - ;
                 pp =pp->next ;
              }
       pp->expn =0 ;                                      //对一次项求导，指数为 0
       pp->next =NULL ;                                   //删除常数项结点
    }                                                     //算法结束
```

算法的时间复杂度为 $O(n)$，其中 n 为多项式的指数。

如果读者已经理解并掌握了前面所讲的技巧，但手写链表相关的代码时还是出现各种的错误，也不要着急，编写链表相关的代码没有太多技巧。读者只要把常见的链表操作的实现代码多写几种。熟能生巧，就会逐渐掌握链表相关代码的编写。

由于线性表的不同存储结构有其各自的优缺点，具体在顺序表和链表选择的时候，要根据具体问题具体分析，树立正确的世界观，没有绝对的好坏，一分为二地看问题。每一个人也都有自

己独特的闪光点，找准自己的定位，做自己最擅长的事情，发掘自己的潜力，开启人生的华章。

课后阅读：区块链

2019 年 10 月 24 日，中共中央政治局就区块链技术发展现状和趋势进行第十八次集体学习。集体学习强调，区块链技术的集成应用在新的技术革新和产业变革中起着重要作用。我们要把区块链作为核心技术自主创新的重要突破口，明确主攻方向，加大投入力度，着力攻克一批关键核心技术，加快推动区块链技术和产业创新发展。集体学习指出，区块链技术应用已延伸到数字金融、物联网、智能制造、供应链管理、数字资产交易等多个领域。目前，全球主要国家都在加快布局区块链技术发展。我国在区块链领域拥有良好基础，要加快推动区块链技术和产业创新发展，积极推进区块链和经济社会融合发展。

区块链是由包含交易信息的区块从后向前有序链接起来的数据结构。区块链的“链”，包含“数据链”和“节点链”。“数据链”指用链式结构组织区块数据，构成数据校验和追溯的链条；“节点链”指多个节点通过网络连接在一起，互相共享信息，其中的共识节点联合执行共识算法，产生并确认区块。区块被从后向前有序地链接在这个链条中，每个区块都指向前一个区块，它其实就是链表。

区块链起源于数字货币，但其应用边界早已经超越了数字货币，发达国家早已经展开了区块链技术在各产业深入应用的广泛探索，全球许多知名的 IT 企业和互联网企业在区块链技术研究和产品开发上投入重金。

本章小结

线性表是整个数据结构课程的重要基础，本章的学习要点如下。

（1）了解线性表的逻辑结构特性及两种存储结构。

（2）熟练掌握两种存储结构的描述方法。链表是本章的重点、难点。

（3）熟练掌握顺序表的定义与实现，包括查找、插入、删除算法的实现。

（4）熟练掌握在各种链表中实现线性表操作的基本方法，能在实际应用中选用适当的链表。

（5）能够从时间复杂度和空间复杂度的角度综合比较线性表两种存储结构的不同点及其适用场合。

习题 2

一、选择题

1．线性表是具有 n 个（　　）的有限序列。

A．数据项　　B．数据元素　　C．数据对象　　D．表记录

2．下列关于线性表的说法中不正确的是（　　）。

A．线性表中的数据元素可以是数字、字符、记录等不同类型

B．线性表中数据元素的个数不是任意的

C．线性表中的每个结点有且只有一个直接前驱和直接后继

D．存在这样的线性表：表中的各个结点都没有直接前驱和直接后继

3．线性表的顺序存储结构是一种（　　）的存储结构。

A．随机存取　　B．顺序存取　　C．索引存取　　D．散列存取

4．在顺序表中，只要知道（　　），就可在相同时间内求出任一结点的存储地址。

A．基地址　　B．结点大小　　C．线性表大小　　D．基地址和结点大小

5．下列关于线性表的叙述中错误的是（　　）。

A．线性表采用顺序存储结构，必须占用一片连续的存储单元

B．线性表采用顺序存储结构，便于进行插入和删除操作

C．线性表采用链式存储结构，不必占用一片连续的存储单元

D．线性表采用链式存储结构，便于插入和删除操作

6．线性表采用链式存储结构时其存储地址要求（　　）。

A．必须是连续的　　B．部分地址必须是连续的

C．必须是不连续的　　D．连续和不连续都可以

7．一个长度为 n 的顺序表，向第 i（$1 \leqslant i \leqslant n+1$）个数据元素前面插入一个新数据元素时，需要从后向前依次后移（　　）个数据元素。

A．$n-i$　　B．$n-i+1$　　C．$n-i-1$　　D．i

8．（　　）运算使用顺序表比链表更方便。

A．插入　　B．删除　　C．根据序号查找　　D．根据元素值查找

9．向具有 n 个结点的有序单链表中插入一个新结点并使其仍然有序的时间复杂度为（　　）。

A．$O(1)$　　B．$O(n)$　　C．$O(n^2)$　　D．$O(\log_2 n)$

10．在一个长度为 n 的顺序存储的线性表中，删除第 i（$1 \leqslant i \leqslant n$）个数据元素时，需要从前向后依次前移（　　）个数据元素。

A．$n-i$　　B．$n-i+1$　　C．$n-i-1$　　D．i

11．在一个长度为 n 的线性表中顺序查找值为 x 的数据元素时，假定查找每个数据元素的概率都相等，则平均查找长度，即 x 与数据元素的平均比较次数为（　　）。

A．n　　B．$n/2$　　C．$(n+1)/2$　　D．$(n-1)/2$

12．在一个带头结点的单链表 HL 中，若要向表头插入一个指针 p 指向的结点，则执行的语句是（　　）。

A．HL =p;　p->next =HL;　　B．p->next =HL;　HL =p;

C．p->next =HL;　p =HL;　　D．p->next =HL->next;　HL->next =p;

13．在一个单链表 HL 中，若要在指针 q 所指结点的后面插入一个指针 p 指向的结点，则执行的语句是（　　）。

A．q->next =p->next ;　p->next =q;　　B．p->next =q->next;　q =p;

C．q->next =p->next ;　p->next =q;　　D．p->next =q->next ;　q->next =p;

14．在一个单链表 HL 中，若要删除指针 q 指向结点的后继结点，则执行（　　）。

A．p =q->next ;　p->next =q->next;　　B．p =q->next ;　q->next =p;

C．p =q->next ;　q->next =p->next;　　D．q->next =q->next->next;　q->next =q;

15．在一个双向链表中，在指针 p 指向的结点前插入一个指针 q 指向的结点，执行的语句是（　　）。

A．p->Prior=q;　q->Next=p;　p->Prior->Next=q;　q->Prior=q；

B．p->Prior=q;　p->Prior->Next=q;　q->Next=p;　q->Prior=p->Prior;

C．q->Next=p;　q->Prior=p->Prior;　p->Prior->Next=q;　p->Prior=q;

D．q->Prior=p->Prior;　q->Next=q;　p->Prior=q;　p->next=q;

16．若某线性表最常用的操作是存取任一指定序号的数据元素和在线性表最后进行插入和删除运算，则利用（　　）存储结构最节省时间。

A．顺序表　　　　　　　　　　B．双向链表

C．带头结点的双循环链表　　　　D．单循环链表

二、填空题

1．对于一个具有 n 个结点的单链表，在指针 p 指向的结点之后插入一个新结点的时间复杂度为（　　　　），在给定值为 x 的结点之后插入一个新结点的时间复杂度为（　　　　）。

2．根据线性表的链式存储结构中每一个结点包含的指针个数，将链表分为（　　　　）和（　　　　）。

3．顺序存储结构是通过（　　　　）表示数据元素之间的关系的。

4．对于双向链表,在两个结点之间插入一个新结点需修改（　　　　）个指针，而单链表插入需要修改（　　　　）个指针。

5．循环单链表的最大优点是（　　　　）。

6．在无头结点的单链表中，第一个结点的地址存放在头指针中，其他结点的存储地址存放在（　　　　）结点的 next 域中。

7．带头结点的双循环链表 L 为空表的条件是（　　　　）。

8．当线性表的数据元素个数基本稳定，且很少进行插入和删除操作，但要求以最快的速度存取线性表中的数据元素时，应采用（　　　　）存储结构。

9．求顺序表和单链表的长度算法，其时间复杂度分别为（　　　　）和（　　　　）。

10．顺序表存储结构的优点是（　　　　）、（　　　　）和（　　　　）；缺点是（　　　　）。

11．单链表存储结构的优点是（　　　　）、（　　　　）和（　　　　）；缺点是（　　　　）。

12．在单链表中，设置头结点的作用是（　　　　）。

13．单链表存储的特点是利用（　　　　）表示数据元素之间的逻辑关系。

14．不带头结点的双循环链表 DL 为空表的条件是（　　　　）。

15．以下算法的功能是在一个非递减的顺序表中，删除所有值相等的多余数据元素。在画线处填上适当的语句，将程序补充完整。

```
# define maxlen   100
typedef   struct   {
        elemtype   a[ maxlen ] ;
        int length ;
     } sqlist ;
 void   delequil(sqlist   & S)
     {   int   j=1, i =2 ;
         while(__________________)
            {   if(S.a[ i ] !=S.a[ j ])
                    {   ____________   ;
                        ______________;
                    }
                 i ++ ;
            }
         _______________;
     }
```

16．双向链表的存储结构如图 1 所示。删除链表中指针 p 所指结点的两步主要操作是（　　　　），（　　　　）。

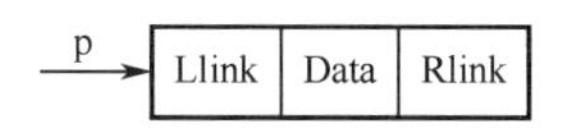

图 1　双向链表的存储结构

三、问答题

1．描述头指针、头结点、首结点的区别，并说明头指针和头结点的作用。

2．何时选用顺序表、何时选用链表作为线性表的存储结构为宜？

3．为什么在单循环链表中设置尾指针比设置头指针更好？

4．下述算法的功能是什么？

```
LinkList  ABC(LinkList  L){       // L为无头结点的单链表
  if(L&&L->next)
  { Q=L;   L=L->next;   P=L;
    while(P->next) P=P->next;
    P->next=Q; Q->next=NULL;
  }
  return L;
}
```

5．对于图 2 所示的双向链表，写出对换值为 23 和 15 的两个结点的位置时修改指针的有关语句。结点结构为（prior，data，next）。

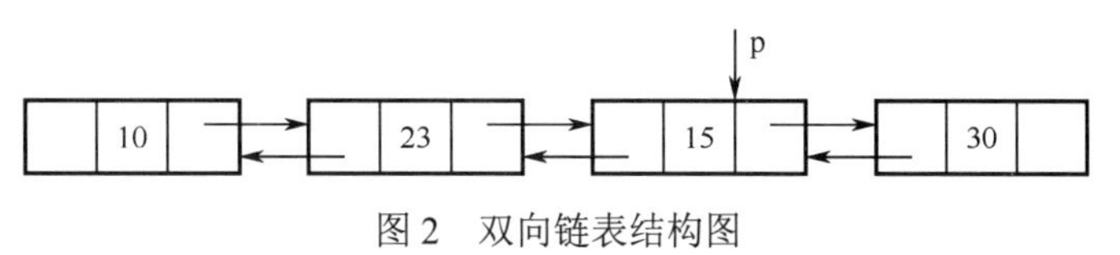

图 2　双向链表结构图

6．假定调用如下算法时线性表 L 的内容为(15, 26, 37, 48, 55)，*i*=3，*x*=51，则调用后该单链表的内容变为什么？

```
Void  AA(SqList  &L,int  i, int  x)
      {  if(i>=1&&i<=Length(L))
           { FOR(j=Length(L);j>=i;j--)
                A[j+1]=A[j];
                A[i]=x;
           }
           else  exit(ERROR);
      }
```

四、算法设计题

1．编写建立单链表的算法，要求顺序输入 *n* 个数据元素的值，即先输入 $a_1,a_2,\cdots$。

```
CreatList_L(LinkList &L；int n)
```

2．假设顺序表 L 是一个递减有序表，试编写一个插入数据元素 *x*，插入后仍保持顺序表 L 有序性的算法。

```
Void sinsert(Sqlist &S,  int  x)
```

3．编写一个在带头结点的单链表中实现线性表求表长 ListLength(L)运算的算法。

```
int  ListLength(LinkList  L)
```

4．编写一个从带头结点的单链表中删除其值等于给定值 x 的结点的算法。

```
Int   delete(LinkList   &L,   int x)
```

5．已知递增有序的两个带头结点的单链表 La、Lb，它们分别存储了一个非空集合 A、B。设计一个求两个集合的并集 $A=A\cup B$ 的算法。

```
void mergelist(linklist &La, linklist Lb)
```

6．设计一个将不带头结点单向链表就地逆置的算法。

7．设计一个删除整数数组中值相等的多余整数（只保留第一次出现的那个整数）的算法。

```
Void delDuplicate(int A[]，int & n)
```

第 3 章　栈和队列

如果对线性表的操作加以限制，就得到一些特殊的线性表。栈和队列就是两种重要的特殊的线性表，它们的逻辑结构和线性表相似，不同之处是对操作运算施加了某些限制。由于栈和队列都是在线性表的基础上对操作加以限制后得到的两种特殊的数据结构，所以称它们为操作受限的线性表。栈和队列是软件设计中最常用的两种数据结构。本章将讨论栈和队列的概念、特点及 ADT 定义，栈和队列的两种存储结构与算法实现及其应用等。

3.1　栈

关于栈，有一个非常形象的比喻，栈就像一摞叠在一起的盘子，在放盘子的时候，我们只能将盘子放在最上面，不能将盘子任意塞到中间的某个位置；在取盘子的时候，我们只能先取最上面的盘子，不能从中间的某个位置任意抽出盘子。先进后出，后进先出，这就是典型的栈结构。

现实生活中，大家肯定也很熟悉浏览器的前进、后退功能。当我们依次访问页面 A、B、C 后，单击浏览器的后退按钮，就可以查看之前浏览过的页面 B 和页面 A。当后退到页面 A 之后，单击前进按钮，就可以重新查看页面 B 和页面 C。但是，如果后退到页面 B 之后，打开了新的页面 D，就无法再通过前进或后退功能查看页面 C 了，而这就会用到栈。

由于栈是操作受限的特殊线性表，其存储结构与操作算法与一般线性表有很大的差别，因此有必要对它进行专门讨论。本节将详细介绍栈的概念与特点、相关术语及 ADT 定义、存储结构与操作算法等。

3.1.1　栈的概念及 ADT 定义

1．栈的概念与特点

1）栈的概念

如果限制线性表的插入和删除运算只能在一端进行，则称这种线性表为栈。允许插入、删除的这一端称为栈顶，通常用一个指针 top 指向栈顶位置，另一个固定端称为栈底，用一个指针 base 指向它。当栈中没有数据元素时，称为空栈，此时 top==base。栈的逻辑结构如图 3.1 所示。在栈顶插入一个数据元素的操作称为进栈（也称为入栈或压栈），从栈中删除一个数据元素称为出栈（也称退栈或弹出）。当栈空时不能出栈，否则会产生下溢错误，栈的大小受栈空间 StackSize 限制，当栈满时，不能进行入栈操作，否则产生上溢错误。

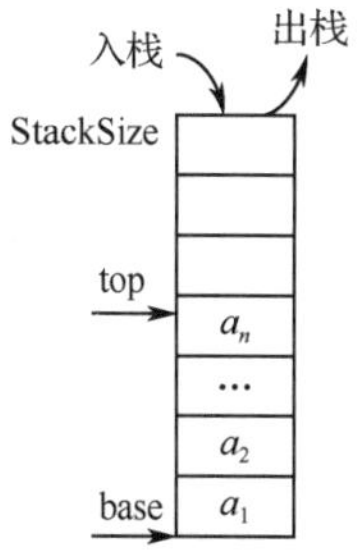

图 3.1　栈的逻辑结构

2）栈的特点

由于栈的插入和删除操作都在栈顶进行，所以最后入栈的数据元素最先出栈，基于这个特点，栈又称为后进先出（Last In First Out，LIFO）的线性表。图 3.1 中的入栈数据元素的顺序是 $a_1, a_2, \cdots, a_{n-1}, a_n$，出栈的顺序是 $a_n, a_{n-1}, \cdots, a_2, a_1$。

在日常生活中，有很多栈的例子。例如：枪支上的弹匣，后压入的子弹总是先射出。栈的操作特点正是上述实际应用的抽象。在程序设计中，常常需要栈这样的数据结构，一些情况下，希望按与保存数据顺序相反的方式来使用这些数据，此时就需要用栈来实现。例如，程序中的过程或函数调用，在进入被调用过程或函数前需要保存现场信息，以便能在返回时继续执行，当嵌套层数较多时，总是从最深层返回上一层，最后保存的总是最先返回，所以需要用栈实现。

2. 栈的 ADT 定义

栈的 ADT 定义如下。

```
ADT  Stack  {
        数据对象定义：D ={ e_i | e_i ∈ ElemTypeSet, i =1, 2, …, n }
        数据关系定义：R={(e_i, e_{i+1})| e_i, e_{i+1} ∈ D, i=1, 2, … n-1 }
        数据运算定义：
    （1）栈初始化：InitStack(&S)
          初始条件：栈 S 不存在
          操作结果：构造一个空栈，并返回栈顶指针
    （2）判栈空：StackEmpty(S)
          初始条件：栈 S 存在
          操作结果：若 S 为空栈，则返回 TRUE，否则返回 FALSE
    （3）入栈：Push(&S，x)
          初始条件：栈 S 存在
          操作结果：在栈 S 的顶部插入一个新数据元素 x，x 成为新的栈顶元素。栈发生变化
    （4）出栈：Pop(&S, &e)
          初始条件：栈 S 存在且非空
          操作结果：将栈 S 的栈顶元素从栈中删除，栈中减少一个数据元素。栈发生变化
    （5）读栈顶元素：GetTop(S, &e)
          初始条件：栈 S 存在且非空
          操作结果：栈顶元素作为结果返回，栈不变化
    （6）清空栈：ClearStack(&S)
          初始条件：栈 S 存在且非空
          操作结果：将栈 S 清空
    （7）撤销栈：DestroyStack(&S)
          初始条件：栈 S 存在
          操作结果：释放为栈 S 分配的存储空间
    （8）求栈长：StackLength(S)
          初始条件：栈 S 存在
          操作结果：返回栈 S 的数据元素个数，即栈的长度
    （9）遍历栈：StackTraverse(S, visit(e))
          初始条件：栈 S 存在且非空
          操作结果：访问栈 S 的每个数据元素一次且只访问一次
} ADT  Stack;
```

3.1.2 栈的存储结构与算法实现

由于栈是运算受限的线性表，因此线性表的存储结构对栈也是适用的，只是操作方式不同而已。类似于线性表，栈也有两种存储结构：顺序栈和链栈。

1. 栈的顺序存储结构——顺序栈

1）栈的生成方式

栈的生成方式是指栈在存储空间中的实现方法，按栈顶指针和栈底位置的不同分为两种。需要注意的是，按不同方式生成的栈，在进行入栈和出栈操作时，修改指针的语句恰好相反。

（1）向下生成的栈。栈顶在高地址端，栈底在低地址端，如图 3.2（a）所示。这种栈，入栈时修改栈顶指针的操作是 top++；出栈时修改栈顶指针的操作是 top−−。

（2）向上生成的栈。栈顶在低地址端，栈底在高地址端。如图 3.2（b）所示。这种栈，入栈时修改栈顶指针的操作是 top−−；出栈时修改栈顶指针的操作是 top++。

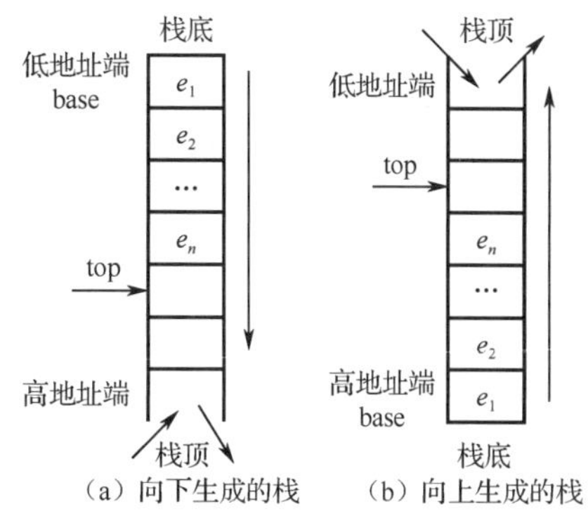

图 3.2　栈的两种生成方式

2）栈顶指针的指示方式

栈顶指针指向什么位置，对入栈和出栈时的操作语句有直接影响。栈顶指针通常有两种指示方式。

（1）栈顶指针指向第一个空单元。使用这种指示方式，入栈时，先写数据元素，后修改栈顶指针；出栈时先修改栈顶指针，后读数据元素。

（2）栈顶指针指向栈顶处的数据元素。使用这种指示方式，入栈时，先修改栈顶指针，后写数据元素；出栈时先读数据元素，后修改栈顶指针。

栈的生成方式和指示方式的不同，影响着栈的操作算法，不同的编程语言及编译系统采用不同的方式构造栈，所以在使用栈时应注意语言系统的说明。本书使用向下生成的栈，栈顶指针指向第一个空单元。

3）顺序栈的存储结构

（1）静态顺序栈如图 3.3 所示。用一维数组 Stack[0…MaxSize −1]存储一个栈，其大小 MaxSize 是预先定义的。Stack[0]表示栈底，设置一个栈顶指针 top 指向栈顶。用顺序存储结构表示的栈称为顺序栈。

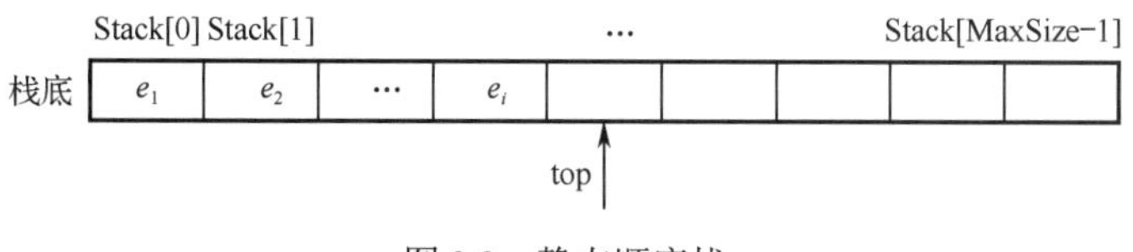

图 3.3　静态顺序栈

当栈空时，top =0；当栈满时，top > MaxSize-1。

静态顺序栈的类型描述如下。

```
# define   MaxSize   100                        //定义栈大小
  tppedef int SElmeType;
  typedef struct static_sq_stack{
         SElmeType   SStack [MaxSize ] ;
          int   top ;                            //定义栈顶指针
  } SStack                                       //定义栈类型名
  SStack   S ;                                   //定义栈变量
```

入栈操作语句：S [top ++] =e ；出栈操作语句：e =S[−−top]。

（2）动态顺序栈。类似于顺序表的定义，用一块连续的存储区域顺序存放栈中的数据元素。另外设置头结点，含三个域：一个是栈底指针域 base；一个是指针域 top，指向栈顶的第一个空位置；一个是预先设定的栈大小域 StackSize。而栈顶元素是随着插入和删除操作不断变化的。定义一个栈时，预先只需定义栈的头结点的类型，栈的存储空间动态申请。动态顺序栈如图 3.4 所示。

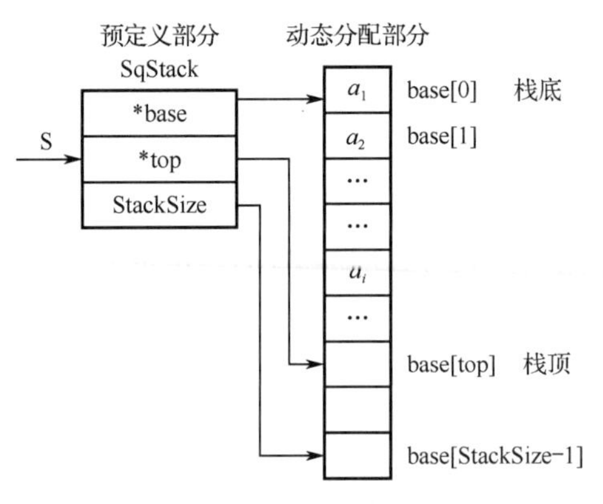

图 3.4　动态顺序栈

设栈的数据元素类型为 SElemType，存储结构描述如下。

```
#define Maxsize 100;
#define STACKINCRENT 10;
  typedef   struct   {
            SElemType   *base ;
            SElemType   *top ;
            int   StackSize ;
  } SqStack ;
```

栈顶指针与栈中数据元素的关系如图 3.5 所示，图 3.5（a）空栈；图 3.5（b）栈中有一个数据元素；图 3.5（c）栈中有 5 个数据元素，分别为 A、B、C、D、E；图 3.5（d）栈中有 3 个数据元素，即在图 3.5（c）的基础上，数据元素 E、D 相继出栈，或者最近出栈的数据元素 D、E 仍然在原先的单元存储中，但 top 指针已经指向了新的栈顶，表示数据元素 D、E 已出栈了，通过这个例子有助于深刻理解栈顶指针的作用。

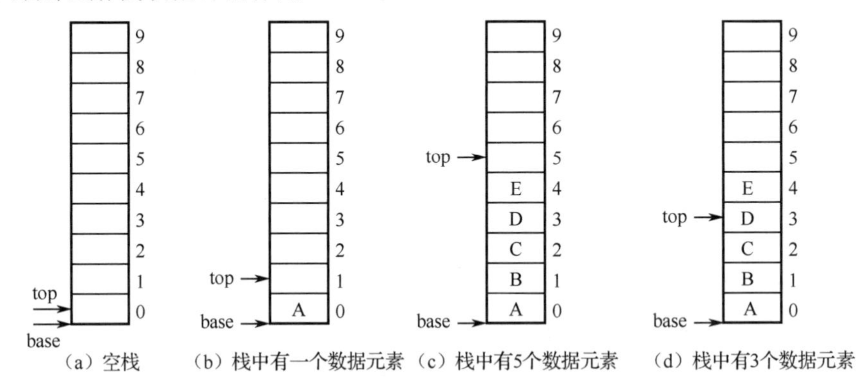

图 3.5　栈顶指针与栈中数据元素的关系

（3）双栈。为了共享存储空间，有时将两个栈用一个存储空间存放，两栈的栈顶相对，如图 3.6 所示。

当 top1==0 且 top2==m−1 时，两个栈都空；当 top2+1==top1 时，两个栈都满。对栈进行访问时，必须指定访问的是哪一个栈，通常可以在操作函数中增加一个栈编号（可用 No 表示）作为参数，No=1 表示访问 1 号栈，No=2 表示访问 2 号栈。例如：入栈函数 Push(&S, e, No)。

（4）多栈。与双栈类似，将多个栈存放在一块连续区域内，多个栈可以等长，也可以不等长。

假设空间大小为 m（可存放 m 个数据元素），被 k 个栈共用。当栈等长时，每个栈只设一个栈顶指针，第 i 个栈的栈底位置为 $i*[m/k]$（i=0, 1, ⋯, k−1），这样划分多栈空间就没必要设置每个栈的栈底指针。当栈不等长时，每个栈再设置一个栈底指针，可以将每个栈的栈顶指针和栈底指针存放在一个数组 Stack 内，数组元素结构为（base, top），如第 i 个栈的栈顶和栈底分别为 Stack[i].base, Stack[i].top，如图 3.7 所示。

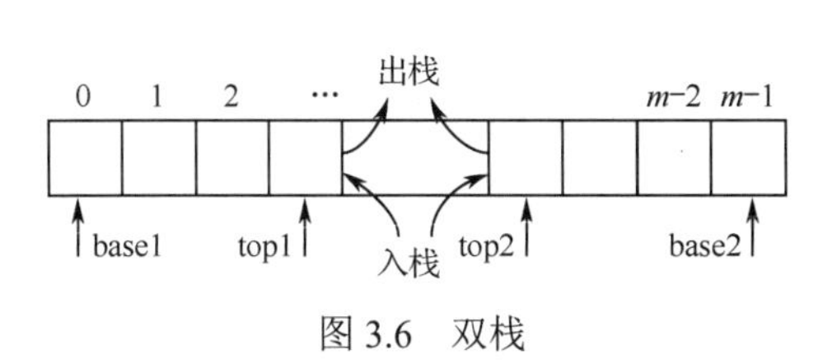

图 3.6　双栈

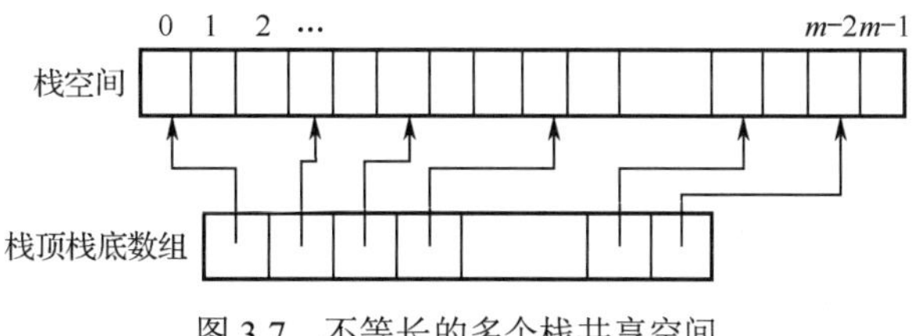

图 3.7　不等长的多个栈共享空间

4）顺序栈的基本操作算法

以下给出顺序栈的 6 个基本操作算法，算法描述都基于动态顺序栈。

（1）初始化栈算法 InitStack(&S)。

初始化一个栈就是创建一个空栈。其算法思想是，先申请栈存储空间，然后将栈顶指针指向栈的第一个单元。算法描述如下。

```
Status InitStack(SqStack &S)
 { S.base =(SElemType *)malloc(sizeof(SElemType)* MaxSize);     //申请栈空间
   if(!S.base) exit(OVERFLOW);                                  //申请失败做溢出处理
   S.top =S.base ;                                              //栈顶指针指向栈的第一个单元
   S.stacksize =MaxSize ;                                       //设置栈的大小
   return   OK ;
 }
```

（2）撤销栈算法 DestroyStack(&S)。

该算法释放顺序栈 S 占用的存储空间，栈顶指针和栈底指针都为 NULL，栈的每个位置都释放，栈容量置为 0。

```
Status DestroyStack(SqStack &S)
 {
        int len=S->StackSize;
        int i;
        for(i=0;i<len;i++)
        {free(S->base);
         S->base++;}
         S->top=NULL;
         S->base=NULL;
         S->StackSize=0;
         return ok;
 }
```

（3）判空栈算法 StackEmpty(S)。

判断一个栈是否为空栈的条件是 S->top==S->base，算法很简单，直接返回表达式 S.top== S.base 的值即可。

```
bool    StackEmpty(SqStack &S)
        {   return (S.top ==S.base);  }
```

（4）入栈算法 Push(&S, e)。

入栈前必须先判断栈是否已满，若已满，则重新申请栈存储空间；若申请失败，应返回出错信息。若申请成功，数据元素入栈，算法描述如下。

```
Status   Push(SqStack &S, SElemType   e)
  {   if(S.top – S.base >=S.stacksize )
       {   S.base =(SElemType *)realloc(S.base, sizeof(SElemType)*(S.StackSize + STACKINCREMET));
                                                            //重新申请栈空间，增量为 STACKINCREMET
     if(!S.base) exit(OVERFLOW);                            //申请失败做溢出处理
     S.top =S.Stacksize + S.base ;                          //修改栈顶指针
                  S.stacksize + =STACKINCREMET ;            //修改栈的大小
       }
      S .base[top ++]=e ;                                   //数据元素入栈
       return OK ;
}
```

（5）出栈算法 Pop(S, &e)。

出栈前必须先判断栈是否已空，若栈空，则返回出错信息；若非空，则将栈顶指针减 1，栈顶元素的值赋给 e。算法描述如下。

```
status    Pop(SqStack    &S, SElemType &e)
 {   if (S.base ==S.top) return ERROR ;                     //栈空返回出错误信息
     e =S.base[- - S.top] ;                                 //栈顶元素存入 e
     return    OK ;                                         //返回成功信息
 }
```

（6）读栈顶元素算法 GetTop(S, &e)。

取栈顶元素时应先判断栈是否为空，若栈空，则返回出错信息；若非空，则提取栈顶元素的值赋给 e。算法描述如下。

```
status   GetTop(SqStack S, SElemType &e)
  {   if(Stack Empty(S)) return ERROR ;                     //栈空
      else    e=s.base[top-1];
      return OK;     }
```

以上几个关于栈的操作算法，其时间复杂度都为 $O(1)$。

2. 栈的链式存储结构——链栈

1）链栈

用链式存储结构实现的栈称为链栈。通常用不带头结点的单链表表示一个栈，设置一个栈顶指针 top，入栈、出栈都在栈顶进行。链栈是动态存储结构，数据元素的个数动态变化，预先不需要指定。链栈的结点结构与单链表的结构相同，类型定义如下。

```
typedef   struct   SNode   {                    //定义一个链栈的结点类型
          SElemType    data ;
          struct    SNode    *next ;
   } SNode， * LinkStack;
```

另外说明一个栈顶指针 top：LinkStack   top ;

因为栈中的主要运算是在栈顶插入、删除结点，显然在链表的头部作为栈顶是最方便的，且没有必要像单链表那样为了运算方便附加一个头结点。链栈示意图如图 3.8 所示。

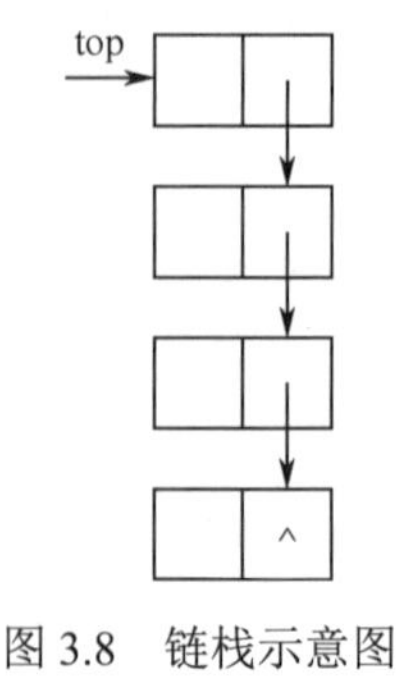

图 3.8　链栈示意图

2）链栈的基本操作算法

链栈的操作算法思想与顺序栈类似，此处不再赘述，仅给出算法描述。

（1）初始化栈 InitStack(&top)。

```
void  InitStack(LinkStack  &top)
     {  top =NULL ;  }
```

（2）判栈空 LinkEmpty(S)。

```
bool  LinkEmpty(LinkStack  top)
  {  if(! top) return  TRUE ;
     else  return  FALSE ;
  }
```

（3）入栈 Push(top, x)。

```
bool  Push(LinkStack  &top,  SElemType  e)
    { SNode  *s ;
      s =(SNode *)malloc (sizeof(SNode));          //申请一个结点
      s->data =e ;                                 //填入数据
      s->next =top ;                               //拉到栈顶
      top =s ;                                     //栈顶指针指向新结点
      return true ;
    }
```

（4）出栈 Pop(top, &e)。

```
bool  Pop(LinkStack  top, SElemType  &e)
     {  LinkStack  p ;
        if (! top) return  false ;
        else  {  e =top->data;                     //取出栈顶结点的数据
                 p =top;                           //释放栈顶结点
                 top =top->next;
                 free(p);
                 return true;
               }
     }
```

（5）求栈长（结点个数）StackLength(top)。

```
int  StackLength(LinkStack  top)
    {  LinkStack  p ;  int  n =0 ;
       p =top ;
       while(p)                                    //每移动一个结点，栈长加 1
           {  n ++ ; p =p->next ; }
       return  n ;
    }
```

3.2　栈的应用举例

在现实生活中，栈的应用非常广泛。有许多实际问题的求解，往往要求的最终结果和处理过程的顺序正好相反，或者说，先处理的结果后输出，或者后处理的结果先输出。这类问题恰好可以利用栈“后进先出”的特点来实现。还有一些实际问题，经常使用回溯法（试探法）求解，这种方法也需要栈的支持。在很多软件设计问题中，大量采用递归算法求解，而递归算法的内部实现正是通过栈完成的。实际上，使用栈解决的问题还有很多，这里不再一一列举。以下通过一些典型的实例来说明栈的一些重要应用。需要特别提醒读者注意的是，通过这些例子，不仅要体会栈的重要作用，更重要的是，通过实例的分析求解过程，进一步学习并掌握分析问题的思想和方法，初步领会并学会数据结构的抽象建模过程和描述方法，从中学到实现技术或技巧，积累知识储备，提高综合能力和素质，为将来应用数据结构的知识解决实际问题奠定良好的基础。

例 3.1 数制转换问题。

将十进制数 N 转换为 r 进制的数，根据数的按权展开式，利用辗转相除法逐个分离出按权展开式中的系数，即得到十进制数 N 在 r 进制下的表示。辗转相除法的基本思想是，每次用进位基数去除前一次的商，取余数，这些余数就是十进制数 N 在 r 进制下按权展开式中的系数。下面以 N=2836，r=2 为例说明转换方法。

N	$N/2$（整除所得的商）	N %2（取余分离出的系数）	
2836	1418	0	低位
1418	709	0	
709	354	1	
354	177	0	
177	88	1	
88	44	0	
44	22	0	
22	11	0	
11	5	1	
5	2	1	
2	1	0	高位
1	0	1	

所以：$(2836)_{10}=(101100010100)_2$

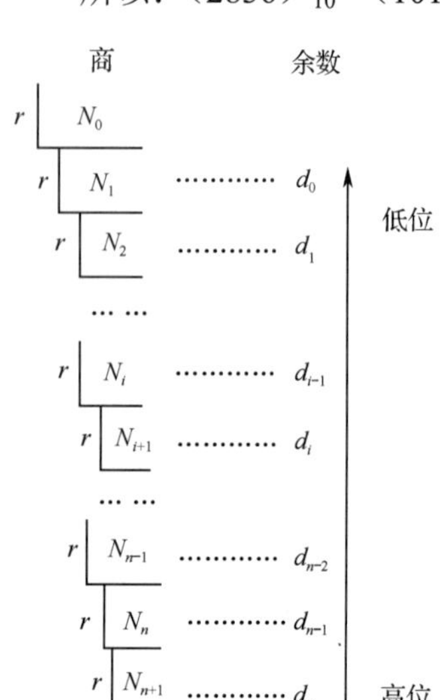

图 3.9 辗转相除法的过程

从上述转换方法可以看出，在转换过程中，总是按从低位到高位的顺序分离出各数位上的系数，低位上的系数先分离出来，高位上的系数后分离出来，而转换后结果又是从高位到低位输出的，与计算过程中分离出的系数顺序恰好相反，符合“先进后出”的基本规律，因此，适合用栈实现。

将十进制数 N 第 0 次的商记为 N_0，后面每次相除的商依次记为 $N_1, N_2, \cdots, N_n$，余数分别记为 $d_1, d_2, \cdots, d_n$。辗转相除法的过程如图 3.9 所示。

算法步骤如下。

（1）初始化一个栈 S。

（2）若 $N\neq0$，则将 $N\%r$ 压入栈 S 中，用 N/r 代替 N。

（3）重复运行第 2 步，直到 N=0 为止。

（4）当栈不空时，依次出栈输出。

（5）算法结束。

算法描述如下。

```
#define  Length  15
void  conversion(int N, int  r)
    {  int  S[ Length ], top ;              //定义一个顺序栈
       int    x ;
       top =0 ;                             //初始化栈
       while(N)
          {  S[top ++] =N % r ;             //余数入栈
             N=N / r ;                      //商作为被除数继续
          }
       while(top!=-1)                       //出栈输出
          { x =S[--top] ;
            printf("%d", x);
          }
    }
```

也可以用栈的抽象定义描述，使算法的层次更加清楚。算法描述如下。

```
typedef  int  datatype ;
void  conversion(datatype N, datatype r )
    { SqStack  S ;
      datatype   x ;
      InitStack(&S);
     while(N)
       { Push(S, N % r);
         N=N / r ;
       }
     while(! StackEmpty(S))
       {  Pop(S, x);
          printf(" %d ", x);
       }
    }
```

如果用递归方法求解，算法更为简洁。

```
void  reverse(int  n, int r)
    {  if(n) reverse(n / r, r);
       printf("%d", n % r);
    }
```

对上述例子使用了三种算法，读者可以从中感悟求解问题的灵活性与多样性，学习算法的设计技巧。

例 3.2 表达式语法检查问题。

编译程序在编译源代码时，首先要检查程序中的语法错误，包括语句错误、表达式错误、数据类型错误等，这是一个很复杂的问题，在编译原理课程中有详细介绍。此处我们只考虑一种最简单的问题：检查一个表达式中的括号是否配对。

算法思想：C 语言的表达式中允许使用的括号只有“( )”和“[ ]”两种。将表达式看作一个字符串，建立一个以字符为数据元素的栈。逐个从键盘读入表达式字符，若读到的是非括号字符，则跳过去，继续读下一个；当读到“(”或“[”时，入栈；若读到“)”或“]”，则与栈顶字符比较，如果栈顶字符是“(”而读到的字符是“)”，或栈顶字符是“[”而读到的字符是“]”，则将栈顶字符出栈，否则会出现错误；直到读到结束符为止，如果栈不空，则必然存在括号不配

对的错误，返回错误信息，若栈空，则返回正确信息。

算法步骤如下。

（1）初始化一个字符栈。

（2）字符 ch 赋初值“#”。

（3）当“ch !="\n"”时重复执行以下操作。

如果 ch 为“(”或“[”，则入栈；如果 ch 为“)”且栈顶字符是“(”，或者 ch 为“]”且栈顶字符是“[”，则出栈。

否则，如果 ch 为“)”且栈顶字符不是“(”，或者 ch 为“]”且栈顶字符不是“[”，则返回错误信息。

在其他情况下，读下一个字符。

（4）如果栈空，返回正确信息，否则返回错误信息。

（5）结束。

算法描述如下。

```
# define    STRLEN    255
bool   cheak()
     {   char    S[ STRLEN]    ;                          //初始化字符栈
         int    top =-1 ;
         char    ch ="#";
         while(ch ! ="\n")                                //重复从键盘读字符，直到读到回车换行符
             { scanf("%c", &ch);
                 switch(ch)                               //根据读入字符的不同情况分别处理
                     {    case    "(" :
                          case    "[":                    //ch 为“(”或“[”时，入栈
                              { S[++ top =ch ;    break ; }
                          case    ")":                    //处理 ch 为“)”时的情况
                              { if (S[top] =="(") top - - ;
                                else if(S[top] =="[") return    ERROR ;
                                break ;
                              }
                          case    "]":                    //处理 ch 为“]”时的情况
                              { if (S[top] =="[") top - - ;
                                else if(S[top] =="(") return    ERROR ;
                                break ;
                              }
             }
         if(top < 0) return    TRUE ;                     //栈空时返回真，否则返回假
         else    return    false ;
     }                                                    //算法结束
```

例 3.3　表达式求值问题。

表达式求值是编译源程序过程中一个很基本的问题。这个过程也是可以通过栈实现的。表达式求值有两种情况：一种是在扫描表达式的过程中，边扫描边计算；另一种先转换成后缀表达式，然后对后缀表达式边扫描边计算。后一种方法涉及如何将一个表达式转换成后缀表达式的问题。下面分别讨论它们的算法思想和算法过程。

表达式是由操作数、运算符、括号组成的有意义的计算式。根据运算符的操作对象个数可分为单目运算符和双目运算符两种；按照运算符的类型又可分为算术运算、关系运算、逻辑运算三种。为简单起见，在此仅讨论只含双目运算符的算术表达式。为方便起见，将表达式首尾各添加一个起止符“#”。

1．中缀表达式求值

中缀表达式：双目运算符在两个操作数之间，假设所讨论的算术运算符包括：+、−、*、/、%、^（乘方）和括号()。

运算符的优先级从高到低为()→^→*、/、%→+、−。有括号出现时，先算括号内、后算括号外的表达式，多层括号，由内向外进行；乘方连续出现时先算最右面的。

算法思想：将表达式视为一个满足语法规则的字符串，如表达式“3*2^(4+2*2−1*3)−5”的求值过程为，自左向右扫描表达式，当扫描到 3*2 时不能马上计算，因为后面可能还有级别更高的运算。正确的处理过程是，设置两个栈，操作数栈 s1 和运算符栈 s2。当自左至右扫描表达式的每一个字符时，若当前字符是操作数，则入操作数栈；若当前字符是运算符，则和运算符栈的栈顶运算符进行比较，如果当前扫描的运算符的优先级比栈顶运算符的优先级高，则入栈，继续向后处理；若这个运算符比栈顶运算符低，则从操作数栈弹出两个操作数，从运算符栈弹出一个运算符，进行计算，并将计算结果压入操作数栈，再与新的栈顶运算符比较，做同样的处理，直到当前运算符优先级大于栈顶运算符优先级时，将当前运算符入栈。继续处理当前字符，直到遇到表达式结束符“#”为止，操作数栈中只剩下一个数据，它就是表达式的值。

例如：求中缀表达式“#3*2^(4+2*2−1*3)−5#”的值。计算过程中两个栈的变化状态情况如表 3.1 所示。

表 3.1　中缀表达式 3*2^(4+2*2−1*3)−5 的求值过程

读字符	操作数栈 s1	运算符栈 s2	操作说明
3	3		3 入操作数栈 s1
*	3	*	*入运算符栈 s2
2	3，2	*	2 入操作数栈 s1
^	3，2	* ^	^入运算符栈 s2
(	3，2	* ^(	(入运算符栈 s2
4	3，2，4	* ^(	4 入操作数栈 s1
+	3，2，4	* ^(+	+入运算符栈 s2
2	3，2，4，2	* ^(+	2 入操作数栈 s1
*	3，2，4，2	* ^(+ *	*入运算符栈 s2
2	3，2，4，2，2	* ^(+ *	2 入操作数栈 s1
-	3，2，4，4	* ^(+	计算 2*2=4，结果入操作数栈 s1
	3，2，8	* ^(	计算 4+4=8，结果入运算符栈 s2
	3，2，8	* ^(−	−入运算符栈 s2
1	3，2，8，1	* ^(−	1 入操作数栈 s1
*	3，2，8，1	* ^(− *	*入运算符栈 s2
3	3，2，8，1，3	* ^(− *	3 入操作数栈 s1
)	3，2，8，3	* ^(−	计算 1*3，结果 3 入操作数栈 s1
	3，2，5	* ^(	计算 8−3，结果 5 入运算符栈 s2
	3，2，5	* ^	(出栈
−	3，32	*	计算 2^5，结果 32 入操作数栈 s1
	96		计算 3*32，结果 96 入操作数栈 s1
	96	−	−入运算符栈 s2
5	96，5	−	5 入操作数栈 s1
#	91		计算 96−5，结果 91 入操作数栈 s1

根据运算规则，左括号“(”在栈外时它的优先级最高，而入栈后它的优先级则最低；乘方运算的结合性是自右向左的，所以，它的栈外优先级高于栈内优先级。就是说有的运算符在栈内和栈外的优先级是不同的。当遇到右括号“)”时，需要对运算符栈出栈，并且做相应的运算，直到遇到栈顶为左括号“(”时，将其出栈，因此右括号“)”的优先级最低，但它是不入栈的。操作数栈初始状态为空，为了使表达式中的第一个运算符入栈，在运算符栈中预设一个最低优先级的运算符“#”。根据以上分析，每个运算符栈内、栈外的优先级如表 3.2 所示。

表 3.2 栈内、外运算符优先级

运算符	栈内优先级	栈外优先级
^	3	4
*、/、%	2	2
+、-	1	1
(	0	4
)	-1	-1

算法步骤如下。

（1）首先置操作数栈为空，表达式起始符“#”入运算符栈。

（2）依次读入表达式中的每一个字符，当不是结束符“#”时，重复执行以下操作：

若读入的字符是操作数，则入操作数栈；若读入的字符是运算符，则和运算符栈的栈顶运算符比较优先级。

若读入字符的优先级高于栈顶运算符的优先级，则读入的字符入运算符栈。

若读入字符的优先级等于栈顶运算符的优先级，则栈顶运算符出栈，即脱括号。

若读入字符的优先级低于栈顶运算符的优先级，则从操作数栈弹出两个操作数 x、y，并进行相应的计算，运算结果入操作数栈。

读下一个字符。

（3）从操作数栈弹出结果返回并结束。

为了算法描述更简洁，先做一些假设。设操作数的类型是 OperandType，操作数栈为 OPND，运算符栈 OPTR，比较两个运算符的函数为 Precede(ch1, ch2)，判断读入的字符是否为运算符的函数为 In(ch, OP)，其中 OP 为运算符集合，OP ={+, -, *, /, %,(,)}。计算两个操作数的函数为 Operate(x, theta, y)，其中 theta 是算术运算符+、-、*、/、%其中之一。基于这些前提，算法描述如下。

```
OperandType    ExpressionEvaluate()                              //由键盘输入中缀表达式，计算其值
        {  InitStack(OPTR);   Push(OPTR, "#");                   //初始化运算符栈
           InitStack(OPND);                                      //初始化操作数栈
           ch =getchar();
           while(ch !="#" && GetTop(OPTR)!="#")                  //逐个读入字符且字符不为“#”
              {  if(! in(ch, OP)) Push(OPND, ch);                //不是运算符时，入操作数栈
                 else {   switch(Preced（ch,GetTop(OPTR)））    //是运算符时，分别做不同的处理
                          {  case ">":                          //读入字符的优先级低于栈顶运算符的优先级
                                { Push(OPTR, ch); break ; }
                             case "=":                          //读入字符的优先级等于栈顶运算符的优先级
                                { Pop(OPTR, c);   breck ; }
                             case "<":                          //读入字符的优先级高于栈顶运算符的优先级
                                {  Pop(OPTR, theta);
```

```
                        Pop(OPND, x);   Pop(OPND, y);        //弹出两个操作数
                        Push(OPND, Operate(x, theta, y);     //计算结果入操作数栈
                    }
            ch =getchar();              //读下一个字符
        }
    Pop(OPND, x);   return x ;          //返回结果
}                                       //算法结束
```

2. 后缀表达式求值

为了处理方便，编译程序常把中缀表达式先转换为等价的后缀表达式，再求值后缀表达式的运算符在运算对象之后。在后缀表达式中，不包含括号，所有的计算按运算符出现的顺序，严格从左向右进行，不用考虑运算规则和级别。中缀表达式 3*2^(4+2*2-1*3)-5 的后缀表达式为 32422*+13*-^*5-。

计算一个后缀表达式的算法比计算一个中缀表达式简单得多。这是因为后缀表达式中既无括号，又无优先级的约束。具体做法：只使用一个操作数栈，从左向右扫描表达式时，每遇到一个操作数就入栈，每遇到一个运算符就从栈中取出两个操作数进行计算，然后把计算结果再入栈，直到整个表达式结束，此时栈顶的值就是计算结果。

在下面的后缀表达式求值算法中，预先假设：每个后缀表达式都是合乎语法的，并且后缀表达式已被存入一个字符数组 *A* 中，且以“#”为结束符，为了简化问题，限定操作数的位数仅为一位数（否则应增加将读入的数字串转换成数值的程序段）。算法描述如下。

```
OperandType   exprEvaluatel(char   A[ ])        //本函数返回后缀表达式的运算结果
{  InitStack(S);
   ch =*A++ ;
   while(ch !="#")
        {  if (!In(ch, OP) Push(S, ch);          //当读入的字符是操作数时，入栈
           else                                  //当读入的字符是运算符时，取出两个操作数
               {  Pop(S, x);   Pop (S, y) ;
                  switch(ch)                     //两个操作数进行相应的计算
                      {  case  "+":  c =a+b ;  break ;
                         case  "-":  c =a-b ;  break ;
                         case  "*":  c=a*b ;  break ;
                         case  "/":  c=a/b ;  break ;
                         case  "%":  c=a%b ;  break ;
                      }
                  Push(S, c);                    //计算结果入栈
               }
           ch=*A++ ;                             //读下一个字符
        }
   Pop(S, c);   return   c ;                     //返回结果
}                                                //算法结束
```

仍以后缀表达式 32422*+13*-^*5-#为例，上述算法执行时，栈的变化状态如表 3.3 所示。

表 3.3　后缀表达式求值过程

当前字符	栈中数据	说明
3	3	3 入栈
2	3，2	2 入栈
4	3，2，4	4 入栈

续表

当前字符	栈中数据	说明
2	3，2，4，2	2 入栈
2	3，2，4，2，2	2 入栈
*	3，2，4，4	计算 2*2，将结果 4 入栈
+	3，2，8	计算 4+4，将结果 8 入栈
1	3，2，8，1	1 入栈
3	3，2，8，1，3	3 入栈
*	3，2，8，3	计算 1*3，将结果 3 入栈
-	3，2，5	计算 8-3，将结果 5 入栈
^	3，32	计算 2^5，将结果 32 入栈
*	96	计算 3*32，将结果 96 入栈
5	96，5	5 入栈
-	91	计算 96-5，结果 91 入栈
#	空	结果出栈

3．中缀表达式转换为后缀表达式的算法

将中缀表达式转化为后缀表达式和前述对中缀表达式求值的方法类似，但只需要运算符栈，遇到操作数时直接放入后缀表达式的存储区。假设中缀表达式本身合法且存储在数组 *A* 中，转换后的后缀表达式存储在数组 *B* 中。

算法思想：当读到操作数时，向后缀表达式数组 *B* 中按顺序存放，而读到运算符时，类似于中缀表达式求值时对运算符的处理过程，但运算符出栈后不是进行相应的运算，而是存放到后缀表达式的数组 *B* 中。

算法描述如下。

```
void    exprEvaluatel(char    A[ ], B[ ])                    //本函数返回将中缀表达式转换成后缀表达式
    {   InitStack(OPTR);    Push(OPTR, '# ');                //初始化运算符栈
        ch =*A++ ;
        while(ch !='# ' && GetTop(OPTR)!='# ')               //逐个取数组 A 中的字符直到结束符#
            {   if(! in(ch, OP)) *B++ =ch    ;               //存入数组 B
                else {    switch(Precede（ch，GetTop（OPTR））) //当字符是运算符时，分别做不同的处理
                        {   case '<' :                       //读入字符的优先级低于栈顶运算符的优先级
                                { Push(OPTR, ch); break ; }
                            case '=' :                       //读入字符的优先级等于栈顶运算符的优先级
                                { Pop(OPTR, c);    breck ; }
                            case '>' :                       //读入字符的优先级高于栈顶运算符的优先级
                                {   Pop(OPTR, theta);
                                    Push(OPND, theta);//出栈运算符放到后缀表达式数组中
                                }
                        }

                    ch =getchar();                           //取下一个字符
                        }
                }
    }                                                        //算法结束
```

例 3.4 利用栈实现递归函数计算。

栈的一个重要应用是在程序设计语言中实现递归过程。在数学中，有许多概念和函数是用递归形式定义的。利用递归方法可以使许多问题的求解算法大大简化，变得既容易理解，又方便设计。以求 $n!$为例进行说明。

设 $f(n)=n!$，则 $f(n)$可以递归地定义为

$$f(n)=\begin{cases}1 & n=0\text{（递归终止条件）}\\ n*f(n-1) & n>0\text{（递归步骤）}\end{cases}$$

根据定义可以很简单地写出相应的递归函数。

```
int   fact(int n)
        {  if(n ==0) return   1 ;
           else   return (n* fact(n - 1));
        }
```

实际计算递归函数值时需要有一个终止递归的条件（如上例中的 n=0），称为递归出口，到达递归出口时，将不再继续递归下去。

递归函数的调用类似于多层函数调用的嵌套，只是调用者和被调者是同一个函数而已。在每次调用时，系统将属于各个递归层次的信息组成一个称为“现场信息”的记录，这个记录中包含本层调用的一些值参数、引用参数、返回地址、局部变量等。在递归调用时，先将这些现场信息保存在系统设置的专用栈（系统栈）中。每递归调用一次，就为这次调用在栈顶存入一个现场信息记录，一旦调用结束，则将栈顶现场信息出栈，恢复到调用前程序的执行现场，以便返回上次调用的断点继续执行。

下面以求 3!为例说明执行调用时工作栈中的状况。为了说明方便，将求阶乘程序修改如下。

主函数：

```
main()
          {  int   m，n =3 ;
             m =fact(n);                        //调用求阶乘函数
             R1：                               //主函数调用时的断点位置，调用返回时，从此处继续执行
             printf("%d!=%d \n"，n，m);         //打印结果
          }
```

求阶乘函数：

```
int   fact(int   n)
        {  int   f ;
           if(n==0) f=1 ;
           else f =n * fact(n-1);
           R2 :                                 //递归调用处的断点
           return f   ;
        }
```

其中，R1 为主函数调用 fact 时返回点的地址，R2 为 fact 函数中递归调用 fact(n−1)时返回点的地址。每层调用的现场信息如表 3.4 所示。

表 3.4 递归工作栈示意图

调用层次	参数变化	返回地址
fact(0)	0	R2
fact(1)	1	R2
fact(2)	2	R2
fact(3)	3	R1

设主函数中 n=3，fact(3)的执行过程如图 3.10 所示。

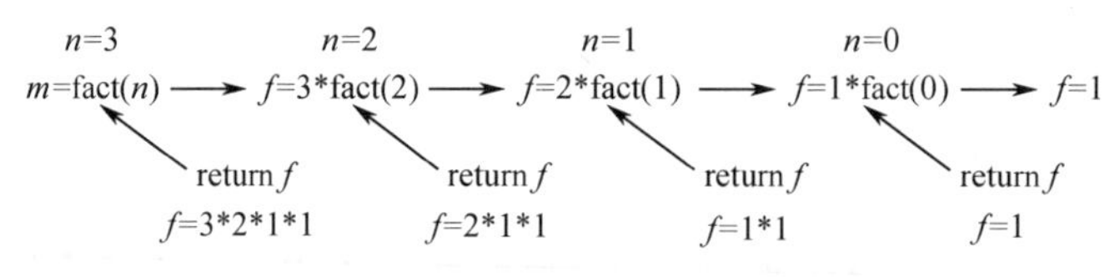

图 3.10 fact(3)的执行过程

生活中大量的计算问题可以归结成一个递归函数，如累加求和、求最大公因式、计算斐波那契序列、求幂运算等。此外，在数学中有许多著名的函数和多项式都是以递归形式给出的，如阿克曼函数、厄米多项式、勒让德多项式、切比雪夫多项式等。递归函数的算法设计之所以如此简单，是因为使用了栈这种数据结构。递归计算与栈为什么有如此重要的联系？要理解其中的原理，就应该知道递归计算的具体实现过程。为了阐明递归算法的实现原理，我们对递归算法的计算过程做简要分析。

实际上，递归函数的计算过程是分两步完成的。

第一步：为求目标函数而逐步寻找源头的过程称为回溯。设目标函数为 $F(n)$，为求 $F(n)$需先求 $F(n-1)$，而要求 $F(n-1)$又必须先求出 $F(n-2)$，……，这样一直向前追溯到求 $F(1)$，最终归结到求 $F(0)$，而 $F(0)$是已知的。该过程可表示为 $F(n)\to F(n-1)\to F(n-2)\to\cdots\to F(1)\to F(0)$。

第二步：由源头到目标逐层代入求值的过程称为回代。将 $F(0)$的值代入递归公式可求出 $F(1)$，将 $F(1)$代入递归公式又求得 $F(2)$，……，最后将 $F(n-1)$代入递归公式求得 $F(n)$。这一过程可表示为 $F(0)\to F(1)\to F(2)\to\cdots\to F(n-1)\to F(n)$。

回溯的过程需要保存计算每个 $F(i)$ 时的参数、执行计算语句地址等，以便回代时使用。回代过程中从所保存各层次递归的计算信息逐层代入，并且最后保存的信息最先读出使用，而最早保存的到最后才读出，这恰好符合栈“先进后出”的特点。因此，回溯过程就是入栈的过程，回代过程就是出栈计算的过程。基于这一原理，各种语言系统都利用栈来实现递归算法。

从上述分析中不难体会到，递归算法之所以简单方便，是因为语言系统将烦琐的计算和复杂的操作步骤留给自己，而把简单、方便的操作留给算法设计者。

例 3.5 汉诺塔问题。

例 3.4 中的递归函数算法设计由于给出了具体的递归计算公式，使算法设计变得异常简洁。但是，有许多实际问题可以归结为递归计算，却无法用某种公式表达，只能描述成确定的递归操作的具体步骤。这类问题称为递归过程算法设计。下面我们以求解汉诺塔问题的递归过程算法设计说明其基本思想。

汉诺塔问题：传说在印度的布拉玛神庙中树立着三根柱子（假设三根柱子的编号为 1、2、3），其中 1 号柱子上摞着 64 个圆盘，圆盘一个比一个小，且大者在下，小者在上，另外两根柱子空闲。旁边立有一块牌子，上面写道，你可以按照大在下、小在上（不允许大在上、小在下）的规则，将 1 号柱子上的 64 个圆盘，借助于 2 号柱子移动到 3 号柱子上。如果有人能做到的话，那么这一天将是整个人类和宇宙毁灭的时刻。这并非危言耸听的诅咒，而是有科学依据的寓言。实际上，简单计算一下就可以发现其中的奥秘。因为，按规则总共需要移动 $2^{64}-1$ 次圆盘。如果按 1 秒钟移动 1 次圆盘，每天 24 小时，一年 365 天一直不停地移动，一个人需要大约 5800 亿年才能完成。地球至今约有 40 亿年的历史，经过 5800 亿年以后，地球和宇宙会变成什么样子，人们无法预言。如果用计算机模拟移动的话，由于其时间复杂度为 $O(2^n)$，属于不可解问题，也是不可能的。我们只能在 n 很小的情况下可以模拟求解。当 n=3 时，只需要移动 7 次即可完成。3 个圆盘的汉诺塔移动过程如图 3.11 所示。

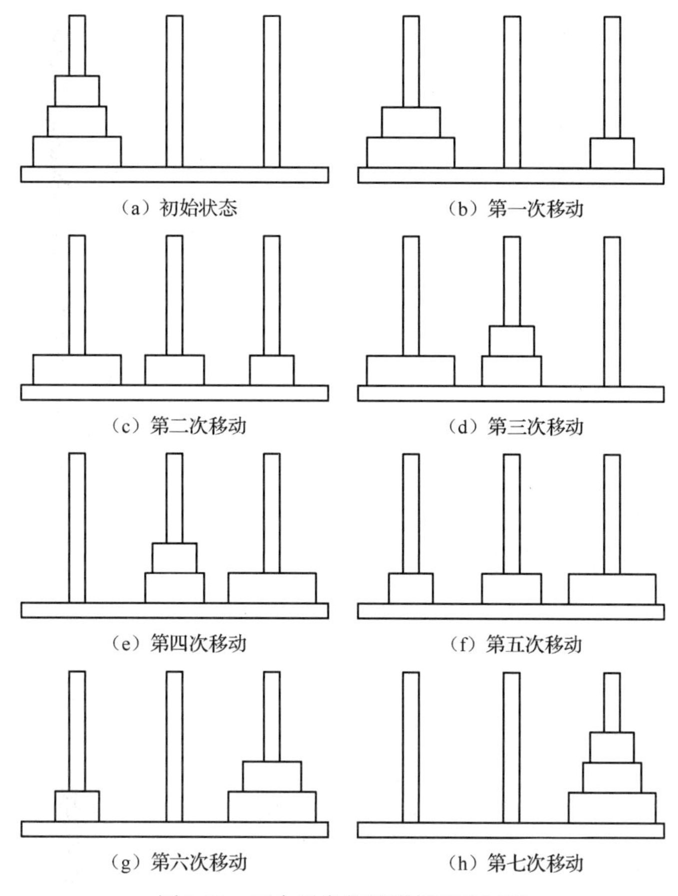
（a）初始状态　（b）第一次移动　（c）第二次移动　（d）第三次移动　（e）第四次移动　（f）第五次移动　（g）第六次移动　（h）第七次移动

图 3.11　三个圆盘的汉诺塔移动过程

求解汉诺塔问题递归算法的关键是找出递归的步骤。讨论一般情况，假设圆盘的个数是 n。当 n=1 时，求解很简单，只需把 1 号柱子上的一个圆盘直接移动到 3 号柱子上即可。当 n>1 时，可以借助于 2 号柱子，先将 1 号柱上的 n−1 个圆盘移到 2 号柱子上，使 1 号柱子上只剩最底下的一个圆盘，然后将 1 号柱子最底下的圆盘移到 3 号柱子上。n 个圆盘的汉诺塔移动过程如图 3.12 所示。

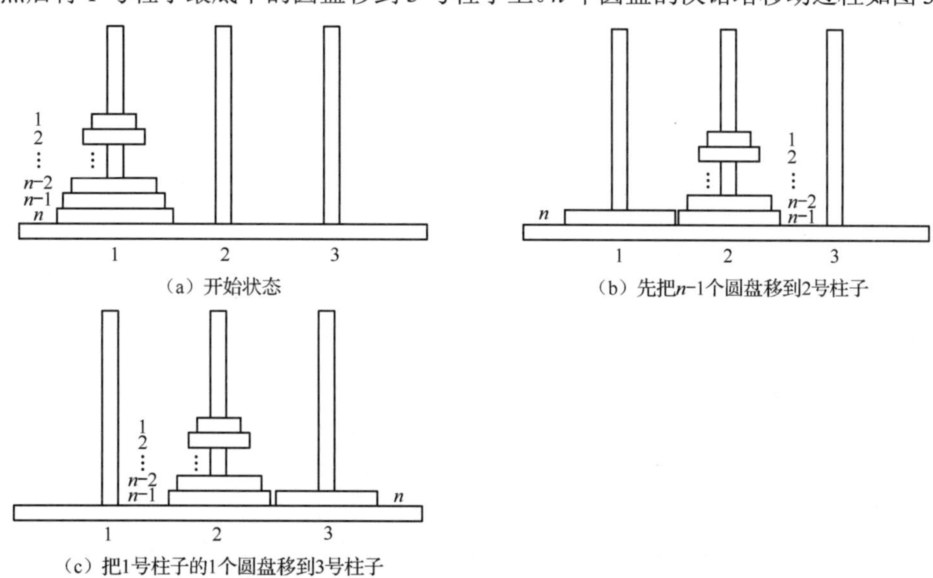

（a）开始状态　（b）先把n−1个圆盘移到2号柱子　（c）把1号柱子的1个圆盘移到3号柱子

图 3.12　n 个圆盘的汉诺塔移动过程

经过上述移动过程后，问题转化为将 2 号柱上的 $n-1$ 个圆盘，借助于 1 号柱子移到 3 号柱子上。于是按可同样的办法，先将 2 号柱子上的 $n-2$ 个圆盘，借助 3 号柱子移到 1 号柱子上，然后将 2 号柱子剩下的一个圆盘移到 3 号柱子上。问题又转化为将 1 号柱子上的 $n-3$ 个圆盘，借助 2 号柱子移到 3 号柱子上。依次类推下去，最后只剩下一个圆盘在 1 号（或 2 号）柱子上，到达递归出口（$n=1$ 时的情况），结束。

将上述分析过程的递归步骤表示如下。

为叙述方便，将柱子名 1、2、3 号改为 x、y、z，圆盘编号从上（小）到下（大）依次为 1, 2, 3, …, n。求解汉诺塔问题的函数记为 hanoi(n, x, y, z)，其含义是：将 x 柱上的 n 个圆盘，借助于 y 柱，移动到 z 柱上。用 move(x, k, z)表示将编号为 k 的圆盘从 x 柱移动到 z 柱上，move(y, k, z)表示将编号为 k 的圆盘从 y 柱移动到 z 柱上。move 可以定义为一个打印输出的语句。

```
printf(" %i, move   disk   %i   from   %c   to   %c \n ", ++c, n, x, z)
```

若 $n=1$，将 x 柱的 1 个圆盘移动到 z 柱上；记为 move(x, 1, z)。

当 $n>1$ 时，将 x 柱上的 $n-1$ 个圆盘移动到 y 柱上，hanio($n-1$, x, z, y)。

将 x 柱上的 1 个圆盘移动到 z 柱上，move(x, 1, z)。

将 y 柱上的 $n-1$ 个圆盘移动到 z 柱上，hanio($n-1$, x, z, y)。

由上述过程得到算法描述如下。

```
void   hanoi(int n, char x, char y, char z)         //将 x 柱上的 n 个圆盘借助 y 柱移动到 z 柱上
       {   if(n ==1) move(x, 1, z);                 //将 x 柱上编号为 1 的圆盘移动到 z 柱上
           else  {   hanio(n -1, x, z, y);          //将 x 柱上的 n-1 个圆盘移动到 y 柱上
                     move(x, n, z);                 //将 x 柱上编号为 n 的圆盘移动到 z 上
                     hanio(n -1, y, x, z);          //将 y 柱上的 n-1 个圆盘移动到 z 柱上
                 }
       }
```

用主函数 main() { hanio(3, 1, 2, 3); }调用，执行结果如下。

```
move   disk   1   from   x   to   z
move   disk   2   from   x   to   y
move   disk   1   from   z   to   y
move   disk   3   from   x   to   z
move   disk   1   from   y   to   x
move   disk   2   from   y   to   z
move   disk   1   from   x   to   z
```

汉诺塔问题的递归算法如此简单，令人惊讶。通过这个例子我们可以深深体会到递归过程算法的巧妙之处和实用价值。事实上，许多问题的计算用循环实现相当困难，甚至不可能实现，而用递归算法却变得令人惊奇的简单，不仅使程序短小精悍，结构简洁紧凑，而且易读、易懂、易理解。

例 3.6　走迷宫问题。

走迷宫问题是实验心理学中的一个经典问题。心理学家把一只老鼠从一个无顶盖的大盒子的入口处赶进迷宫。迷宫中设置很多隔断，对前进方向形成了多处障碍，心理学家在迷宫的唯一出口处放置了一块奶酪，吸引老鼠在迷宫中寻找通路以到达出口。

求解思想：回溯法是一种不断试探且及时纠正错误的搜索方法。下面采用回溯法求解走迷宫问题。从入口出发，按某一方向向前探索，若能走通（未走过的），即某处可以到达，则到达新点，否则试探下一方向；若所有的方向均没有通路，则沿原路返回前一点，换下一个方向继续试探，

直到所有可能的通路都探索到，或找到一条通路，或无路可走又返回入口点。

在求解过程中，为保证在到达某一点后不能向前继续行走（无路）时，能正确返回前一点以便继续从下一个方向向前试探，需要用一个栈保存所能够到达的每一点的下标及从该点前进的方向。

需要解决的 4 个问题如下。

（1）表示迷宫的数据结构。

设迷宫有 *m* 行 *n* 列，用 maze[*m*][*n*]表示一个迷宫。maze[*i*][*j*]=0 或 1，其中，0 表示通路，1 表示不通，当从某点向下试探时，中间点有东、西、南、北 4 个方向可以试探，而四个角上的格子有两个方向，边缘格子有 3 个方向，为了使问题简单化，我们用 maze[*m*+2][*n*+2]来表示迷宫，4 迷宫的四周的格子全部填入 1。这样简化后使每个点的试探方向全部为 4 个，无须判断当前格子的试探方向有几个，同时与迷宫周围是墙壁这一实际问题相一致。

图 3.13 表示的迷宫是一个 6×8 个格子的迷宫。入口坐标为(1, 1)，出口坐标为(6, 8)。

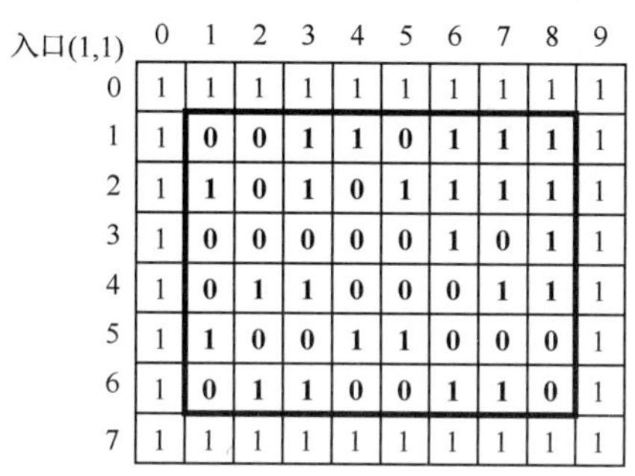

	0	1	2	3	4	5	6	7	8	9
0	1	1	1	1	1	1	1	1	1	1
1	1	0	0	1	1	0	1	1	1	1
2	1	1	0	1	0	1	1	1	1	1
3	1	0	0	0	0	0	1	0	1	1
4	1	0	1	1	0	0	0	1	1	1
5	1	1	0	0	1	1	0	0	0	1
6	1	0	1	1	0	0	1	1	0	1
7	1	1	1	1	1	1	1	1	1	1

图 3.13　用 maze[*m*+2][*n*+2]表示的迷宫

迷宫的定义如下。

```
#define   m     6         // 迷宫的实际行
#define   n     8         // 迷宫的实际列
int maze [m+2][n+2] ;
```

（2）试探方向。

图 3.13 表示的迷宫，每个点有 4 个方向可以试探，如当前点的坐标(*x*, *y*)，与其相邻的 4 个点的坐标都可根据与该点的相邻方位得到，如图 3.14 所示。因为出口在(*m*, *n*)，因此试探顺序规定为，从当前位置向前试探的方向为从正东方向开始，沿顺时针方向进行。为了简化问题，方便求出新点的坐标，将从正东方向开始沿顺时针进行的这 4 个方向的坐标增量放在一个结构数组 move[4]中，在 move 数组中，每个数据元素由两个域组成，即横坐标增量 d*x* 与纵坐标增量 d*y*。move 数组如图 3.15 所示。

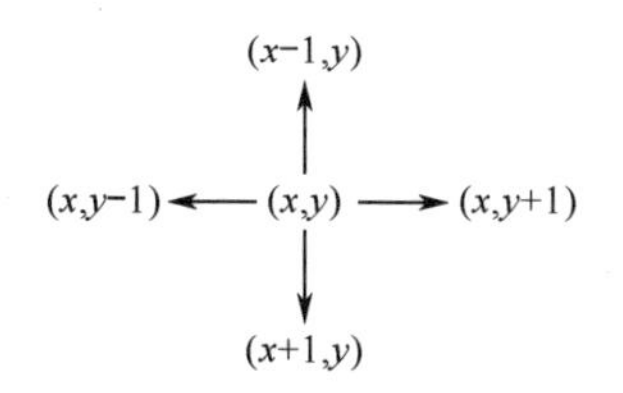

图 3.14　每个格子的 4 个试探方向

	dx	dy
0	0	1
1	1	0
2	0	−1
3	−1	0

图 3.15　坐标增量数组

move 数组定义如下。

```
typedef   struct
```

```
  { int x，y
  } move[4] ;
```

这样对 move 的设计会很方便地求出从某点(x, y)按某一方向 v（$0 \leqslant v \leqslant 3$ 分别表示东、南、西、北）到达的新点(i, j)的坐标：$i=x+$move$[v]x$; $j=y+$move$[v]y$。

（3）栈的设计。

当到达了某点而无路可走时需返回前一点，再从前一点开始向下一个方向继续试探。因此，压入栈中的不仅是顺序到达的各点的坐标，还要包括从前一点到达本点的方向。栈中每一组数据是所到达的每点的坐标及从该点的方向。栈中的数据元素是一个由行、列、方向组成的三元组，定义如下。

```
typedef   struct
  {   int x, y, d ;                                        //坐标及方向
  }   SElemType ;
```

栈的定义仍然为 SeqStack s。

（4）防止重复到达某点，以免发生死循环。

一种方法是另外设置一个标志数组 mark$[m][n]$，它的所有元素都初始化为 0，一旦到达了某一点(i, j)后，将 mark$[i][j]$置为 1，下次再试探这个位置时就不能再走了。另一种方法是当到达某点(i, j)后，将 maze$[i][j]$置为−1，以区别未到达过的点，同样也能达到防止走重复点的目的，此处采用后者，算法结束前可恢复原迷宫。

迷宫求解算法步骤如下。

```
栈初始化;
将入口点坐标及到达该点的方向（设为-1）入栈;
while（栈不空）
     { 栈顶元素弹出到(x, y, d)
       出栈 ;
       求出下一个要试探的方向 d++ ;
       while   （还有剩余试探方向时）
           {   if   （d 方向可走）
                  则 { (x, y, d)入栈 ;
                        求新点坐标(i, j); 将新点(i, j)切换为当前点(x, y);
                        if ((x, y )==(m,n))结束 ;
                        else 重置 d=0 ;
                      }
               else   d++ ;
           }
     }
```

算法描述如下。

```
int   path(maze，move)
int maze[m][n] ;
item move[8] ;
    { SqStack   S ;
    SElemType   temp ;
    int x, y, d, i, j   ;
    temp.x=1 ;   temp.y=1 ;   temp.d=-1 ;
    Push(S，temp);
```

```
    while(!StackEmpty(S))
      {  Pop(S, temp);
         x=temp.x ;  y=temp.y ;  d=temp.d+1 ;
         while(d < 8)
          {  i=x + move[d].x ;    j =y + move[d].y ;
             if(maze[i][j]==0)
              { temp ={x, y, d } ;
                Push(S, temp);
                 X =i ;  y =j ;  maze[x][y]=-1 ;
                if (x==m&&y==n) return 1 ;              //迷宫有路
                else  d=0 ;
              }
             else  d++ ;
          }                                             //while(d<8)
      }                                                 //end  while
   return  0 ;                                          //迷宫无路
  }
```

栈中保存的就是一条迷宫的通路。

课后阅读：京张铁路之中国精神

京张铁路自北京丰台起到河北张家口，1905 年 9 月 4 日开工，1909 年 8 月 11 日建成。这是完全由中国人自己主持设计、自己施工修建的第一条干线铁路。当时的清政府委派詹天佑担任京张铁路局总工程师。京张铁路工程最为人所熟知的是青龙桥车站的“人”字形铁路。

京张铁路从南北上要穿过崇山峻岭，坡度很大，按照当时国际的一般设计施工方法，铁路每升高 1 米，就要经过 100 米的斜坡，这样的坡道长达十多千米。为了缩短线路、降低费用，詹天佑大胆创新，设计了“人”字形铁路线路，列车运行至此时改用两部大马力机车，一前一后，一推一拉，通过“人”字形交叉口再换方向，推的机车改作拉，拉的机车改作推。这种创造性的设计，既简易可行，又减少了线路的长度。在 20 世纪初，如此大胆的设计，在中国铁路建筑史上是一个不小的创举。这种设计依然被现代铁路建设所沿用。

京张铁路是中国人自行设计和施工的第一条铁路干线，是中国人民和中国工程技术界的光荣，也是中国近代史上中国人民反帝斗争的一个胜利。

中国人自古就善于思考，善于解决问题。无论是从神话传说，还是民间智慧，都是在思考如何对抗大自然，如何探索未知。女娲补天、后羿射日、大禹治水、愚公移山，这样有韧劲和拼搏精神的故事太多太多，激励着一代又一代中国人前进。或者说，这样的拼搏精神，早已印刻在了中国人的骨血之中，五千多年的中华文明传承至今，这是“中国精神”的精髓。

3.3 队列

队列是另一种操作受限的线性表，它的存储结构与算法实现与一般线性表和栈都不相同，也需要专门讨论。本节将详细介绍队列的概念、特点与 ADT 定义，以及队列的两种存储结构与算法实现。

3.3.1 队列的定义及 ADT 定义

上一节介绍的栈是一种“后进先出”的数据结构，而在实际问题中还经常使用一种“先进先出”的数据结构：队列。本节讨论队列的概念、特点及 ADT 定义。

1．队列的概念及特点

若限制线性表的插入在表一端进行，而删除在另一端进行，则这种数据结构称为队列（简称队）。把允许插入的一端称为队尾（rear），允许删除的一端称为队首（front）。队列中数据元素的个数称为队长，没有数据元素时的队列称为空队列。图 3.16 中的队列是一个含 n 个数据元素的队列。入队的顺序依次为 $a_1, a_2, a_3, \cdots, a_n$，出队时的顺序将依然是 $a_1, a, a_3, \cdots, a_n$。

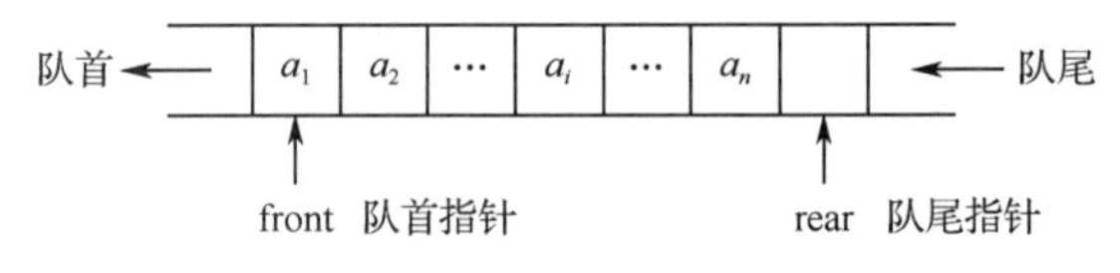

图 3.16　队列的逻辑结构

队列的特点是先进先出（First In First Out，FIFO），所以也称其为先进先出的线性表。在日常生活中队列的例子很多，如排队买东西，先到的排在前面，买完后先走，新来的排在队尾，最后买且最后走。

2．队列的 ADT 定义

与栈的 ADT 定义类似，在一个队列上可以定义的基本操作有 9 种。

```
ADT  Queue  {
    数据对象：D ={ e_i | e_i ∈ ElemTypeSet, i =1, 2, …n, n >=0 }
    数据关系：R ={ <e_i, e_i+1 >  | e_i, e_i+1  ∈D, i =1, 2, …n-1 }
    数据操作：
    （1）队列初始化：InitQueue(&Q)
        初始条件：队列 Q 不存在
        操作结果：构造了一个空队列
    （2）入队操作：EnQueue(&Q, e)
        初始条件：队列 Q 存在
        操作结果：对已存在的队列 Q，插入一个数据元素 e 到队尾，队列发生变化
    （3）出队操作：DeQueue(&Q, &e)
        初始条件：队列 Q 存在且非空
        操作结果：删除队首元素，并返回其值，队列发生变化
    （4）读队头元素：GetHead(Q, &e)
        初始条件：队列 Q 存在且非空
        操作结果：读队头元素 e，并返回其值，队列不变
    （5）判队空：QueueEmpty(Q)
        初始条件：队列 Q 存在
        操作结果：若 Q 为空队列，则返回 TRUE，否则返回 FALSE
    （6）求队列长度：QueueLength(Q)
        初始条件：队列 Q 存在
        操作结果：返回队列长度（数据元素个数）
    （7）清空队列：ClearQueue(&Q)
        初始条件：队列 Q 存在
        操作结果：将队列 Q 清空为空队列
    （8）撤销队列：Destroy(&Q)
        初始条件：队列 Q 存在
        操作结果：将队列 Q 销毁
    （9）遍历队列：QueueTraverse(&Q, visit(e))
```

```
        初始条件：队列 Q 存在
        操作结果：访问将队列 Q 中的每个数据元素一次且只访问一次
}  ADT  Queue ;
```

课后阅读：

体现“秩序”和“顺序”的队列知识无处不在。学生要遵守课堂秩序才能保证教学的有序进行；企业员工要遵守企业的规章制度才能保证生产的正常进行；行人、车辆只有遵守交通法规才能保证交通有序、安全地运行；国家和社会有了各种法律法规、规章制度，人民才会有安全保障，从而安定有序地进行生活。

3.3.2 队列的存储结构及算法实现

与线性表、栈类似，队列也有链式存储结构和顺序存储结构两种。

1. 链队列

（1）存储结构。

用链式存储结构存储的队列称为链队列。和链栈类似，可以用带头结点或不带头结点的单链表来实现链队列，根据队列“先进先出”的原则，为了操作方便，定义一个结构体，分别存放头指针和尾指针。图 3.17 所示为带头结点的链队列，图 3.18 所示为不带头结点的链队列。

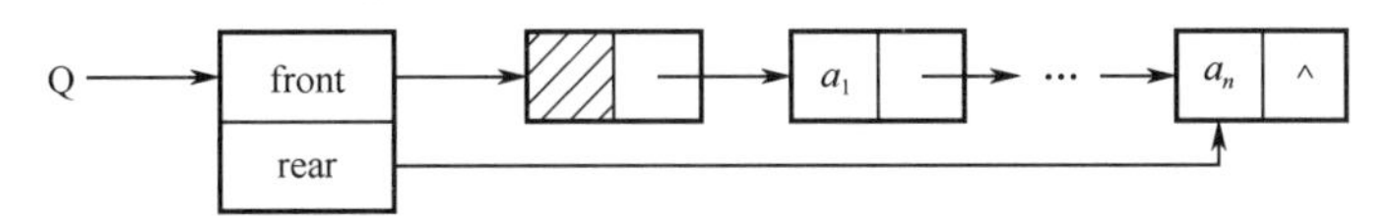

图 3.17　带头结点链队列

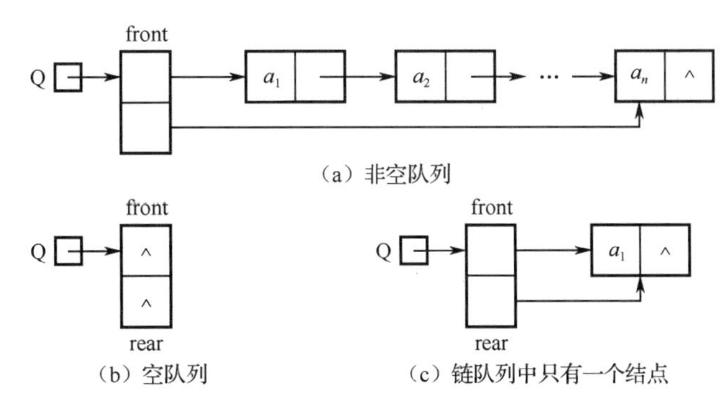

图 3.18　不带头结点的链队列

链队列的存储结构定义如下。

```
typedef  struct  QNode  {
            QElemType  data ;
            struct  QNode *next ;
        }  QNode ;  *Queuepointer ;              //链队列结点和指针类型
typedef  struct  {
            Queuepointer *front, *rear;
        } ListQueue;                            //将头、尾指针封装在一起
```

定义一个链队列：ListQueue　Q。

（2）链队列的算法实现。

以下算法基于带头结点的链队列。

```
/*基本运算函数原型声明*/
void   InitQueue(LinkQueue * &Q);                           //构造一个空队列
bool   EnQueue(LinkQueue * &Q, QElemType e);                //入队
bool   DeQueue(LinkQueue * &Q, QElemType &e);               //出队并返回结点数据
bool   QueueEmpty(LinkQueue * Q );                          //判队空，若队空，则返回 TRUE，否则返回 FALSE
int    QueueLength(LinkQueue * Q);                          //求队长
void   GetHead(LinkQueue * &Q, QElemType &e);               //取首结点数据
void   ClearQueue(LinkQueue * &Q );                         //清空队列
void   DestroyQueue(LinkQueue * &Q );                       //撤销队列
void   QueueTraverse(LinkQueue * Q,visit());                //遍历队列
 /* 各算法具体实现 */
 /* 初始化队列 */
 void   InitQueue(LinkQueue *&Q)                            //初始化队列，即构造一个空队列
     {   Q.front =Q.rear=(QNode*)malloc(sizeof(QNode));     //申请头结点
       if(!Q.front)   exit（ OVERFLOW ）;                   //申请失败返回溢出信息
       Q.front->next=NULL;
       return OK ;
     }
 /* 入队 */
 status   EnQueue(LinkQueue *&Q, QElemType   e)             //入队，在队尾插入一个结点
      {   p =(QNode *)malloc(sizeof(QNode));                //申请新结点
          p->data=e ;    p->next =NULL;                     //填入数据
          Q.rear->nex t =p;                                 //拉到链尾
          Q. rear =p;
          return OK ;
      }
 /* 出队 */
 status   DeQueue(LinkQueue *&Q, QElemType   &e)            //出队并返回结点数据
      {   if(QueueEmpty(q)) return   ERROR ;                //若队空，则返回失败信息
          p =Q.front->next ;
          e =p ->data ;                                     //队头数据元素的值赋给 e
          Q.front->next =p->next;
          if(Q.rear ==p) Q.rear =Q.front ;          //只有一个数据元素时，出队后队空，修改队尾指针
          free(p);
          return   OK ;
      }
 /* 判断队列是否为空队列 */
 Bool   QueueEmpty(LinkQueue* Q)                    //判队空
       { return (Q. front ==Q.rear ); }             //表达式成立返回 TRUE，否则返回 FALSE
 /* 求队列长度 */
 int   QueueLength(LinkQueue * Q)                   //求队长
       {   p =Q.front ;   i =0 ;
           while(p->next)                           //访问每个结点，每经过一个结点，计数器加 1
               { p =p->next ;   i++ ; }
           return   i ;
       }
 /* 取队首结点数据 */
 Status   GetHead(LinkQueue * Q, QElemType &e)      //取队首结点数据
       { e =Q.front->data ;   }
```

```
/* 清空队列 */
Status  ClearQueue(LinkQueue * &Q )                      //清空队列
     {  p =Q.front->next ;                               //指针 p 指向第一个结点
        while(p)                                         //逐个释放结点，保留头结点
            { q =p ;  p =p->next ;
              free(q);
            }
        Q.rear =Q.front ;                                //尾指针指向头结点
       return  OK ;
     }
/* 撤销队列 */
Status  DestroyQueue(LinkQueue * &Q )                    //撤销队列，不保留头结点
    {  while(Q.front)
          {  Q.rear =Q.front->next ;
             free(Q.front);
             Q.frongt =Q.rear ;
          }
       return  OK ;
    }
/* 遍历队列 */
Status  QueueTraverse(LinkQueue * Q,visit(QElemType))    //遍历队列
        {  p =Q.front->next ;
           while(p)                                      //访问每个结点，每经过一个结点，输出结点数据
              { visit(p->data);  p =p->next ;  }
        return  OK ;
    }
```

2. 顺序队列

用顺序表存储的队列称为顺序队列。因为队列的队头和队尾都是活动的，因此，除了队列的数据域，还必须设置队头指针和队尾指针。

（1）非循环队列。

非循环队列是头尾不相接的队列。这种队列采用动态分配队列空间的方式，其类型定义如下。

```
# define  MAXSIZE   1024          //队列的最大容量
typedef  struct  {
        QElemType   *base ;       //队列存储空间首地址
        int  rear, front ;        //队头指针、队尾指针
    } SqQueue ;
```

定义一个队列的变量：SqQueue Q。

设队头指针指向队头元素前面的位置，队尾指针指向队尾元素（这样的设置是为了某些运算更方便，并不是唯一的方法）。

申请一个顺序队的存储空间：Q.base =(QElemType *)malloc(MAXSIZE *sizeof(QElemType))。

队列的数据区为从 Q.base [0] 到 Q.base [MAXSIZE -1]。

队头指针为 Q.front，队尾指针为 Q.rear。

访问队列的元素：入队时，Q.base [Q.rear ++] =e；出队时，e =Q.base [++Q.front]。

置空队：Q.front =Q.rear =-1。

队中元素的个数：m =Q.rear – Q.front。

队满条件：m =MAXSIZE；队空条件：m =0。

按照上述思想建立的空队列及入队、出队示意图如图 3.19 所示，假设 MAXSIZE=10。

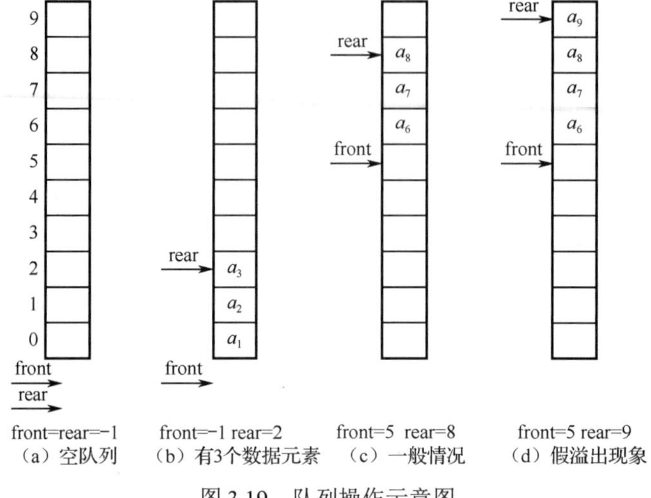

图 3.19　队列操作示意图

（2）循环队列。

非循环队列随着入队、出队的进行，会使整个队列整体向后移动，这样就出现了图 3.19（d）所示的现象：队尾指针已经移到了最后，如果再有数据元素入队就会出现溢出，而事实上此时队列中并未真的“满员”，这种现象称为假溢出。出现假溢出现象是由队列“队尾入、队头出”这种受限操作造成的。解决假溢出的方法之一，是将队列定义成动态顺序表，数据区用 base [0…MAXQSIZE−1]表示，将头尾相接，构成一个循环结构，头尾指针的关系不变。这种结构称为循环队列，如图 3.20（a）所示，首尾相接后如图 3.20（b）所示。

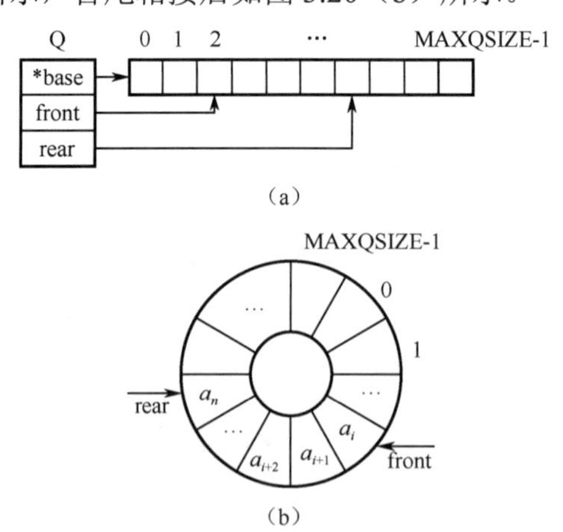

图 3.20　循环队列

循环队列如何实现循环？即当队尾指针到达最后一个单元时，又返回到第一个数据元素位置？其方法是，入队时，队尾指针加 1 的操作应修改为

Q.rear =(Q.rear +1)% MAXQSIZE

出队时，队头指针加 1 的操作则修改为

Q.front =(Q.front+1)% MAXQSIZE

例如，设 MAXQSIZE=10，循环队列操作示意图如图 3.21 所示。

队列长度 length =(Q.rear – Q.front + MAXQSIZE)% MAXQSIZE。

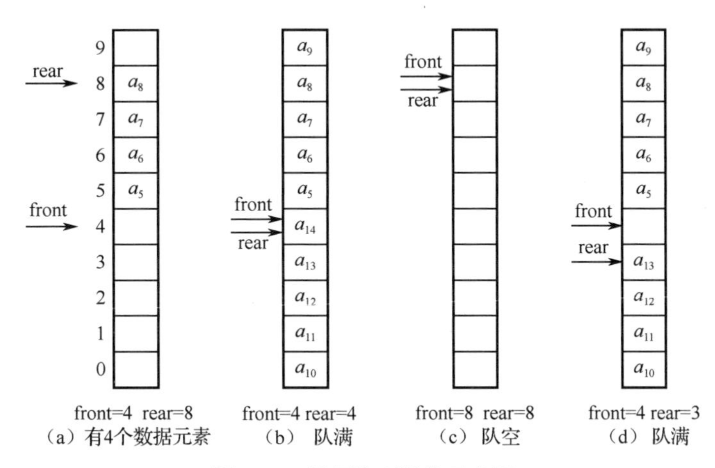

图 3.21 循环队列操作示意图

从图 3.21 所示的循环队列可以看出，图 3.21（a）中有 a_5、a_6、a_7、a_8 4 个数据元素，此时 front=4, rear =8；随着 a_9～a_{14} 相继入队，队列中具有了 10 个数据元素（队满），此时 front=4, rear=4，如图 3.21（b）所示，由此可见，在队满情况下有 front==rear。若在图 3.21（a）情况下，a_5～a_8 相继出队，此时队空，front=8，rear=8，如图 3.21（c）所示，即在队空情况下也有 front==rear。就是说“队满”和“队空”的条件是相同的，这是必须解决的一个问题。如何区分队空、队满？解决的一种方法是附设一个存储队列中数据元素个数的变量，如 num，当 num==0 时，队空；当 num==MAXSIZE 时，队满。

另一种方法是牺牲一个数据元素空间，即将图 3.21（d）中的情况视为队满，此时的状态是队尾指针加 1 后，赶上队头指针，此种情况表示队满，其条件是(rear+1)%MAXSIZE==front。以下关于循环队列及其操作算法都基于第二种方法实现。

循环队列的类型定义如下。

```
# define   MAXQSIZE   1024
typedef   struct   {
          QElemType   *base ;                    //数据的存储区
           int   front, rear;                    //队头指针、队尾指针
  } SqQueue;                                     //循环队列
```

（3）队列的基本运算。

① 初始化队列。

```
Status   InitQueue(SqQueue &Q)               //建立一个空队列
 {   Q.base =malloc(sizeof(QElemType)*MAXQSISE);
     if(!Q.base) return   OVERFLOW ;
     Q.front =Q.rear=0 ;
    return   OK ;
 }
```

② 求队长。

```
int   QueueLength(SqQueue Q)
     { return (Q.rear – Q.front + MAXQSIZE)% MAXQSIZE   ; }
```

③ 入队。

```
Statue   EnQueue(SqQueue &Q, QElemType   e)
    {   if ((Q.rear +1)%MAXQSIZE ==Q.front)             //队满不能入队
```

```
            return   ERROR ;
        Q.rear =(Q.rear+1)% MAXQSIZE;
        Q.base[Q.rear] =e ;
      return   OK ;                                  //入队成功
    }
```

④ 出队。

```
Status   DeQueue(SqQueue * &Q, QElemType   &e)
   {  if (Q.front ==Q.rear)   return   ERROR ;         //队空不能出队
      e =Q.base [ Q.front ] ;                          //读出队头元素
      Q.front=(Q.front+1)% MAXQSIZE ;
      return   OK ;                                    //出队成功
   }
```

⑤ 判队空。

```
Bool    QueueEmpty(SqQueue * Q)
    {  if (Q.front ==Q.rear) return   TRUE;
       else   return   FALSE   ;
    }
```

（4）其他队列。

如果队列的操作限制改变，就可以得到另外几种队列，包括双端队列、输入受限双端队列、输出受限双端队列等。

① 双端队列。在两端都可以进行入队和出队操作的队列称为双端队列。这种队列可以看作由两个对底的双栈所构成的队列，两端都可以进行插入、删除操作，如图 3.22（a）所示。

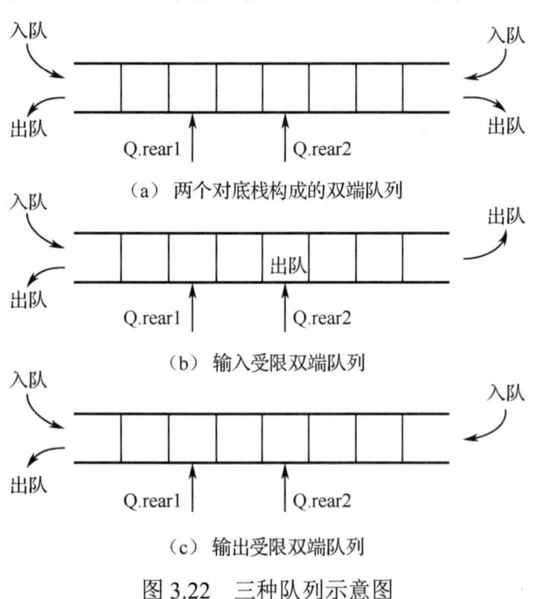

图 3.22　三种队列示意图

可以用一个顺序表存储一个双端队列，设置两个指针，Q.rear1 和 Q.rear2 分别指向两端，队空的条件为 Q.rear1+1==Q.rear2，队满的条件为 Q.rear1==Q.rear2。

入队和出队操作时，需设置一个标志变量 Tag，并规定 Tag=0 对 Q.rear1 端进行操作，Tag=1 对 Q.rear2 端进行操作。

② 输入受限双端队列。只能在一端进行插入操作，在另一端可以进行插入和删除操作的队列称为输入受限双端队列，如图 3.22（b）所示。

③ 输出受限双端队列。只能在一端进行删除操作，在另一端可以插入和删除操作的队列称为输出受限双端队列，如图 3.22（c）所示。

队列的应用非常广泛。在计算机操作系统中，会涉及大量队列的应用。例如，对硬件和软件各种资源的管理，都是用队列实现的。在处理器管理中，将不同状态用户的作业控制块（JCB）和进程控制块（PCB），用多个队列组织、调度；在设备管理中，将设备抽象成设备控制块（DCB）拉成队列，实现设备的分配与回收。当多个用户的打印数据共享一台打印设备时，将这些打印数据组织成打印队列，逐个打印；在文件的物理存储结构中，每个物理文件由若干物理记录（一个磁盘块中存储的信息）组成，这些物理记录在磁盘上是离散存放的，可将他们拉成队列。类似的问题在操作系统中比比皆是。在计算机专业的许多课程中都大量使用队列，将来学习这些课程时会对队列有更深入的体会。

课后阅读：中国工匠精神

特定的数据结构是对特定场景的抽象。单从功能上来讲，数组或链表可以完全替代队列。但是，数组或链表暴露了太多的操作接口，操作上灵活、自由的同时，使用起来相对不可控，自然也就更容易出错。当某个数据集合涉及在插入和删除数据时满足“先进先出、后进后出”特性，我们应该首选队列这种数据结构。

入队、出队时，需要加上某些判断条件，不能仅是简单地完成操作，这就要求我们做事必须认真，培养严谨的工作态度和工匠精神。正如钟南山院士和李兰娟院士对科学知识和专业工作的严谨态度，使他们很快并准确地判断出新型冠状病毒及其传播特征，以及疫情发展的特点，挽救了很多人的生命，减少了经济损失。

本章小结

栈和队列是两种特殊的线性表，本章的基本学习要点如下。

（1）掌握栈和队列的特点及它们之间的差异，并能在相应的应用问题中正确选用。

（2）熟练掌握顺序栈和链栈及基本操作在这两种存储结构上的实现算法，应特别注意栈满和栈空的条件及其描述方法。

（3）熟练掌握顺序队列和链队列及基本操作在这两种存储结构上的实现算法，应特别注意队满和队空的条件及其描述方法。

（4）理解递归算法执行过程中栈的状态变化过程。

习题 3

一、选择题

1．对于栈，操作数据元数的原则是（　　）。

A．先进先出　　B．后进先出　　C．后进后出　　D．不分顺序

2．一般情况下，将递归算法转换成非递归算法应通过设置（　　）实现。

A．数组　　B．线性表　　C．队列　　D．栈

3．栈和队列的共同点是（　　）。

A．都是先进后出　　B．都是先进先出

C．只允许在端点处插入和删除数据元素　　D．没有共同点

4．若数据元素 *a*、*b*、*c*、*d*、*e*、*f* 依次入栈，允许入栈、出栈操作交替进行，但不允许连续 3 次进行出栈操作。则不可能得到的顺序是（　　）。

A．*dcebfa*　　B．*cbdaef*　　C．*bcaefd*　　D．*afedcb*

5．某队列允许在两端进行入队操作，但仅允许在一端进行出队操作，若入队顺序是 *abcde*，则不可能得到的出队顺序是（　　）。

A．*bcade*　　B．*dbace*　　C．*dbcae*　　D．*ecbad*

6．在对栈的操作中，能改变栈的结构的是（　　）。

A．StackLength(S)　　B．StackEmpty(S)　　C．GetTop(S)　　D．ClearStack(S)

7．在一个栈顶指针为 HS 的链栈中将一个 S 指针所指的结点入栈，应执行（　　）。

A．HS->next=s　　B．S->next=HS->next; HS->next=s

C．S->next=HS;　HS=s　　D．S->next=HS; HS=HS->next

8．若已知一个栈的入栈序列是 1, 2, ⋯, n，其输出序列是 p_1,p_2, ⋯, p_n，若 $p_1=n$，则 p_i=（　　）。

A．i　　B．$n-i$　　C．$n-i+1$　　D．不确定

9．若用一个大小为 6 的数组来实现循环队列，且当前队尾指针 rear 和队头指针 front 的值分别为 0 和 3，当从队列中删除一个数据元素，再加入两个数据元素后，队尾指针 rear 和队头指针 front 的值分别是（　　）。

A．1 和 5　　B．2 和 4　　C．4 和 2　　D．5 和 1

10．要使输入序列为 *ABC* 变为序列 *BAC* 时，使用的栈操作序列为（　　）。

A．push，pop，push，pop，push，pop　　B．push，push，push，pop，pop，pop

C．push，push，pop，pop，push，pop　　D．push，pop，push，push，pop，pop

11．设用一个大小为 m=60 的顺序表 A[m]表示一个循环队列，如果当前的队尾指针 rear=32，队头指针 front=15，则当前循环队列的数据元素个数是（　　）。

A．42　　B．16　　C．17　　D．41

12．设用顺序表 a[n]表示循环队列，队头指针、队尾指针分别为 front 和 rear，则判断队空的条件是（　　），判断队满的条件是（　　）。

A．a.front +1==a.rear　　B．a.front ==a.rear +1

C．a.front ==0　　D．a.front ==a.rear

E．(a.rear −1)% n =a.front　　F．(a.rear +1)% n =a.front

G．a.rear =(a.front−1)% n　　H．a.rear =(a.front +1)% n

13．设循环队列存储在数组 *A*[0…*m*]中，则入队时的操作为（　　）。

A．rear=rear+1　　B．rear=(rear+1)mod(m−1)

C．rear=(rear+1)mod m　　D．rear=(rear+1)mod(m+1)

14．在解决计算机主机与打印机之间速度不匹配问题时通常设置一个打印数据缓冲区，主机将要输出的数据依次写入该缓冲区，而打印机则从该缓冲区中取出数据打印，该缓冲区应该是一个（　　）。

A．栈　　B．队列　　C．数组　　D．线性表

15．设栈用向量 V[1…*n*]存储，初始栈顶指针 top 为 n+1，则下面将数据元素 x 入栈的正确操作为（　　）。

A．V[++top]=x　　B．V [top++]=x　　C．V[−−top] =x　　D．V [top−−]=x

16．若栈采用顺序存储方式存储，现有两个栈共享空间 V[1…*m*]，top[*i*]代表第 i 个栈(i=1,2)的栈顶，栈 1 的栈底为 V[1]，栈 2 的栈底为 V[*m*]，则栈满的条件是（　　）。

A．|top[2]−top[1]|=0　　B．top[1]+1=top[2]　　C．top[1]+top[2]=m　　D．top[1]==top[2]

17．表达式 $a*(b+c)-d$ 的后缀表达式为（　　）。

A．*abcd**+−　　B．*abc*+**d*−　　C．*abc**+*d*−　　D．−+**abcd*

18．一个栈的输入序列为 1, 2, ⋯, n，若输出序列的第一个数据元素是 n，则输出的第 i（$1\leq i\leq n$）个数据元素是（　　）。

A．不确定　　B．n−i+1　　C．i　　D．$n-i$

二、填空题

1．在栈中，可进行插入和删除操作的一端称为（　　　　）。

2．在做入栈运算时，应先判别栈是否（　　　　），在做出栈运算时应先判别栈是否（　　　　）。当栈中数据元素个数为 n 时，做入栈运算时发生上溢,则说明该栈的最大容量为（　　　　）。

3．栈的特点是（　　　　），队列的特点是（　　　　）。

4．由于链栈的操作只在链栈顶端进行，所以没有必要设置（　　　　）结点。

5．带头结点的单链表 L 是空表的条件是（　　　　）；顺序栈 S 是空栈的条件是（　　　　）；顺序栈 S 满的条件是（　　　　）；不带头结点的链栈 L 是空栈的条件是（　　　　）；循环队列 Q 是空队列的条件是（　　　　）；循环队列 Q 是满队列的条件是（　　　　）。

6．用数组 Q（其下标为 $0\sim(n-1)$，共有 n 个数据元素）表示一个循环队列，front 为当前队头元素的前一个位置，rear 为队尾元素的位置，假设队列中的数据元素个数总小于 n，则求队列中数据元素个数的公式为（　　　　）。

7．设数据元素入栈的顺序是 1, 2, …, n，则所有可能的出栈顺序共有（　　　　）种。

8．在具有 n 个单元的循环队列中，队满时共有（　　　　）个数据元素。

9．设有一个空栈，栈顶指针为 1000H（十六进制），现有输入序列为 12345，经过 PUSH,PUSH, POP,PUSH,POP,PUSH,PUSH 之后，输出序列是（　　　　），栈顶指针是（　　　　）H（设栈为顺序栈，每个数据元素占 4 字节）。

10．用 PUSH 表示入栈操作，POP 表示出栈操作，若数据元素入栈的顺序为 1234，为了得到 1342 的出栈顺序，相应的 PUSH 和 POP 的操作串为（　　　　）。

三、问答题与算法题

1．设将整数 1、2、3、4 依次入栈，若入栈、出栈操作次序为 Push(s,1), Pop(s,x1),Push(s,2),Push(s,3), Pop(s,x2), Pop(s,x3),Push(s,4), Pop(s,x4),则出栈顺序是什么？

2．假设用不带头结点的单链表表示栈，请分别写出入栈和出栈的算法。

（1）int push_L(Linkstack * &s　SelemType　e)。

（2）int pop_L(Linkstack * &s　SelemType　&e)。

3．假设用带头结点的单循环链表表示队列，并设置一个指向队尾结点的队尾指针（无队头指针），请分别写出队列的入队和出队算法。

（1）int EnQueue_L(Queueptr *&QL　QelemType　e)。

（2）int DeQueue_L(Queueptr　*&QL　QelemType　&e)。

4．指出下列程序段的功能是什么？

```
（1）void abc1(Stack *&S)
    {
      int i,  arr[64], n=0 ;
      while(! StackEmpty(S)){ Pop(S, e);arr[n++]=e};
      for(i=0, i< n; i++)Push(S, arr[i]);
    }
```

```
（2）Void  abc2(Stack  S1, Stack  & S2);
    {  initstack(tmp);
      while(! StackEmpty(S1))
        {pop(S1,x);  Push(tmp,x);     }
      while(! StackEmpty(tmp))
        {Pop(tmp,x); Push(S1,x); Push(S2, x);}
    }
```

```
（3）void abc3(Stack * &S,   int m)
        { InitStack(T);
          while(! StackEmpty(S))
              { Pop(S,e); if(e!=m)Push(T,e); }
          while(! StackEmpty(T))
              {Pop(T,e); Push(S,e);}
        }
```

```
（4）void abc4(Queue * &Q)
       {   InitStack(S);
             while(!QueueEmpty(Q))
                 {DeQueue(Q,x); Push(S,x);}
             while(! StackEmpty(S))
                 { Pop(S,x); EnQueue(Q,x);}
       }
```

```
（5）void   invert1(LinkList * &L)
        { p=L;
          initstack(S);
          while(p)                    //链表中的数据元素全部入栈
          {push(S,p->data);
           p=p->next;
          }
          p=L;                        //利用原来的链表，只修改数据域的值（反序）
          while(!stackempt(S))
           {pop(S,e);
            p->data=e;
            p=p->next;
            }
        return   OK;
    }
```

5．回文是指正读、反读均相同的字符序列，如“abba”和“abdba”均是回文，但“good”不是回文。试用带头结点的单链表编写一个判定给定的字符序列是否为回文的算法。

```
int   hw1(linklist   L)
```

6．编写一个将不带头结点的链栈 S 中所有结点均删去的算法。

```
void ClearStack(LinkStack &S)
```

7．编写一个返回不带头结点的链栈 S 中结点个数的算法。

```
int Stacksize(LinkStack S)
```

8．利用栈操作，编写一个把一个不带头结点的链表中的数据元素反序存放的算法。

```
void   invert2(LinkList   &L)
```

9．试将下列递归过程改写为非递归过程。

```
void   test(int   &sum)
{ int   x;
  scanf(x);
```

```
    if(x=0)sum=0;
    else {test(sum); sum+=x;}
    printf(sum);
}
```

10．从键盘上输入一个后缀表达式，用伪代码写出其求值程序。规定：后缀表达式的长度不超过一行，以字符“$”作为输入结束符，操作数之间用空格分隔，操作符只有+、−、*、/四种。例如：234/34+2*$。

第4章　串

计算机上的非数值处理的对象大部分是字符串数据，字符串一般简称为串。串是一种特殊的线性表，其特殊性体现在数据元素是一个字符，也就是说，串是一种内容受限的线性表。串的应用非常广泛。例如，各种文字编辑工具软件的操作对象，高级语言编写的源程序、编译系统处理的源程序和目标程序等都是串。又如，现实中的许多事务管理，像顾客的姓名、性别、单位、地址等信息，商品的名称、规格、型号、生产厂家等，大多数都是作为串处理的。串作为一种特殊的线性表，具有自身的结构和运算特性。本章讨论的内容包括：串的概念及其 ADT 定义，串的存储结构及其算法实现，重点讨论串的模式匹配算法。

4.1　串的概念及 ADT 定义

在讨论串的存储结构与操作算法之前，首先介绍串的基本概念及相关术语，以及串的 ADT 定义。

4.1.1　串的基本概念及相关术语

1. 串的定义

串是由零个或多个字符组成的有限序列，一般记为

$$s="s_1\ s_2 \cdots\ s_n"$$

其中 s 是串名。在本书中，用直引号作为串的定界符，直引号引起来的字符序列为串值，引号本身不属于串的内容。s_i（$1\leqslant i\leqslant n$）是串中的任意一个字符，称为串的元素，是构成串的基本单位，i 是它在整个串中的序号。n 为串的长度，表示串中所包含的字符个数，当 n=0 时，称为空串，通常记为 Φ。

2. 串的相关术语

子串与主串：串中任意个连续的字符组成的子序列称为该串的子串，包含子串的串称为主串。

子串的位置：子串的第一个字符在主串中的序号称为子串的位置。

串相等：串相等是指两个串的长度相等且对应位置的字符也相同。

空格串：由空格字符构成的串称为空格串。由于空格字符是不可见的，所以应注意空格串与空串的区别，如""是空串，而"　"是空格串。有时为了区别空串与空格串，常常用一些指定的特殊字符表示空格。

串常量与串变量：用直引号引起来的一个字符序列称为串常量，程序中只能使用串常量的值，但不能修改。取值为串类型的变量称为串变量，对串变量可以做任何运算。

4.1.2　串的 ADT 定义

为了讨论的方便，本章将串定义成一种抽象数据类型。

```
ADT  String  {
   数据对象：D={ ci | ci∈CharacterSet && i=1, 2, …, n && n>=0 }
```

数据关系：R={ < c_i，c_{i+1}> | c_i，c_{i+1}∈D; && i=1, 2, …, n-1 }

数据操作：

（1）求串长 StrLength(S)

初始条件：串 S 存在

操作结果：返回串 S 的长度

（2）串赋值 StrAssign(&S, chars)

初始条件：S 是一个串变量，chars 是一个串常量

操作结果：将串常量 chars 的值赋给串变量 S1，当变量 S1 原来的值被覆盖

（3）串复制 StrCopy(&T, S)

初始条件：源串 S 已赋值，T 是目标串

操作结果：将源串 S 的值复制到目标串 T 中

（4）串连接 StrConcat(&T, S1, S2)

初始条件：串 S1, S2 存在

操作结果：将串 S2 连接到串 S1 的后面，并存放在串 T 中，串 S1 和串 S2 不变

（5）求子串 SubString(&T, S, i, len)

初始条件：串 S 存在，1<=i<=StrLength(S)，0<=len<=StrLength(S)-i+1

操作结果：用串 T 返回从串 S 的第 i 个字符开始、长度为 len 的子串。len=0 得到的是空串

（6）串比较 StrCompare(S1, S2)

初始条件：串 S1，S2 存在

操作结果：若 S1==S2，返回 0；若 S1<S2，返回-1；若 S1>S2，返回 1

（7）串定位 StrIndex(S, T, pos)

初始条件：串 S、T 存在。1<=pos<=StrLength(S)

操作结果：若串 T 是串 S 的子串，返回串 T 在串 S 中首次出现的位置，否则返回-1

（8）串插入 StrInser t(&S, i, T)

初始条件：串 S 和串 T 存在且非空，且 1<=i<=StrLength(S)+1

操作结果：将串 T 插到串 S 的第 i 个字符位置上，串 S 的串值发生改变

（9）串删除 StrDelete(&S, i, len)

初始条件：串 S 存在，1<=i<=StrLength(S)，0<=len<=StrLength(S)-i+1

操作结果：删除串 S 中从第 i 个字符开始的长度为 len 的子串，串 S 的串值发生改变

（10）串替换 StrReplace(&S, T, R)

初始条件：串 S、T、R 存在，串 T 不为空

操作结果：用串 R 替换串 S 中出现的所有与串 T 相等的不重叠的子串，串 S 的串值发生改变

（11）串判空 StrEmpty(S)

初始条件：串 S 存在

操作结果：若串 S 为空串，返回 TRUE，否则返回 FAULT

（12）串清空 ClearString(&S)

初始条件：串 S 存在

操作结果：将串 S 置为空串

（13）串撤销 DestroyString(&S)

初始条件：串 S 存在

操作结果：将串 S 销毁，并回收串空间

} ADT String

以上定义的 13 种串运算，其中串赋值 StrAssign()、求串长 StrLength()、求子串 SubString()、串比较 StrCompare()、串连接 StrConcat() 5 种是最基本的，它们不能用其他的运算实现，而其他运算可以由这 5 种基本运算实现，因此，通常将这 5 个基本操作称为最小操作集。

例如：用求串长 StrLength()、求子串 SubString()和串比较 StrCompare()运算实现串定位 StrIndex()。

串定位的算法思想：设串 S、T 的长度分别为 n、m（$m \leqslant n$）。每次从串 S 的第 i 个字符起，取

长度为 m 子串，与串 T 比较，若相同，则返回 i，结束，否则再从第 i+1 个字符继续取，直到 $i=n-m+1$，若都不相同，则返回 0。算法描述如下。

```
int   StrIndex(String S,   String T, int   pos)
      {  int n, m, i ;
         String   Sub ;
         n=StrLength(S);   m=StrLength(T);
         i=pos ;
         while(i<= n – m + 1)
               {  Substring(Sub, S, i, m);
                  if(StrCompare(Sub, T)!= 0) ++ i ;
                  else   return   i ;
               }
         return 0 ;
      }
```

4.2　串的定长顺序存储结构及其算法实现

由于串是数据元素为单个字符构成的线性表，因此线性表的存储方式仍然适用于串。字符型数据具有特殊性，且对串经常需要作为一个整体来处理，基于这一特点，串的存储结构与一般线性表的存储结构也有不同之处。串的存储结构分为顺序串、堆串和链串三种，本节先讨论串的顺序存储结构及其操作算法。

4.2.1　串的定长顺序存储结构

类似于线性表的顺序存储结构，用一组地址连续的存储单元存储串中的字符序列，这种存储结构称为顺序串。所谓定长是指按预先定义的大小，为每一个串变量分配一个固定长度的存储区。顺序串存储结构如图 4.1 所示。

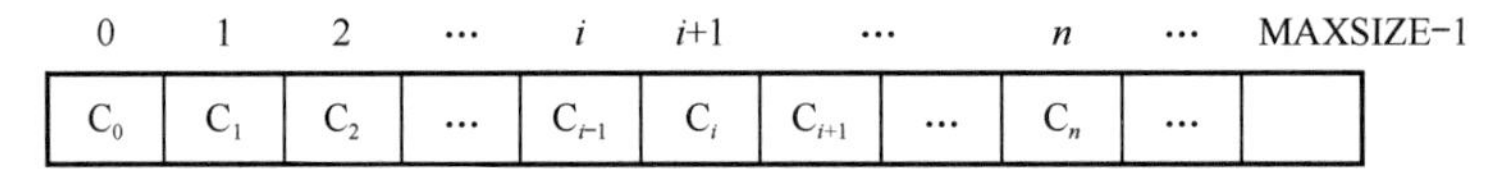

图 4.1　顺序串存储结构

顺序串存储结构定义如下。

```
#define MAXSIZE   256
char   s[MAXSIZE];
```

其中串的最大长度预定义不能超过 256，S[0]中存放串的长度。

编译系统在程序执行前为定长顺序串静态分配存储空间，一旦存储空间的大小确定，就不允许改变。但在对串的处理过程中，经常需要进行插入、删除、替换某些字符或子串，使串的长度频繁变动。为此在定义串类型时，一般将其长度指定得大一些，以便余留出一部分空位置。于是出现了串的定义长度与实际长度不一致的问题，那么，如何标识串的实际长度呢？通常可以采用以下方法。

1. 用一个指针指示串的实际长度

该方法类似于顺序表，用一个指针指向最后一个字符，这样表示的串的存储结构如图 4.2 所示。

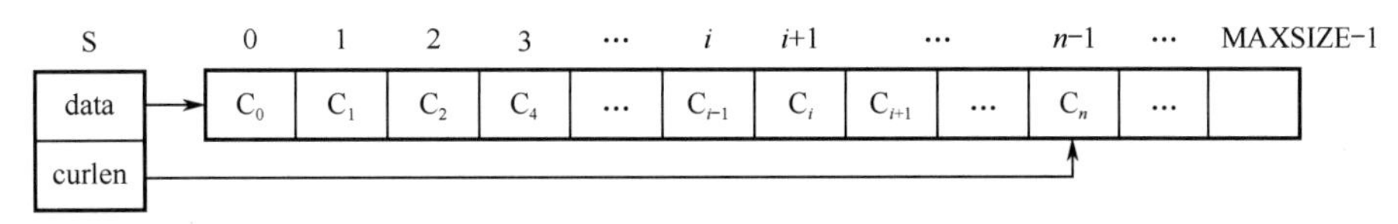

图 4.2　带长度指针的顺序串

类型定义如下。

```
typedef  struct  {
         char   data[MAXSIZE];
         int    curlen;
    }  SString ;
```

定义一个串变量：SString　s。

这种存储方式可以直接得到串的长度：s.curlen+1。

2．带结束符的顺序串

在串的尾部存储一个不包含在串中的特殊字符作为串的结束符，以此表示串的结尾。例如，C 语言中处理定长串的方法就是这样的，它用字符“\0”来表示串的结束。这种方法不能直接得到串的长度，是用判断当前字符是否是“\0”来确定串是否结束，从而求得串的长度。如图 4.3 所示。

图 4.3　带结束符的顺序串

3．用串数组的第一个单元存放串长

定义串存储空间：char　s[MAXSIZE+1]; 用 s[0]存放串的实际长度，串值存放在 s[1]～s[MAXSIZE]中，字符的序号和存储位置一致。这种存储结构应用较为广泛。

4.2.2　定长顺序串的基本运算

顺序串的插入和删除等运算与顺序表基本相同，在此不再赘述。本节主要讨论串连接、求子串、串比较及串的逆置。在以下算法中，用数组 *S* [MAXSIZE +1]存储顺序串，其中 *S*[0]存放串长，串结束用字符“\0”标识。

这个结束符，就像底线思维。底线思维是一种唯物辩证法，是“有守”和“有为”的有机统一。估测可能出现的情况，并且接受这种情况，对可预见事物的发展做出调整。面对新形势新任务，习近平总书记一再强调底线思维，就是唯物辩证法的科学运用与创新发展。

1．串连接

把串 S1 和 S2 首尾连接成一个新串 T，即 T=S1+S2。

（1）算法思想。由于串是定长的，所以需要考虑串 S1 和串 S2 的长度之和与串 T 长度的大小问题。串 S1 的长度存储在 S1[0]中，串 S2 的长度存储在 S2[0]中，串 T 的长度存储在 T[0]中。

当 S1[0]+S2[0]≤T[0]时，直接连接，不出现截断。

当 S1[0]+S2[0]>T[0]时，将串 S2 做截断处理，即将串 S2 中多出部分舍去。

当 S1[0]=T[0]时，不连接。

函数除了返回连接结果，还要返回一个是否截断的信息，用变量 uncut 表示，不截断时

uncut=TRUE，否则 uncut=FALSE。

（2）算法描述。

```
int   StrConcat1(SString &T, SString S1, S2,)                    //将两个串首尾连接成一个新串
    { T[1 … S1[0] ]=S1[1 … S1[0] ] ;                             //复制串 S1 到串 T 的前半部分
      switch
        {   case   S1[0]+S2[0] <= MAXSIZE :                      //不截断
                 {   T[ S1[0]+1 … S1[0]+S2[0] ]=S2[1 … S2[0] ] ;  //复制串 S2 到串 T 的后半部分
                     T[0]=S1[0]+S2[0] ;                          //填写串 T 的长度
                     uncut=TRUE ;   break ;
                 }
            case    S1[0] < MAXSIZE :                            //截断串 S2
                 {   T[ S1[0]+1 … MAXSIZE ] =S2[1 … MAXSIZE – S1[0] ] ;
                     T[0]=MAXSIZE ;
                     uncut=FALSE ; break ;
                 }
           case   S1[0]=MAXSIZE :                                //不复制串 S2
                 { T[0]=MAXSIZE ;
                   uncut=FALSE ; break ;
                 }
        }
      return   uncut ;
    }                                                            //算法结束
```

（3）算法性能。该算法的时间复杂度为 O(S1[0]+S2[0])。

2. 求子串

（1）算法思想。设主串为 S，目标串为 T（所取子串）。从串 S 的第 pos 个字符开始，连续取 len 个字符复制到串 T 中。为了增强算法的健壮性，应对指定的位置 pos 和长度 len 做合法性检查。

（2）算法描述。

```
int   SubString(SString &T, SString S, int pos, len)         //用串 T 返回串 S 中第 pos 个字符开始长度为 len 的子串
  { if(pos <1 || pos > S[0] || len <0 || len> S[0]-pos+1)    //检查起始位置 pos 和长度 len 的合法性
        return   error ;
    T[1 … len ]=S[ pos … pos+len-1 ] ;                      //截取子串
    T[0]=len ;                                              //填写串长
    return OK ;
}                                                           //算法结束
```

（3）算法性能。该算法的时间复杂度为 O(len)。

3. 串比较

（1）算法思想。设两个串分别是 S 和 T，将它们对应位置上的字符 S[i]与 T[i]（i=1, 2, …）逐个比较：

对于每个 i，当 S[i]=T[i]时，返回 0，结束。

当有某个 i 使 S[i]≠T[i]时，返回 S[i]−T[i]。

（2）算法描述。

```
int   StrCompare(SString S, T)
    { int i =1;
```

```
        while(S[i]==T[i] && S[i]!='\0' &&T[i]!='\0') i ++;
        return(S[i]-T[i]);
    }
```

（3）算法性能。该算法的时间复杂度为 $O(\mathrm{Max}(S[0], T[0]))$。

4．串的逆置

（1）算法思想。串的逆置是指将串中的字符顺序反过来，基本思路是从两头到中间两两交换位置，即 $S[i]$与 $S[S[0]-i+1]$（$i=1,2,\cdots,S[0]/2$）交换。

（2）算法描述。

```
int   Strreverse(SString   &S)
    { int i ;
     for(i=1 ; i<=S[0] / 2 ; i++)
          S[i] ↔ S[ S[0] – i+1 ]   ;
     return OK ;
    }
```

（3）算法性能。本算法的时间复杂度为 $O(S[0])$。

4.3　串的堆存储结构及其算法实现

串的顺序存储结构采用静态方式分配存储空间，一旦定义，串的长度就是固定的，不允许增长或缩短，这给串的插入、删除操作带来很大的不便，为此可将串的存储结构改为动态分配串空间方式，允许串长度变化，以适应串的插入和删除等操作。本节介绍串的动态顺序存储结构——堆串及其相应的操作算法。

4.3.1　串的堆存储结构

在应用程序中，参与运算的串变量之间的长度相差较大，并且操作中串值的长度变化也较大，虽然用顺序存储结构表示串，预先可以将串的长度定义得大一点，以便插入字符或子串，但究竟预留多少是不易估计的，留得少可能会不够用；留得多，可能用不了，造成浪费。由此可见，当串的长度动态变化时，用顺序串是不合理的。为此可采用堆存储结构表示串。其基本思想是在内存中开辟一块能存储足够多字符且地址连续的存储空间作为串的存储空间，称其为堆空间。利用操作系统或某些程序设计语言提供的动态内存分配机制，不预先指定串空间的大小，而是在程序运行过程中，可以根据所需要的大小，临时申请串空间，还可以追加部分空间。

1．堆串

一般操作系统或某些程序设计语言都提供堆和动态内存分配机制。预先不指定串长，在程序需要时，根据所需的实际串长，动态地为串从堆空间中申请相应大小的存储区域，并将串顺序存储在所申请的存储区域中。在操作过程中，原空间不够时，可以根据新的串长重新申请串空间，并将原来的串拷贝到新的串空间中，释放原来的串空间。这种串的存储结构称为串的堆存储结构，简称堆串。

由于堆串不预先分配存储空间，而是在程序中动态地临时申请或释放串空间，因此系统在动态分配串空间时，需要根据堆空间的使用情况进行切割，预先无法知道串的存储位置，为此，必须预先定义一个结构变量，存放串空间的分配地址和实际串长，以便进行访问。堆串的存储结构如图 4.4 所示。

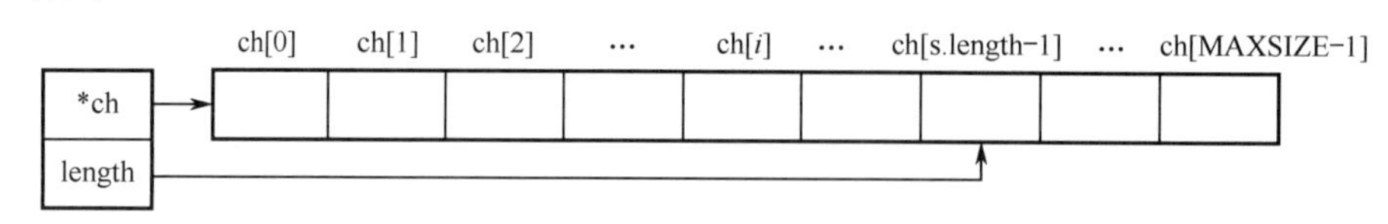

图 4.4 堆串的存储结构

2. 堆串存储结构的定义

定义堆串时，只定义将来存放串的空间地址和串长的结构变量即可，串的实际存储空间在程序中临时申请。

```
# define   MaxStrLen   255 ;
 typedef   struct   {
              char    *ch ;
              int     length ;
        }   HString ;
```

串变量定义：Hstring HS。

程序中可用语句 HS.ch =(char *)malloc(sizeof(char)* MatStrLen)申请串存储空间。

用语句 S =(char *)realloc(HS.ch, (HS.length + INCREMENT)* sizeof(char))重新申请串空间。其中 INCREMENT 为增加的字节数。

访问串的字符时，既可以使用数组方式 HS.ch[*i*]，也可以用指针方式，如 p=HS.ch 和*(p++)等。

3. 堆串存储结构的特点

堆串具有存储密度大，空间利用率高的特点，也有可以动态增长、随机访问的好处，是较常用的一种串存储结构。但是，与顺序串一样，在堆串中进行插入、删除操作不方便，需要移动大量的字符，从而降低了算法的效率。

4.3.2 堆串的算法实现

以下给出基于堆串的算法实现，每个操作的算法思想在注释中说明。

```
      /* 堆串的 ADT 表示与实现*/
      /* 堆串的存储结构定义 */
        # define   MAXSTRLEN   255
        typedef   struct   {
                      char   *ch ;
                      int    length ;
                }   HString ;
          /* 串的操作函数原型说明 */
Status   InitString(HString   &S);                    //串初始化
Status   StrAssign(HString &T, char *chars);          //为一个串变量赋值
int   StrLength(HString   S);                         //求串的长度
int   StrCompare(HString S, HString T);               //串比较，S< T 时返回-1，S> T 时返回 1，S= T 时返回 0
Status   StrConcat(HString &T, HString S1, HString S2);   //将两个串连接成一个新串
Status   SubString(HString &T, HString S, int pos, int len); //取子串
Status   ClearString(HString   &S);                       //清空串，释放堆空间
Status   StrInsert(HString &S, int pos, HString T);       //在一个串的指定位置处插入一个子串
      /* 串的操作函数算法实现描述 */
```

```
Status  InitString(HString  &S)                                          //串初始化，建立一个空串
    {  S.ch =(char *)malloc(sizeof(char)* MAXSTRLEN);                    //申请串空间
       if(S.ch) exit(OVERFLEW);                                          //堆空间大小不足，分配失败
       else { S.length=0 ; return OK };                                  //分配成功
    }
Status  StrAssign(HString &S, char *chars)                               //将字符数组 chars 中的串赋给串变量 S
  {  if(S.ch) free(S.ch);   //释放原来的串空间
     for(len=0, cc=chars ;  cc  ; ++len, ++cc);                          //求串 chars 的长度
     if(!len)                        //若串 chars 的长度为 0，不复制，直接置串的首地址为空，串长为 0
        {  S.ch=NULL ; S.length=0 ; }
     else {  S.ch =(char *)malloc(sizeof(char)*len);                     //申请串空间
          if(!S.ch) exit(OVERFLEW);                                      //申请失败
          for(i=0 ; i< len ; i++)                                        //逐个复制字符
          S.ch[ i ]=chars[ i ];
          S.length=len;                                                  //填入串的长度
        }
     return OK ;
  }
int  StrLength(HString S)                                                //返回串的长度
  { return S.length ; }
int  StrCompare(HString S, HString T) //比较串 S 和串 T，S< T 时返回-1，S> T 时返回 1，S= T 时返回 0
  {  for(j=0 ; j < S.length && j < T.length ; j++)              //对应位置的字符逐个比较，字符不相等时则返回
      if(S.ch[ j ] != T.ch [ j ]) return  S.ch[ j ] - T.ch [ j ] ;  //两字符不相等，返回差表示大于和小于
     return  S.length – T.length ;                              //所有字符都相同，返回两串的长度差表示等于
  }
Status  StrConcat(HString &T, HString S1, HString S2)           //将串 S2 接到串 S1 之后，再放到串 T 中
    {  if(T.ch) free(T.ch);                                     //释放原来的串空间
       T.ch =(char *)malloc(sizeof(char)*(S1.length + S2.length));  //申请串空间
       if(!T.ch) exit(OVERFLEW) ;                                   //申请失败
       T.ch [ 0 … S1.length – 1 ] =S1.ch [ 0 … S1.length – 1 ]      //先将串 S1 复制到串 T 中
       T.length=S1.length + S2.length ;                             //将两串长度之和填入目标串的长度
       T.ch [ S1.length … T.length-1 ]=S2.ch [ 0 … S2.length – 1 ]  //先将串 S2 复制到串 T 中
       return  OK ;
    }
Status  SubString(HString &Sub, HString S, int pos, int len)        //求子串
    {  if(pos <1 || pos > S.length || len < 0 || len > S.length - pos+1)  //合法性检查
        return  ERROR ;
       if(Sub.ch) free(Sub.ch);                                     //释放原子串空间
       if(! len) Sub.ch=NULL  ;  Sub.length=0 ;                     //长度为 0 时返回空子串
       else { Sub.ch =(char *)malloc(sizeof(char)*len);             //申请串空间
            Sub.ch [ 0 … len – 1 ]=S.ch [ pos – 1 … pos + len – 2 ] ; //复制子串
            Sub.length=len ;                                        //设置子串长度
          }
       return  OK ;
    }
Status  ClearString(HString &S)                                     //清空一个串
    { if(S.ch) { free(S.ch);  S.ch=NULL ; }                         //释放串空间
      S.length=0 ;                                                  //长度置为 0
      return  OK ;
```

```
    }
Status  StrInsert(HString &S, int pos, HString T)                    //在串 S 中从 pos 处插入子串 T
    {  if(pos <1 || pos > S.length) return  ERROR ;                    //合法性检查
       if(T.length)                                                     //重新申请串空间
         {  S.ch =(char *)realloc(S.ch,(S.length + T.length)* sizeof(char));
            if(! S.ch) exit(OVERFLOW);                                  //申请串空间失败
            for(i=S.length -1 ; i >= pos – 1 ; - - i)                   //移动字符，腾出插入位置
                S.ch [ i + T.length ]=S.ch [i] ;
            S.ch [ pos – 1 … pos + T.length -2 ]=T.ch [ 0 … T.length – 1 ] ;  //复制子串
            S.length += T.length ;
         }
       return  OK ;
    }
```

堆串的算法是由算法编写者设计和编写的，这里重点介绍了堆串的处理思想，很多问题和细节尚未涉及，如废弃串的回归、自由区的管理等。在常用的高级语言及开发环境中，大多数系统本身提供了串的类型及大量的库函数，用户可直接使用，这样会使算法的设计和调试更方便容易，可靠性更高。

4.4　串的模式匹配算法

串的模式匹配（子串定位）算法是一种重要的串运算。此运算的应用非常广泛，如在搜索引擎、拼写检查、语言翻译、数据压缩等应用中，都需要进行串匹配。设 s="$s_1\ s_2 \cdots s_n$"和 t= "$t_1\ t_2 \cdots t_m$"是给定的两个串，在主串 s 中找到等于子串 t 的过程称为模式匹配，子串 t 称为模式串。如果在主串 s 中找到等于 t 的子串，则匹配成功，函数返回子串 t 在主串 s 中的首次出现位置（或序号），否则匹配失败，返回 0。串的匹配算法有两种：简单模式匹配算法和 KMP 算法。

4.4.1　简单模式匹配算法

用字符数组（顺序串）存储一个串，如图 4.5 所示。

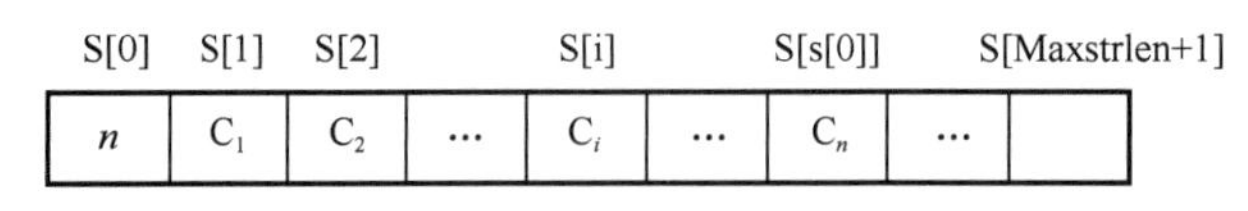

图 4.5　字符数组存储结构

结构定义如下。

```
# define  MAXSTRLEN     255
typedef   char   SString [MAXSTRLEN+1] ;
```

为了运算方便，串的长度存放在 0 号单元，串值从 1 号单元开始存放，这样规定后，使字符的序号与存储位置保持一致。

简单模式匹配算法的基本思想是，设 s="$s_1\ s_2 \cdots s_n$"，t="$t_1\ t_2 \cdots t_m$"，首先将字符 s_1 与字符 t_1 进行比较，若不同，则将字符 s_2 与字符 t_1 进行比较，……，直到串 s 的某个字符 s_i 和字符 t_1 相同为止，再将它们之后的字符进行比较，若也相同，则如此继续往下比较，当串 s 的某一个字符 s_i 与串 t 的字符 t_j 不同时，则串 s 返回到本趟开始字符的下一个字符，即 s_{i-j+2}，串 t 返回到字符 t_1，继续开始下一趟的比较，重复上述过程。若串 t 中的字符全部比较完，则说明本趟匹配成功，本趟的起始位置是 $i-j+1$ 或 $i-$t[0]，否则，匹配失败。

设主串 s="ababcabcacbab"，模式串 t="abcac"，简单模式匹配的匹配过程如图 4.6 所示。

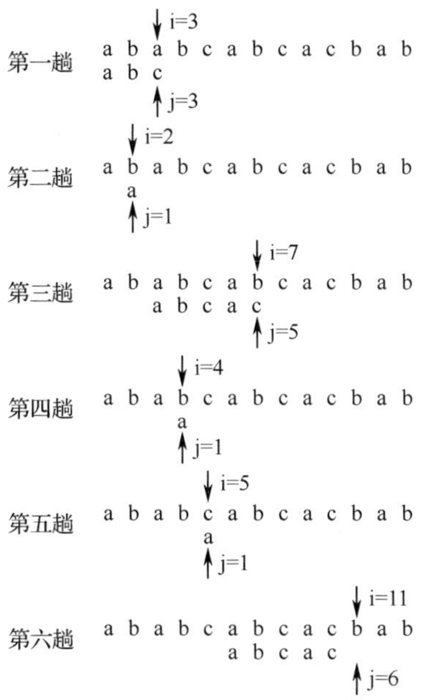

```
              ↓i=3
第一趟  a b a b c a b c a c b a b
        a b c
            ↑j=3
          ↓i=2
第二趟  a b a b c a b c a c b a b
          a
          ↑j=1
                    ↓i=7
第三趟  a b a b c a b c a c b a b
            a b c a c
                    ↑j=5
              ↓i=4
第四趟  a b a b c a b c a c b a b
              a
              ↑j=1
                ↓i=5
第五趟  a b a b c a b c a c b a b
                a
                ↑j=1
                            ↓i=11
第六趟  a b a b c a b c a c b a b
                  a b c a c
                            ↑j=6
```

图 4.6　简单模式匹配的匹配过程

根据以上思想，算法描述如下。

```
int  StrIndex  (SString s, SString t, int  pos)       //从串 s 的第 pos 个字符开始找首次与串 t 相等的子串
{  int  i=pos ;  j=1 ;
   while(i<= s[0] && j<= t[0])                        //都没遇到结束符
       {
        if(s[i]= =t [j])
           { i++ ;  j++ ; }                           //继续
        else
           { i= i-j+2 ;  j =1; }                      //回溯
       }
    if(j>t[0]) return(i-t [0]);                       //匹配成功，返回存储位置
    else  return 0 ;
}
```

该算法也称为 BruteForce 算法，简称 BF 算法。

下面分析它的时间复杂度。设串 s 的长度为 n，串 t 的长度为 m。在匹配成功时，考虑两种极端情况。

在最好情况下，每趟不成功的匹配，都发生在第一对字符比较时。

例如：s="aaaaaaaaaabc"，t="bc"。

设匹配成功发生在字符 s_i 处，则字符比较次数在前面 $i-1$ 趟匹配中，共比较了 $i-1$ 次，第 i 趟成功的匹配共比较了 m 次，所以总共比较了 $i-1+m$ 次，所有匹配成功的可能共有 $n-m+1$ 种，设从字符 s_i 开始与串 t 匹配成功的概率为 p_i，在等概率情况下 $p_i=1/(n-m+1)$，因此最好情况下平均比较的次数为

$$\sum_{i=1}^{n-m+1} p_i \times (i-1+m) = \sum_{i=1}^{n-m+1} \frac{1}{n-m+1} \times (i-1+m) = \frac{(n+m)}{2}$$

最好情况下的时间复杂度为 $O(n+m)$。

在最坏情况下，每趟不成功的匹配，都发生在串 t 的最后一个字符。

例如：s ="aaaaaaaaaaab"，t="aaab"。

设匹配成功发生在 s_i 处，则在前面 i-1 趟匹配中，共比较了 $m(i-1)$次，第 i 趟成功的匹配共比较了 m 次，所以总共比较了 im 次，因此最坏情况下平均比较的次数为

$$\sum_{i=1}^{n-m+1} p_i \times (i \times m) = \sum_{i=1}^{n-m+1} \frac{1}{n-m+1} \times (i \times m) = \frac{m \times (n-m+2)}{2}$$

最坏情况下的时间复杂度为 $O(nm)$。

从理论上来讲简单匹配算法的时间复杂度很高，但在实际的开发中，它却是比较常用的串匹配算法，原因如下。

（1）在实际的软件开发中，大部分情况下，子串和主串的长度都不会太长。对于小规模数据的处理，时间复杂度的高低并不能代表代码真正的执行时间，有些情况下，时间复杂度高的算法可能比时间复杂度低的算法的运行速度更快。

（2）每次模式串与主串中的子串匹配的时候，如果中途遇到不能匹配的字符，就可以提前终止，不需要把模式串中的字符都比对一遍。因此，尽管理论上最坏情况的时间复杂度为 $O(nm)$，但是，从概率统计上来看，大部分情况下，算法的执行效率要比最坏情况下的执行效率高很多。

（3）简单匹配算法的思想简单，代码实现也非常简单。简单意味着不容易出错，即使存在 bug，也容易暴露和修复。在工程中，在满足性能要求的前提下，简单是首选。这也符合程序设计的 KISS（Keep It Simple Stupid）设计原则。

因此，在大部分编程语言中，串的查找、替换函数都是采用简单模式匹配算法来实现的。

4.4.2 KMP 算法

简单模式匹配算法的特点是思路直观、简明易懂，但当匹配失败时，主串的指针 i 总是回溯到 i-j+2 位置，模式串的指针 j 总是恢复到首字符位置，因此，对于大规模串的查找、替换操作，效率较低，算法时间复杂度高。一种对简单模式匹配算法做了很大改进的算法是由 Donald Ervin Knuth、James H. Morris 和 Vaughan Pratt 三人给出的，简称 KMP 算法。KMP 算法以三个发明者的名字命名。计算机科学技术中两个最基本的概念：算法（Algorithm）和数据结构（Data Structure）就是 Donald Ervin Knuth 在 29 岁时提出来的。他不仅博学，更难得的是还具有一流的动手能力。他认为良好的编程就相当于美好的表达。衡量一个计算机程序是否完整的标准不仅在于它是否能够运行，还应该是雅致的，甚至可以说是美丽的。计算机程序设计应该是一门艺术，一个算法应该像一段音乐，而一个好的程序应该如一部文学作品。这才是我们年轻人应该追的科学之星。

1. KMP 算法的思想

分析简单模式匹配算法的执行过程不难看出，造成简单模式匹配算法速度慢的主要原因是回溯，即在某趟的匹配过程失败后，要回到主串 s 中本趟开始字符的下一个字符，而模式串 t 要回到第一个字符。而这些回溯并不是必要的。如图 4.6 所示的匹配过程，在第三趟匹配过程中，字符 s_3～s_6 和字符 t_1～t_4 是匹配成功的，字符 s_7 与字符 t_5 不相同，匹配失败，因此有了第四趟，其实这一趟是不必要的。由图 4.6 可看出，因为在第三趟中字符 s_4 与字符 t_2 相同，而字符 t_1 与字符 t_2 不相同，因此字符 t_1 与字符 s_4 不相同。同理第五趟也是没有必要的，所以从第三趟之后可以直接跳到第六趟。进一步分析第六趟中的第一对字符 s_6 和 t_1 的比较也是多余的，因为第三趟中已经比较过字符 s_6 和字符 t_4，并且字符 s_6 与字符 t_4 相同，而字符 t_1 与字符 t_4 相同，必有字符 s_6 与字符 t_1 相同，因此第六趟的比较可以从第二对字符 s_7 和 t_2 开始，也就是说，在第三趟匹配失败后，指针 i 不动，而是将模式串 t 向右移动，用字符 t_2“对准”字符 s_7 继续进行，以此类推。这样的处理

方法指针 i 是无回溯的。

综上所述，希望某趟在字符 s_i 和字符 t_j 匹配失败后，指针 i 不回溯，模式串 t 向右移动至某个位置上，使得字符 t_k 对准字符 s_i 继续向右进行比较。显然，现在的问题关键是模式串 t 移动到哪个位置上？设移动到第 k 个位置，即字符 s_i 和字符 t_j 匹配失败后，指针 i 不动，模式串 t 向右移动至字符 t_k 和字符 s_i 对准，继续向右进行比较，要满足这一假设，应该有如下关系成立

$$"t_1\ t_2\ \cdots\ t_{k-1}" = "s_{i-k+1}\ s_{i-k+2}\ \cdots\ s_{i-1}" \quad (4.1)$$

式（4.1）的左边是字符 t_k 前面的 k−1 个字符，右边是字符 s_i 前面的 k−1 个字符。

而本趟匹配失败是在字符 s_i 和字符 t_j 之处，已经得到的部分匹配结果为

$$"t_1\ t_2\ \cdots\ t_{j-1}" = "s_{i-j+1}\ s_{i-j+2}\ \cdots\ s_{i-1}" \quad (4.2)$$

因为 $k<j$，所以有

$$"t_{j-k+1}\ t_{j-k+2}\ \cdots\ t_{j-1}" = "s_{i-k+1}\ s_{i-k+2}\ \cdots\ s_{i-1}" \quad (4.3)$$

式（4.3）的左边是字符 t_j 前面的 k−1 个字符，右边是字符 s_i 前面的 k−1 个字符。

通过式（4.1）和式（4.3）可得

$$"t_1\ t_2\ \cdots\ t_{k-1}" = "t_{j-k+1}\ t_{j-k+2}\ \cdots\ t_{j-1}" \quad (4.4)$$

由此得到结论：某趟比较在字符 s_i 和字符 t_j 匹配失败后，如果模式串中有满足关系式（4.4）的子串存在，即模式串的前 k−1 个字符与模式串中字符 t_j 前面的 k−1 个字符相等时，模式串就可以向右移动至使字符 t_k 和字符 s_i 对准，继续向右进行比较即可。

2. next 函数

模式串的每一个字符 t_j 都对应一个 k 值，由式（4.4）可知，这个 k 值仅依赖于模式串 t 本身字符序列的构成，与主串 s 无关。我们用 next[j]表示字符 t_j 对应的 k 值，根据以上分析，next 函数有如下性质。

① next[j]是一个整数，且 0≤next[j]<j。

② 为了使模式串 t 的右移不丢失任何匹配成功的可能，当存在多个满足式（4.4）的 k 值时，应取最大的，这样向右移动的距离最短，移动的字符为 j−next[j]个。

③ 如果在字符 t_j 前不存在满足式（4.4）的子串，此时若字符 t_1 与字符 t_j 不相同，则 k=1；若字符 t_1 与字符 t_j 相同，则 k=0；这时模式串移动得最远，为 j−1 个字符，即用字符 t_1 和字符 s_{j+1} 继续比较。

因此，next 函数定义如下。

$$\text{next}[j]=\begin{cases}0 & j=1\text{（字符 } t_1 \text{ 与字符 } s_i \text{ 不相同时，下一步进行字符 } t_1 \text{ 与字符 } s_{i+1} \text{ 的比较）}\\ \max\{k \mid 1<k<j \text{ 且 } "t_1\, t_2\ \cdots\ t_{k-1}" = "t_{j-k+1}\, t_{j-k+2}\ \cdots\ t_{j-1}"\} & \\ 1 & k=1\text{（不存在相同的子串，下一步进行字符 } t_1 \text{ 与字符 } s_i \text{ 的比较）}\end{cases}$$

例如：模式串 t=" abcaababc "，则它的 next 函数值如图 4.7 所示。

j	1	2	3	4	5	6	7	8	9
模式串t	a	b	c	a	a	b	a	b	c
Next[j]	0	1	1	1	2	2	3	2	3

图 4.7　next[j]函数值

3. KMP 算法

在求得模式的 next 函数之后，可按如下方法进行匹配：假设用指针 i 和 j 分别指示主串和模式串中的比较字符，令指针 i 的初值为 pos，指针 j 的初值为 1。若在匹配过程中字符 s_i 与字符 t_j 相同，则 i 和 j 分别增 1，若字符 s_i 与字符 t_j 不相同匹配失败后，则 i 不变，j 退到 next[j]位置再比较，若相等，则指针各自增 1，否则 j 再退到下一个 next 值的位置，以此类推。直至下列两种情况：一种是 j 退到某个 next 值时字

符比较相等，则 i 和 j 分别增 1 继续进行匹配；另一种是 j 退到值为零（模式串的第一个字符失配），则此时 i 和 j 也要分别增 1，表明从主串的下一个字符起和模式串重新开始匹配。

设主串 s=" aabcbabcaabcaababc "，模式串 t=" abcaababc "，图 4.8 所示为利用 next 函数进行匹配的过程示意图。

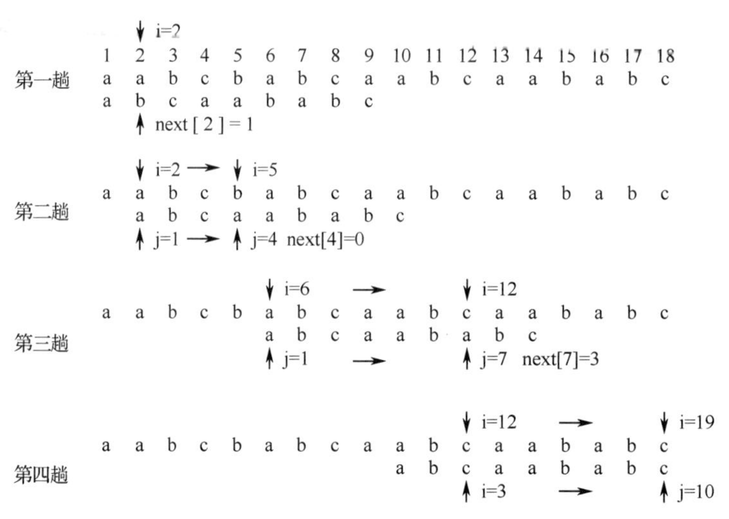

图 4.8 利用 next 函数进行匹配的过程示意图

在假设已有 next 函数情况下，KMP 算法如下。

```
int StrIndex_KMP(SString s, SString t, int pos)        //从串 s 的第 pos 个字符开始找首次与模式串 t 相等的子串
  {  int i=pos,j=1 ;
     while(i<=s[0] && j<=t[0])                          //都没遇到结束符
         if(j==0 || s[i]= =t[j]){ i++;   j++;   }
         else   j=next[j];                              //回溯
     if(j>t[0]) return   i-t[0];                        //匹配成功，返回存储位置
     else   return   0;
  }
```

4．next 函数的计算

由以上讨论知，next 函数值仅取决于模式本身而和主串无关。我们可以从分析 next 函数的定义出发用递推的方法求得 next 函数值。

由定义可知：

$$\text{next}[1]=0 \tag{4.5}$$

设 next[j]=k，有

$$"\ t_1\ t_2\ \cdots\ t_{k-1}" = "\ t_{j-k+1}\ t_{j-k+2}\ \cdots\ t_{j-1}" \tag{4.6}$$

next[j+1]的函数值可能有两种情况。

第一种情况：若字符 t_k 与字符 t_j 相同，则表明在模式串中有

$$"\ t_1\ t_2\ \cdots\ t_k" = "\ t_{j-k+1}\ t_{j-k+2}\ \cdots\ t_j" \tag{4.7}$$

这就是说 next[j+1]=k+1，即

$$\text{next}[j+1]=\text{next}[j]+1 \tag{4.8}$$

第二种情况：若字符 t_k 与字符 t_j 不相同，则表明在模式串中有

$$"\ t_1\ t_2\ \cdots\ t_k" \neq "\ t_{j-k+1}\ t_{j-k+2}\ \cdots\ t_j" \tag{4.9}$$

此时可把求 next 函数值的问题看作一个模式匹配问题，整个模式串既是主串又是模式串，而当前在匹配的过程中，已有式（4.6）成立，则当字符 t_k 与字符 t_j 不相同时应将模式串向右移动，

使得第 next[k]个字符和主串中的第 j 个字符相比较。若 next[k]=k'，且字符 $t_{k'}$与字符 t_j 相同，则说明在主串中第 j+1 个字符之前存在一个最大长度为 k'的子串，使得

$$"t_1 t_2 \quad \cdots \quad t_k"="t_{j-k'+1} \quad t_{j-k'+2} \quad \cdots t_j" \tag{4.10}$$

因此有

$$next[j+1]=next[k]+1 \tag{4.11}$$

同理若字符 $t_{k'}$与字符 t_j 不相同，则将模式串继续向右移动至使第 next[k']个字符和字符 t_j 对齐，以此类推，直至字符 t_j 和模式串中的某个字符匹配成功，或者不存在任何 k'（$1< k'<k <\cdots<j$）满足式（4.10），此时若字符 t_1 与字符 t_{j+1} 不相同，则有

$$next[j+1]=1 \tag{4.12}$$

否则若字符 t_1 与字符 t_{j+1} 相同，则有

$$next[j+1]=0 \tag{4.13}$$

综上所述，求 next 函数值的过程算法如下。

```
void GetNext(char *t,int next[ ])        //求模式串 t 的 next 值并移入 next 数组
  {   int i=1, j=0 ;
      next[1]=0 ;
      while(i<t[0])
        { if(j= =0 || t[i]==t[j])
            { i++;   j++;   j=next[j ]; }
            else     j=next[i] ;
        }
  }
```

该算法的时间复杂度为 $O(m)$，所以 KMP 算法的时间复杂度为 $O(nm)$，但在一般情况下，实际的执行时间复杂度为 $O(n+m)$。当然 KMP 算法和简单的模式匹配算法相比，增加了很大的难度，但是主串指针 i 不需要回溯意味着对于规模较大的外存中串的匹配操作可以分段进行，先读入内存一部分字符进行匹配，完成之后即可写回外存确保在发生不匹配时不需要将之前写回外存的部分再次读入，减少了 I/O 操作，提高了效率，实现“流式操作”。

4.4.3　串的其他存储映象

串名的存储映象是串名-串值内存分配对照表，也称为索引表。索引表的形式有很多种，如设 s_1="abcdef "，s_2="hij"，常见的串名-串值存储映象索引表有如下几种。

1. 带串长度的索引表

带串长度的索引表如图 4.9 所示，索引项的结点类型如下。

```
typedef   struct
  {   char    name[MAXNAME];          //串名
      int length;                     //串长
      char *stradr;                   //起始地址
  } LNode;
```

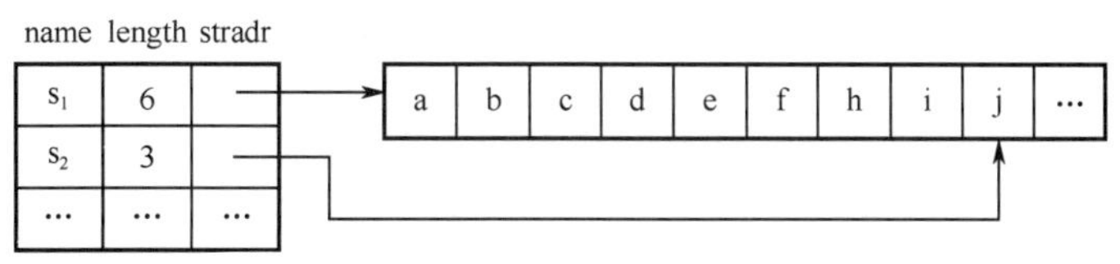

图 4.9　带长度的索引表

2．带尾指针的索引表

带尾指针的索引表如图 4.10 所示，索引项的结点类型如下。

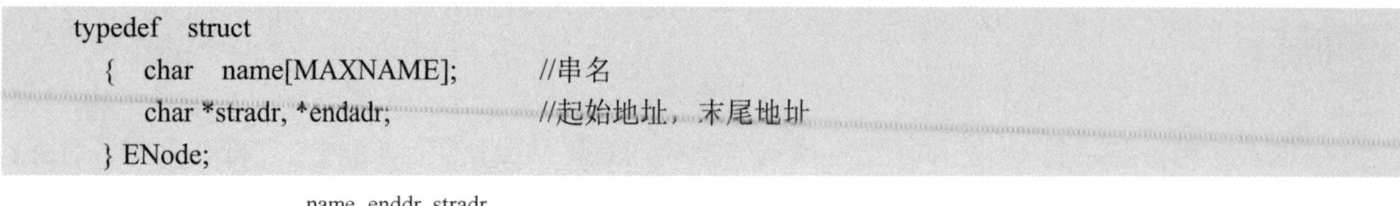

```
typedef  struct
  {  char   name[MAXNAME];          //串名
     char *stradr, *endadr;         //起始地址，末尾地址
  } ENode;
```

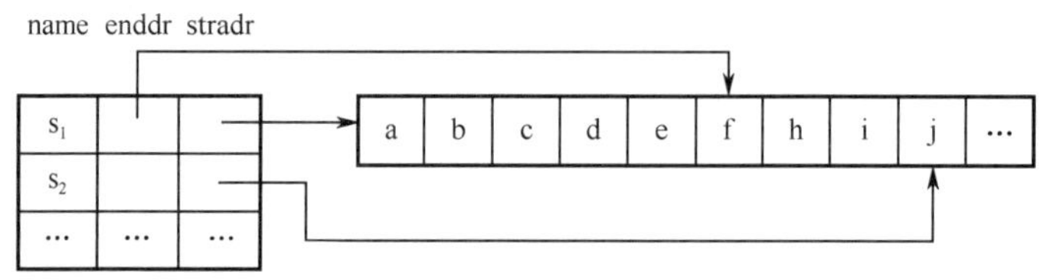

图 4.10　带尾指针的索引表

3．带特征位的索引表

当一个串的存储空间不超过一个指针的存储空间时，可以直接将该串存储在索引项的指针域中，这样既节约了存储空间，又提高了查找速度，但这时要加一个特征位 tag 以指出指针域存放的是指针还是串。

带特征位的索引表如图 4.11 所示，索引项的结点类型如下。

```
typedef  struct
  {  char   name[MAXNAME];
     int tag;                   //特征位
     union                      //起始地址或串值
       {char *stradr;
        char value[4];
       }uval;
  } TNode;
```

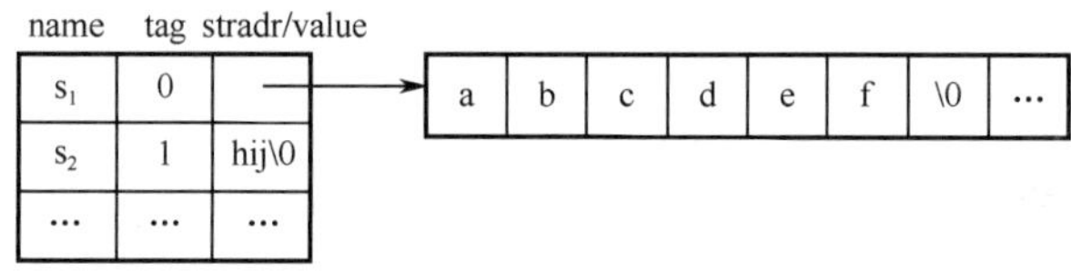

图 4.11　带特征位的索引表

4．串的链式存储结构

用单链表存储一个串有两种结构：单字符链表和字符块链表。

（1）单字符链表。一个字符为一个结点，将整个串拉成单链表，其存储结构如图 4.12 所示。这种结构的优点是逐个处理字符方便，便于插入和删除操作，缺点是空间浪费太大。

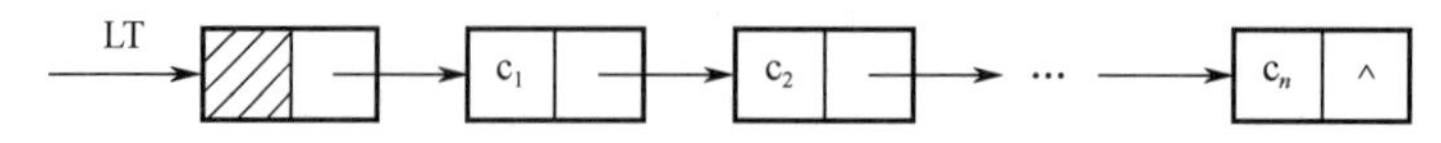

图 4.12　串的单字符链表存储结构

（2）字符块链表。一个字符块为一个结点，每个结点的字符块大小相同，最后一个结点不满时，可以用某个特定字符填满，将所有字符块结点拉成单链表。这种存储结构的优点是空间利用率高，缺点是不便于插入删除操作，其存储结构如图 4.13 所示。

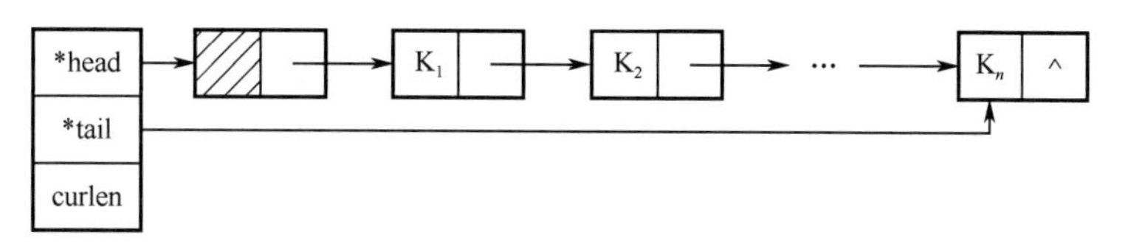

图 4.13　串的字符块链表存储结构

上述存储结构定义如下。

```
# define   CHUNKSIZE   80                //定义块长度
typedef   struct   Chunk {               //定义结点
    char   ch[CHUNKSIZE ];
    strruct   chunk   *next ;
  } Chunk;
typedef   strruct   {                    //定义头结点
     Chunk   *head , *tail ;
         int   curlen ;
   } LString ;
```

为了度量串的链式存储结构的空间利用率，引入存储密度的概念。假设 α 表示链式存储结构的存储密度，m 表示实际存储的字符个数（一个字符占 1 字节），n 表示整个串所占用空间的字节数（包括字符和指针），则有

$$\alpha = \frac{m}{n}$$

对于单字符链式存储结构，假设指针域为两字节，则 $\alpha = \frac{1}{3}$。

假定一个字符块为 80 字节，指针域仍为两字节，则 $\alpha = \frac{40}{41}$。

课后阅读：串模式匹配技术的应用

随着网络技术和生物技术的不断发展，串模式匹配技术有着十分广泛的应用领域，在信息检索（Information Retrieval，IR）、生物计算和网络安全等领域中发挥着重要作用。

在生物计算领域，DNA 和蛋白质序列可以看作在特殊字符集上的长文本（典型的 DNA 就是在字符集{A，C，G，T}上的长文本），这种序列代表了人类生命的基因编码。生物基因实验中的许多问题，如在一个 DNA 链上查找某些特定特征，或者比较两个基因序列有多大差异，都可以简单地归结为在“文本”中查找特定模式串的匹配问题。

在信号处理领域，语音识别的一般情形可以大致描述为确定一个语音信号是否符合某些特征。只要事先把语音信号转化为特定形式的文本信息，我们就可以很好地应用串模式匹配算法来解决这个问题。而语音识别的发展与目前非常热门的人机交互的实现有着密切的关系。

在自然语言处理方面，信息检索是最关键的技术之一。例如，信息检索要求在一个大量的文本集合中找出相关信息，串模式匹配就是它的基本技术之一。

在网络安全方面，有一个很重要的问题，就是快速发现具有某些特征码的有害信息，及早地防患于未然。网络入侵检测（Network Intrusion Detection，NID）可以完全发挥串模式匹配算法的优势。

串模式匹配问题不仅在各种实际生活中有着广泛的应用，还在计算机理论研究中也占有着十分重要的地位，因为它可以不断提出非常具有挑战性的问题。

本章小结

串是一种比较特殊的线性结构，本章主要学习要点如下。

（1）理解串和一般线性表的差异。

（2）掌握在顺序串和堆串上实现串基本运算的算法设计。

（3）掌握串的简单模式匹配算法，理解 KMP 算法的匹配过程。

（4）灵活运用串这种数据结构解决一些综合应用问题。

习题 4

一、选择题

1．串是一种特殊的线性表，其特殊性体现在（　　）。

A．是顺序存储结构　　B．数据元素是一个字符

C．是链式存储结构　　D．数据元素可以是多个字符

2．有两个串 P 和 Q，求串 P 在串 Q 中首次出现的位置的运算称为（　　）。

A．串模式匹配　　B．串连接　　C．求子串　　D．求串长

3．设 S 是一个长度为 n 的串，其中的字符各不相同，则串 S 中的互异的非平凡子串（非空且不同于 S 本身）的个数为（　　）。

A．n^2　　B．$(n^2/2)+(n/2)$　　C．$(n^2/2)+(n/2)-1$　　D．$(n^2/2)-(n/2)-1$

4．设串 s1="ABCDEFG"，串 s2="PQRST"，函数 concat(x,y)返回串 x 和串 y 的连接串，subString(s,i,j)返回串 s 从序号为 i 的字符开始的 j 个字符组成的子串，Strlength(s)返回串 s 的长度，则 concat(subString(s1,2,Strlength(s2)),subString(s1,Strlength(s2),2))的结果是（　　）。

A．BCDEF　　B．BCDEFG　　C．BCPQRST　　D．BCDEFEF

5．顺序串中，根据空间分配方式的不同，可分为（　　）。

A．直接分配和间接分配　　B．静态分配和动态分配

C．顺序分配和链式分配　　D．随机分配和固定分配

6．设串 S="abcdefgh"，则串 S 所有的非平凡子串的个数是（　　）。

A．8　　B．37　　C．36　　D．35

7．设主串的长度为 n，模式串的长度为 m，则串匹配的 KMP 算法时间复杂度为（　　）。

A．$O(m)$　　B．$O(n)$　　C．$O(m+n)$　　D．$O(nm)$

8．已知串 S="aaab"，其 next 函数值为（　　）。

A．0123　　B．1123　　C．1231　　D．1211

二、填空题

1．在空串和空格串中，长度不为 0 的是（　　　　）。

2．空格串是指（　　　　），其长度等于（　　　　）。

3．按存储结构的不同，串可分为（　　　　）、（　　　　）和（　　　　）。

4．C 语言中，以字符（　　　　）表示串的终结。

5．在链串中，为了提高其存储密度，应该增大（　　　　）。

6．假设每个字符占 1 字节，若结点大小为 4 个字符的链串的存储密度为 50%，则其每个指针占（　　　　）字节。

7．串操作虽然较多，但都可通过五种基本操作（　　　　）、（　　　　）、（　　　　）、（　　　　）及（　　　　）构成的最小操作集来实现。

8. 设串 S="Ilikecomputer", 串 T="com", 则 Length(S)=(　　　　), Index(S,T,1)=（　　　　）。

9．在 KMP 算法中，next[*j*]只与（　　　　）串有关，而与（　　　　）串无关。

10．串"ababaaab"的 next 函数值为（　　　　）。

11．两个串相等的充分必要条件是（　　　　　　　　　　）。

12．请把如下实现串拷贝的 strcpy 函数补充完整。

```
void strcpy(char *s, char *t)//copy t to s
{ while (________){t{i] =[si], i++,} }
```

三、问答题与算法题

1．简述下列每对术语的区别。

（1）空串和空格串。

（2）串常量和串变量。

（3）主串和子串。

（4）主串和模式串。

2．假设在 C 语言中有如下的串说明。

```
char s1[30]="Stocktom", s2[30]="March51999", s3[30]。
```

（1）在执行下列语句后，s3 的值是什么？

```
strcpy(s3,s1); strcat(s3,","); strcat(s3,s2);
```

（2）调用函数 strcmp(s1,s2)的返回值是什么？

（3）调用函数 strcmp(s1[5],"Ton")的返回值是什么？

（4）调用函数 strlen(strcat(s1,s2))的返回值是什么？

3．利用 C 语言的库函数 strlen、strcpy 和 strcat 编写一个算法：将串 T 插到串 S 的第 *i* 个位置上，若 *i* 大于串 S 的长度，则不执行插入操作。

```
void StrInsert(char *S, char *T, int i)
```

4．利用 C 语言的库函数 strlen()和 strcpy()编写一个算法：删去串 S 中从位置 *i* 开始的连续 *m* 个字符，若 *i*≥strlen(S)，则不删除字符；若 *i*+*m*≥strlen(S)，则将串 S 中从位置 *i* 开始直至末尾的字符删去。

```
void StrDelete(char *S, int i,int m)
```

5．若串 S 和串 T 是用结点大小为 1 的带头结点的单链表存储的两个串，试设计一个算法找出串 S 中第一个不在串 T 中出现的字符。

```
Int indexst(LinkList S,   linkLint   T)
```

6．在 KMP 算法中，求下列模式串的 next[j]。

（1）"abaabcac"　　　　　　（2）"aaabaaba"

7．设主串 t="abcaabbabcabaacbacba"，模式串 p="abcabaa"。

（1）计算模式串 p 的 naxt 函数值。

（2）不写算法，只画出利用 KMP 算法进行串模式匹配时每一趟的匹配过程。

8．编写一个递归算法，实现串逆序存储，要求不另设串存储空间。

第5章　数组与广义表

前面讨论的线性表的共同特点是限制数据元素必须具有同型性和原子性。所谓同型性是指数据元素都是同一种类型的，原子性是指每个数据元素作为一个整体不能再分解成更小的成分。本章介绍的数组和广义表，可以看作线性表的一种扩充。从整体逻辑结构上看，它们本身是非线性的，但对数据元素的同型性和原子性放宽了要求。如果去掉原子性要求，允许数据元素可以是线性表，这种结构就是多维数组。如果同时去掉同型性和原子性要求，允许数据元素既可以是原子，又可以是具有不同类型的线性表，这种结构就是广义表。从扩充的角度看，数组和广义表是对线性表的推广，对数据元素结构特征放宽的限制条件不同，从而得到不同的数据结构。本章讨论的主要内容包括：数组的逻辑结构和存储结构、特殊矩阵和稀疏矩阵的压缩存储及其算法实现；广义表的逻辑结构和存储结构，广义表的操作算法实现等。

5.1　数组

数组是线性表的直接推广，即如果线性表的数据元素是具有相同数据类型的线性表，这种线性表就是二维数组，二维数组中的元素还是线性表，由此得到三维数组，依次类推可以得到 n 维数组。对数组的存储一般采用压缩方法，将其存放到一个一维数组中。本节主要讨论数组的有关概念及存储结构。

5.1.1　数组的类型定义与存储结构

1．二维数组

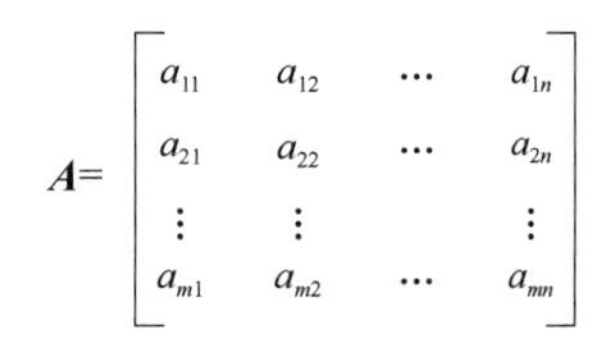

图 5.1　m 行 n 列的二维数组

二维数组是人们比较熟悉的一种数据结构，它可以看作线性表的直接推广。数组作为一种数据结构，其特点是数组中的元素本身又可以是具有某种结构的数据元素，但属于同一种数据类型。例如：一维数组可以看作一个线性表，二维数组可以看作“数据元素是一维数组”的线性表，三维数组可以看作“数据元素是二维数组”的线性表，以此类推。图 5.1 所示为 m 行 n 列的二维数组。

若令 $\alpha_i=(a_{i1}, a_{i2}, \cdots, a_{in})$（$i$=1, 2, ⋯, m），将每行作为一个数据元素，则 $A=(\alpha_1, \alpha_2, \cdots, \alpha_m)$就是一个数据元素为线性表的线性表。

若令 $\beta_j=(a_{1j}, a_{2j}, \cdots, a_{mj})^{\mathrm{T}}$（$j$=1, 2, ⋯, n），将每列作为一个数据元素，则 $A=(\beta_1, \beta_2, \cdots, \beta_n)$也是一个数据元素为线性表的线性表。基于这一原因，把数组看作线性表的推广。

数组是一个具有固定格式、固定个数的元素构成的有序集合，每一个元素有唯一的一组下标标识，因此，在数组中不能做插入、删除元素的操作。通常在各种高级语言中数组一旦被定义，每一维的下标上下界都不能改变。对数组可以施加的操作主要有以下两种。

（1）取值操作：给定一组下标，读其对应的元素。

（2）赋值操作：给定一组下标，存储或修改与其相对应的元素。

我们着重研究二维和三维数组，因为它们的应用是最广泛的，尤其是二维数组。

2. 多维数组

由含 n 个下标 $a_{j_1,j_2,\dots,j_n}$（$0\leqslant j_i\leqslant b_i-1$，$i=1, 2, \cdots, n$）且具有相同类型的 $\prod_{i=1}^{n} b_i$ 个元素构成的集合称为 n 维数组，b_i 为第 i 维的长度。数组中的每个元素对应一组下标（$j_1, j_2,\cdots, j_n$），受到 n 个关系的约束。固定 n−1 个下标，让另一个下标变换就是一个一维数组。在 n 个关系中，对于任意元素 $a_{j_1,j_2,\cdots,j_n}$（$0\leqslant j_i\leqslant b_i-2$）都有一个直接后继。可见，就单个关系而言，这 n 个关系仍然是线性关系，正是基于这一原因，把 n 维数组看作线性表的扩充。以下给出 n 维数组的 ADT 定义。

```
ADT  Array  {
    数据对象：D={ a_{j1,j2,…,jn} | a_{j1,j2,…,jn} ∈ElementSet, 0<=ji<=bi−1，i=1, 2, …, n }
    数据关系：R={ R1, R2, …, Rn }
            Ri={< a_{j1,…,ji,…,jn} ， a_{j1,…,ji+1,…,jn} >| a_{j1,…,ji,…,jn} ， a_{j1,…,ji,…,jn} ∈D,
                0<= jk<= bk−1， 1<=k<=n, k ≠ n, 0<= ji<= bi −2 }
    数据操作：
        （1）初始化数组，InitArray(&A, n, b1, b2, …, bn)
             操作结果：建立一个数组 A，并返回成功信息 OK
        （2）撤销数组，DestroyArray(&A)
             初始条件：数组 A 存在
             操作结果：撤销数组 A，释放其所占用的存储空间
        （3）取某个数据元素的值，Value(A, &e, j1, j2, …, jn)
             初始条件：数组 A 存在，e 是给定的一个元素
             操作结果：取数组 A 中下标为（ j1, j2,…, jn ）的元素，由 e 返回
        （4）为数据元素赋值，Assign(&A, e, j1, j2, …, jn)
             初始条件：数组 A 存在，e 是给定的一个元素
             操作结果：将 e 的值赋给数组 A 中下标为（ j1, j2,…, jn ）的元素，返回 OK
}  ADT  Array
```

5.1.2 数组的内存映象

由于内存的地址空间是一维的，所以数组在计算机中的存储结构一般情况下被映射为顺序存储结构，即用一块连续的存储空间顺序存储数组的元素。当数组的行数、列数固定以后，通过一个映射函数，可以根据数组元素的下标得到它的存储地址。对于一维数组，按下标顺序依次存放元素即可。

对于对多维数组，要把它的元素映射存储在一维存储器中，一般有两种方式：一是以行为主序顺序存放，即一行分配完了接着分配下一行。其存储规则是，最右边的下标从小到大存储，循环一遍后，右边第二个下标再变，从右向左依次重复，直到最左边的下标为止。另一种是以列为主序顺序存放，即一列一列地存放。存储规则与以行为主序的存储规则恰好相反：最左边下标从小到大存储，循环一遍后，左边第二个下标再变，从左向右重复，最后是最右边的下标。

例如，一个 2×3 的二维数组 $A[2][3]$，其逻辑结构如图 5.2 所示。以行为主序的内存映象如图 5.3（a）所示，其分配顺序为 a_{11}，a_{12}，a_{13}，a_{21}，a_{22}，a_{23}。以列为主序的内存映象如图 5.3（b）所示，其分配顺序为 a_{11}，a_{21}，a_{12}，a_{22}，a_{13}，a_{23}。

设二维数组 $A[m][n]$顺序存储在连续区域中，基地址为 LOC(a_{11})，每个数组元素占据 L 个地址单元，由元素 a_{ij} 的下标求其存储地址的计算公式如下。

对于以行为主序的存储方式，因为数组元素 a_{ij} 的前面有 i−1 行，每一行有 n 个元素，在第 i 行中，它的前面还有 j−1 个元素，所以有

$$LOC(a_{ij})=LOC(a_{11})+[(i-1)\times n+j-1]*L$$

$$\begin{bmatrix} a_{11} & a_{12} & a_{13} \\ a_{21} & a_{22} & a_{23} \end{bmatrix}$$

图 5.2　二维数组 A[2][3]的逻辑结构

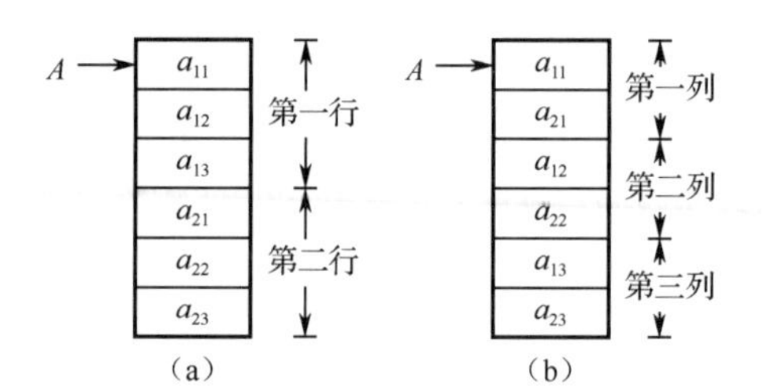

图 5.3　二维数组 A[2][3]的存储结构

在 C 语言中，对数组的每一维下标，规定下界从 0 开始，所以可改为

$$LOC(a_{ij})=LOC(a_{00})+(i\times n+j)*L$$

对于以列为主序的存储方式，数组元素 a_{ij} 的前面有 $j-1$ 列，每一列有 m 个元素，在第 j 列中，它的前面还有 $i-1$ 个元素，所以有

$$LOC(a_{ij})=LOC(a_{11})+[(j-1)\times m+i-1]*L$$

同样，当下界从 0 开始时，应改为

$$LOC(a_{ij})= LOC(a_{00})+(j\times m+i)*L$$

推广到一般的二维数组，设数组 $A[c_1\ldots d_1]\ [c_2\ldots d_2]$，下标的上、下界可以是任何整数，则 a_{ij} 的物理地址计算公式为

$$\text{行主序：}LOC(a_{ij})=LOC(a_{c1\ c2})+[(i-c_1)\times(d_2-c_2+1)+(j-c_2)]*L$$

$$\text{列主序：}LOC(a_{ij})=LOC(a_{c1\ c2})+[(j-c_2)\times(d_1-c_1+1)+(i-c_1)]*L$$

推广到 n 维数组的情况有

$$\begin{aligned} LOC(j_1,j_2,\cdots,j_n)&=LOC(c_1,c_2,\ldots,c_n)+[(d_2-c_2+1)(d_3-c_3+1)\cdots(d_n-c_n+1)(j_1-c_1)+\\ &\quad(d_3-c_3+1)(d_4-c_4+1)\cdots(d_n-c_n+1)(j_2-c_2)+\cdots+\\ &\quad(d_n-c_n+1)j_{n-1}+(j_n-c_n)]*L\\ &=LOC(c_1,c_2,\ldots,c_n)+[\sum_{i=1}^{n-1}(j_i-c_i)\prod_{k=i+1}^{n}(d_k-c_k+1)+(j_n-c_n)]*L \end{aligned}$$

对于三维数组 $A[m][n][p]$，即 $m\times n\times p$ 数组，元素 a_{ijk} 其物理地址为

$$LOC(a_{ijk})=LOC(a_{111})+[(i-1)\times n\times p+(j-1)\times p+k-1]L$$

对一般的三维数组：$A[c_1\ldots d_1]\ [c_2\ldots d_2]\ [c_3\ldots d_3]$，$a_{ijk}$ 的物理地址为

$$LOC(a_{ijk})=LOC(a_{c1\ c2\ c3})+[(i-c_1)\times(d_2-c_2+1)\times(d_3-c_3+1)+(j-c_2)\times(d_3-c_3+1)+(k-c_3)]*L$$

例如：三维数组 A[3][4][2]的逻辑结构如图 5.4（a）所示，其以行为主序的存储结构如图 5.4（b）所示。

例 5.1　若矩阵 $\boldsymbol{A}_{m\times n}$ 中存在某个元素 a_{ij} 满足：a_{ij} 是第 i 行中最小值且是第 j 列中的最大值，则称该元素为矩阵 $\boldsymbol{A}$ 的一个鞍点。试编写一个算法，找出矩阵 $\boldsymbol{A}$ 中的所有鞍点。

解决此问题的基本思想是：在矩阵 $\boldsymbol{A}$ 中求出每一行的最小元素，然后判断该元素是否是它所在列中的最大值，是则输出，否则不输出，接着处理下一行。设矩阵 $\boldsymbol{A}$ 用一个二维数组表示。

算法如下。

```
void   saddle(int A[ ][ ],int m, int n)                    //m、n 是矩阵 A 的行数和列数
  { int i,j,min;
    for(i=0;i<m;i++)                                        //按行处理
        { min=A[i][0]
```

```
        for(j=1; j<n; j++)
          if(A[i][j]<min)min=A[i][j];                //找第 i 行最小值
        for(j=0; j<n; j++)                           //检测该行中的每一个最小值是否是鞍点
            if(A[i][j]==min)
              {  k=j;   p=0;
                 while(p<m && A[p][j]<min)
                     p++;
               if(p>=m)printf( " %d,%d,%d\n " , i,k,min);
              } //if
        } //for i
    }
```

该算法的时间复杂度为 $O(m(n+mn))$。

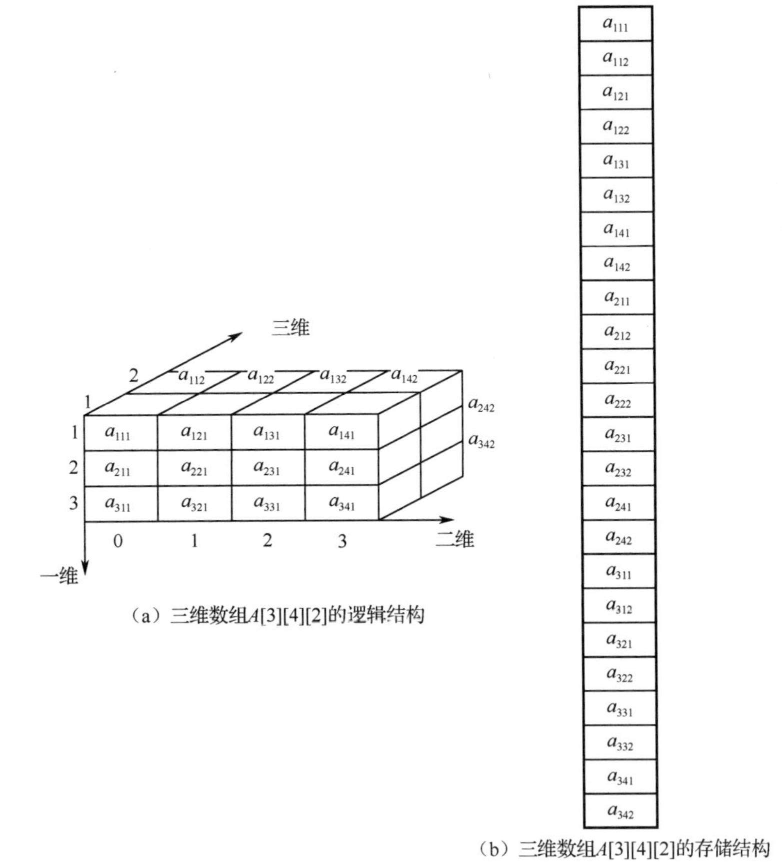

图 5.4 三维数组 A[3][4][2]的逻辑结构与存储结构

5.2 特殊矩阵的压缩存储

一般矩阵用一个二维数组表示是非常恰当的。但在有些特殊情况下，如三角矩阵、对称矩阵、带状矩阵、稀疏矩阵等，采用一般矩阵的存储方式会浪费大量的存储空间，这显然是不合适的。本节将讨论这些特殊矩阵的压缩存储方法及主要算法。

5.2.1 对称矩阵

1. 对称矩阵的压缩存储

对称矩阵的特点是，在一个 n 阶方阵中，有 $a_{ij}=a_{ji}$，其中 $1\leqslant i$，$j\leqslant n$。图 5.5（a）所示为 5 阶对称矩阵。对称矩阵的元素关于主对角线对称，因此只需存储上三角或下三角部分即可。图 5.5（b）所示为 5 阶矩阵下三角部分的压缩顺序存储结构。

$$A=\begin{bmatrix}3&6&4&7&8\\6&2&8&4&2\\4&8&1&6&9\\7&4&6&8&5\\8&2&9&5&7\end{bmatrix}$$

（a）5阶对称矩阵

3	6	2	4	8	1	7	4	6	8	8	2	9	5	7

（b）5阶矩阵下三角部分的压缩顺序存储结构

图 5.5　5 阶对称矩阵及其压缩存储结构

将一个对称矩阵只存储下三角（或上三角）部分的元素 a_{ij}（$j\leqslant i$ 且 $1\leqslant i\leqslant n$），上三角部分的元素 a_{ij} 和它对应的 a_{ji} 相等，因此当访问的元素在上三角时，直接去访问与其对应的下三角元素即可。这样，原来需要 n^2 个存储单元，现在只需要 $\frac{n(n+1)}{2}$ 个存储单元即可，可节约 $\frac{n(n-1)}{2}$ 个存储单元。当 n 较大时，这是非常可观的一部分存储资源。

如何存储对角矩阵的下三角部分呢？通常采用以行为主序的方法顺序存储到一个一维数组中。因为下三角中共有 $\frac{n(n+1)}{2}$ 个元素，因此，可设存储结构为一维数组 $A\left[\frac{n(n+1)}{2}\right]$，如图 5.6 所示。

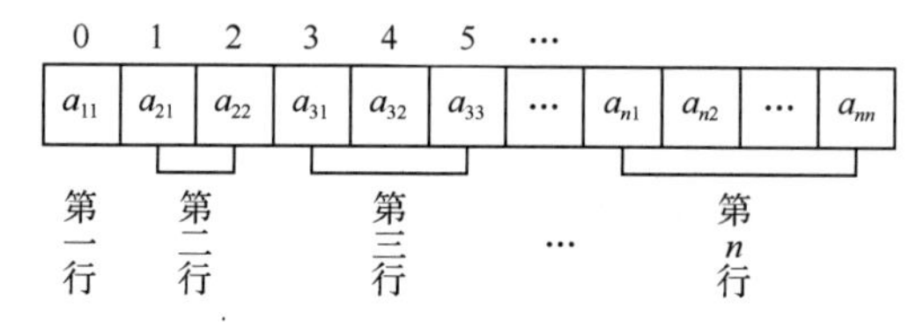

图 5.6　一般对称矩阵的压缩存储结构

2. 压缩存储的地址映射

设矩阵的下三角部分的元素 a_{ij}，下标满足 $i\geqslant j$ 且 $1\leqslant i\leqslant n$，存储到一维数组的第 k 个元素 $A[k]$ 中，根据存储规则，它前面有 i-1 行，共有 $1+2+\cdots+i-1=\frac{i(i-1)}{2}$ 个元素，而 a_{ij} 又是它所在行中的第 j 个元素，所以 a_{ij} 应该是第 $\frac{i(i-1)}{2}+j$ 个元素，由此可以得到 k 与 i、j 之间的关系为

$$k=\frac{i(i-1)}{2}+j-1 \qquad \left(0\leqslant k<\frac{n(n+1)}{2}\right)$$

若 $i<j$，则 a_{ij} 是上三角部分中的元素，因为 $a_{ij}=a_{ji}$，这样，访问上三角部分中的元素 a_{ij} 时只要去访问和它对应的下三角中元素的 a_{ji} 即可，因此将上式中的行列下标交换就得到上三角中的元素 a_{ij} 在矩阵 $\boldsymbol{A}$ 中的对应关系，即

$$k=\frac{j(j-1)}{2}+i-1 \qquad \left(0\leqslant k<\frac{n(n+1)}{2}\right)$$

综上所述，对于对称矩阵中的任意元素 a_{ij}，若令 $I=\max(i,j)$，$J=\min(i,j)$，则将上面两个式子综合可得

$$k=\frac{I(I-1)}{2}+J-1$$

5.2.2　三角矩阵

形如图 5.7 的矩阵称为三角矩阵，其中 c 为某个常数。图 5.7（a）所示为下三角矩阵，主对角线以上均为同一个常数；图 5.7（b）所示为上三角矩阵，主对角线以下均为同一个常数。

$$\begin{bmatrix} 3 & c & c & c & c \\ 6 & 2 & c & c & c \\ 4 & 8 & 1 & c & c \\ 7 & 4 & 6 & 0 & c \\ 8 & 2 & 9 & 5 & 7 \end{bmatrix} \qquad \begin{bmatrix} 3 & 4 & 8 & 1 & 0 \\ c & 2 & 9 & 4 & 6 \\ c & c & 1 & 5 & 7 \\ c & c & c & 0 & 8 \\ c & c & c & c & 7 \end{bmatrix}$$

（a）下三角矩阵　　（b）上三角矩阵

图 5.7　三角矩阵

1．下三角矩阵的压缩存储

下三角矩阵的压缩存储与对称矩阵的压缩存储结构类似，如图 5.8 所示。不同之处在于：在存储完下三角部分中的元素之后，需要接着存放对角线上方的常数，因为是同一个常数，所以保存一个即可，这样总共存储了 $\frac{n(n+1)}{2}+1$ 个元素，可节约 $\frac{n(n-1)}{2}-1$ 个存储单元。设存储结构为一维数组 $A\left[\frac{n(n+1)}{2}+1\right]$。在这种存储方式下，$A[k]$与 a_{ij} 的对应关系为

$$k=\begin{cases} \dfrac{i(i-1)}{2}+j-1 & (i \geqslant j) \\ \dfrac{n(n+1)}{2} & (i<j) \end{cases}$$

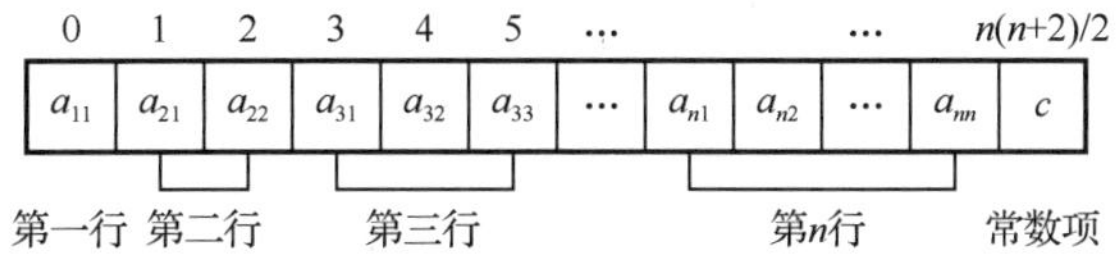

0 1 2 3 4 5 … … n(n+2)/2
a11 a21 a22 a31 a32 a33 … an1 an2 … ann c
第一行 第二行 第三行 第n行 常数项

图 5.8　下三角矩阵的压缩存储结构

2．上三角矩阵的压缩存储

上三角矩阵的存储思想与下三角矩阵类似，以行为主序顺序存储上三角部分，最后存储对角线下方的常数，如图 5.9 所示。

0 1 2 3 4 5 … n(n+2)/2
a11 a12 … a1n a22 a23 … a2n … ann c
第一行 第二行 第n行 常数项

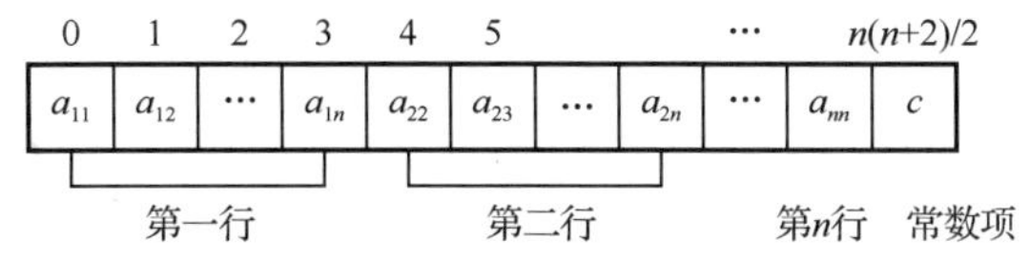

图 5.9　上三角矩阵的压缩存储

第一行，存储 n 个元素，第二行存储 $n-1$ 个元素，……，第 p 行存储$(n-p+1)$个元素，a_{ij} 的前面有 $i-1$ 行，共存储

$$n+(n-1)+\cdots+(n-i+2)=\sum_{p=1}^{i-1}(n-p+1)=\frac{(i-1)(2n-i+2)}{2}$$

个元素。又因为 a_{ij} 是它所在的行中的第（$j-i+1$）个元素，所以，它是上三角矩阵存储顺序中的第 $\frac{(i-1)(2n-i+2)}{2}+(j-i+1)$个元素，因此它在矩阵 $\boldsymbol{A}$ 中的下标为 $k=\frac{(i-1)(2n-i+2)}{2}+j-i$。

综上所述，若 a_{ij} 存储在 $A[k]$中，则 k 与 i 和 j 的对应关系为

$$k=\begin{cases}\dfrac{(i-1)(2n-i+2)}{2}+j-i & (i\leqslant j)\\ \dfrac{n(n+1)}{2} & (i>j)\end{cases}$$

5.2.3 带状矩阵

n 阶矩阵 $\boldsymbol{A}$ 为带状矩阵，如果存在最小正数 m，满足当$|i-j|\geq m$ 时，$a_{ij}=0$，这时称 $w=2m-1$ 为矩阵 $\boldsymbol{A}$ 的带宽。图 5.10（a）所示为 $w=3$（$m=2$）的带状矩阵。

带状矩阵也称为对角矩阵。由图 5.10（a）可看出，这种矩阵中的所有非零元素都集中在以主对角线为中心的带状区域中，即除主对角线和它的上下方若干条对角线的元素外，其他元素都为零（或为同一个常数 c）。

带状矩阵 $\boldsymbol{A}$ 也可以采用压缩存储。一种压缩方法是将矩阵 $\boldsymbol{A}$ 压缩到一个 n 行 w 列的二维数组 B 中，如图 5.10（b）所示。当某行非零元素的个数小于带宽 w 时，先存放非零元素然后补零。当元素 a_{ij} 映射为元素 b_{ij} 时，映射关系为

$$i'=i$$

$$j'=\begin{cases}j & (i\leqslant m)\\ ji+m & (i>m)\end{cases}$$

$$\boldsymbol{A}=\begin{bmatrix}a_{11}&a_{12}&0&0&0\\a_{21}&a_{22}&a_{23}&0&0\\0&a_{32}&a_{33}&a_{34}&0\\0&0&a_{43}&a_{44}&a_{45}\\0&0&0&a_{54}&a_{55}\end{bmatrix}\qquad \boldsymbol{B}=\begin{bmatrix}a_{11}&a_{12}&0\\a_{21}&a_{22}&a_{23}\\a_{32}&a_{33}&a_{34}\\a_{43}&a_{44}&a_{45}\\a_{54}&a_{55}&0\end{bmatrix}$$

（a）$w=3$（$m=2$）的带状矩阵　　（b）压缩成5×3矩阵

图 5.10　带状矩阵

另一种压缩方法是将带状矩阵压缩到一维数组中，按以行为主序顺序存储非零元素，如图 5.11 所示，按此规律，可得到相应的映象函数。

当 $w=3$ 时，映象函数为 $k=2\times i+j-3$。

0	1	2	3	4	5	6	7	8	9	10	11	12
a_{11}	a_{12}	a_{21}	a_{22}	a_{23}	a_{32}	a_{33}	a_{34}	a_{43}	a_{44}	a_{45}	a_{54}	a_{55}

图 5.11　带状矩阵的压缩存储

课外阅读：珠算名家之宋朝杨辉

杨辉，南宋数学家，字谦光，浙江钱塘人，著有《详解九章算术》12 卷，《日用算法》2 卷，《乘除通变算宝》3 卷，《田亩比类乘除捷法》2 卷，《续古摘奇算法》2 卷，他的“循序渐进与熟读精思”的教育思想，以及著名的《习算纲目》是我国数学教育中一项重要的思想与文献。《详解九章算术》共 12 卷，书中最早提出了“杨辉三角”这一定理。《杨辉算法》实际上是三部书，即《乘除通变算宝》《续古摘奇算法》《田亩比类乘除捷法》，其中《乘除通变算宝》又分上、中、下三卷，分别是《乘除通变本末》《乘除通变算宝》《法算取用本末》；在算理算法上，《杨辉算法》中叙述了“单因”“身前因”“相乘”“重乘”等许多简便算法，详细叙述了补数体系的简陋除各法，开创了我国在计算中引入补数的先河。在《乘除变算通宝》中提出“飞归”的名目，其八十三归使用法与后来珠算“飞归”是一致的，《续古摘奇算法》中列出的复杂的纵横图对后人研究珠算颇有影响。

5.3 稀疏矩阵

当 $m×n$ 的矩阵中有 t 个非零元素且 $t<<mn$ 时，这样的矩阵称为稀疏矩阵。很多科学管理及工程计算中，经常遇到阶数很高的大型稀疏矩阵。如果按常规顺序存储方法存储在计算机内，将造成内存的巨大浪费。例如，一个 100 阶方阵中只有 1000 个非 0 元素，用 100×100 的二维数组存放，将有 9000 个单元空闲，浪费非常严重。于是提出了另外一种压缩存储方法，仅存放非零元素。但对于这类矩阵，通常非零元素分布没有规律，为了能找到相应的非零元素，所以仅存储非零元素的值是不够的，还必须记下它们所在的行号和列号。为此采取这样的方法：将非零元素所在的行、列及其值构成一个三元组（i, j, e），然后将这些三元组按某种规律顺序存储，这种方法可以节约大量的存储空间。本节讨论稀疏矩阵的压缩存储方法及其转置、加减、乘法等主要操作算法。在此给先出稀疏矩阵的 ADT 定义。

ADT　SparseMatrix　{
　　数据对象：D={a_{ij} | a_{ij}∈ElemSet，1<=i<=m，1<=j<=n，m 行 n 列共 m×n 个元素}
　　数据关系：R={row, col}
　　　　row={<a_{ij}, a_{ij+1}> | 1<=i<=m，1<=j<=n−1}
　　　　col={<a_{ij}, a_{i+1j}> | 1<=i<=m−1，1<=j<=n}
　　数据操作：
　　　（1）创建稀疏矩阵：CreateSMatrix(&M)
　　　　　操作结果：创建一个稀疏矩阵 M
　　　（2）撤销稀疏矩阵 DetroySMatrix(&M)
　　　　　初始条件：稀疏矩阵 M 存在
　　　　　操作结果：撤销稀疏矩阵 M
　　　（3）输出稀疏矩阵：PrintSMatrix(M)
　　　　　初始条件：稀疏矩阵 M 存在
　　　　　操作结果：输出稀疏矩阵 M
　　　（4）复制稀疏矩阵：CopySMatrix(M, &T)
　　　　　初始条件：稀疏矩阵 M 存在
　　　　　操作结果：将稀疏矩阵 M 复制到矩阵 T
　　　（5）稀疏矩阵加法：AddSMatrix(M, N, &T)
　　　　　初始条件：稀疏矩阵 M 和 N 存在且对应的行数与列数相同
　　　　　操作结果：计算稀疏矩阵 M 与 N 的和，T=M+N
　　　（6）稀疏矩阵减法：SubtractSMatrix(M, N, &T)
　　　　　初始条件：稀疏矩阵 M 和 N 存在且对应的行数与列数相同
　　　　　操作结果：计算稀疏矩阵 M 与 N 的差，T=M−N
　　　（7）稀疏矩阵乘法：MultSMatrix(M, N, &T)
　　　　　初始条件：稀疏矩阵 M 和 N 存在，且 M 的列数与 N 的行数相同
　　　　　操作结果：计算稀疏矩阵 M 与 N 的乘积，T=M×N
　　　（8）稀疏矩阵转置：TransposeSMatrix(M, &T)
　　　　　初始条件：稀疏矩阵 M 存在
　　　　　操作结果：求稀疏矩阵 M 的转置，T=M'
}　ADT　SparseMatrix

5.3.1 稀疏矩阵的三元组存储结构与矩阵的转置和乘法

1. 稀疏矩阵的三元组存储结构

将稀疏矩阵每个非零元素的值及行下标和列下标构成的三元组按行优先顺序存储，同一行中列号按从小到大的规律排列成一个线性表，称这种存储方法为三元组存储结构。图 5.12（a）所示为稀疏矩阵，其对应的三元组存储结构如图 5.12（b）所示。

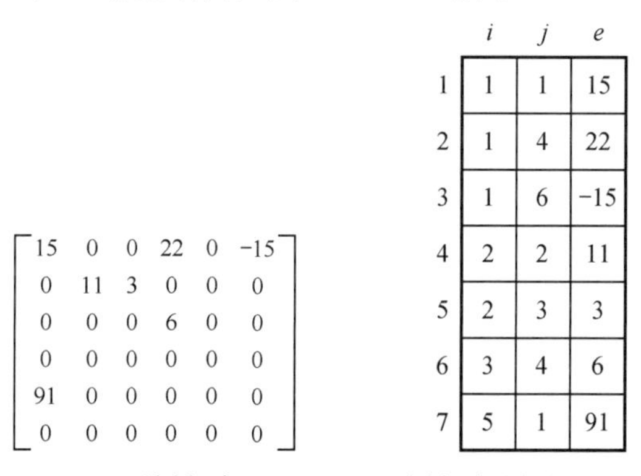

$$\begin{bmatrix} 15 & 0 & 0 & 22 & 0 & -15 \\ 0 & 11 & 3 & 0 & 0 & 0 \\ 0 & 0 & 0 & 6 & 0 & 0 \\ 0 & 0 & 0 & 0 & 0 & 0 \\ 91 & 0 & 0 & 0 & 0 & 0 \\ 0 & 0 & 0 & 0 & 0 & 0 \end{bmatrix}$$

	i	*j*	*e*
1	1	1	15
2	1	4	22
3	1	6	−15
4	2	2	11
5	2	3	3
6	3	4	6
7	5	1	91

（a）稀疏矩阵　　（b）稀疏矩阵对应的三元组存储结构

图 5.12　稀疏矩阵及其对应的三元组存储结构

显然，要唯一表示一个稀疏矩阵，还需要同时存储该矩阵的行数、列数和非零元素的个数等信息。这种存储结构的定义如下。

```
define  MAXSIZE  1024                    //非零元素的个数
typedef  struct                          //定义三元组存储结构
  {  int  i, j;                          //非零元素的行号和列号
     ElemType  e ;                       //非零元素的值
  } Triple ;                             //三元组类型
typedef  struct
 {  Triple  data[MAXSIZE+1];             //三元组表
    int mu, nu, tu ;                     //矩阵的行、列号及非零元素的个数
 } TSMatrix ;                            //三元组表的存储类型
```

稀疏矩阵的三元组存储结构如图 5.12 所示。

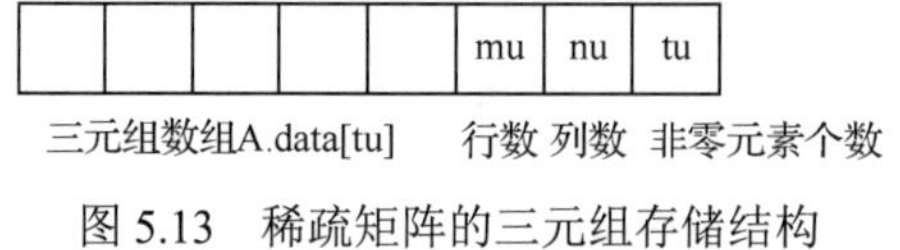

图 5.13　稀疏矩阵的三元组存储结构

这种存储结构充分节约了存储空间，但付出的代价是，矩阵的运算可能变得复杂一些。下面我们讨论在这种存储结构下，稀疏矩阵的两种运算：转置和乘法。

2. 稀疏矩阵的转置与乘法的算法实现

1）矩阵的转置

设 TSMatrix ***A*** 表示一个 $m\times n$ 的稀疏矩阵，其转置 TSMatrix ***B*** 是一个 $n\times m$ 的稀疏矩阵，由矩阵 ***A*** 求矩阵 ***B*** 的操作过程就是将矩阵 ***A*** 的行转化成矩阵 ***B*** 的列，矩阵 ***A*** 的列转化成矩阵 ***B*** 的行；将 A.data 中每一个三元组的行列交换后转化到 B.data 中。

以上两点完成之后，看似完成了矩阵转置，其实没有。因为我们前面规定三元组表是按行优

先存储的，且每行中的元素是按列号从小到大的规律顺序存放的，因此矩阵 ***B*** 也必须遵从这一规律。例如，图 5.12（a）所示的矩阵 ***A***，其转置矩阵 ***B*** 如图 5.14（a）所示，图 5.14（b）是矩阵 ***B*** 对应的三元组存储结构。

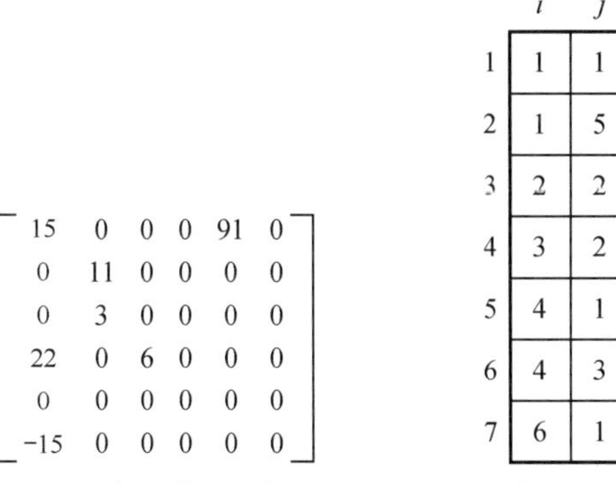

$$\begin{bmatrix} 15 & 0 & 0 & 0 & 91 & 0 \\ 0 & 11 & 0 & 0 & 0 & 0 \\ 0 & 3 & 0 & 0 & 0 & 0 \\ 22 & 0 & 6 & 0 & 0 & 0 \\ 0 & 0 & 0 & 0 & 0 & 0 \\ -15 & 0 & 0 & 0 & 0 & 0 \end{bmatrix}$$

（a）矩阵***A***的转置矩阵***B***

	i	*j*	*e*
1	1	1	15
2	1	5	91
3	2	2	11
4	3	2	3
5	4	1	22
6	4	3	6
7	6	1	-15

（b）矩阵***B***的三元组存储结构

图 5.14　矩阵 ***A*** 的转置矩阵 ***B*** 及其三元组存储结构

为了运算方便，假设矩阵的行、列下标都从 1 开始，三元组表 A.data 的下标也从 1 开始编号。转置算法的基本思想如下。

① 矩阵 ***A*** 的行和列转化成矩阵 ***B*** 的列和行。

② 在 A.data 中依次找第一列、第二列、……直至最后一列，并将找到的每个三元组的行、列交换后顺序存储到 B.data 中。

算法描述如下。

```
void TransposeSMatrix(TSMatrix   A, TSMatrix   &B)
    {   B.mu=A.nu;   B.nu=A.mu;   B.tu=A.tu ;          //复制稀疏矩阵的行、列及元素个数
      if(B.tu)                                          //有非零元素则转换
          {   q=1;
              for(col=1; col <= A.nu ; col++)           //按矩阵 A 的列序转换
              for(p=1; p<= A.tu ; p++)                  //扫描整个三元组表
                if(A.data[p].j == col)
                    {   B.data[q].i=A.data[p].j ;
                        B.data[q].j=A.data[p].i ;
                        B.data[q].e=A.data[p].e ;
                        q++;
                    } //if
          }   //if(B->tu>0)
        return OK;
    }   //TransposeSMatrix
```

算法性能分析。设 m、n 是原矩阵的行数和列数，t 是稀疏矩阵中的非零元素个数。该算法的时间主要耗费在 col 和 p 的二重循环上，所以时间复杂度为 $O(n*t)$，显然当非零元素的个数 t 和 mn 同数量级时，算法的时间复杂度为 $O(mn^2)$，和通常存储方式下矩阵转置算法相比，可能节约了一定量的存储空间，但算法的时间性能更差一些。

2）带列逻辑连接的三元组顺序存储结构与改进的转置算法

以上给出的算法效率较低，因为在算法中从矩阵 ***A*** 的三元组表中寻找第一列, 第二列, ⋯, 第 n 列，要反复搜索表 A.data，若能直接确定 A.data 中每一个三元组在 B.data 中的位置，则对 A.data 的三元组表只需扫描一次即可，这是可以做到的。因为 A.data 第一列中的第一个非零元素一定存

储在 B.data[1]中，如果知道第一列非零元素的个数，那么第二列第一个非零元素在 B.data 中的位置等于第一列中的第一个非零元素在 B.data 中的位置加上第一列非零元素的个数，以此类推。因为 A.data 中三元组的存放顺序是先行后列，对同一行来说，必定先遇到列号小的元素，这样只需扫描一遍 A.data 即可。

基于上述想法，需引入两个向量：num[n+1]和 cpot[n+1]，其中 num[col]表示矩阵 ***A*** 中第 col 列的非零元素的个数（为了方便下标均从 1 开始），cpot[col]的初始值表示矩阵 ***A*** 中的第 col 列的第一个非零元素在 B.data 中的位置。于是 cpot 的初始值为

```
cpot[1]=1;
cpot[col]=cpot[col-1]+num[col-1];    2≤col≤n
```

对于图 5.12（a）所示的矩阵 ***A*** 的 num 和 cpot 数组值如图 5.15 所示。

col	1	2	3	4	5	6
num[col]	2	1	1	2	0	1
cpot[col]	1	3	4	5	7	7

图 5.15　矩阵 ***A*** 的 num 与 cpot 数组值

依次扫描 A.data，当扫描到 col 列元素时，直接将其存放在 B.data 的 cpot[col]位置上，且 cpot[col]加 1，cpot[col]中始终是下一个 col 列元素在 B.data 中的位置。

基于上述思想，改进的转置算法如下。

```
Status   FastTransposeSMatrix(TSMatri x   A, TSMatrix   &B)
    {   B.mu=A.nu ;   B.nu=A.mu ;   B.tu=A.tu ;          //稀疏矩阵的行数、列数及元素个数
        if(B.tu>0)                                       //若有非零元素，则转换
          {  for(i=1 ; i <= A.nu ; i++) num[i]=0;
             for(i= 1 ; i <= A.tu ; i++)                 //求矩阵 A 中每一列非零元素的个数
               {  j=A.data[i].j ;
                  num[j]++;
               }
             cpot[1]=1 ;                                 //求矩阵 A 中每一列第一个非零元素在 B.data 中的位置
             for(i=2 ; i <= A.nu ; i++)
                cpot[i]= cpot[i-1]+num[i-1];
             for(i =1; i <= A.tu ; i++)                  //扫描三元组表
               {  j =A.data[i].j ;                       //当前三元组的列号
                  k=cpot[j] ;                            //当前三元组在 B.data 中的位置
                  B.data[k].i=A.data[i].j ;
                  B.data[k].j=A.data[i].i ;
                  B.data[k].v=A.data[i].v ;
                  cpot[j]++;
               }  //for i
          }  //if(B.tu)
        return B;                                        //返回的是转置矩阵的指针
    }   //FastTransposeSMatrix
```

算法的时间复杂度分析：上述算法中有 4 个循环，分别执行 n 次、t 次、n−1 次、t 次，在每个循环中，每次迭代的时间是一个常量，因此总计算量的时间复杂度为 $O(n+t)$。所需要的存储空间比前一个算法多了两个向量，空间复杂度为 $O(t)$。

3）带行逻辑连接的三元组顺序存储结构与稀疏矩阵的乘法

已知稀疏矩阵 $\boldsymbol{A}$（$m_1\times n_1$）和 $\boldsymbol{B}$（$m_2\times n_2$），求乘积 $\boldsymbol{C}$（$m_1\times n_2$）。

稀疏矩阵 $\boldsymbol{A}$、$\boldsymbol{B}$、$\boldsymbol{C}$ 及其对应的三元组顺序存储结构 A.data、B.data、C.data，如图 5.16（a）和图 5.16（b）所示。

$$A=\begin{bmatrix}3&0&0&7\\0&0&0&-1\\0&2&0&0\end{bmatrix}\qquad B=\begin{bmatrix}4&-1\\0&0\\1&-1\\0&2\end{bmatrix}\qquad C=\begin{bmatrix}12&5\\0&-2\\0&0\end{bmatrix}$$

（a） 三个给定的矩阵

	i	j	e
1	1	1	3
2	1	4	7
3	2	4	-1
4	3	2	2

A.data

	i	j	e
1	1	1	4
2	1	4	-1
3	3	1	1
4	3	2	-1
5	4	2	2

B. data

	i	j	e
1	1	1	12
2	1	2	15
3	2	2	-2

C.data

（b） 三个矩阵的三元组顺序存储结构

图 5.16 稀疏矩阵 $\boldsymbol{A}$、$\boldsymbol{B}$、$\boldsymbol{C}$ 及其对应的三元组顺序存储结构

由矩阵乘法规则可得

$$\boldsymbol{C}[i,j]=\boldsymbol{A}[i,1]\times\boldsymbol{B}[1,j]+\boldsymbol{A}[i,2]\times\boldsymbol{B}[2,j]+\cdots+\boldsymbol{A}[i,n]\times\boldsymbol{B}[n,j]=\sum_{k=1}^{n}\boldsymbol{A}(i,k)\times\boldsymbol{B}(k,j)$$

当矩阵 $\boldsymbol{A}$ 的元素 $A[i,k]$的列号与矩阵 $\boldsymbol{B}$ 的元素 $B[k,p]$的行号相等时才能相乘，且当两项都不为零时，乘积中的这一项才不为零。

矩阵用二维数组表示时，传统的矩阵乘法用矩阵 $\boldsymbol{A}$ 的第一行与矩阵 $\boldsymbol{B}$ 的第一列对应相乘并累加后得到 c_{11}，矩阵 $\boldsymbol{A}$ 的第一行再与矩阵 $\boldsymbol{B}$ 的第二列对应相乘累加后得到 c_{12}，以此类推。因为现在按三元组表的行主序存储矩阵，在 B.data 中，同一行的非零元素其三元组是相邻存放的，同一列的非零元素其三元组并未相邻存放，因此在 B.data 中反复搜索某一列的元素是很费时的，为此需要改变一下求值的顺序。以求 c_{11} 和 c_{12} 为例说明如下。因为

$c_{11}=$	$c_{12}=$	解释
$a_{11}b_{11}+$	$a_{11}b_{12}+$	a_{11} 只与矩阵 $\boldsymbol{B}$ 中第一行元素相乘
$a_{12}b_{21}+$	$a_{12}b_{22}+$	a_{12} 只与矩阵 $\boldsymbol{B}$ 中第二行元素相乘
$a_{13}b_{31}+$	$a_{13}b_{32}+$	a_{13} 只与矩阵 $\boldsymbol{B}$ 中第三行元素相乘
$a_{14}b_{41}$	$a_{14}b_{42}$	a_{14} 只与矩阵 $\boldsymbol{B}$ 中第四行元素相乘

即 a_{11} 只有可能和矩阵 $\boldsymbol{B}$ 中第一行的非零元素相乘，a_{12} 只有可能和矩阵 $\boldsymbol{B}$ 中第二行的非零元素相乘，……而同一行的非零元素是相邻存放的，所以求 c_{11} 和 c_{12} 同时进行：求 $a_{11}b_{11}$ 累加到 c_{11}，求 $a_{11}b_{12}$ 累加到 c_{12}，再求 $a_{12}b_{21}$ 累加到 c_{11}，再求 $a_{12}b_{22}$ 累加到 c_{22}，……当然只有 a_{ik} 和 b_{kj} 列号与行号相等且均不为零（三元组存在）时才相乘，并且累加到 c_{ij} 当中去。

为了运算方便，设一个累加器：ElemType temp[n+1]用来存放当前行中 c_{ij} 的值。当前行中所有的元素全部计算出之后，再存放到 C.data 中去。

为了便于在 B.data 中寻找矩阵 $\boldsymbol{B}$ 中的第 k 行的第一个非零元素，与前面类似，引入 num[n]和 rpot[n]两个向量。num[k]表示矩阵 $\boldsymbol{B}$ 中第 k 行的非零元素的个数；rpot[k]表示第 k 行的第一个

非零元素在 B.data 中的位置。于是有

```
rpot[1]=1
rpot[k]=rpot[k-1]+num[k-1]
```

其中，$2 \leqslant k \leqslant n$。

例如，对于图 5.16 中的矩阵 ***B***，其 num[n]和 rpot[n]的值如表 5.1 所示。

表 5.1 矩阵 *B* 的 num[*n*]和 rpot[*n*]的值

k	1	2	3	4
num[*k*]	2	0	2	0
rpot[*k*]	1	3	3	5

根据以上分析，稀疏矩阵乘法的运算步骤如下。

（1）初始化。清理一些存储单元，准备按行顺序存储矩阵乘积。

（2）求矩阵 ***B*** 的 num[n]和 rpot[n]数组值。

（3）做矩阵乘法。将 A.data 中三元组的列值与 B.data 中三元组的行值相等的非零元素相乘，并将具有相同下标的乘积元素相加。

算法描述如下。

```
# define MAXSIZE   1024                         //稀疏矩阵非零元素的最大个数
# define MAXRC    100                           //稀疏矩阵的最大行数
typedef  struct {                               //定义带行逻辑连接的三元组表类型
          Triple   data[ MAXSIZE+1] ;
          int      mu, nu, tu ;
         } RLSMatrix ;
int     rpot[MAXRC+1];
Status   MatrixMultiply(RLSMatrix A, RLSMatrix B, RLSMatrix &C)//求稀疏矩阵 C=A×B
     { int p, q, i, j, k, r ;
       ElemType   temp[A.nu+1];
       int num[B.mu+1];
       if(A.nu != B.mu) return   ERROR ;        //矩阵 A 的列与矩阵 B 的行不相等
       C.mu=A.mu ;   C.nu=B.nu ;   C.tu=0 ;
       if(A.tu*B.tu != 0)
          { for(i =1 ; i <= B.mu ; i++) num[i]=0;   //求矩阵 B 中每一行非零元素的个数
            for(k =1 ; k <= B.tu ; k++)
              { i=B.data[k].i ;
                num[i]++;
              }
            rpot[1]=1;                          //求矩阵 B 中每一行第一个非零元素在 B.data 中的位置
            for(i=2 ; i<= B.mu ; i++)
              rpot[i]= rpot[i-1] + num[i-1] ;
            r=0 ;                               //当前矩阵 C 中非零元素的个数
            p=1;                                //指示 A.data 中当前非零元素的位置
            for(i= 1; i<= A.mu; i++)
              {   for(j =1 ; j <= B.nu ; j++) temp[j]=0;        //cij 的累加器初始化
                  while(A.data[p].i== i)                         //求第 i 行的非零元素
                    {   k=A.data[p].j;                           //矩阵 A 中当前非零元素的列号
                        if(k<B.mu) t=rpot[k+1] ;
```

```
                else   t=B.tu+1;          //确定矩阵 B 中第 k 行的非零元素在 B.data 中的下限位置
                for(q=rpot[k] ; q<t ; q++)            //矩阵 B 中第 k 行的每一个非零元素
                    {  j=B.data[q].j ;
                       temp[j] +=A.data[p].e * B.data[q].e;
             }
            p++;
          } // while
      for(j=1;j<=B->nu;j++)
          if(temp[j])
            { r++;
             C.data[r]= { i, j, temp[j] };
            }
   }  //for i
  C.tu=r ;
  returnOK ;
}  //MulSMatrix
```

算法的时间性能分析。求 num 数组的时间复杂度为 $O(B.\text{nu}+B.\text{tu})$，求 rpot 时间复杂度为 $O(B.\text{mu})$，求 temp 时间复杂度为 $O(A.\text{mu}*B.\text{nu})$，求矩阵 $\boldsymbol{C}$ 的所有非零元素的时间复杂度为 $O(A.\text{tu}*B.\text{tu} \ / \ B.\text{mu})$，压缩存储时间复杂度为 $O(A.\text{mu}*B.\text{nu})$，所以总的时间复杂度为 $O(A.\text{mu}*B.\text{nu}+(A.\text{tu}*B.\text{tu})/ B.\text{nu})$。

5.3.2 稀疏矩阵的十字链表存储结构与矩阵的加法和减法

1. 十字链表存储结构

三元组表虽然节省了存储空间，但由于非零元素的个数及非零元素的位置会发生变化，因此对一些操作（如加法、乘法）的实现却十分不便。本节介绍稀疏矩阵的另一种存储结构——十字链表存储结构，它具有链式存储结构的特点，对于稀疏矩阵的加法和减法算法的实现较为方便。

用十字链表表示稀疏矩阵的基本思想是，每个非零元素用一个结点存储，结点由 5 个域组成，如图 5.17 所示。其中，i 域存储非零元素的行号，j 域存储非零元素的列号，e 域存储非零元素的值，right、down 为两个指针域。

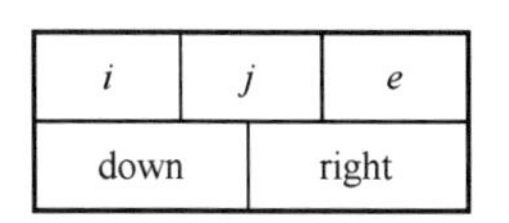

图 5.17 十字链表的结点结构

将稀疏矩阵中每一行的非零元素结点按其列号从小到大的顺序，由指针域 right 拉成一个带表头结点的行单链表，同样每一列中的非零元素按其行号从小到大的顺序，由指针域 down 拉成一个带表头结点的列单链表。每个非零元素 a_{ij} 既是第 i 个行链表中的结点，又是第 j 个列链表中的结点。所有行链表的头指针用一个指针数组 rhead[m]存放，所有列链表的头指针用指针数组 chead[n]存放。十字链表存储结构定义如下。

```
typedef  struct  OLNode  {                //十字链表的结点结构
        int   row, col ;                  //元素的行号域与列号域
        ElemtType   e ;                   //数据元素域
    struct  OLNode   down, right ;        //十字链表指针域
  }  OLNode, *OLink ;
  typedef    struct  {                    //定义十字链表头结点指针数组
        OLink    *rhead, *chead ;         //十字链表头结点指针数组
        int      mu, nu, tu ;             //行数、列数、非零元素个数域
    } CrossList ;
```

例如，稀疏矩阵 $\boldsymbol{A}$ 如图 5.18 所示，则稀疏矩阵 $\boldsymbol{A}$ 的十字链表存储结构如图 5.19 所示。

$$\boldsymbol{A}=\begin{bmatrix} 3 & 0 & 0 & 7 \\ 0 & 0 & -1 & 0 \\ 2 & 0 & 0 & 0 \\ 0 & 0 & 0 & 0 \\ 0 & 0 & 0 & -8 \end{bmatrix}$$

图 5.18　稀疏矩阵 $\boldsymbol{A}$

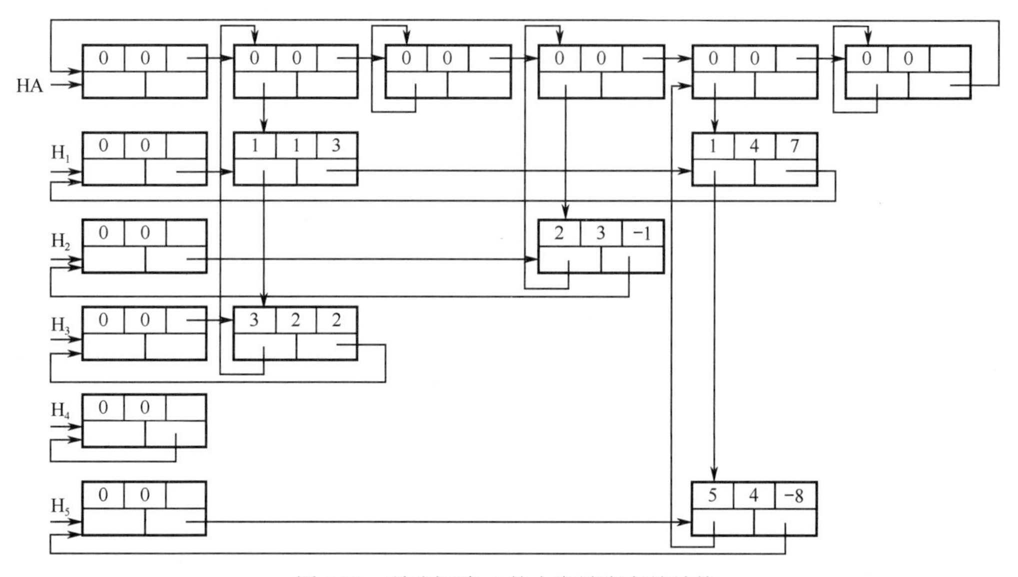

图 5.19　稀疏矩阵 $\boldsymbol{A}$ 的十字链表存储结构

2．基于十字链表存储结构的稀疏矩阵的加法与减法

（1）建立稀疏矩阵的十字链表。

算法步骤如下。

① 输入稀疏矩阵 $\boldsymbol{M}$ 的行数 m、列数 n 和非零元素个数 t。

② 申请行、列头指针数组存储空间，并初始化为空指针。

③ 逐个输入非零元素的形如（i,j,a_{ij}）的三元组，建立三元组结点，分别插入行链表和列链表，直到所有非零元素的三元组输完为止。

算法描述如下。

```
status   CreateSMatrixOL(CrossList &M )                          //创建十字链表
     {if(M) free(M);
      scanf("%d,%d, %d", &m, &n, &t);
      M.rhead =(OLink *)malloc((m+1)*(sizeof(OLink));            //申请行头指针数组空间
      if(!M.rhead)exit(OVERFLOW);
      M.chead =(OLink *)malloc((n+1)*(sizeof(OLink));            //申请列头指针数组空间
      if(!M.chead)exit(OVERFLOW);
     M.rhead[ ]=M.chead [ ]=NULL ;                               //行、列头指针置空
     for(k =1; k < M.tu ; k++)
        {   p =(OLink *)malloc(sizeof(OLink);                    //申请第 k 个结点
            if(!p)exit(OVERFLOW);
            scanf("%d,%d, %d", &i, &j, &e);                      //输入结点数据
            p->i=i ;    p->j=j ; p->e=e ;                        //生成结点
```

```
            if(M.rhead[i]== NULL || M.rhead[i]->j > j)              //在第 i 个行链表插入结点
              { p->right=M.rhead[i];M.rhead[i]=p ; }
            else {                                                  //在第 i 个行链表找插入位置
                  for(q=M.chead;(q->right)&& q.right->j < j) q=q->right ;
                  p->right=q->right ;   q->right=p ;                //插入结点
                }
            if(M.chead[j]== NULL || M.rhead[j]->i > i)              //在第 j 个列链表插入结点
              { p->down=M.chead[j];M.chead[j]=p ; }
            else {                                                  //在第 j 个列链表找插入位置
                  for(q=M.chead[j];(q->down)&& q.down->i < i) q=q->doen ;
                  p->down=q->right ;   q->down=p ;                  //插入结点
                }
        }
    return OK ;
}
```

上述算法的时间复杂度为 $O(ts)$，其中 $s=\max(m,n)$。因为插入每个结点到相应的行链表和列链表时，都要在链表中寻找插入位置，所以总的时间复杂度为 $O(ts)$。该算法对三元组的输入顺序没有要求。如果我们输入三元组是按以行（或列）为主序输入的，则时间复杂度可降低为 $O(s+t)$。

（2）基于十字链表的稀疏矩阵加（减）法。

已知两个稀疏矩阵 $\boldsymbol{A}$ 和 $\boldsymbol{B}$，分别采用十字链表存储，计算 $\boldsymbol{C}=\boldsymbol{A}\pm\boldsymbol{B}$，$\boldsymbol{C}$ 也采用十字链表方式存储，并且在矩阵 $\boldsymbol{A}$ 的基础上形成 $\boldsymbol{C}$。因为 $\boldsymbol{A}-\boldsymbol{B}=\boldsymbol{A}+(-\boldsymbol{B})$，所以只讨论 $\boldsymbol{A}+\boldsymbol{B}$ 的情况。

由矩阵加法规则可知 $c_{ij}=a_{ij}+b_{ij}$，只有当矩阵 $\boldsymbol{A}$ 与矩阵 $\boldsymbol{B}$ 的行数和列数相等时二者才能相加。不妨直接将矩阵 $\boldsymbol{B}$ 加到矩阵 $\boldsymbol{A}$ 上。对矩阵 $\boldsymbol{A}$ 的十字链表的当前结点来说，对应元素相加时分为下列四种情况：①改变结点的值 $a_{ij}=a_{ij}+b_{ij}$（$a_{ij}+b_{ij}\neq0$）；②a_{ij} 不变（$b_{ij}=0$）；③插入一个新结点 b_{ij}（$a_{ij}=0$）；④删除一个结点（$a_{ij}+b_{ij}=0$）。整个运算从矩阵的第一行起逐行进行。对每一行都从行链表的头结点出发，分别找到矩阵 $\boldsymbol{A}$ 和矩阵 $\boldsymbol{B}$ 在该行中的第一个非零元素结点后开始比较，然后按四种不同情况分别处理。设指针 pa 和指针 pb 分别指向矩阵 $\boldsymbol{A}$ 和矩阵 $\boldsymbol{B}$ 的十字链表中行号相同的两个结点，四种情况的处理如下。

① 若 pa->j=pb->j 且 pa->e+pb->e≠0，则只要用 $a_{ij}+b_{ij}$ 的值改写 pa 所指结点的数据域即可。

② 若 pa->j=pb->j 且 pa->e+pb->e=0，则需要在矩阵 $\boldsymbol{A}$ 的十字链表中删除 pa 所指向的结点，此时需改变该行链表中前驱结点的 right 域，以及该列链表中前驱结点的 down 域。

③ 若 pa->j<pb->j 且 pa->j≠0（不是表头结点），则只需将 pa 指针向右推进一步，继续比较。

④ 若 pa->j>pb->j 或 pa->j=0（是表头结点），则需要在矩阵 $\boldsymbol{A}$ 的十字链表中插入一个 pb 所指向的结点。

综上所述，算法描述如下。

```
status   AddMatrix(CrossList &A, CrossList B)                  //求稀疏矩阵的加法 A+B
{   OLNode    *p, *q,*pa,*pb,*ca,*cb,*qa;
    if(A.mu != B.mu   ||   A.nu != B.nu) return   ERROR ;
    ca=A.rhead[1] ;                                            //初始化指针 ca 指向矩阵 A 的第一个结点
     cb=B.rhead[1] ;                                           //初始化指针 cb 指向矩阵 B 的第一个结点
     do { pa=ca->right;                                        //指针 pa 指向矩阵 A 当前行中的第一个结点
          qa=ca;                                               //指针 qa 指向指针 pa 指向结点的前驱结点
          pb=cb->right;                                        //指针 pb 指向 B 矩阵当前行中第一个结点
          while(pb->j != 0)                                    //当前行没有处理完
             {   if(pa->j < pb->j    &&    pa->j !=0)          //第三种情况
```

```
            { qa=pa;    pa=pa->right;   }
        else   if(pa->j > pb->j || pa->j==0)                    //第四种情况
                { p= malloc(sizeof(MNode));
                  p->i=pb-> i ;   p->j=pb->j;   p->e=pb->e ;
                  p->right=pa ; qa->right=p ;                   //新结点插入结点*pa 的前面
                  pa=p;  //新结点还要插到列链表的合适位置，先找位置，再插入
                  q=Find_JH(Ha,p->col);                         //从列链表的头结点找起
                  while(q->down->i != 0 && q->down->i < p->i) q=q->down;
                  p->down=q->down;                              //插在结点*q 的后面
                  q->down=p ;
                  pb=pb->right;
                }   //end if
            else                                                //第一种、第二种情况
                  { x= pa->v_next.v+ pb->v_next.v;
                    if(x= =0)                                   //第二种情况
                     { qa->right=pa->right;                     //从行链表中删除
                       q= Find_JH(Ha,pa->col);                  //找到结点*pa 的列前驱结点并删除
                       while(q->down->i < pa->i) q=q->down;
                       q->down=pa->down ;   free(pa);   pa=qa;
                  } //if(x= =0)
                    else                                        //第一种情况
                       { pa->e=x ;   qa=pa ; }
                  pa=pa->right;
                  pb=pb->right;
        }
      } //while
    ca=ca->next;                                                //指针 ca 指向矩阵 A 中下一行的表头结点
    cb=cb->next;                                                //指针 cb 指向矩阵 B 中下一行的表头结点
  } while(ca->i==0)                                             //当还有未处理完的行则继续
}
```

在上面的算法中用到了一个函数 Find_JH(MLink H, int *j*)，其功能是返回十字链表 H 中第 *j* 列链表的头结点指针。

课外阅读：华为数据压缩发明专利

2017 年 8 月，华为申请的发明专利授权公告：数据解压缩方法和电子设备。本发明提供了一种数据压缩、数据解压缩的方法和设备。数据压缩方法包括：第一设备根据待压缩数据查找压缩字典，若压缩字典中存在待压缩数据且存在待压缩数据对应的第二设备的索引，则第一设备将第二设备的索引作为压缩数据，第一设备将压缩数据和压缩指示标识发送给第二设备，压缩指示标识用于表示压缩数据经过压缩处理。此专利方法减小了压缩字典网络设备占用的存储空间，减小数据冗余。

5.4 广义表

广义表是对线性表更一般的推广，也称列表[Lists，用复数形式表示与通常列表（List）的区别]。如果允许线性表的元素既可以是单个独立的数据元素，也可以是另外的线性表，那么这样的线性表就称为广义表。换句话说，广义表中的数据元素可以有不同的结构类型。由于这种推广的特殊性，使得广义表与数组和线性表存在着较大的差别，其存储结构和操作算法发生了较大的变

化，为此需要专门讨论。本节将详细介绍广义表的概念、特点、ADT 定义，广义表的存储结构与主要操作算法，广义表的应用等。

5.4.1 广义表的概念及 ADT 定义

1. 广义表的概念与性质

1）广义表的定义

广义表（Generalized Lists）是 n（$n \geqslant 0$）个数据元素 $a_1, a_2, \cdots, a_i, \cdots, a_n$ 的有序序列，一般记为

$$LS=(a_1, a_2, \cdots, a_i, \cdots, a_n)$$

式中，LS 为广义表的名称；n 为广义表的长度，记为 Length（LS）；每个元素 a_i（$1 \leqslant i \leqslant n$）称为广义表的成员，它们既可以是单个的数据元素，也可以是一个广义表，分别称为广义表 LS 的原子和子表。当广义表 LS 非空时，称第一个数据元素 a_1 为广义表 LS 的表头（Head），称其余元素组成的子表（$a_2, \cdots, a_i, \cdots, a_n$）为广义表 LS 的表尾（Tail）。一个广义表中的括号嵌套层数称为该广义表的深度，记为 Depth(LS)。

显然，广义表的定义是递归的。

为书写清楚起见，通常用大写字母表示广义表，用小写字母表示单个数据元素，广义表用括号括起来，括号内的数据元素用逗号分隔开。

例 5.2 下面是一些广义表的例子。

A=()，空广义表，Length(A)=0，Depth(A)=1。

B=(e)，单个原子构成的广义表，Length(B)=1，Depth(B)=1。

C=(a,(b, c, d))，一个原子和一个子表构成的广义表，Length(C)=2，Depth(C)=2。

D=(A, B, C)=((),(e),(a,(b, c, d)))，以三个广义表为数据元素的广义表，Length(D)=3，Depth(D)=3。

E=(a, E)=(a,(a,($a\cdots$,(a, E)$\cdots$)))，这是一个递归的广义表，Length(E)=2，深度可以任意大。

F=(())，这是一个由一个空广义表构成的广义表，Length(F)=1，Depth(F)=2。

2）广义表的性质

从上述广义表的定义和例子可以得到广义表的下列重要性质。

（1）广义表是一种多层次的数据结构。广义表的数据元素可以是单数据元素，也可以是子表，而子表的数据元素还可以是子表。可以用树结构表示广义表，其中原子用小矩形表示，子表用圆圈表示。例如，例 5.2 中的广义表 D，画成树的形式如图 5.20 所示。

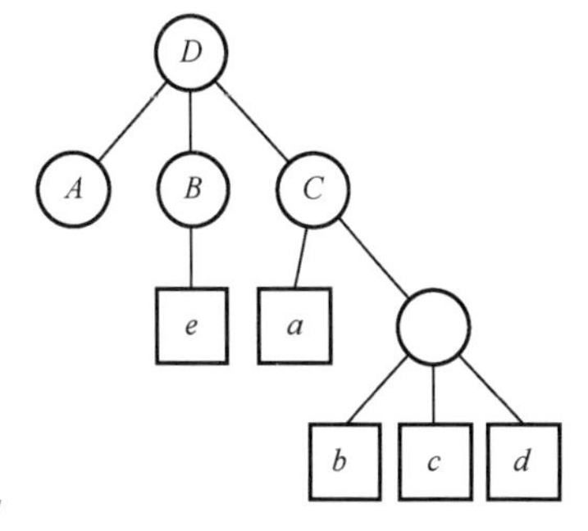

图 5.20 广义表 D 的树结构

（2）广义表可以是递归的表。广义表的定义并没有限制数据元素的递归，即广义表的数据元素也可以是其自身的子表，如广义表 E 就是一个递归的表。

（3）广义表可以被其他广义表所共享。例如，广义表 A、B、C 是广义表 D 的共享子表。在广义表 D 中可以不必列出子表的值，而用子表的名称来引用。

广义表的上述性质对于它的使用价值和应用效果起到很大的作用。

广义表可以看作线性表的推广，线性表是广义表的特例。广义表的结构相当灵活，在某种前提下，它可以兼容线性表、数组、树和有向图等各种常用的数据结构。

当二维数组的每行（或每列）作为子表处理时，二维数组变为一个广义表。

另外，树和有向图也可以用广义表表示。

由于广义表不仅集中了线性表、数组、树和有向图等常见数据结构的特点，还可以有效地利用存储空间，因此在计算机的许多应用领域都有成功使用广义表的实例。

2．广义表 ADT 定义

ADT GList {

数据对象：$D=\{ e_i \mid i=1, 2, \cdots, n;\quad n>=0;\quad e_i \in Autom \parallel e_i \in GList \}$

数据关系：$R=\{<e_{i-1}, e_i> \mid e_{i-1}, e_i \in D; 2<=i<=n \}$

基本操作：

（1）初始化广义表 InitGList(&L)

操作结果：建立一个空广义表

（2）创建广义表 CreateGLists(&L, S)

初始条件：S 是广义表的书写形式，一般为字符串

操作结果：由广义表的书写形式 S 创建一个广义表 L

（3）撤销广义表 DestroyGList(&L)

初始条件：广义表 L 存在

操作结果：撤销广义表 L

（4）复制广义表 CopyGList(&T, L)

初始条件：广义表 L 存在

操作结果：将广义表 L 复制到广义表 T 中

（5）判断广义表是否为空 EmptyGList(&L)

初始条件：广义表 L 存在

操作结果：若 L 是空广义表，则返回 True，否则返回 False

（6）求广义表的长度 GListLength(L)

初始条件：广义表 L 存在

操作结果：返回广义表 L 的数据元素个数

（7）求广义表的深度 GListDepth(L)

初始条件：广义表 L 存在

操作结果：返回广义表 L 的深度

（8）在广义表 L 中查找数据元素 GListLocate(L, x)

初始条件：广义表 L 存在，x 是给定的广义表的数据元素

操作结果：在广义表 L 中查找数据元素 x，找到后返回成功信息，否则返回失败信息

（9）插入一个数据元素 InsertFirst(&L, e)

初始条件：广义表 L 存在，e 是给定的广义表的数据元素

操作结果：将数据元素 e 插入广义表 L 作为第一个结点

（10）删除一个数据元素 DeleteFirst(&L, &e)

初始条件：广义表 L 存在，e 是广义表的数据元素

操作结果：删除广义表 L 的第一个结点并返回结点数据

（11）取表头 GetHead(L)

初始条件：广义表 L 存在

操作结果：返回广义表 L 的表头

（12）取表尾 GetTail(L)

初始条件：广义表 L 存在

操作结果：返回广义表 L 的表尾

（13）遍历广义表 TraverseGList(L, visit())

初始条件：广义表 L 存在，visit()是某个操作函数

操作结果：逐个访问广义表 L 的数据元素

} ADT Glist

广义表有两个重要的基本操作，即取表头操作（GetHead）和取表尾操作（GetTail）。

由广义表的表头、表尾定义可知，对于任意一个非空的广义表，其表头可能是单个的数据元素也可能是广义表，而广义表的表尾一定是广义表。

对于例 5.2 所给出的广义表 *B*、*C*、*D*、*E*、*F* 进行操作。

GetHead(*B*)= *e*, GetTail(*B*)=()。

GetHead(*C*)= *a*, GetTail(*C*)=((*b*, *c*, *d*))。

GetHead(*D*)= *A*, GetTail(*D*)=(*B*, *C*)。

GetHead(*E*)= *a*, GetTail(*E*)=(*E*)。

GetHead(*F*)=(), GetTail(*F*)=()。

5.4.2 广义表的存储结构

由于广义表中的数据元素具有不同的结构，因此很难用顺序存储结构表示，而链式存储结构分配空间较为灵活，易于解决广义表的共享与递归问题，所以通常都采用链式存储结构存储广义表。在这种存储结构中，每个数据元素可以用一个结点表示。

按结点形式的不同，广义表的链式存储结构可以分为两种不同的存储方式：头尾表示法和孩子兄弟表示法。

1. 头尾表示法

若广义表不空，则可唯一分解为表头和表尾两部分；反之，给出表头和表尾也可以唯一确定一个广义表。头尾表示法就是根据这一性质设计的一种存储结构。

由于广义表中的数据元素可能是广义表，也可能是原子，相应地在头尾表示法中，结点的结构形式有两种：一种是子表结点，用以表示子表；另一种是原子结点，用以表示原子。在表结点中应该包含一个指向表头的指针 hp 和指向表尾的指针 tp；而在原子结点中应该包括所表示原子的值。为了区分这两类结点，在结点中还要设置一个标志域，如果标志为 1，表示该结点为子表结点；如果标志为 0，表示该结点为原子结点。广义表的两种结点结构如图 5.21 所示。

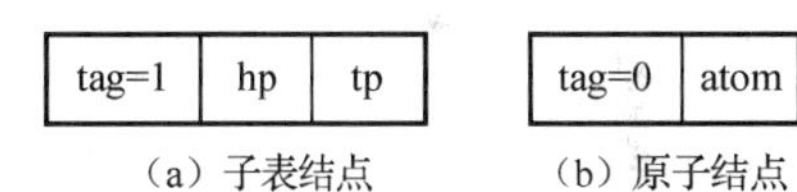

图 5.21　广义表的两种结点结构

存储结构定义如下。

```
typedef  enum {ATOM, LIST} Elemtag;        //ATOM=0 表示原子结点；LIST=1 表示子表结点
typedef  struct  GLNode {
    Elemtag  tag ;                         //标志域，用于区分原子结点和子表结点
    union {                                //原子结点和子表结点的联合部分
            AtomType  atom ;               //atom 是原子结点的值
            struct { struct GLNode   *hp, *tp ;
                  } ptr;                   //ptr 是子表结点的指针域，ptr.hp 和 ptr.tp 分别指向表头和表尾
        }
  } *GList;                                //广义表类型
```

对例 5.2 所列举的广义表 *A*、*B*、*C*、*D*、*E*、*F*，其存储结构如图 5.22 所示。

从上述存储结构示例中可以看出，采用头尾表示法容易分清广义表中的原子结点或子表结点所在的层次。例如，在广义表 *D* 中，原子结点 *a* 和 *e* 在同一层次上，而原子结点 *b*、*c*、*d* 在同一层次上且比原子结点 *a* 和 *e* 低一层，子表 *B* 和 *C* 在同一层次上。另外，最高层表结点的个数为广义表的长度。例如，在广义表 *D* 的最高层有三个表结点，广义表 *D* 的长度为 3。子表结点的层数就是广义表的深度。

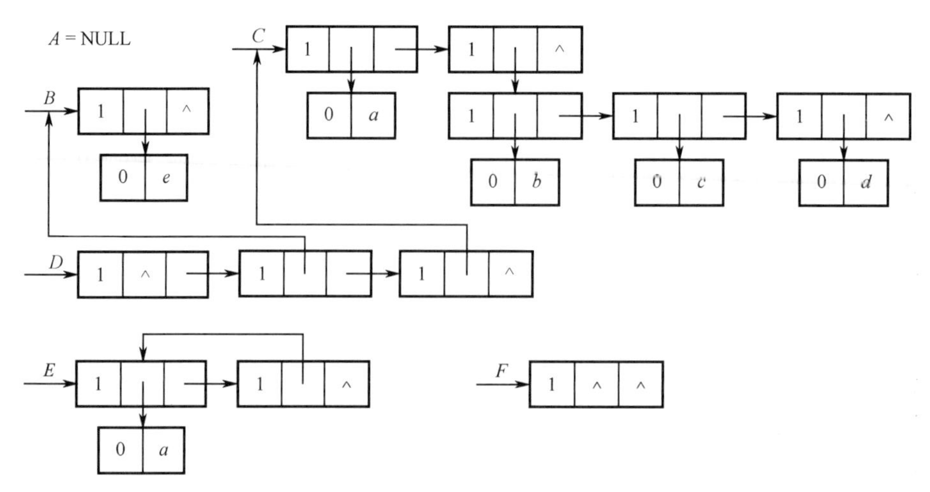

图 5.22　例 5.2 所列举广义表的存储结构

2．孩子兄弟表示法

广义表的另一种表示法称为孩子兄弟表示法。在孩子兄弟表示法中，也有两种结点形式：一种有孩子结点，用以表示子表；另一种无孩子结点，用以表示原子。在有孩子结点的情况中包括一个指向第一个孩子（长子）的指针和一个指向兄弟的指针；而在无孩子结点的情况中包括一个指向兄弟的指针和该数据元素的值。为了能区分这两类结点，在结点中还要设置一个标志域。如果标志为 1，则表示该结点有孩子结点；如果标志为 0，则表示该结点无孩子结点。孩子兄弟表示法的结点结构如图 5.23 所示。

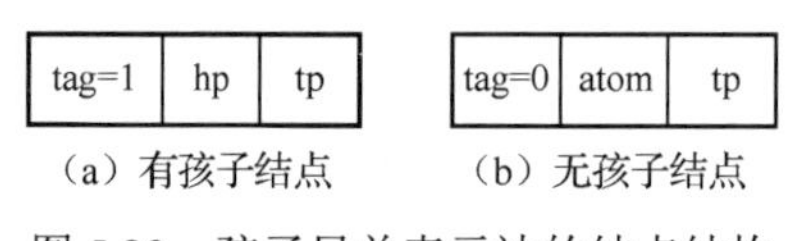

图 5.23　孩子兄弟表示法的结点结构

存储结构定义如下。

```
typedef   enum {ATOM, LIST} Elemtag;        //ATOM=0 表示原子结点，LIST=1 表示子表结点
typedef   struct   GLNode {
    Elemtag   tag ;                         //标志域，用于区分原子结点和子表结点
    union {                                 //原子结点和子表结点的联合部分
        AtomType   atom;                    //原子结点的值
        struct GLNode   *hp;                //子表结点的表头指针
    };
    struct GLNode   *tp;                    //指向下一个结点
  }GLNode,*GList;                           //广义表类型
```

对于例 5.2 给出的广义表 A、B、C、D、E、F，采用孩子兄弟表示法，其存储结构如图 5.24 所示。

从图 5.23 的存储结构可以看出，采用孩子兄弟表示法存储时，表达式中的左括号“(”对应存储表示中的 tag=1 的结点，且最高层结点的 tp 域必为 NULL。

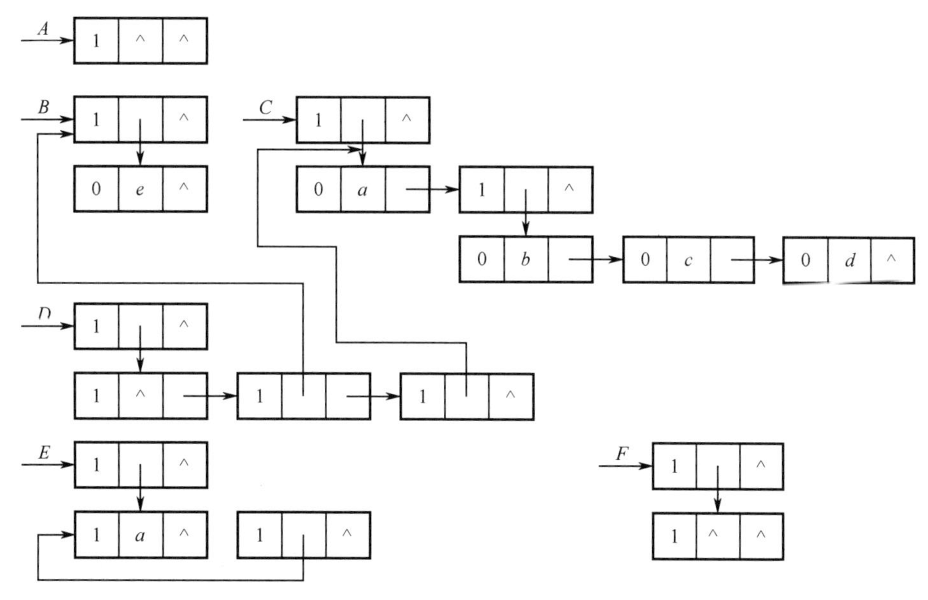

图 5.24　例 5.2 中各广义表的孩子兄弟表示

5.4.3　广义表的基本运算

在本节讨论广义表的有关操作算法中，都假定以头尾表示法存储广义表。由于广义表的定义是递归的，因此相应的算法一般也是递归的。

1. 建立广义表的存储结构

算法思想：假设广义表以串 S 的形式给出，当广义表为空时，即 S=()，此时直接返回 L=NULL。当广义表不空时，$S=(a_1, a_2, \cdots, a_n)$，其中 a_i（i=1, 2, ⋯, n）为串 S 的子串表示的子表。建立广义表 S 就是建立 n 个子表结点拉成的链表。第 i 个（$1 \leqslant i \leqslant n$）表结点的指针 tp 指向第 i+1 个表结点，第 n 个表结点的指针 tp 为 NULL。第 i 个表结点的指针 hp 指向由 a_i 建立的子表。由此可见，建立广义表 S 转化为建立子表 a_i（$1 \leqslant i \leqslant n$）的问题。而建立子表 a_i 的过程与建立广义表 S 的过程完全相同，这显然是一个递归问题。对每个 a_i 又分三种情况：（1）a_i 是带括号的空串；（2）a_i 是长度为 1 的单串；（3）a_i 是长度大于 1 的串。前两种情况就是递归的终结状态，第三种情况是递归调用。于是，可得到递归过程如下。

基本项：当 S 为空表串时，置空广义表。

　　　　当 S 为单字符串时，建立原子结点子表。

归纳项：假定广义表 $S=(a_1, a_2, \cdots, a_n)$，sub="$s_1, s_2, \cdots, s_n$"是广义表 S 脱去最外层括号之后的串，其中 s_i（i=1, 2, ⋯, n）是非空串，对每个 s_i 建立一个表结点，结点的指针 hp 指向由 s_i 建立的子表，指针 tp 指向由 s_{i+1}（$i<n$）建立的表结点，最后一个表结点的指针 tp 为 NULL。

按上述递归过程算法描述如下。

```
status  CreateGList(GList &L, SString  S)
  {   if(StrEmpty(S)) L=NULL;                                    //创建空表
      else { if (!(L =(GList)malloc(sizeof(GLNode)))) exit(OVERFLOW);   //创建子表结点
            if(StrLength(S)==1) { L->tag=ATOM ;  L->atom=S; }     //创建原子结点
            else { L->tag=LIST;  p=L ;                           //重复建立 n 个子表结点
                  SubString(sub, S, 2, StrLength(S)-2);          //脱去外层括号
                  do { sever(sub, hsub);                         //从串 sub 中分离出表头串
```

```
                    CreateGList(p->ptr.hp, hsub);    q=p ;
                    if(!StrEmpty(sub))                          //表尾不空
                      { if(!(p =(GList)malloc(sizeof(GLNode)))) exit(OVERFLOW);
                        p->tag=LIST ;    q->ptr.tp=p;
                      }
                  } while(!StrEmpty(sub));
                q->ptr.tp=NULL;
              }
            }
        return OK ;
    }
status    sever(SString &str, SString &hstr)                    //从子表 str 中分离出表头串
    { n=StrLength(str);    i= 1;    k=0 ;
     for(i=1, k=0; i <= n || k != 0; ++i)
        { ch=SubStr(ch, str, i,1);
          if(ch== '(') ++k;
          else    if(ch== ')') --k;
        }
     if(i <= n)
       { hstr =SubStr(hstr, str, 1, i-2);
         str= SubStr(str, str, i, n-i+1);
       }
     else { StrCopy(hstr,str);
              ClearStr(str);
            }
    }
```

2．取广义表的表头、表尾部分

算法思想很简单，只要返回表头或表尾结点的指针即可。

```
GList    GetHead(GList L)            //取表头部分
    {    if(L->tag== 1) p=L->hp;
         return    p;
    }
GList GetTail(GList L)               //取表尾部分
    {    if(L->tag== 1) p=L->tp;
         return    p;
    }
```

3．求广义表的深度

设广义表 LS=(a_1, a_2, ⋯, a_n)，求广义表深度的递归形式如下。

基本项：当 LS 为空广义表时，Depth(LS)= 1。

　　　　当 LS 为原子时，Depth(LS)= 0。

归纳项：Depth(LS)=1+max{ Depth(a_i)| $1 \leqslant i \leqslant n$}，$n \geqslant 1$。

算法描述如下。

```
int    GListDepth(GList    L)
  {    if(! L) return    1;                        //空表深度为 1
       if(L->tag== ATOM) return    0;              //单数据元素的广义表深度为 0
```

```
    for(max=0, p =L ;  p ;  p=p->ptr.tp)
        {  dep=GListDepth(p->ptr.hp);           //求以 p->ptr.hp 为头指针的子表深度
           if(dep > max) max=dep;
        }
    return max +1;                               //非空表的深度是各数据元素的深度的最大值加 1
}
```

4．求广义表的长度

算法思想：只需统计最顶层的表结点个数即可。算法描述如下。

```
int  GListLength(GList  L)
    {  if(L) return 1+ GListLength(L ->tp);
       else  return  0 ;
    }
```

5．复制广义表

算法思想：将广义表分成表头和表尾两部分，先复制表头部分，再复制表尾部分。若表头部分是原子，就建立一个原子结点；若表头是子表，则又将分成表头和表尾两部分处理。表尾一定是子表，又分成表头和表尾两部分处理。复制整个广义表和复制子表的过程完全相同，因此，复制的过程可以用递归表示。设复制后的广义表为 NewLS，则递归过程如下。

基本项：当 LS 为空广义表，置空表，InitGList(NewLS)。

归纳项：COPY(GetHead(LS), GetHead(NewLS))，复制表头。

COPY(GetTail(LS), GetTail(NewLS))，复制表尾。

算法过程描述如下。

```
status  CopyGList(GList &T, GList L)
  {  if(!L) T=NULL;                                  //复制空表
     else { T =(Glist)malloc(sizeof(GLNode))} ;      //建立表结点
            if(!T) exit(OVERFLOW);                   //申请失败
            T->tag=L->tag ;
            if(L->tag== ATOM)T->atom=L->atom;        //复制原子结点
            else {
                  CopyGList(T->ptr.hp, S->ptr.hp);   //复制广义表 L->ptr.hp 的一个副本
                  CopyGList(T->ptr.tp, S->ptr.tp);   //复制广义表 L->ptr.tp 的一个副本
                 }
          }
     return OK ;
  }
```

6．输出广义表

算法思想：分别按纵向的子表和横向的后继子表两个方向递归调用。当结点为子表结点时，应先输出一个左括号，然后输出由指针 L->hp 所指向的子表，最后输出作为结束符的右括号；当结点为原子结点时，则输出原子结点的值；当子表输出结束后，还需输出一个逗号“,”，然后递归输出由 L->tp 所指向的后继子表。

算法过程描述如下。

```
void  PirntGList(GList  L)                          //以串的形式输出一个广义表
    {  if(L->tag== LIST)
```

```
            { printf("%c", "(" );
              if(! L->hp) printf("%c", " " );          //若子表空，输出空格串
              else  PrintGList(L->hp);                  //递归输出子表
              printf("%c", ")" );
            }
        else  printf("%c", L->atom);
        if(L->tp)
          { printf("%c", "," );
            PrintGList(L-tp);                           //递归输出后继子表
          }
    }
```

5.4.4 广义表的应用举例

本节通过多元多项式的存储结构说明广义表的应用。当然，广义表的应用绝不仅限于表示多元多项式，实际上广义表的应用是非常广泛的，在此仅举一例，目的在于说明如何将实际问题抽象成广义表这类数据结构。

将三元多项式 $P(x, y, z)=x^{10}y^3z^2+2x^6y^3z^2+3x^5y^2z^2+x^4y^4z+6x^3y^4z+2yz+15$ 改写为

$$P(x, y, z)=[(x^{10}+2x^6)y^3+3x^5y^2]z^2+[(x^4+6x^3)y^4+2y]z+15$$
$$=A(x, y)z^2+B(x, y)z+15$$

其中 $A(x, y)$又可改写为

$$A(x, y)=(x^{10}+2x^6)y^3+3x^5y^2=C(x)y^3+D(x)y^2$$

同理 $B(x, y)$可改写为

$$B(x, y)=(x^4+6x^3)y^4+2y=E(x)y^4+F(x)y$$

经过上述形式变换后，$P(x, y, z)$是关于 z 的一元多项式，其系数 $A(x, y)$与 $B(x, y)$是关于 y 的一元多项式，$A(x, y)$与 $B(x, y)$的系数 $C(x)$、$D(x)$、$E(x)$、$F(x)$又都是关于 x 的一元多项式，$P(x, y, z)$这种多层嵌套的一元多项式结构，恰好就是一个广义表。

上面的 $P(x, y, z)$可以用广义表形式表示为

$$P=z((A, 2),(B, 1),(15, 0))$$
$$A=y((C, 3),(D, 2))$$
$$C=x((1,10),(2, 6))$$
$$D=x((3, 5))$$
$$B=y((E, 4),(F, 1))$$
$$E=x((1, 4),(6, 3))$$
$$F=x(2, 0)$$

对于一般的 m 元 n 次多项式可以类似处理。由此可见，对于任何一个多元多项式，都可以用广义表表示。对于一元多项式仍用单链表存储结构，多元多项式就是单链表的嵌套结构。

用广义表示多项式的结点结构如图 5.25 所示。

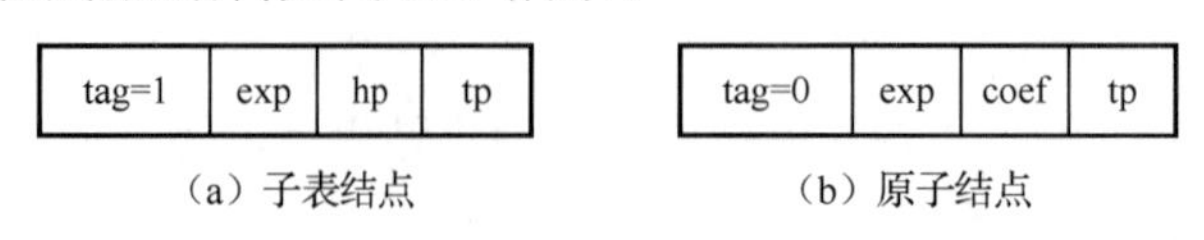

图 5.25　用广义表表示多项式的结点结构

其中，exp 为指数域，coef 为系数域，hp 为指向系数子表的链指针，tp 为指向下一个结点的链指针。

结点结构定义如下。

```
typedef  struct  MPNode {
    ElemTag    tag ;
    int         exp ;
    union  {  float  coef ;
              struct  MPNode  *hp ;
          }
    struct  MPNode  *tp ;
  } * MPNode ;
```

$P(x, y, z)$的存储结构如图 6.26 所示。

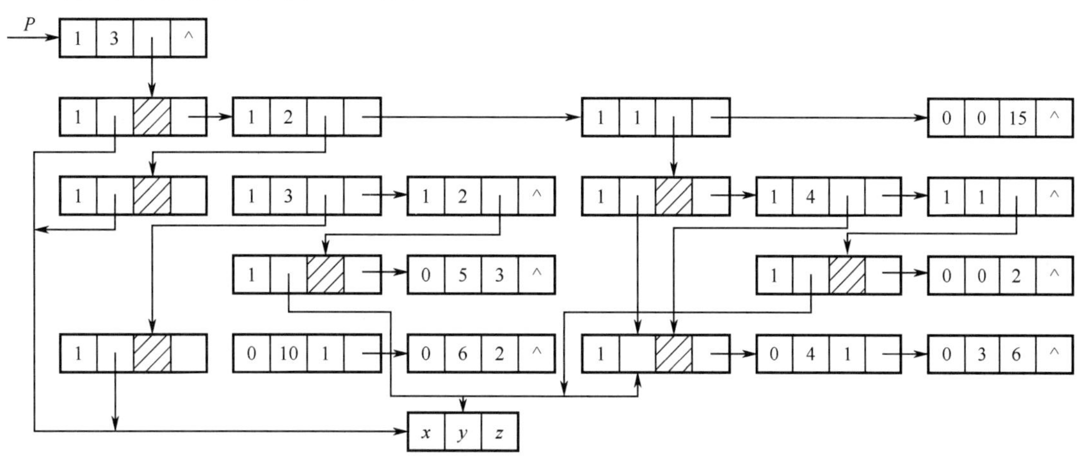

图 5.26　$P(x, y, z)$的存储结构

本章小结

本章主要学习了数组的逻辑结构和存储结构，特殊矩阵和稀疏矩阵的压缩存储及其算法实现；广义表的概念、ADT 定义、存储结构及操作算法实现等。主要学习要点如下。

（1）掌握数组的顺序存储结构和数据元素地址的计算方法。

（2）掌握各种特殊矩阵的压缩存储方法。

（3）了解稀疏矩阵的两种压缩存储结构的特点和适用范围。

（4）了解广义表的结构特点及其存储结构。

（5）综合运用数组和广义表解决一些复杂的实际问题。

习题 5

一、选择题

1．稀疏矩阵的一般压缩方法是（　　）。

A．二维数组　　B．广义表　　C．三元组表　　D．一维数组

2．设矩阵 $\boldsymbol{A}=\begin{bmatrix} a_{11} & \cdots & a_{1n} \\ \vdots & & \vdots \\ a_{n1} & \cdots & a_{nn} \end{bmatrix}$ 是一个对称矩阵，为了节省空间，将其下三角部分按行优先存放在一维数组 B 中。对下三角矩阵中任一数据元素 a_{ij}（$i \geqslant j$），在一维数组 B 中下标 k 的值是（　　）。

A．$i(i-1)/2+j-1$　　B．$i(i-1)/2+j$　　C．$i(i+1)/2+j-1$　　D．$i(i+1)/2+j$

3．在稀疏矩阵的三元组表示法中，每个三元组表示（　　）。

A．矩阵中元素的行号和值　　B．矩阵中非零元素的值

C．矩阵中非零元素的行号和列号　　D．矩阵中非零元素的行号、列号和值

4．对稀疏矩阵进行压缩存储是为了（　　）。

A．便于进行矩阵运算　　B．便于输入、输出

C．节约存储空间　　D．降低运算的时间复杂度

5．假设以行序为主序存储二维数组 *A*=array[1,…,100，1,…,100]，设每个数据元素占 2 字节的存储单元，基地址为 10，则 LOC[5, 5]=（　　）。

A．808　　B．818　　C．1010　　D．1020

6．设有数组 *A*[*i*, *j*]，数组的每个数据元素的长度为 3 字节，*i* 的值为 1～8，*j* 的值为 1～10，数组从内存首地址 BA 开始顺序存放，当用以列为主序存放时，数据元素 *A*[5, 8]的存储首地址为（　　）。

A．BA+141　　B．BA+180　　C．BA+222　　D．BA+225

7．设有一个 10 阶的对称矩阵 ***A***，采用压缩存储方式，以行序为主存储，a_{11} 为第一个元素，其存储地址为 1，每个元素占 1 字节的地址空间，则 a_{85} 的地址为（　　）。

A．13　　B．33　　C．18　　D．40

8．广义表是线性表的推广，它们之间的区别在于（　　）。

A．能否使用子表　　B．能否使用原子结点

C．表的长度　　D．能否为空表

9．已知广义表 *L*=((*x*, *y*, *z*), *a*, (*u*, *t*, *w*))，从 *L* 中取出原子结点 *t* 的运算是（　　）。

A．head(tail(tail(*L*)))　　B．tail(head(head(tail(*L*))))

C．head(tail(head(tail(*L*))))　　D．head(tail(head(tail(tail(*L*)))))

10．已知广义表 *A*=(*a*, *b*)，*B*=(*A*, *A*)，*C*=(*a*,(*b*, *A*), *B*)，则 tail(head(tail(*C*)))=（　　）。

A．(a)　　B．*A*　　C．*a*　　D．(*b*)

E．*b*　　F．(*A*)

11．广义表运算式 Tail(((*a*, *b*), (*c*, *d*)))的操作结果是（　　）。

A．()　　B．*c*, *d*　　C．((*c*, *d*))　　D．*d*

12．广义表((*a*,*b*,*c*,*d*))的表头是（　　），表尾是（　　）。

A．*a*　　B．()　　C．(*a*, *b*, *c*, *d*)　　D．(*b*, *c*, *d*)

13．设广义表 LS =((*a*,*b*,*c*))，则 LS 的长度和深度分别为（　　）。

A．1 和 1　　B．1 和 3　　C．1 和 2　　D．2 和 3

14．下面说法中不正确的是（　　）。

A．广义表的表头总是一个广义表　　B．广义表的表尾总是一个广义表

C．广义表难以用顺序存储结构表示　　D．广义表可以是一个多层次的结构

15．已知广义表 LS =((*a*, *b*, *c*), (*d*, *e*, *f*))，运用 head 和 tail 函数取出 LS 中原子结点 *e* 的运算是（　　）。

A．head(tail(LS))　　B．tail(head(LS))

C．head(tail(head(tail(LS))))　　D．head(tail(tail(head(LS))))

16．设一个广义表中结点的个数为 *n*，则求广义表深度算法的时间复杂度为（　　）。

A．$O(1)$　　B．$O(n)$　　C．$O(n^2)$　　D．$O(\log_2 n)$

二、填空题

1．n 维数组中的每个数据元素都最多有（　　　　）个直接前驱。

2．对于一个一维数组 $A[12]$，若一个数据元素占用字节数为 S，首地址为 1，则 $A[i]$（$i \geq 0$）的存储地址是（　　　　）；若首地址为 d，则 $A[i]$的存储地址是（　　　　）。

3．已知二维数组 $A[m][n]$采用行优先顺序存储，每个元素占 k 字节存储单元，并且第一个元素的存储地址是 LOC（$A[0][0]$），则 $A[i][j]$的地址是（　　　　）。

4．在数组的存储结构中，数据元素的存放地址直接可通过地址计算公式计算出。因此，数组是一种（　　　　）存储结构。

5．稀疏矩阵的压缩存储就是为多个相同的非零元素分配（　　　　）个存储单元，零元素不分配空间。

6．递归是算法设计的重要方法，递归由（　　　　）项和（　　　　）项构成。用递归的方法求广义表 LS 的深度 DEPTH(LS)，写出基本项和递归项。

基本项：（　　　　　　　）。

递归项：（　　　　　　　）。

7．广义表$(a,(a, b), d, e,((i, j), k))$的长度是（　　　　），深度是（　　　　）。

8．广义表$((a),((b), c),(((d))))$的长度是（　　　　），深度是（　　　　）。

9．设广义表 $S=((a, b),(c, d))$，GetHead(S)和 GetTail(S)是取广义表表头和表尾的函数。则 GetHead(GetTail(S))=（　　　　），GetTail(GetHead(S))=（　　　　）。

10．设广义表 $S=(a, b,(c, d),(e,(f, g)))$，GetHead($S$)和 GetTail($S$)是取广义表表头和表尾的函数。则 GetHead(GetTail(GetHead(GetTail(GetTail(S)))))=（　　　　）。

11．三维数组 $a[4][5][6]$（下标从 0 开始计，a 有 $4\times5\times6$ 个元素），每个元素的长度是 2 字节，则 $a[2][3][4]$的地址是（　　　　）（设 $a[0][0][0]$的地址是 1000，数组以行为主序存储）。

12．设有二维数组 $A[0\cdots9, 0\cdots19]$，其每个元素占 2 字节，第一个元素的存储地址为 100，若按列优先顺序存储，则元素 $A[6, 6]$存储地址是（　　　　）。

13．已知三对角矩阵 $\boldsymbol{A}[1\cdots9, 1\cdots9]$的每个元素占 2 字节，现将其 3 条对角线上的元素逐行存储在起始地址为 1000 的连续的内存单元中，则元素 $A[7, 8]$的地址为（　　　　）。

14．广义表 $A=(((a, b),(c, d, e)))$，取出广义表 A 中的原子结点 e 的操作是（　　　　）。

15．设广义表 $A((),(a,(b),c)))$，则 head(tail(head(tail(head(A)))))=（　　　　）。

三、问答题与算法题

1．给出 C 语言的三维数组 $A[m][n][s]$的地址计算公式。

2．设对角矩阵 $\boldsymbol{A}_{n\times n}=\begin{bmatrix} a_{11} & a_{12} & 0 & \cdots & 0 \\ a_{21} & a_{22} & a_{23} & \cdots & 0 \\ 0 & a_{32} & a_{33} & \cdots & 0 \\ \vdots & \vdots & \vdots & \vdots & \vdots \\ 0 & 0 & 0 & a_{nn-1} & a_{nn} \end{bmatrix}$，将其 3 条对角线上的元素逐行地存储到向量 $\boldsymbol{B}[0\cdots3n-3]$中，使得 $\boldsymbol{B}[k]=a_{ij}$。

（1）用 i, j 表示 k 的下标变换公式。

（2）用 k 表示 i，j 的下标变换公式。

3．设二维数组 $A_{5\times6}$ 的每个元素占 4 字节，已知 Loc(a_{00})=1000，二维数组 A 共占多少字节？二维数组 A 的终端结点 A_{45} 的起始地址是什么？按行和按列优先存储时，A_{25} 的起始地址分别是什么？

4．已知一个稀疏矩阵如下。

$$\begin{bmatrix} 0 & 4 & 0 & 0 & 0 & 0 & 0 \\ 0 & 0 & 0 & -3 & 0 & 0 & 1 \\ 8 & 0 & 0 & 0 & 0 & 0 & 0 \\ 0 & 0 & 0 & 5 & 0 & 0 & 0 \\ 0 & -7 & 0 & 0 & 0 & 2 & 0 \\ 0 & 0 & 0 & 6 & 0 & 0 & 0 \end{bmatrix}$$

（1）写出它的三元组顺序存储结构。

（2）给出它的行逻辑链接的顺序存储结构。

5．画出下列广义表的图形表示。

（1）$A=((a, b), (c, d))$。

（2）$B=(a, (b, (c, d)), (e))$。

6．画出广义表 LS=((), (*e*), (*a*, (*b*, *c*, *d*)))的头尾链表存储结构。

7．画出广义表 LS=(((*b*, *c*), *d*),(*a*),((*a*),((*b*, *c*), *d*)), *e*,())的具有共享结构的存储结构图。

8．设广义表 LS=(soldier,(teacher, student), (worker, farmer))，用取表头函数 GetHead()和取表尾函数 GetTail()分离出原子 student。

9．画出下列矩阵的十字链表存储结构。

$$\begin{bmatrix} 0 & 2 & 8 & 0 \\ 7 & 0 & 0 & 9 \\ 0 & 3 & 0 & 0 \\ 2 & 0 & 6 & 2 \end{bmatrix}$$

10．设任意 n 个整数存放于数组 $A[1:n]$中，试编写程序，将所有正数排在所有负数前面（要求算法的时间复杂度为 $O(n)$。

11．设将 n（$n>1$）个整数存放到一维数组 R 中，设计一个在时间和空间两方面尽可能高效的算法，将 R 中的序列循环左移 $p(0<p<n)$个位置，即将$(x_0, x_1, x_2, \cdots, x_{n-1})$变换成$(x_p, x_{p-1}, \cdots, x_{n-1}, x_0, x_1, \cdots, x_{n-p})$。要求：

（1）给出算法的基本设计思想。

（2）根据设计思想，给出描述算法，关键之处给出注释。

（3）说明你所设计算法的时间复杂度和空间复杂度。

第 6 章　树与二叉树

前几章所讨论的数据结构都属于线性结构或推广的线性结构。线性结构的特点是逻辑关系简单，查找、插入和删除等操作容易实现。线性结构对描述现实世界中具有单一前驱结点和后继结点关系的数据结构是最为合适的数据模型。而现实世界中的许多事物之间的关系并非如此简单，往往存在着极为复杂的逻辑关系。例如，人类社会的家族关系、各种社会组织机构，以及城市交通、通信线路等。这些事物中的联系都是非线性的，需要采用非线性结构进行描述，更加确切和方便。

所谓非线性结构是指：在一个数据元素的集合中，至少存在一个数据元素，有两个或两个以上的直接前驱或直接后继。如果每个数据元素至多有一个直接前驱和多个直接后继，这种结构称为树结构，树结构是一种十分重要的非线性结构，它可以用来描述现实世界中广泛存在的层次关系，如前面提到的家族关系、社会中的各种组织机构等都可以用树结构描述。如果每个数据元素可以有多个直接前驱和多个直接后继，这种结构称为图结构，图结构反映了事物之间复杂的网络关系，如城市交通、通信线路问题等都可以抽象成图结构。本章讨论最常用的树结构：树和二叉树（Binary Tree），下一章介绍图结构。

本章主要内容包括：树与二叉树的有关概念及性质；树与二叉树的存储结构与遍历算法；线索二叉树；树和森林与二叉树的转换；哈夫曼树及其应用；用并查集（Disjoint-Set）求等价问题。

6.1　树

本节先介绍树的定义及相关术语，再介绍树的逻辑结构表示，最后给出树的 ADT 定义。

6.1.1　树的定义及相关术语

家谱是一种以表谱形式记载一个家族的世系繁衍及重要人物事迹的书。家谱中的事物联系是非线性的，前几章介绍的线性结构无法对其进行表示。同理，以下情况也无法用线性结构表示。

（1）从计算机上找指定文件夹中的文件的时候，需要先找到最外层的文件夹，然后根据路径一步步找到所需的文件。图 6.1 所示为文件层次结构目录，要找 skin 文件夹里的文件，就需要先找到 BaiduNetdisk 文件夹。

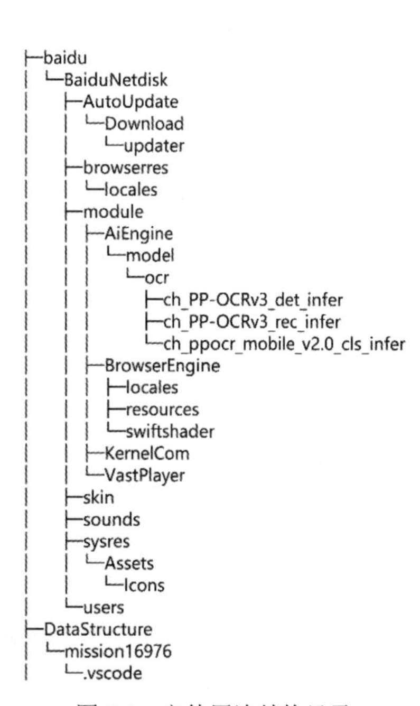

图 6.1　文件层次结构目录

（2）Unix 文件系统是对存储设备上的数据和元数据进行组织的机制，它提供了层次分明的目录和文件，Unix 文件系统的层次结构目录和文件如图 6.2 所示。

Unix 文件系统的目录结构像一棵倒挂的树，文件都按其作用分门别类地放在相关的目录中。

（3）任何一所学校的构成都有一定的层级，按照学校层级可得如图 6.3 所示的学校组织结构图。

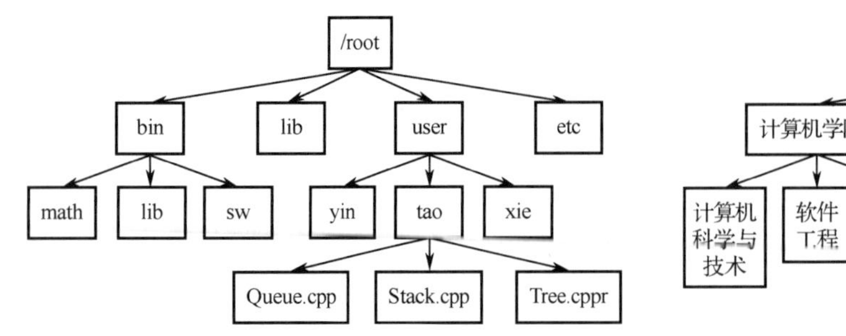

图 6.2 Unix 文件系统的层次结构目录和文件

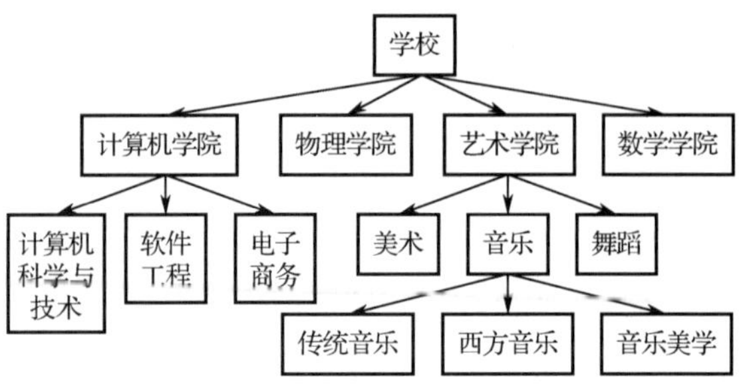

图 6.3 学校组织结构图

以上三个例子中的数据结构不属于前面章节中学过的线性结构或推广的线性结构，通过总结以上案例可以发现其共同的特点：在一个数据元素的集合中，至少存在一个数据元素，有两个或两个以上的直接前驱或直接后继。前面讨论的线性结构中，数据元素的前后关系是“一对一”的，而在非线性结构中，数据元素之间是“一对多”或“多对多”的关系。

1. 树的定义

树是 n（$n\geqslant 0$）个有限数据元素的集合，当 $n=0$ 时，称为空树。在一棵非空的树 T 中，有一个特殊的数据元素称为树的根结点，该结点没有前驱结点。若 $n>1$，除根结点外的其余数据元素被分成 m（$m>0$）个互不相交的集合 $T_1, T_2, \cdots, T_m$，其中每一个集合 T_i（$1\leqslant i\leqslant m$）本身又是一棵树。$T_1, T_2, \cdots, T_m$ 称为这个根结点的子树。

由定义可以看出，树是递归定义的，即用树来定义树，这种用递归来定义树的方式反映了树的固有特性，也为树的递归处理带来了很大的方便。

树的定义还可形式化描述为二元组的形式，即

$$T=(D, R)$$

式中，D 为树 T 中结点的集合，R 为树中结点之间关系的集合。

当树为空树时，$D=\Phi$；当树 T 不为空树时，有

$$D=\{\text{Root}\}\cup D_F$$

式中，Root 为树 T 的根结点，D_F 为根结点 Root 的子树集合。D_F 表示为

$$D_F=T_1\cup T_2\cup\cdots\cup T_m \text{ 且 } T_i\cap T_j=\Phi\ (i\neq j,\ 1\leqslant i\leqslant m,\ 1\leqslant j\leqslant m)$$

当树 T 的结点个数 $n\leqslant 1$ 时，$R=\Phi$；当树 T 的结点个数 $n>1$ 时，有

$$R=\{<\text{Root},\ r_i>,\ i=1, 2, \cdots, m\}$$

式中，r_i 是树 T 的根结点 Root 的子树 T_i 的根结点。

树的形式化定义主要用于树的理论描述。

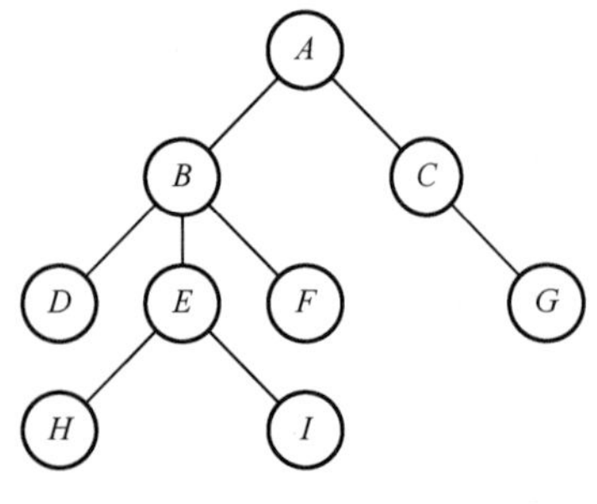

图 6.4 一棵具有 9 个结点的树

图 6.4 所示为一棵具有 9 个结点的树，$T=\{A, B, C, \cdots, H, I\}$，结点 A 为树 T 的根结点，除根结点 A 外的其余结点分为两个不相交的集合：$T_1=\{B, D, E, F, H, I\}$，$T_2=\{C, G,\}$，T_1 和 T_2 构成了根结点 A 的两棵子树，T_1 和 T_2 本身也分别是一棵树。例如，子树 T_1 的根结点为 B，其余结点又分为三个不相交的集合：$T_{11}=\{D\}$，$T_{12}=\{E, H, I\}$ 和 $T_{13}=\{F\}$。T_{11}、T_{12} 和 T_{13} 构成了子树 T_1 根结点 B 的三棵子树。如此继续向下分解为更小的子树，直到每棵子树只有一个根结点为止。

从树的定义和图 6.4 所示的树可以看出，树具有以下几个特点。

（1）树的根结点没有前驱结点，除根结点外，其余结点有且只有一个前驱结点。

（2）树中所有结点可以有零个或多个后继结点。

（3）树中一定没有环路（或称为圈），即从某结点沿某些边走，不会回到该结点。

（4）树是连通的，即任意两个结点之间都有路径。

由以上特点可知，图 6.5 所示的结构都不是树。

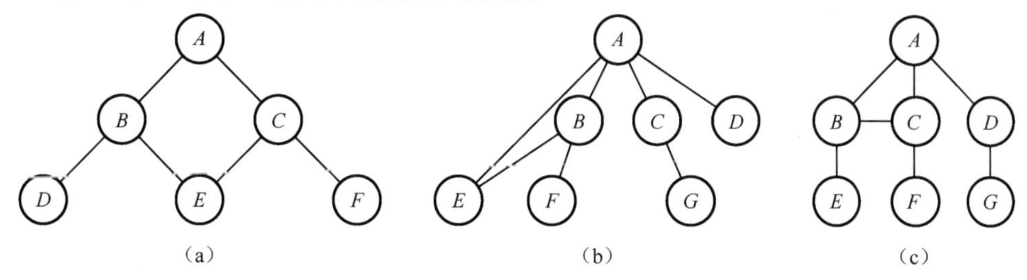

图 6.5　非树结构

2．树的相关术语

下面介绍树的一些相关术语。

（1）结点的度。树中每个结点所拥有的子树棵数称为该结点的度。例如，图 6.4 中树 *T* 中结点 *B* 的度为 3，结点 *C* 的度为 1。

（2）树的度。树中所有结点的度的最大值称为树的度。例如，图 6.4 中树 *T* 的度为 3。一棵度为 *k* 的树称为 *k* 叉树（也称 *k* 阶树或 *k* 级树）。

（3）叶结点。度为 0 的结点称为叶结点，或称为叶子结点、终端结点。例如，图 6.4 中树 *T* 的叶结点是 *D*、*H*、*I*、*F*、*G*。

（4）分支结点。度不为 0 的结点称为分支结点，或称为非终端结点。一棵树的结点除叶结点外，其余的都是分支结点。除根结点外的分支结点也称为内部结点。

（5）孩子结点和双亲结点。结点子树的根结点称为该结点的孩子结点，相应地，该结点称为孩子的双亲结点。具有同一个双亲结点的孩子结点互称为兄弟结点。例如，在图 6.4 所示的树中，树 *D*、*E* 和 *F* 是根结点 *B* 的子树，则结点 *D*、*E* 和 *F* 是结点 *B* 的孩子结点，结点 *B* 是结点 *D*、*E*、*F* 的双亲结点，结点 *D*、*E* 和 *F* 互为兄弟结点。

（6）路径与路径长度。从树中一个结点到另一个结点之间的分支构成这两个结点之间的路径，路径上的分支数目称为路径长度。从根结点到任意一个结点都有唯一的路径。

（7）祖先结点与子孙结点。从根结点到达某个结点的路径上通过的所有结点称为该结点的祖先结点。一个结点的所有子树中的结点称为该结点的子孙结点。

（8）结点的层号。对树的结点从上到下编号，约定根结点的层号为 1，第二层结点的层号为 2，以此类推。结点所在的层编号称为结点的层号。

（9）堂兄弟结点。其双亲在同一层的结点互为堂兄弟结点。例如，图 6.4 中，结点 *G* 与结点 *D*、*E*、*F* 互为堂兄弟结点。

（10）树的深度。树中所有结点的最大层号称为树的深度或高度。例如，图 6.4 中树 *T* 的深度为 4。

（11）有序树与无序树。当一棵树中任意结点的各子树从左到右规定是有次序的，若交换了某结点各子树的相对位置，构成了不同的树，则称这棵树为有序树；反之，称为无序树。

（12）森林。由零棵或有限棵不相交的树构成的集合称为森林。任何一棵树，删去根结点就变成了森林，对任何森林，增加一个根结点，将森林的每棵树作为子树，就构成树。

荀子《劝学篇》中提到：骐骥一跃，不能十步，驽马十驾，功在不舍。只有掌握好基础概念和知识，后面的学习才能得心应手。量变是必要的准备阶段，没有量的积累，就不会有质的改变，质变是量变的必然结果，是新事物产生的标志。学习新的知识要循序渐进，不能拔苗助长，连续不断的长期积累才能使学习得到一个质的飞越。

6.1.2 树的逻辑结构表示

树的逻辑结构表示有图形表示法、集合嵌套表示法、凹入表表示法和广义表表示法。通过总结线性关系与非线性关系的异同，给出以下树的表示方式。

（1）图形表示法。

树可以用一棵倒立的树表示，这种表示法比较直观，也是最常用的表示方法，图 6.4 就是一棵树的图形表示。在树的图形表示法中，两个结点的连线表示直接后继关系，也称为边。一棵树可以看作由一个结点集合和一个边集构成的二元组。

（2）集合嵌套表示法。

用集合嵌套的形式表示树，是指将整棵树作为一个全集，将每棵子树作为构成全集的互不相交的子集，如此嵌套下去，就构成一棵树的嵌套集合表示。图 6.6（a）就是图 6.4 所示树的嵌套集合表示。

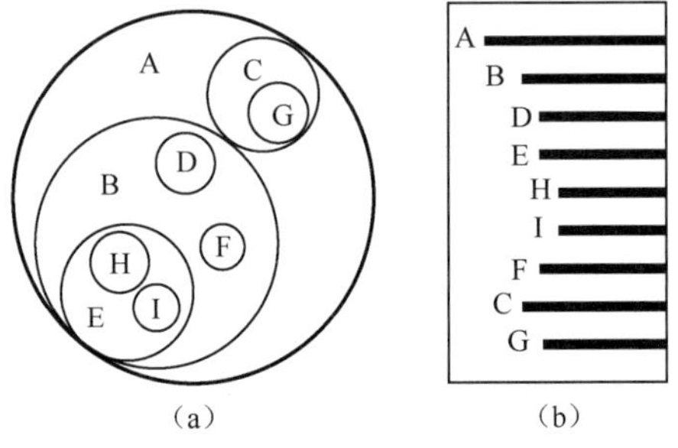

图 6.6 树的集合嵌套表示与凹入表表示

（3）凹入表表示法。

在树的凹入表表示法中，每棵树的根结点对应着一个条形，子树的根结点对应着一个较短的条形，且树的根结点在上，子树的根结点在下，同一个根结点下的各子树的根结点对应的条形长度是一样的。图 6.4 所示的树对应的凹入表表示法如图 6.6（b）所示。该表示法主要用于树的屏幕显示和打印输出。

（4）广义表表示法。

用广义表表示树，就是将根结点作为由子树森林组成的广义表，子树的名字写在广义表的左边，这样依次将树表示出来。例如，图 6.4 中的树用广义表表示为 $A(B(D, E(H, I), F), C(G))$。

“横看成岭侧成峰，远近高低各不同”，树的表示方法具有多样性，解决问题的方法也多种多样，只有成为思路开阔的人，才能善于换位思考，全方位理解问题，不受个人情绪或感觉的影响，尝试从多角度去分析和解决问题。解放思想，必须有开阔的眼界。眼界开阔，才能站得高、看得远。

6.1.3 树的 ADT 定义

```
ADT  Tree  {
    数据对象 D：D={ e_i|e_i ∈ElemType(i=1, 2, …, n)}是具有相同特性的元素构成的集合
    数据关系 R：若 D=Φ(空集)，则 R=Φ。称其为空树。若 D≠Φ，R={H}
        H 为以下二元关系：
        （1）在 D 中存在唯一元素 root 在 H 下无直接前驱，称 root 为根结点
        （2）D－{root} ≠Φ,则存在 D－{root}的一个划分{D_1, D_2, …, D_m}（m>0），
            其中 D_i∩D_j =Φ（i≠j, i, j =1, 2, …, m），对每一个 D_i（i=1, 2, …, m），存在唯一的数据元素 x_i∈D_i,
使<root, x_i>∈H
        （3）对应于 D−{root}的划分{D_1, D_2, …, D_m}（m>0），每个 D_i 又是一棵树
    数据操作：
        ① 初始化一棵空树 InitTree(&T)
           操作结果：构造一棵空树，返回根结点指针
        ② 创建一棵树 CreateTree(&T, n)
           初始条件：树 T 已初始化为空树
           操作结果：构造一棵含 n 个结点的树，返回根结点指针
```

③ 清空一棵树 ClearTree(&T)
初始条件：树 T 存在
操作结果：将树 T 清空为空树，释放所有结点，返回根结点指针

④ 撤销一棵树 DestoryTree(&T)
初始条件：树 T 存在
操作结果：将树 T 撤销

⑤ 判断树是否为空树 TreeEmpty(T)
初始条件：树 T 存在
操作结果：若树 T 为空树，则返回 TRUE，否则返回 FALSE

⑥ 求树的深度 TreeDepth(T)
初始条件：树 T 存在
操作结果：返回树的深度

⑦ 取根结点的值 Root(T, &e)
初始条件：树 T 存在
操作结果：由 e 返回树 T 根结点的值

⑧ 取某个结点的值 Value(T, cur_e)
初始条件：树 T 存在，cur_e 是树中某个结点
操作结果：返回结点 cur_e 的值

⑨ 为某个结点赋值 Assign(T, cur_e, value)
初始条件：树 T 存在，cur_e 是树中某个结点
操作结果：将结点 cur_e 赋值为 value

⑩ 取某个非根结点的双亲结点的值 Parent(T, cur_e)
初始条件：树 T 存在，cur_e 是树中某个结点
操作结果：返回结点 cur_e 的双亲结点的值

⑪ 取某个结点的最左边的孩子结点的值 LeftChild(T, cur_e)
初始条件：树 T 存在，cur_e 是树中的某个结点
操作结果：若 cur_e 是分支结点，则返回 cur_e 的最左边孩子结点的值，否则返回空

⑫ 取某个结点的最右边的孩子结点值 RightChild(T, cur_e)
初始条件：树 T 存在，cur_e 是树中某个结点
操作结果：若 cur_e 有右兄弟结点，则返回 cur_e 的最右兄弟结点的值，否则返回空

⑬ 在树中插入一棵子树 InsertChild(&T, &p, i, c)
初始条件：树 T 存在，指针 p 指向树 T 的某个结点，1<=i 为所指结点的度，非空树 c 与树 T 不相交
操作结果：插入树 c 为 T 中指针 p 所指结点的第 i 棵子树，指针 p 所指结点的度加 1

⑭ 在树中删除一棵子树 DeleteChild(&T, &p, i)
初始条件：树 T 存在，指针 p 指向 T 的某个结点，1<=i 为指针 p 所指结点的度
操作结果：删除 T 中指针 p 所指结点的第 i 棵子树，指针 p 所指结点的度减 1

⑮ 遍历一棵树 TraverseTree(&T)
初始条件：树 T 存在
操作结果：按某种次序对树 T 的每个结点访问一次

} ADT Tree

课外阅读：数据关系中的人生哲理

人的一生就像一首诗，它有自己的韵律和结构，就像树的非线性结构一样，结点之间的关系比线性结构更复杂。人的一生中，起承转合、跌宕起伏，或有阴晴圆缺，或有悲欢离合，其实都蕴含在数据关系当中。人生的每一次转折都是一次人生蜕变，只有经历了风雨才能有真正意义上的成功。“故天将降大任于斯人也，必先苦其心志，劳其筋骨，饿其体肤”，人生本来就是崎岖坎坷的，没有谁会一帆风顺，成功的关键是坚持和毅力，需要适时的变换方向，让梦想生出强有力

的翅膀。生活处处充满科学知识和学问，要有一双善于发现知识和学问的眼睛，树立科学精神，善于思考，善于将知识与实际生活相联系，善于从生活中发现不同的数据关系。

6.2 二叉树

在讨论一般树的存储结构及其操作以前，我们先研究二叉树。二叉树是一种最简单、最常用的树结构，人们之所以对二叉树感兴趣，不仅是因为它的简单，更重要的是因为它有许多很好的性质，这些优良的特性使得二叉树有广泛的应用。本节将介绍二叉树的定义及 ADT 定义、二叉树的性质及其存储结构。

6.2.1 二叉树的定义及 ADT 定义

1. 二叉树的定义

二叉树是有限个数据元素的集合，该集合或为空，或由一个根结点及左子树和右子树两棵二叉树组成。当集合为空时，称该二叉树为空二叉树。在二叉树中，每个数据元素称为一个结点。图 6.7 所示为一棵二叉树，结点 *A* 是根结点，结点集合{*B*、*D*、*E*、*H*、*I*、*J*}是结点 *A* 的左子树，{*C*、*F*、*G*}是结点 *A* 的右子树。

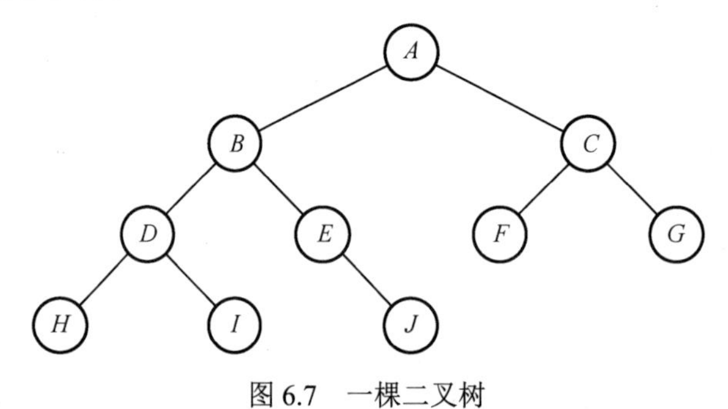

图 6.7 一棵二叉树

上述关于二叉树的定义是一种递归定义，因为定义二叉树概念又用到二叉树概念本身。二叉树的两棵左、右子树是有序的，即若将其左、右子树交换，就成为另一棵不同的二叉树。即使二叉树中的根结点只有一棵子树，也要区分它是左子树还是右子树。二叉树具有五种基本形态，如图 6.8 所示。

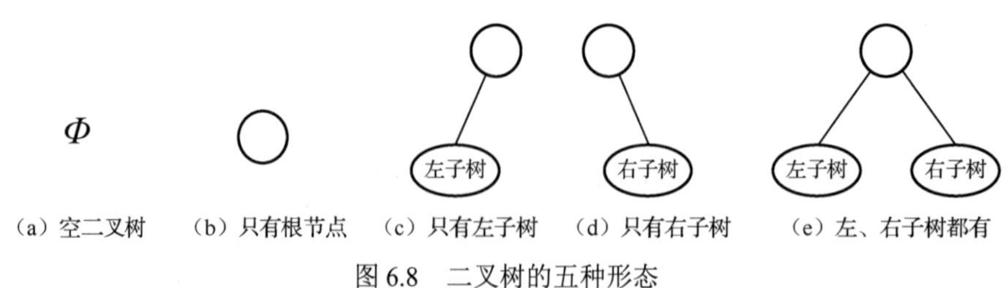

图 6.8 二叉树的五种形态

二叉树的表示法与树的表示法一样，有图形表示法、集合嵌套表示法、凹入表表示法和广义表表示法。另外，要善于对学过的知识进行归纳，新知识的学习要与前面知识时常联系，做到温故知新。6.1.1 节介绍的有关树的术语也都适用于二叉树。

在一棵二叉树中，如果所有分支结点都存在左子树和右子树，并且所有叶结点都在同一层上，这样的二叉树称为满二叉树，如图 6.9（a）所示；图 6.9（b）不是满二叉树，虽然其所有的结点要么是含有左、右子树的分支结点，要么是叶结点，但由于其叶结点不在同一层上，故不是满二叉树。

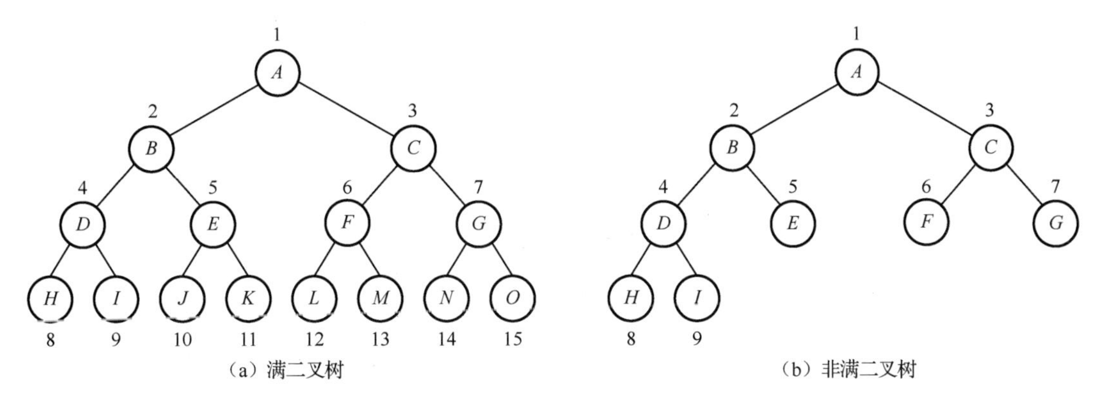

图 6.9　满二叉树与非满二叉树

满二叉树的特点如下。

(1) 叶结点都在最下一层。

(2) 只有度为 0 和度为 2 的结点。

一棵含 n 个结点且深度为 k 的二叉树，对树中的结点按从上到下、从左到右的顺序进行编号，如果编号为 i（$1 \leqslant i \leqslant n$）的结点与满二叉树中编号为 i 的结点在二叉树中的位置相同，则这棵二叉树称为完全二叉树。显然，一棵满二叉树必定是一棵完全二叉树，反之，完全二叉树未必是满二叉树，如图 6.10 所示。图 6.10（a）是一棵完全二叉树，图 6.10（b）不是完全二叉树。

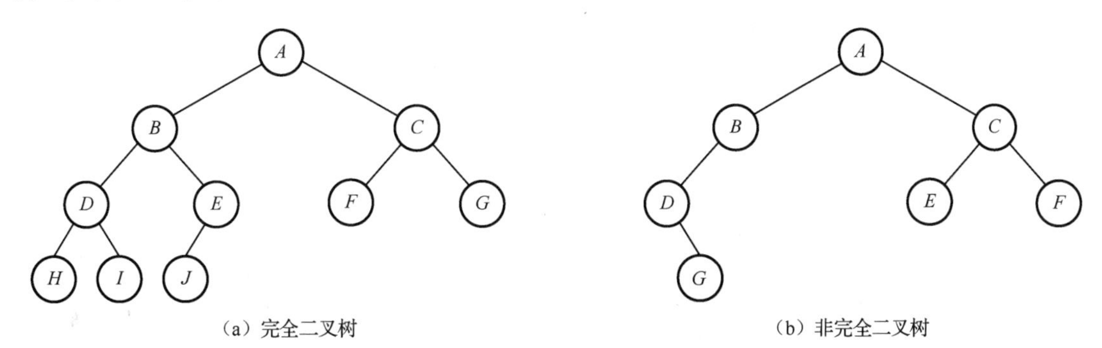

图 6.10　完全二叉树与非完全二叉树

由完全二叉树的定义不难看出，完全二叉树具有以下特点。

(1) 只有最底层的结点不满，其余各层的结点都是满的。

(2) 一棵非空的完全二叉树至多有一个度为 1 的结点（可能没有）。

(3) 如果完全二叉树的某个结点没有左孩子，则一定没有右孩子。

(4) 任意结点的左、右子树的深度之差不大于 1，这一特点称为平衡性。

一棵二叉树如果没有度为 1 的结点，则称此二叉树为正则二叉树。换句话说，在正则二叉树中只有度为 0 或度为 2 的结点。

满二叉树是正则二叉树，完全二叉树不一定是正则二叉树，正则二叉树不一定是满二叉树，也不一定是完全二叉树。要善于对学科中相同或相似的知识点进行辨析，从而使知识点条理化、系统化。

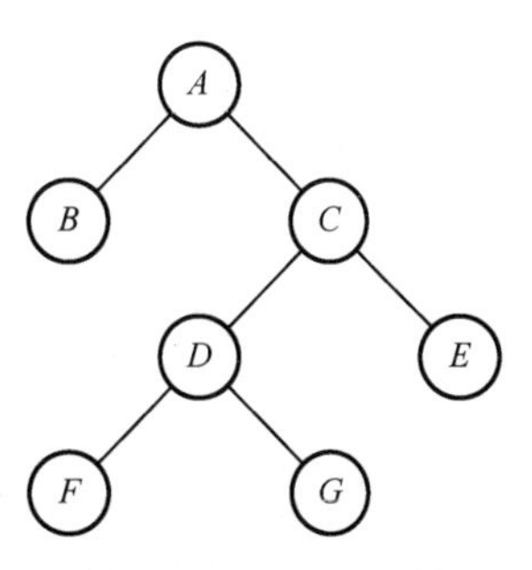

图 6.11　正则二叉树

图 6.11 给出的二叉树是正则二叉树，但不是满二叉树，更不是完全二叉树。

2．二叉树的 ADT 定义

ADT　BinaryTree　{

数据对象 D：D 是具有相同性质的元素构成的集合；

数据关系 R：当 D=Φ 时，称二叉树为空二叉树；

当 D≠Φ 时，R 是如下关系。

存在唯一的结点 root 无前驱结点，称 root 为根结点。

将集合 D-{root}分解成两个不相交的集合：{D_1，D_2}，D_1 和 D_2 或为空二叉树或为非空二叉树，它们分别称为左子树和右子树

数据操作：

（1）初始化二叉树 InitBiTree(&BT)

初始条件：无

操作结果：构造一棵空二叉树

（2）创建二叉树 CreateBiTree(&BT, n)

初始条件：二叉树 BT 存在

操作结果：建立一棵含 n 个结点的二叉树，返回根结点指针

（3）撤销二叉树 DestroyBiTree(&BT)

初始条件：二叉树 BT 存在，且为空二叉树

操作结果：撤销二叉树 BT，并释放所占的存储空间

（4）清空二叉树 ClearBiTree(&BT)

初始条件：二叉树 BT 存在

操作结果：将二叉树清空为空二叉树

（5）判定二叉树是否为空二叉树 BiTreeEmpty(BT)

初始条件：二叉树 BT 存在

操作结果：若二叉树 BT 为空二叉树，则返回 TRUE，否则返回 FALSE

（6）求二叉树的深度 BiTreeDepth(BT)

初始条件：二叉树 BT 存在

操作结果：返回二叉树 BT 的深度

（7）为结点赋值 Assign(BT, &e, value)

初始条件：二叉树 BT 存在

操作结果：为结点 e 赋值为 value

（8）取结点的值 Value(BT, e)

初始条件：二叉树 BT 存在，e 是 BT 中的一个结点

操作结果：返回结点 e 的值

（9）返回根结点指针 Root(BT)

初始条件：二叉树 BT 存在

操作结果：返回根结点的指针

（10）取双亲结点的值 Parent(BT, e)

初始条件：二叉树 BT 存在，e 是 BT 中的一个结点

操作结果：若 e 不是 BT 的根结点，则返回双亲结点，否则返回空

（11）取左孩子结点的值 LeftChild(BT, e)

初始条件：二叉树 BT 存在，e 是 BT 中的一个结点

操作结果：返回结点 e 的左孩子结点的值，若 e 无左孩子结点，则返回空

（12）取右孩子结点的值 RightChild(BT, e)

初始条件：二叉树 BT 存在，e 是 BT 中的一个结点

操作结果：返回结点 e 的右孩子结点的值，若 e 无右孩子结点，则返回空

（13）取左兄弟结点的值 LeftSibling(BT, e)

初始条件：二叉树 BT 存在，e 是 BT 中的一个结点

操作结果：返回结点 e 的左兄弟结点的值，若 e 无左兄弟结点，则返回空

（14）取右兄弟结点的值 RightSibling(BT, e)

初始条件：二叉树 BT 存在，e 是 BT 中的一个结点
操作结果：返回结点 e 的右兄弟结点的值，若 e 无右兄弟结点，则返回空

（15）插入一个结点 InsertChild(BT, p, LR, e)。
初始条件：二叉树 BT 存在，指针 p 指向某个结点，LR=0 或 1，e 为待插入的结点
操作结果：LR=0 或 1 时，将结点 e 插入指针 p 所指结点的左边或右边，成为左子树或右子树的根结点

（16）删除一个结点 DeleteChild(BT, p, LR, &e)
初始条件：二叉树 BT 存在，指针 p 指向某个结点，LR=0 或 1，e 为待插入的结点
操作结果：根据 LR=0 或 1，删除由指针 p 所指结点的左或右孩子结点，并返回结点数据

（17）先序遍历二叉树 PreOrderTraversTree(BT)
初始条件：二叉树 BT 存在
操作结果：按先序遍历二叉树 BT，对每个结点访问一次且只访问一次

（18）中序遍历二叉树 InOrderTraversTree(BT)
初始条件：二叉树 BT 存在
操作结果：按中序遍历二叉树 BT，对每个结点访问一次且只访问一次

（19）后序遍历二叉树 PostOrderTraversTree(BT)
初始条件：二叉树 BT 存在
操作结果：按后序遍历二叉树 BT，对每个结点访问一次且只访问一次

（20）层次遍历二叉树。LevelOrderTraversTree(BT, visit())
初始条件：二叉树 BT 存在
操作结果：按层次序遍历二叉树 BT，对每个结点访问一次且只访问一次

} ADT BinaryTree

以上定义的 20 种操作，后 4 种遍历操作更为常用。在掌握或解决问题时，要抓住主要矛盾的主要方面，理解辩证思维，坚持联系、发展和矛盾的观点，调动一切积极因素，要在斗争中谋求合作和团结，既要牢牵“牛鼻子”，又要学会“十个手指弹钢琴”。

6.2.2 二叉树的性质

二叉树之所以重要，是因为它有许多好的性质。以下分别给出一般二叉树、完全二叉树、满二叉树和正则二叉树的一些重要性质。

性质 1. 一棵非空二叉树的第 i 层上最多有 2^{i-1}（$i \geqslant 1$）个结点。

该性质可由数学归纳法证明。

证明：当 $i=1$ 时，只有一个根结点，显然有 $2^{i-1}=2^0=1$，结论成立。

假设当 $i=j$ 时结论成立，即第 j 层的结点最多有 2^{j-1} 个，

则当 $i=j+1$ 时，因为第 j 层的每个结点至多 2 个孩子结点，所以第 $j+1$ 层至多有 $2 \times 2^{j-1}=2^j=2^{j+1-1}$ 个结点，即 $i=j+1$ 时结论也成立。

性质 2. 一棵深度为 k 的二叉树，最多含有 2^k-1 个结点。

证明：设第 i 层的结点数为 x_i（$1 \leqslant i \leqslant k$），深度为 k 的二叉树的结点总数为 M，x_i 最多为 2^{i-1}，则有

$$M=\sum_{i=1}^{k} x_i \leqslant \sum_{i=1}^{k} 2^{i-1}=2^k-1$$

性质 3. 对一棵非空二叉树，若叶结点的个数为 n_0，度数为 2 的结点个数为 n_2，则有

$$n_0=n_2+1$$

证明：设 n 为二叉树的结点总数，n_1 为二叉树中度为 1 的结点个数，则有

$$n=n_0+n_1+n_2 \tag{6.1}$$

在二叉树中，除根结点外，其余结点都有唯一的一个进入分支。设 B 为二叉树中的分支数，

则有

$$B=n-1 \tag{6.2}$$

这些分支是由度为 1 和度为 2 的结点发出的，一个度为 1 的结点发出一个分支，一个度为 2 的结点发出两个分支，所以有

$$B=n_1+2n_2 \tag{6.3}$$

综合式（6.1）、式（6.2）、式（6.3）可得

$$n_0=n_2+1$$

性质 4. 一棵深度为 h 的正则二叉树，至少有 $2h-1$ 个结点，最多有 2^h-1 个结点。

证明：除第一层外，每层都只有两个结点的正则二叉树结点个数最少，结点个数为 $2(h-1)+1=2h-1$。当正则二叉树为满二叉树时，结点个数最多，为 2^h-1。

性质 5. 具有 n 个结点的不同形态的二叉树总共有 $\dfrac{C_{2n}^n}{n+1}$ 棵。

此性质证明较复杂，略。

性质 6. 具有 n 个结点的完全二叉树的深度 $k=\lfloor \log_2 n \rfloor+1$。

证明：由二叉树的定义和性质 2 可知，当一棵完全二叉树的深度为 k、结点个数为 n 时，有

$$2^{k-1}-1<n\leqslant 2^k-1 \text{ 或 } 2^{k-1}\leqslant n<2^k$$

对不等式取对数得

$$k-1\leqslant \log_2 n<k \text{ 或 } k<\log_2(n+1)\leqslant k+1$$

由于 k 是整数，所以有 $k=\lfloor \log_2 n \rfloor+1$ 或 $k=\lceil \log_2(n+1) \rceil$。

性质 7. 对于具有 n 个结点的完全二叉树，如果按照从上到下、从左到右的顺序对二叉树中的所有结点从 1 开始按顺序编号，则对于任意的编号为 i 的结点，有如下性质。

（1）如果 $i>1$，则编号为 i 的结点的双亲结点的编号为 $\left\lfloor \dfrac{i}{2} \right\rfloor$；如果 $i=1$，则编号为 i 的结点就是根结点，无双亲结点。

（2）如果 $2i\leqslant n$，则编号为 i 的结点的左孩子结点的编号为 $2i$；如果 $2i>n$，则编号为 i 的结点无左孩子结点。

（3）如果 $2i+1\leqslant n$，则编号为 i 的结点的右孩子结点的编号为 $2i+1$；如果 $2i+1>n$，则编号为 i 的结点无右孩子结点。

证明：性质（1）可以从性质（2）和性质（3）推出，所以先证明性质（2）和性质（3）。

当 $i=1$ 时，由完全二叉树的定义，其左孩子结点是结点 $2=2i$，若 $2=2i>n=1$，即不存在结点 2，此时，结点 i 无左孩子结点。性质（2）得证。

当 $i>1$ 时，可分为两种情况：先设第 j（$1\leqslant j\leqslant \lfloor \log_2 n \rfloor$）层的首结点的编号为 i（由二叉树的定义和性质可知 $i=2^{j-1}$），则其左孩子结点必为第 $j+1$ 层的首结点，其编号为 $2^j=2\times 2^{j-1}=2i$。如果 $2i>n$，则无左孩子结点。性质（2）得证。其右孩子必定为第 $j+1$ 层的第二个结点，编号为 $2i+1$。若 $2i+1>n$，则无右孩子结点。性质（3）得证。再设第 j（$1\leqslant j\leqslant \log_2 n$）层的某个结点的编号为 i（$2^{j-1}\leqslant i<2^{j-1}$），且 $2i+1<n$，其左、右孩子结点为 $2i$ 和 $2i+1$。则编号为 $i+1$ 的结点是编号为 i 的结点的右兄弟结点或堂兄弟结点。若它有左孩子结点，则其编号必为 $2i+2=2(i+1)$，性质（2）得证。若它有右孩子结点，则其编号必为 $2i+3=2(i+1)+1$。性质（3）得证。

下面证明性质（1）。当 $i=1$ 时，此结点就是根结点，因此无双亲结点。当 $i>1$ 时，如果结点 i 为左孩子结点，且结点 i 的双亲结点为 p，则有 $i=2p$，$p=\dfrac{i}{2}=\left\lfloor \dfrac{i}{2} \right\rfloor$，即结点$\left\lfloor \dfrac{i}{2} \right\rfloor$是结点 i 的双亲结

点；如果结点 i 为右孩子结点，且结点 i 的双亲结点为 p，则有 i=2p+1，$p=\frac{i-1}{2}=\frac{i}{2}-\frac{1}{2}=\left\lfloor\frac{i}{2}\right\rfloor$，即 $\left\lfloor\frac{i}{2}\right\rfloor$ 是结点 i 双亲结点。证毕。

性质 8. 一棵含 n 个结点的非空满二叉树，其叶结点的个数为 $\frac{n+1}{2}$。

证明：设满二叉树深度为 h，叶结点个数为 n_2，则总的结点个数 $n=2^h-1=2\times2^{h-1}-1$，叶结点都在第 h 层上，第 h 层上的结点个数是 2^{h-1}，即 $n_2=2^{h-1}$，从而得 $n=2n_2-1$，

所以 $n_2=\frac{n+1}{2}$。

性质 9. 深度为 h 的完全二叉树至少有个 2^{h-1} 个结点，最多有 2^h-1 个结点。

证明：由于前 h-1 层满，第 h 层只有一个结点时，结点的个数最少，其个数为

$$2^{h-1}-1+1=2^{h-1}$$

当为满二叉树时结点的个数最多，其个数为 2^h-1。

6.2.3 二叉树的存储结构

对于二叉树的各种操作，首先应构造二叉树的存储结构，否则无从谈起。本节将讨论如何定义二叉树的存储结构及如何建立一棵二叉树。与线性表一样，二叉树也有顺序存储结构和链式存储结构。

1．二叉树的顺序存储结构

所谓二叉树的顺序存储结构是指，用一组地址连续的存储单元依次存放二叉树的结点。一般是按照二叉树的结点从上到下、从左到右的顺序存储。这样，结点在存储位置上的前驱与后继关系并不一定就是它们在逻辑上的邻接关系，可以通过一些方法确定某个结点在逻辑上的前驱结点和后继结点，这种存储结构才有意义。因此，根据二叉树的性质，对完全二叉树和满二叉树，采用顺序存储结构比较合适，二叉树中结点的序号可以唯一反映出结点之间的逻辑关系，这样，既能够最大限度地节省存储空间，又可以利用数组元素的下标确定结点在二叉树中的位置及结点之间的关系。

例如，图 6.12（a）所示的完全二叉树，其顺序存储结构如图 6.12（b）所示。

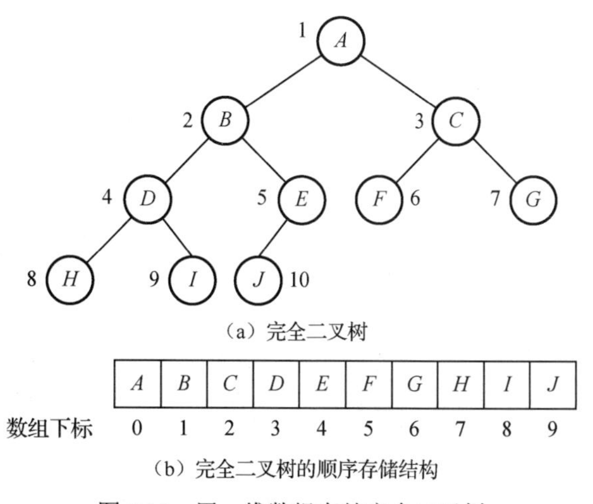

图 6.12　用一维数组存储完全二叉树

对于一般的二叉树，如果仍按从上到下、从左到右的顺序将二叉树中的结点顺序存储在一维

数组中，则数组元素下标之间的关系不能够反映二叉树中结点之间的逻辑关系，可以先添加一些虚结点（不存在的空结点，用小矩形表示），使之成为一棵完全二叉树，再用一维数组顺序存储。在二叉树中人为增添的结点（空结点）在数组中所对应的元素值为一特殊值，如“0”。图 6.13（a）所示为一般二叉树，扩充后的完全二叉树如图 6.13（b）所示，其顺序存储结构如图 6.13（c）所示。

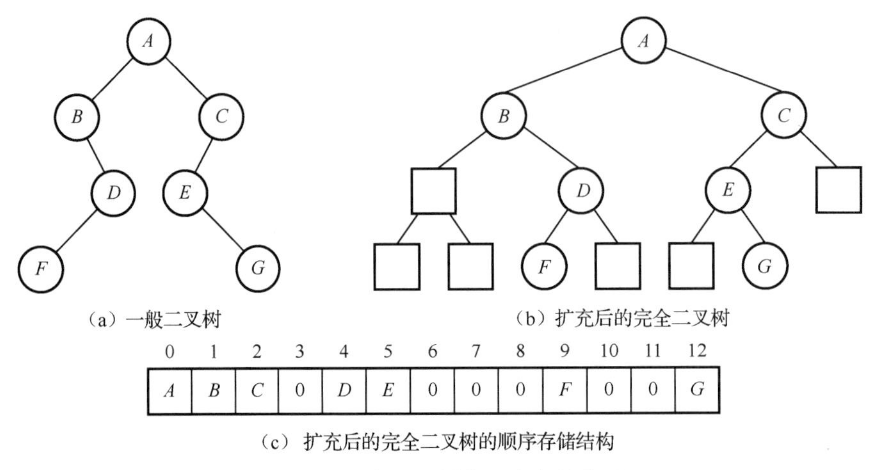

（a）一般二叉树　　（b）扩充后的完全二叉树

（c）扩充后的完全二叉树的顺序存储结构

图 6.13　一般二叉树的顺序存储表示

显然，这种存储结构如果增加的空结点较多，会造成存储空间的大量浪费，因此不宜用顺序存储结构存储一般的二叉树。最坏的情况是右单分支二叉树，如图 6.14 所示，一棵深度为 k 的右单分支二叉树，只有 k 个结点，却需分配 2^k-1 个存储单元，由此可见浪费之大。

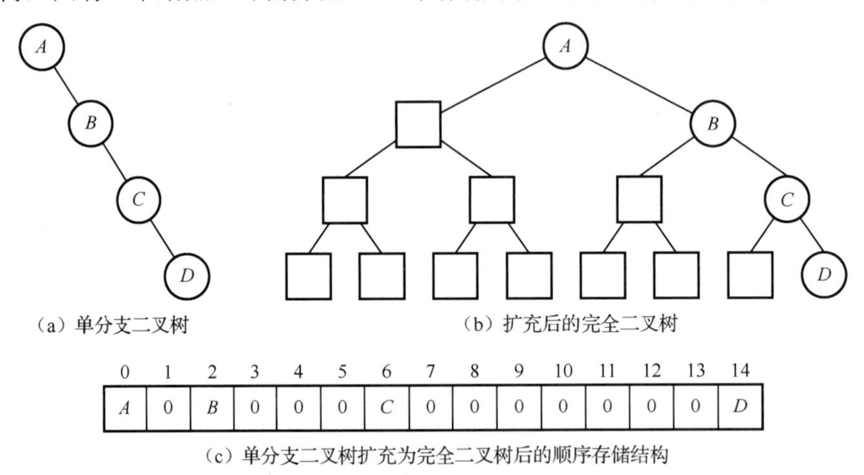

（a）单分支二叉树　　（b）扩充后的完全二叉树

（c）单分支二叉树扩充为完全二叉树后的顺序存储结构

图 6.14　右单支二叉树及其顺序存储结构

完全二叉树的顺序存储结构可以用含有 MAXNODE 个 ElemType 类型元素的一维数组表示。定义如下。

```
#define MAXNODE   100                          //二叉树的最大结点数
typedef   ElemType   SqBiTree[MAXNODE] ;       //0 号单元存放根结点
SqBiTree BT;
```

2. 二叉树的链式存储结构

所谓二叉树的链式存储结构是指，用链表来表示一棵二叉树，即用链指针指示元素之间的逻辑关系。通常有下面两种形式。

（1）二叉链表存储结构。

链表中每个结点由三个域组成，除了数据域，还有两个指针域，分别用来指示该结点的左、右孩子结点的存储地址。结点的存储结构如下。

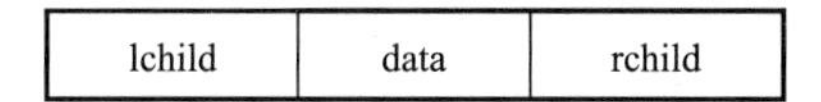

lchild	data	rchild

其中，data 域存放某结点的数据信息；lchild 与 rchild 分别存放指向左、右孩子结点的指针，当左孩子结点或右孩子结点不存在时，相应指针域值为空（用符号“∧”或 NULL 表示）。

例如：图 6.15（a）给出了图 6.10（b）所示的非完全二叉树的二叉链表存储结构。

二叉链表也可以带头结点，如图 6.15（b）所示。

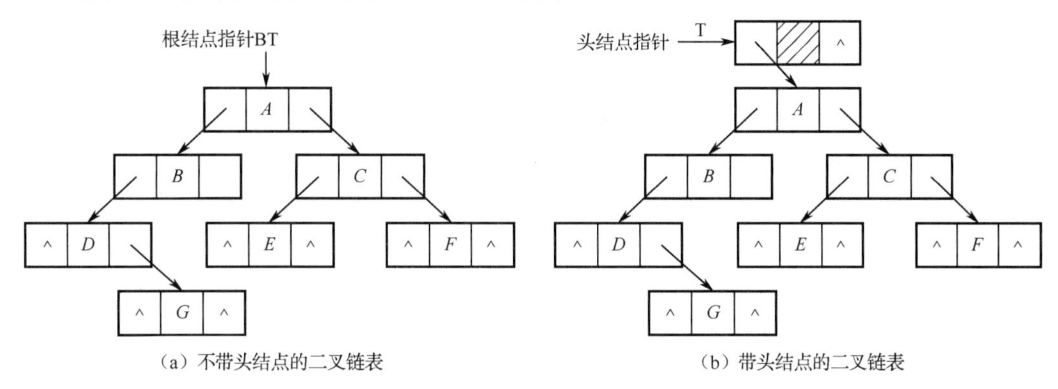

图 6.15　二叉树的二叉链表存储结构

（2）三叉链表存储结构。

每个结点由四个域组成，存储结构如下。

lchild	data	rchild	parent

其中，data、lchild 及 rchild 三个域的意义同二叉链表结构；parent 域为指向该结点的双亲结点的指针。这种存储结构既便于查找孩子结点，又便于查找双亲结点。但是，相对于二叉链表存储结构而言，它增加了空间开销。

图 6.16 给出了图 6.10（b）所示二叉树的三叉链表存储结构。

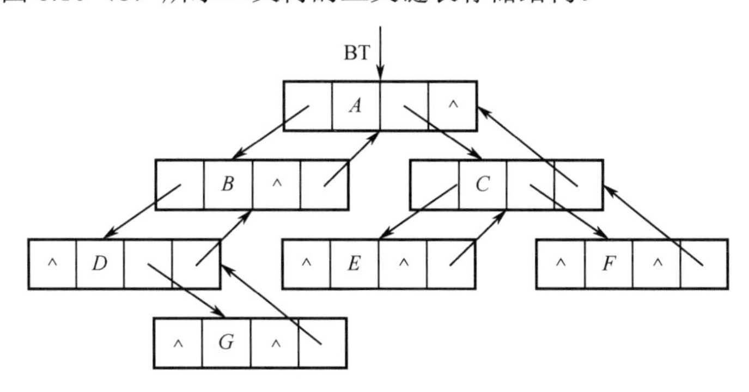

图 6.16　二叉树的三叉链表存储结构

尽管在二叉树的二叉链表存储结构中无法由结点直接找到其双亲结点，但由于二叉链表结构灵活，操作方便，对于一般的二叉树，二叉链表甚至比顺序存储结构还节省存储空间，因此，二叉链表是最常用的二叉树存储结构。本书后面所涉及的二叉树的链式存储结构若不加特别说明，都是指二叉链表存储结构。

二叉树的二叉链表存储结构定义如下。

```
typedef struct BiTNode{
        ElemType data;
        struct BiTNode *lchild; *rchild;          //左、右孩子指针
    } BiTNode, *BiTree ;
```

其中，将 BiTree 定义为指向二叉链表结点结构的指针类型。

此外，二叉树的链式存储结构还有二叉树的静态链表存储结构。

课外阅读：善于总结，用联系和发展的眼光看问题

在日常的学习生活中要善于总结才能不断进步、不断提高。总结是自我检视、自我完善的过程，要用好批评和自我批评这个锐利的武器，总结经验以利再战，这是做好工作的推进器。对一段时间内的思想和工作情况加以分析和研究，得出经验教训，摸索事物的发展规律是总结的要旨。在新时代的奋斗中我们只有勤于思考、善于总结，才能获得成功、大有作为。事物是普遍联系的，就像树和二叉树的相关知识点一样，我们总结旧知识利用他们之间的联系去更好地学习新知识。科学的辩证思维就是以辩证唯物主义哲学为基础，在坚持事物普遍联系、世界永恒发展、矛盾对立统一等基本立场、观点和方法的基础上认识事物、把握规律、分析问题、规划工作和生活的一种科学思维方式。事物是普遍联系的，必须坚持联系的观点，既要谋好“全局”，又要谋好“一域”。

6.3　二叉树的遍历算法及其应用

二叉树的遍历是二叉树最重要的操作，在其他一些操作中，有许多操作是基于遍历算法实现的。由二叉树的定义可知，一棵二叉树由根结点、左子树和右子树三部分组成。因此，只要依次遍历这三部分，就可以遍历整个二叉树。按照遍历过程访问根结点、左子树、右子树的顺序不同，遍历算法分为 7 种：先序遍历（访问根结点、遍历左子树、遍历右子树），中序遍历（遍历左子树、访问根结点、遍历右子树），后序遍历（遍历左子树、遍历右子树、访问根结点），右先序遍历（访问根结点、遍历右子树、遍历左子树），右中序遍历（遍历右子树、访问根结点、遍历左子树），右后序遍历（遍历右子树、遍历左子树、访问根结点），层次遍历（从上到下逐层访问，每层从左到右逐个访问）。若以 D、L、R 分别表示访问根结点、遍历左子树、遍历右子树，则二叉树的遍历可记为：DLR、LDR、LRD、DRL、RDL、RLD。如果限定先左后右，则只有前三种方式，即 DLR（先序遍历）、LDR（中序遍历）和 LRD（后序遍历）。以下主要讨论前三种遍历算法，对后三种遍历算法的讨论完全类似。而先序遍历、中序遍历、后序遍历算法都有递归和非递归两种形式。本节将给出各种不同的遍历算法。

6.3.1　二叉树的递归遍历算法

二叉树的遍历是指按照某种约定的顺序，访问二叉树中的每个结点一次且仅访问一次。对二叉树的遍历过程，实际上就是将二叉树中结点信息由非线性序列变为某种意义上的线性序列。换句话说，遍历操作是使非线性结构线性化的过程。

二叉树的遍历是最常用的一种操作，因为在实际应用问题中，常常需要按一定的顺序对二叉树的每个结点逐个进行访问，或查找具有某一特点的结点，然后对这些满足条件的结点进行处理。

1．先序遍历算法

先序遍历的递归过程如下。

若二叉树为空，则遍历结束，否则：

（1）访问根结点。

（2）先序遍历根结点的左子树。

（3）先序遍历根结点的右子树。

算法描述如下。

```
void   PreOrderTravers (BiTree   BT)                  //先序遍历二叉树 BT
  {  if(BT)                                          //二叉树 BT 不空
      {  printf ("%c", BT->data);                    //访问结点的数据域
         PreOrderTravers(BT ->lchild);               //先序递归遍历 BT 的左子树
         PreOrderTravers(BT ->rchild);               //先序递归遍历 BT 的右子树
      }
  }
```

对于图 6.17 所示的二叉树，按先序遍历所得到的结点序列为

$$A\ B\ D\ E\ G\ I\ C\ F\ H\ J$$

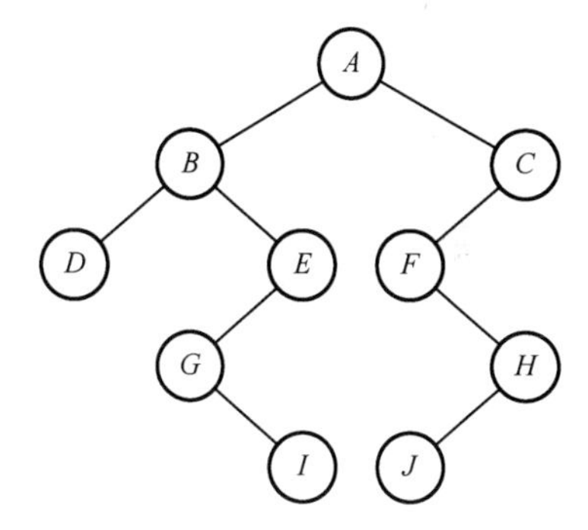

图 6.17　一棵二叉树

2. 中序遍历算法

中序遍历的递归过程如下。

若二叉树为空，遍历结束，否则：

（1）中序遍历根结点的左子树。

（2）访问根结点。

（3）中序遍历根结点的右子树。

算法描述如下。

```
void InOrderTravers(BiTree BT)                  //中序遍历二叉树 BT
  {  if(BT)                                     //二叉树 BT 不空
      {  InOrderTravers(BT->lchild);            //中序递归遍历 BT 的左子树
         printf("%c", BT->data);                //访问结点的数据域
         InOrderTravers(BT->rchild);            //中序递归遍历 BT 的右子树
      }
  }
```

对于图 6.17 所示的二叉树，按中序遍历所得到的结点序列为

$$D\ B\ G\ I\ E\ A\ F\ J\ H\ C$$

由中序遍历算法的递归过程可以推出两个重要结论。

（1）含 n 个结点的不同形态的二叉树的棵数 $b_n=\dfrac{C_{2n}^n}{n+1}$。假定 n 个结点的编号为 $1, 2, \cdots, n$，对不同形态的二叉树进行中序遍历所得到的中序序列是不同的，一种形态的二叉树对应唯一的一个中序遍历序列。含 n 个结点的不同形态二叉树棵数恰好等于先序遍历序列都是 $1, 2, \cdots, n$ 的二叉树能得到的中序遍历序列的个数。而中序遍历的过程实质上是结点入栈和出栈的过程。对于入栈序列 $1, 2, \cdots, n$，所有不同的出栈序列个数为 $C_{2n}^n - C_{2n}^{n-1} = \dfrac{C_{2n}^n}{n+1}$。

（2）含 n 个结点的不同形态的树的棵数 $t_n=b_{n-1}$。这一结论可由二叉树与树的转换规则得出。

3. 后序遍历算法

后序遍历的递归过程如下。

若二叉树为空，遍历结束，否则：

（1）后序遍历根结点的左子树。

（2）后序遍历根结点的右子树。

（3）访问根结点。

算法描述如下。

```
void PostOrderTravers(BiTree  BT)                //后序遍历二叉树 BT
  {  if(BT)                                      //二叉树 BT 不空
       {  PostOrderTravers(BT ->lchild);         //后序递归遍历 BT 的左子树
          PostOrderTravers(BT ->rchild);         //后序递归遍历 BT 的右子树
          printf("%c", BT->data);                //访问结点的数据域
       }
  }
```

对于图 6.17 所示的二叉树，按后序遍历所得到的结点序列为

$$D\ I\ G\ E\ B\ J\ H\ F\ C\ A$$

遍历是二叉树各种操作的基础，可以在遍历过程中进行各种操作，如对于一棵已知二叉树可求结点的双亲结点，结点的孩子结点，判断结点所在层次等，反之，也可在遍历过程中生成结点，建立二叉树的存储结构。创建一棵含 n 个结点的二叉树，若建立成功，则返回根结点的指针；否则，返回空指针。由于含 n 个结点的二叉树共有 $\frac{C_{2n}^{n}}{n+1}$ 棵，如何使建立的二叉树唯一？为此引入扩充的二叉树，将二叉树扩充成正则二叉树，即当结点无左、右孩子结点时，补充一个虚结点，用矩形框表示，使原二叉树的结点都成为分支结点，这种扩充称为二叉树的正则化扩充。如图 6.18（a）所示的二叉树，正则化扩充后得到的二叉树如图 6.18（b）所示。

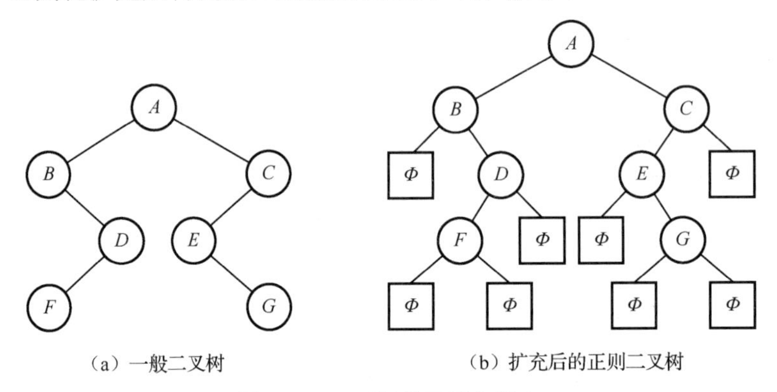

图 6.18　二叉树的正则化扩充

对扩充后的正则二叉树按先序遍历算法进行遍历，当遇到虚结点时，用 Φ 表示。得到的先序遍历序列为 $AB\Phi DF\Phi\Phi\Phi CE\Phi G\Phi\Phi\Phi$。由此先序遍历序列可唯一确定一棵二叉树。以下算法，就是按输入的扩充正则二叉树的先序遍历序列来构造确定的二叉树。

算法思想：与先序遍历二叉树算法类似，先建立根结点，再建立左子树，最后建立右子树。

算法描述如下。

```
status  CreateBiTree (BiTree  &BT)               //生成一棵以 BT 为根结点的二叉树
    {
        scanf("%c", &ch);
        if(ch== 'Φ') BT=NULL ;                    //当读到符号 Φ 时，建立空二叉树
        else { BT=(BiTree)malloc(sizeof(BiTNode));
               if(!BT) exit(OVERFLOW);
```

```
            BT->data=ch ;                    //建立根结点
            CreateBiTree (BT->lchild);       //建立左子树
            CreateBiTree (BT->rchild);       //建立右子树
        }
    return OK ;
}
```

由后序遍历算法的递归过程可以推出重要结论：若一棵二叉树的先序遍历序列和后序遍历序列正好相反，则该二叉树的深度等于结点个数。如图 6.19 中的二叉树，其先序遍历序列为 *NLR*，后序遍历序列为 *LRN*，则后序遍历序列的反序为 *NRL*，因此，当结点 *L* 为空或结点 *R* 为空时，此二叉树的先序遍历序列和后序遍历序列正好相反，且该二叉树的深度等于结点个数。

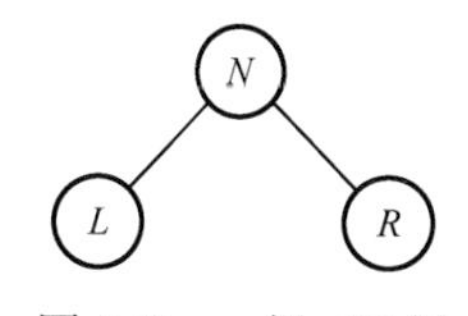

图 6.19　一棵二叉树

6.3.2　二叉树的非递归遍历算法

前面给出的关于二叉树先序遍历、中序遍历和后序遍历三种遍历算法都是递归算法。当给出二叉树的链式存储结构后，用具有递归功能的程序设计语言可以很方便地实现上述算法。然而，并非所有程序设计语言都允许递归。另一方面，递归程序虽然简洁，但执行效率不高。因此，需要讨论非递归遍历算法问题。为此，先对三种遍历方法的实质过程进行分析。

图 6.17 所示的二叉树，对其进行先序遍历、中序遍历和后序遍历都是从根结点 *A* 开始的，且在遍历过程中经过结点的路线也是一样的，只是访问的时机不同而已。图 6.20 中用箭头表示的从根结点左外侧开始到根结点右外侧结束的访问走向，就是遍历图 6.17 的路线。这条路线正是从根结点开始沿左子树深入下去，当深入到最左端无左子树时，无法再深入下去时返回，再进入刚才深入时遇到结点的右子树，进入右子树后，进行同样的深入和返回，直到最后从根结点的右子树返回到根结点为止。从访问路线可以看出，每个结点都经过 3 次访问，第一次从上方进入该结点，图 6.20 中标记为 1，第二次从左子树向上返回经过该结点，图 6.20 中标记为 2，第三次从右子树返回经过该结点，图 6.20 中标记为 3。先序遍历是在第一次经过时访问，中序遍历是在第二次经过时访问，后序遍历是在第三次经过时访问。如果沿图 6.20 中标记为 1 的线路访问结点，就得到先序遍历序列；如果沿标记为 2 的线路访问结点，就得到中序遍历序列；如果沿标记为 3 的线路访问结点，就得到后序遍历序列。

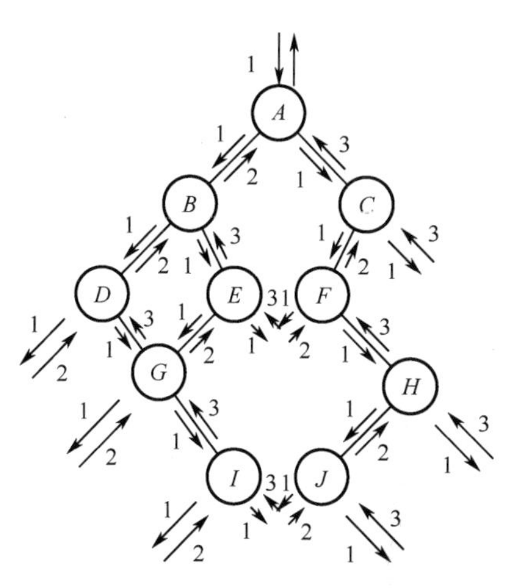
图 6.20　二叉树遍历过程经过每个结点时的走向

在遍历过程中，为了进入右子树，必须保留每个结点的指针，返回结点的顺序与深入结点的顺序是相反的，即后深入先返回，这恰好符合栈“先进后出”的特点。因此，可以利用栈来帮助实现遍历过程。

在沿左子树向下走时，每遇到一个结点，将该结点压入栈：若为先序遍历，则在入栈前访问，当沿着左分支走到最左下方的结点之后时，则返回，即从栈中弹出前面压入的栈顶结点；若为中序遍历，则此时访问该结点，然后从该结点的右子树继续向下走进入右子树；若为后序遍历，则将此结点再次入栈，然后从该结点的右子树继续走，与前面相同，每遇到一个结点，将该结点压入栈，直到走到最右下方的结点之后再返回，第二次从栈顶弹出该结点并访问之。在下面的算法中，都假定二叉树采用二叉链表存储结构。

1. 先序遍历的非递归算法

先序遍历的非递归遍历算法描述如下。

```
void   PreOrder (BiTree BT)                                     //非递归先序遍历二叉树
        {   if(BT)
                {   InitStack(S);                                //初始化一个栈
                    Push(S,BT),                                  //根结点入栈
                    while(!StackEmpty(S))
                        { Pop(S,p);   printf("%c", BT->data);    //访问根结点
                          if(p->rchild) Push(S, p->rchild);      //右子树根结点入栈
                          if(p->lchild) Push(S, p->lchild);      //左子树根结点入栈
                        }
                }
        }
```

对于图 6.21 所示的二叉树，用该算法进行遍历，栈 S 和当前指针 p 的变化情况及树中各结点的访问次序如表 6.1 所示。

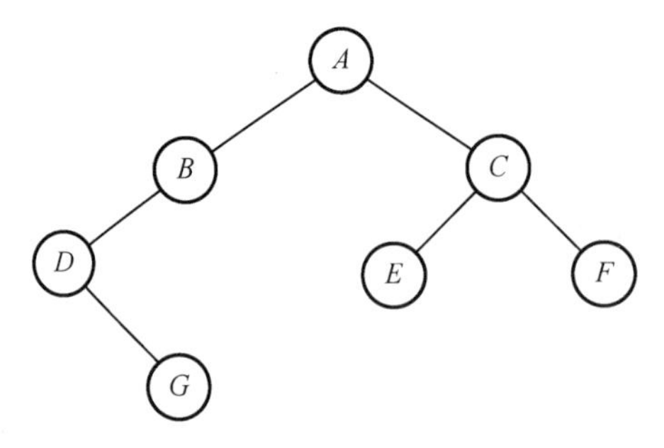

图 6.21　二叉树

表 6.1　二叉树非递归先序遍历过程

步骤	指针 p	栈 S 中的内容	访问结点值
循环前初态	*A*	*A*	
第一次循环	*B*	*C*、*B*	*A*
第二次循环	*D*	*C*、*D*	*B*
第三次循环	∧	*G*	*D*
第四次循环	*G*	*C*	*G*
第五次循环	*E*	*F*、*E*	*C*
第六次循环	∧	*F*	*E*
第七次循环	*F*	空	*F*
第八次循环	∧	空	

2. 中序遍历的非递归算法

中序遍历的非递归算法描述如下。

```
void   Inorder(BiTree   BT )                              //非递归中序遍历二叉树
  {   if(BT)
```

```
    {  InitStack(S);                                //初始化一个栈
       p=BT ;
       while(p || !StackEmpty(S))                   //沿左指针进入左子树
          {  if(p){ Push(S,p);   p=p->lchild ; }    //访问根结点
             else { Pop(S, p);   printf("%c", BT->data);
             P=p->rchild   ;}                       //进入右子树
          }
    }
}
```

3. 后序遍历的非递归算法

后序遍历与先序遍历和中序遍历不同，在后序遍历过程中，每个结点要两次入栈、两次出栈。第一次经过结点时，入栈不访问，进入左子树。从左子树返回时第一次出栈，第二次经过结点时仍不访问，第二次入栈，进入右子树。从右子树返回时，第二次出栈，第三次经过结点时访问。由此可见，必须能区别结点是第几次出栈，才能正确地进行后序遍历。为此，对每个结点指针的两次出栈，设置一标志 flag，定义如下。

$$flag=\begin{cases}0 & \text{第一次出栈，结点不能访问}\\1 & \text{第二次出栈，结点能访问}\end{cases}$$

当结点指针入栈和出栈时，其标志 flag 同时入栈、出栈。

后序遍历的非递归算法描述如下。

```
void   PostOrder(BiTree   BT)                               //非递归后序遍历二叉树
  { BiTree   S[n];                                          //初始化结点指针栈
    int   Tag[n] ;   top=0;                                 //初始化标志栈
    p=BT ;
    while(p || top)
       {   while(p)
             {   S[top]= p ;   Tag [top]=0;   top ++ ;      //结点第一次入栈
                 p=p->lchild ;                              //进入左子树
             }
           while(top && Tag[top]==1)                        //第二次出栈时访问
              { p=S[top];   top - - ;   printf("%c", BT->data); }
                if(top) { Tag [top]=1 ;                     //第二次入栈
                          p=S[top]->rchild ;                //进入右子树
                          }
       }
  }
```

4. 层次遍历算法

所谓的二叉树层次遍历是指，从二叉树的第一层（根结点）开始，自上而下逐层遍历，在同一层中，按从左到右的顺序对结点逐个访问。

例如，对于图 6.21 所示的二叉树，按层次遍历所得到的遍历序列为

$$A\,B\,C\,D\,E\,F\,G$$

由层次遍历的定义可知，在进行层次遍历时，对一层结点访问完后，再按照它们的访问次序对各个结点的左孩子结点和右孩子结点进行顺序访问，这样一层一层进行，先遇到的结点先访问，这与队列的操作原则相吻合。因此，在进行层次遍历时，可设置一个队列，从二叉树的根结点开始遍历，首先将根结点指针入队，然后从队头逐个取出数据元素，每取出一个数据元素，执行如

下两个操作。

（1）访问该指针所指的结点。

（2）若该指针所指结点的左、右孩子结点非空，则将左、右孩子指针顺序入队。

此过程不断进行，直到队列为空时结束。

算法描述如下。

```
void  LevelOrder(BiTree  BT)                    //层次遍历二叉树 BT
  {  InitQueue(Q);                              //初始化一个队列
     EnQueue(Q, BT);
     while(!QueueEmpty(Q))
       { DeQueue(Q, p);
         printf("%c", p->data);                 //访问队首结点的数据域
         if(p->lchild) EnQueue(Q, p->lchild);   //将队首结点的左孩子结点入队
         if(p->rchild) EnQueue(Q, p->rchild))   //将队首结点的右孩子结点入队
       }
  }
```

6.3.3　二叉树遍历算法的应用

利用二叉树的遍历算法可以实现许多关于二叉树的计算问题，本小节举几个典型的应用例子。

例 6.1　在以 BT 为根结点指针的二叉树中，查找数据元素 x，若查找成功，则返回该结点的指针；若查找失败，则返回空指针。

算法描述如下。

```
BiTree  Search(BiTree BT, elemtype x)       //在以 BT 为根结点指针的二叉树中查找数据元素 x
 {
   if(BT->data==x) return BT ;              //查找成功返回 BT
   if(BT->lchild)                           //在 BT->lchild 为根结点指针的二叉树中查找数据元素 x
        return(Search(BT->lchild, x));
   if(BT->rchild)                           //在 BT->rchild 为根结点指针的二叉树中查找数据元素 x
        return(Search(BT->rchild, x));
   return NULL;                             //查找失败返回 NULL
 }
```

例 6.2　求给定二叉树的叶结点的个数。

该问题只要将递归遍历算法中的访问结点的操作修改为叶结点计数即可，即当结点的左、右孩子指针都空时，叶结点个数加 1。算法描述如下。

```
void  CountLeaves(BiTree  BT, int  *count)
   {  if(BT)
        {  if(!BT->lchild && !BT->rchild) count ++ ;
           CountLeaves(BT->lchild, count);
           CountLeaves(BT->rchild, count);
        }
   }
```

类似地，可以求度为 1 的结点、度为 2 的结点和所有结点的个数，只需将上述程序中的语句稍做修改即可。也可以用非递归算法。

例 6.3　求表达式的前缀表达式和后缀表达式

对任意一个算术表达式可以用一棵二叉树表示，图 6.22 所示为表达式 $3x^2+x-1/x+5$ 的二叉树表示。在表示一个表达式的二叉树中，每个叶结点都是操作数，每个分支结点都是运算符。对于一个结点，它的左、右子树分别是它的两个操作数。

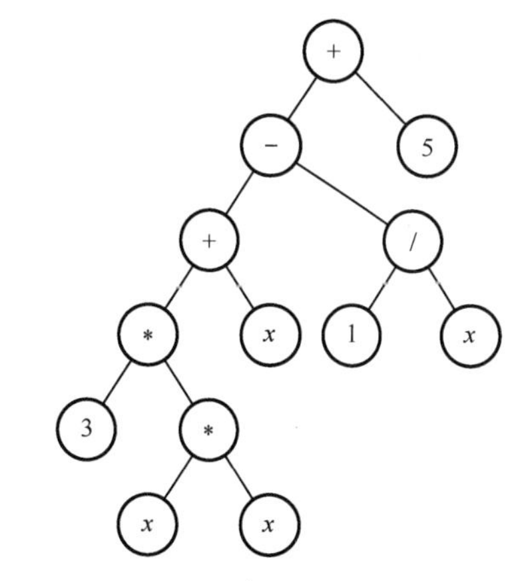

图 6.22　表达式 $3x^2+x-1/x+5$ 的二叉树表示

对该二叉树分别进行先序遍历、中序遍历和后序遍历，可以得到表达式的三种不同表示形式。

前缀表达式：+−+*3*xxx/1x5

中缀表达式：3*x*x+x−1/x+5

后缀表达式：3xx**x+1x/−5+

中缀表达式是经常使用的算术表达式，前缀表达式和后缀表达式分别称为波兰表达式和逆波兰表达式，它们在编译程序中有着非常重要的作用。

例 6.4　求给定二叉树的深度。

求二叉树的深度可用以下递归公式计算。

Depth(BT)= 0，二叉树为空树（BT=NULL）。

Depth(BT)=1+ max { Depth(BT->lchild), Depth(BT->rchild)}，二叉树不为空树。

算法描述如下。

```
int  Depth(BiTree  BT)
  {  if(!BT) return  0 ;
     else  {  h1=Depth(BT->lchild);  h2=Depth(BT->rchild);
              if(h1 > h2) return  h1+1 ;
              else  rerurn  h2+1 ;  }
  }
```

例 6.5　求给定二叉树中的第一条最长路径及其长度，保存路径的各结点值与路径。

此问题的算法思想是，在遍历二叉树的过程中，计算从根结点到所有叶结点的路径长度，取第一个最大数值。设置两个数组和两个变量，数组 longestpath[ ]存放找到的第一条最长路径的结点，初值为空，数组 currentpath[ ]存放当前所访问路径上的结点值；longest 存放找到的第一条最长路径的长度，初值为 0；current 存放当前所访问路径的长度。遍历时，每遇到一个叶结点，就得到一条路径长度 current，与之前已求得的最长路径长度 longest 相比较，若 current>longest，则 longest=current，否则丢弃，直到二叉树遍历结束为止。

算法描述如下。

```
viod  BiTreeLongestpath(BiTree  BT, ElemType  longestpath[ ], currentpath[ ], int  longest, current)
      {  if(BT)
           {  if(current > longest)
                {  for(i=1 ; i<= current ; i++)
                      longestpath[i ]=currentpath[i ] ;                  //保存最长路径
                      longest=current ;
                }
              else  { currentpath [++ current ]=BT->data ;
                      if(BT->lchild)
                        BiTreeLongestpath(BT->lchild,longestpath[ ],currentpath[ ],longest,current);
```

```
                        BiTreeLongestpath(BT->rchild,longestpath[ ],currentpath[ ],longest,current);
                    }
                }
            }
```

例 6.6 判断一棵二叉树是否为完全二叉树，若是，则返回 1，否则返回 0。

算法思想：利用完全二叉树的性质，采用层次遍历算法遍历二叉树，若某个结点有右孩子结点而无左孩子结点，则一定不是完全二叉树，立即返回 0。若遍历结束，则说明其是完全二叉树，返回 1。

算法描述如下。

```
int JudgeComplete(BiTree BT)                      //判断二叉树是否是完全二叉树，若是，则返回 1，否则返回 0
    { int tag=0; BiTree p= BT;                    //二叉树结点指针
      if(! p)return 1;
      InitQueue(Q); EnQueue(Q,p);                 //初始化队列，根结点指针入队
      while(!QueueEmpty(Q))
        {  DeQueue(Q,p);                          //出队
           if(p->lchild && !tag)EnQueue(Q,p->lchild);   //左孩子结点入队
           else { if(p->lchild)return 0;                //前边已有结点为空，本结点不空
                  else tag=1; }                         //首次出现结点为空
           if(p->rchild && !tag)EnQueue(Q,p->rchild);   //右孩子结点入队
           else if(p->rchild)return 0;
                else tag=1;
        }
    return 1;
    }
```

此题还可以利用完全二叉树度为 1 的结点至多有一个的特点，统计二叉树中度为 1 的结点的个数，若个数≤1，就是完全二叉树。

例 6.7 判断两棵二叉树是否相似。两棵二叉树相似是指它们的结构完全相同，但结点的数据可以不同。

算法思想：同时遍历两棵二叉树，两棵二叉树的工作指针同步移动，只要有一个指针所指结点的左孩子（或右孩子）指针域为空，而另一个指针所指结点的左孩子（或右孩子）指针域不空，则一定不相似，立即返回不相似的信息。若同时遍历完两棵二叉树，说明两棵二叉树是相似的，返回相似的信息。

采用递归算法，算法描述如下。

```
int Similar(BiTree BT1,BT2)
    { if(! BT1 && !BT2) return 1;
      else if(!  BT1 && BT2 || BT1 && !BT2)return 0;
           else     return(Similar(BT1->lchild,BT2->lchild)&& Similar(BT1->rchild,BT2->rchild));
    }
```

例 6.8 将二叉树所有结点的左孩子结点和右孩子结点交换得到另一棵二叉树。

算法思想：用先序遍历或后序遍历算法，将递归遍历算法中访问结点的操作修改为交换左、右孩子结点即可。

采用递归算法，算法描述如下：

```
void PostOrderTravers(BiTree    &BT)
```

```
    { if(! BT)                                   //二叉树 BT 不空
        { PostOrderTravers(BT ->lchild);          //交换 BT 的左子树
          PostOrderTravers(BT ->rchild);          //交换 BT 的右子树
          p=BT ->lchild;                          //交换左、右孩子结点
          BT ->lchild=BT ->rlchild ;
          BT ->rchild=p ;
        }
    }
```

课外阅读：知其然，知其所以然

掌握知识要知其然，也要知其所以然，科学研究的任务是通过现象去认识本质，只有通过对大量现象的研究才能发现事物的本质，达到科学的认识。因此，在实践中要注意把现象作为向导，通过现象去认识事物的本质。在充分理解问题或事物的表面现象及本质特征后进行归纳，充分内化，得出其潜在的重要推论。

6.4　二叉树的构造

从前面讨论的二叉树遍历算法可知，任意给定一棵二叉树，得到的先序遍历序列和中序遍历序列都是唯一的。反过来，若已知结点的先序遍历序列和中序遍历序列，能否确定这棵二叉树呢？这样确定的二叉树是否唯一呢？回答是肯定的。

根据定义，二叉树的先序遍历过程是先访问根结点，其次遍历根结点的左子树，最后遍历根结点的右子树。由此可知，在先序遍历序列中，第一个结点一定是二叉树的根结点。而中序遍历过程先遍历左子树，然后访问根结点，最后遍历右子树。这样，根结点在中序遍历序列中必然将中序遍历序列分割成两个子序列，前一个子序列是根结点的左子树的中序遍历序列，后一个子序列是根结点的右子树的中序遍历序列。根据这两个子序列，在先序遍历序列中找到对应的左子树序列和右子树序列。在先序遍历序列中，左子树序列的第一个结点是左子树的根结点，右子树序列的第一个结点是右子树的根结点。这样，就确定了二叉树的三个结点。同时，左子树和右子树的根结点又可以分别把左子树序列和右子树序列各划分成两个子序列，如此递归下去，当取尽先序遍历序列中的结点时，便可以得到这棵二叉树。

同样的道理，由二叉树的后序遍历序列和中序遍历序列也可唯一确定一棵二叉树。因为，依据后序遍历和中序遍历的定义，后序遍历序列的最后一个结点是根结点，与先序遍历序列的第一个结点一样，可将中序遍历序列按根结点分成前、后两个子序列，分别为根结点左子树的中序遍历序列和右子树的中序遍历序列，再取出后序遍历序列的倒数第二个结点，继续分割中序遍历序列，如此递归下去，当倒着取尽后序遍历序列中的全部结点时，便可以得到这棵二叉树。

如果只知道二叉树的先序遍历序列和后序遍历序列，则不能唯一地确定一棵二叉树。例如，已知二叉树的先序遍历序列和后序遍历序列分别为 *ABC* 和 *CBA*，则图 6.23 所示的两棵二叉树，其先序和后序遍历序列都是 *ABC* 与 *CBA*。这说明相同的先序遍历序列和后序遍历序列，确定的二叉树并不唯一。

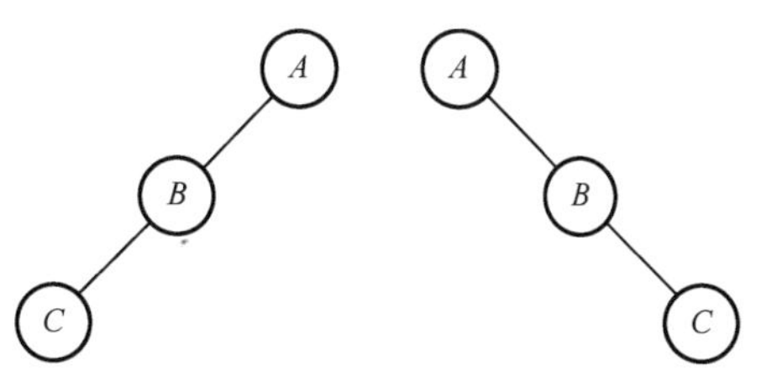

（a）左单支二叉树　　（b）右单支二叉树

图 6.23　两棵有相同先序遍历序列和后序遍历序列的二叉树

通过上述学习我们得到了两个重要的定理。

定理 6.1　任意 n（n>0）个不同结点的二叉树，都可由它的中序遍历序列和先序遍历序列唯一确定。

证明：采用数学归纳法证明。

当 n=0 时，二叉树为空，结论正确。

假设结点数小于 n 的任何二叉树都可以由其先序遍历序列和中序遍历序列唯一地确定。

若某棵二叉树含有 n（n>0）个不同的结点，其先序遍历序列为 $a_0, a_1, \cdots, a_{n-1}$；中序遍历序列为 $b_0, b_1, \cdots, b_{k-1}, b_k, b_{k+1}, \cdots, b_{n-1}$。

因为在先序遍历过程中访问根结点后紧跟着遍历左子树，然后遍历右子树，所以 a_0 必定是二叉树的根结点，而且 a_0 必然在中序遍历序列中出现。也就是说，在中序遍历序列中必有某个 b_k（$n-1\geqslant k\geqslant 0$）就是根结点 a_0。

由于 b_k 是根结点，而在中序遍历过程中先遍历左子树，再访问根结点，最后遍历右子树，所以在中序遍历序列中 $b_0, b_1, \cdots, b_{k-1}$ 必是根结点 b_k（也就是 a_0）左子树的中序遍历序列，即 b_k 的左子树有 k 个结点（注意 k=0 表示结点 b_k 没有左子树），而 $b_{k+1}, \cdots, b_{n-1}$ 必是根结点 b_k 右子树的中序遍历序列，即 b_k 的右子树有 $n-k-1$ 个结点（注意 $k=n-1$ 表示结点 b_k 没有右子树）。

另外，在先序遍历序列中，紧跟在根结点 a_0 之后的 k 个结点序列 $a_1, \cdots, a_k$ 就是左子树的先序遍历序列，$n-k-1$ 个结点序列 $a_{k+1}, \cdots, a_{n-1}$ 就是右子树的先序遍历序列。

根据归纳假设，由于子先序遍历序列 $a_1, \cdots, a_k$ 和子中序遍历序列 $b_0, b_1, \cdots, b_{k-1}$ 可以唯一地确定根结点 a_0 的左子树，而子先序遍历序列 $a_{k+1}, \cdots, a_{n-1}$ 和子中序遍历序列 $b_{k+1}, \cdots, b_{n-1}$ 可以唯一地确定根结点 a_0 的右子树。

综上所述，这棵二叉树的根结点已经确定，因为其左、右子树都唯一确定了，所以整个二叉树也就唯一确定了。

定理 6.2　任何 n（n>0）个不同结点的二叉树，都可由它的中序遍历序列和后序遍历序列唯一确定。

证明：同样采用数学归纳法证明。

当 n=0 时，二叉树为空，结论正确。

假设结点数小于 n 的任何二叉树都可以由其中序遍历序列和后序遍历序列唯一地确定。

已知某棵二叉树含有 n（n>0）个不同结点，其中序遍历序列为 $b_0, b_1, \cdots, b_{k-1}, b_k, b_{k+1}, \cdots, b_{n-1}$，后序遍历序列为 $a_0, a_1, \cdots, a_{n-1}$。

因为在后序遍历过程中先遍历左子树，再遍历右子树，最后访问根结点，所以 a_{n-1} 必定是二叉树的根结点，而且 a_{n-1} 必然在中序遍历序列中出现。也就是说，在中序遍历序列中必有某个 b_k（$n-1\geqslant k\geqslant 0$）就是根结点 a_{n-1}。

由于 b_k 是根结点，而在中序遍历过程中先遍历左子树，再访问根结点，最后遍历右子树，所以在中序遍历序列中 $b_0, \cdots, b_{k-1}$ 必是根结点 b_k（也就是 a_{n-1}）左子树的中序遍历序列，即 b_k 的左子树有 k 个结点（注意，k=0 表示结点 b_k 没有左子树），$b_{k+1}, \cdots, b_{n-1}$ 必是根结点 b_k 右子树的中序遍历序列，即 b_k 的右子树有 $n-k-1$ 个结点（注意，$k=n-1$ 表示结点 b_k 没有右子树）。

另外，在后序遍历序列中，在根结点 a_{n-1} 之前的 $n-k-1$ 个结点序列 $a_k, \cdots, a_{n-2}$ 就是右子树的后序遍历序列，k 个结点序列 $a_0, \cdots, a_{k-1}$ 就是左子树的后序遍历序列。

根据归纳假设，子中序遍历序列 $b_0, \cdots, b_{k-1}$ 和子后序遍历序列 $a_0, \cdots, a_{k-1}$ 可以唯一确定根结点 b_k（也就是 a_{n-1}）的左子树，而子中序遍历序列 $b_{k+1}, \cdots, b_{n-1}$ 和子后序遍历序列 $a_k, \cdots, a_{n-2}$ 可以唯一确定根结点 b_k 的右子树。

综上所述，这棵二叉树的根结点已经确定，因为其左、右子树都唯一确定了，所以整个二叉树也就唯一确定了。

下面通过一个例子说明由二叉树的先序遍历序列和中序遍历序列构造唯一一棵二叉树的实现算法。

已知一棵二叉树的先序遍历序列与中序遍历序列分别为

先序遍历序列：*A B C D E F G H I*

中序遍历序列：*B C A E D G H F I*

试恢复该二叉树。

首先，由先序遍历序列可知，结点 *A* 是二叉树的根结点。其次，根据中序遍历序列中结点 *A* 的位置，在结点 *A* 之前的所有结点都是根结点 *A* 左子树的结点，在结点 *A* 之后的所有结点都是根结点 *A* 右子树的结点，由此得到图 6.24（a）所示的状态。然后对左子树进行分解，得知结点 *B* 是左子树的根结点，又从中序遍历序列知道，结点 *B* 的左子树为空，结点 *B* 的右子树只有一个结点 *C*。接着对结点 *A* 的右子树进行分解，得知结点 *A* 的右子树的根结点为 *D*，结点 *D* 把其余结点分成两部分：左子树为 *E*，右子树为 *G*、*H*、*F*、*I*，如图 6.24（b）所示。接下来的仍按上述原则对结点 *D* 的右子树继续分解下去，最后得到如图 6.24（c）所示的整棵二叉树。

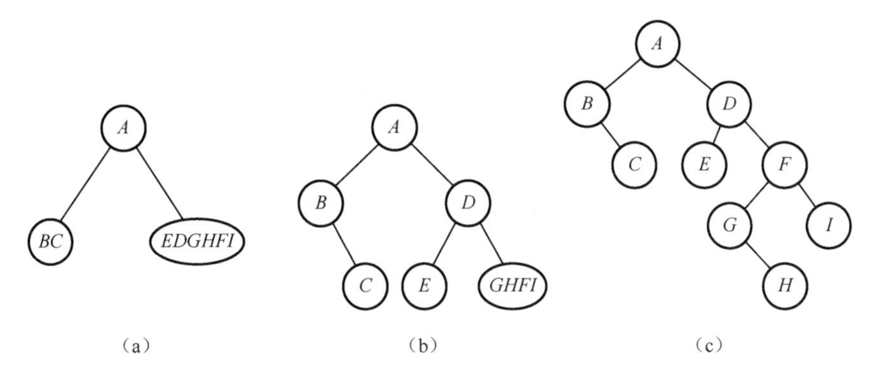

图 6.24　恢复一棵二叉树的过程

上述过程是一个递归过程，其递归算法思想是，先根据先序遍历序列的第一个结点建立根结点，然后在中序遍历序列中找到该结点，确定根结点的左、右子树的中序遍历序列，最后由左子树的先序遍历序列与中序遍历序列建立左子树，由右子树的先序遍历序列与中序遍历序列建立右子树。

给定 *n*（*n*>0）个不同结点的二叉树的中序遍历序列和先序遍历序列或给定其中序遍历序列和后序遍历序列，都可以唯一确定这棵二叉树，并根据转化过程将相应的二叉树构造出来。按照以上步骤进行转化，初学者可能会得出跟正确答案不同的结果，原因一是对转化过程不理解；二是浮躁、粗心。因此要开动脑筋、虚心求教、不懂就问、克服困难、勇攀高峰，科学来不得半点虚假，要脚踏实地，戒骄戒躁。任何细小错误都可能导致程序产生严重的错误，要遵守规则，养成严谨的科学作风。

下面给出该算法的描述。假设二叉树的先序遍历序列和中序遍历序列分别存放在一维数组 preod[*n*]与 inod[*n*]中，并假设二叉树各结点的数据值均不相同。

```
void  ReBiTree( char preod[ ], char inod[ ], int n, BiTree  root )
    {  if(n<=0) root=NULL;
       else  PreInOd(preod, inod, 1, n, 1, n, root);
     }
void  PreInOd(char  preod[ ], char  inod [ ], int  i, j, k, h, BiTree  &BT )
  { BT =(BiTree)malloc(sizeof(BiTNode));
    BT->data=preod[i] ;      m=k ;
    while(inod[m] != preod[i]) m++;
    if(m= =k) BT->lchild=NULL
    else  PreInOd(preod, inod, i+1, i+m-k, k, m-1, BT->lchild);
```

```
        if(m= =h) BT->rchild=NULL
        else    PreInOd(preod, inod, i+m-k+1, j, m+1, h, BT ->rchild);
    }
```

这里需要说明几点。

（1）数组 preod[n]和 inod[n]的数据元素类型可根据实际需要来设定，这里设为字符型。

（2）由二叉树的中序遍历序列和后序遍历序列恢复二叉树的算法可类似写出。

（3）一些特殊形态的二叉树与相应的先序遍历序列、中序遍历序列和后序遍历序列具有以下特点。

当一棵二叉树的先序遍历序列和中序遍历序列相同时，则此二叉树或只有一个结点（根结点），如图 6.25（a）所示，或每个结点只有右子树（右单支树），如图 6.25（c）所示。

当一棵二叉树的先序遍历序列和后序遍历序列相同时，则此二叉树只有一个结点（根结点），如图 6.25（a）所示。

当一棵二叉树的中序遍历序列和后序遍历序列相同时，则此二叉树或只有一个结点（根结点），如图 6.25（a）所示，或每个结点只有左子树，如图 6.25（b）所示。

当一棵二叉树的先序遍历序列和中序遍历序列相反时，则此二叉树的每个结点只有左子树，如图 6.25（b）所示。

当一棵二叉树的先序遍历序列和后序遍历序列相反时，则此二叉树的每个结点只有左子树，如图 6.25（b）所示，或每个结点只有右子树，如图 6.25（c）所示。

当一棵二叉树的中序遍历序列和后序遍历序列相反时，则此二叉树每个结点只有右子树，如图 6.25（c）所示。

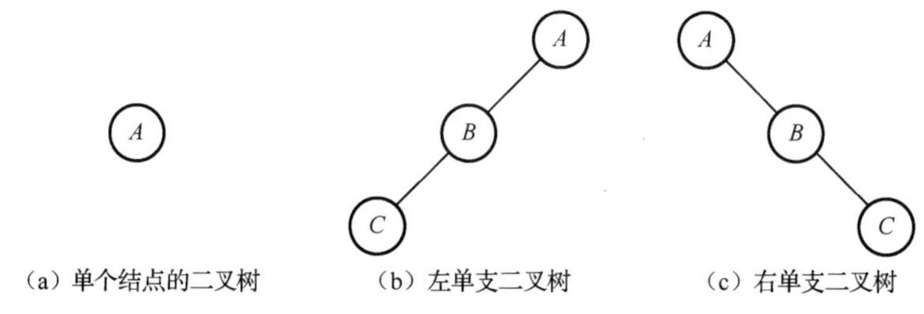

（a）单个结点的二叉树　（b）左单支二叉树　（c）右单支二叉树

图 6.25　几种特殊的二叉树

课外阅读：养成严谨的科学作风

严谨认真的态度是成功的保证，只有端正学习态度，严明纪律观念，才能在学业上取得成功。老子曾说：“天下难事，必作于易；天下大事，必作于细”，它精辟地指出了想要有所成就，必须从简单的事情做起，从细微之处入手。一个人的价值不是以数量衡量的，而是以质量来衡量的，成功者的共同特点就是能从小事做起，并养成严谨的科学作风。

6.5　线索二叉树

语文知识里有“文章线索”一词，文章线索贯穿一篇文章，使文章浑然一体、结构严谨。在数据结构中也有“线索”的概念。将二叉树进行线索化，线索化后的二叉树叫作线索二叉树。引入线索二叉树可以加快查找结点的前驱结点或后继结点的速度。上一节介绍的二叉树的遍历算法可分为两类，一类根据二叉树结构的递归性，采用递归方法实现；另一类则通过栈或队列辅助的非递归方法实现。采用这两类方法对二叉树进行遍历时，递归方法和栈的使用都带来额外空间开销，递归的深度和栈的大小是动态变化的，都与二叉树的深度有关。因此，在最坏的情况下，即二叉树退化为单支二叉树的情况下，设二叉树中的结点个数是 n，则递归的深度等于 n，栈所需要的存储空间大小也等于 n，即空间复杂度为 $O(n)$。

还有一类二叉树的遍历算法，既不使用栈，也不用递归方法即可实现二叉树的遍历。这类算法有以下三种。

（1）采用二叉树的三叉链表存储结构进行遍历。在二叉树的每个结点中增加一个双亲指针域 parent，这样，在遍历过程中当深入到不能再深入时，可沿着双亲结点指针 parent 返回上一层进入右子树。这一方法将增加空间开销。

（2）采用逆转链的方法进行遍历。在遍历过程中，每深入一层，就将其再深入的孩子结点的地址取出，并将其双亲结点的地址存入。当深入不下去需要返回时，可逐级取出双亲结点的地址，沿原路返回。虽然此方法是在二叉链表存储结构上实现的，没有增加额外存储空间，但在执行遍历的过程中，需要改变孩子结点的指针值，以时间换取空间。此外，当有几个用户同时访问这棵二叉树时，将会发生冲突。

（3）采用线索二叉树进行遍历。在一棵具有 n 个结点的二叉树中，叶结点和度为 1 的结点中共有 $n+1$ 个指针域空闲，可以利用这些空指针域存放某种遍历序列中的前驱结点或后继结点的指针，这些指针称为线索。在这种具有线索的二叉树上遍历，可以不用栈，也不用递归方法。本节讨论线索二叉树存储结构及其不用栈和递归方法的遍历算法。

6.5.1 线索二叉树的定义及结构

1. 线索二叉树的定义

按照某种遍历方式对二叉树进行遍历，可以把二叉树中所有的结点排成一个线性序列。在该序列中，除第一个结点外，每个结点有且仅有一个直接前驱；除最后一个结点外，每个结点有且仅有一个直接后继。但是，二叉树中每个结点在这个序列中的直接前驱和直接后继是哪个结点，用二叉树的二叉链表存储结构无法反映出来，只能在对二叉树的遍历过程中，动态地得到这些信息。为了保留结点在某种遍历序列中的直接前驱和直接后继的位置信息，可以利用二叉树的二叉链表存储结构中的那些空指针域来存储。这些指向直接前驱和直接后继的指针称为线索，添加了线索的二叉树称为线索二叉树。由于遍历序列可由不同的遍历方法得到，因此，线索二叉树又分为先序线索二叉树、中序线索二叉树和后序线索二叉树三种。把二叉树改造成线索二叉树的过程称为线索化。

2. 线索二叉树的结构

一棵具有 n 个结点的二叉树，若采用二叉链表存储结构，在 $2n$ 个指针域中，只用了 $n-1$ 个指针域存储孩子结点的指针，另外 $n+1$ 个指针域是空指针。因此，可以利用某结点的空左指针域（lchild）指向该结点在某种遍历序列中的直接前驱，利用结点的空右指针域（rchild）指向该结点在某种遍历序列中的直接后继。对于那些非空的指针域，仍然存放指向该结点的左、右孩子指针，这样，就得到了一棵线索二叉树。

例如，对图 6.10（b）所示的二叉树进行线索化，得到的先序线索二叉树、中序线索二叉树和后序线索二叉树分别如图 6.26（a）、图 6.26（b）、图 6.26（c）所示。图 6.26 中的实线表示指针，虚线表示线索。

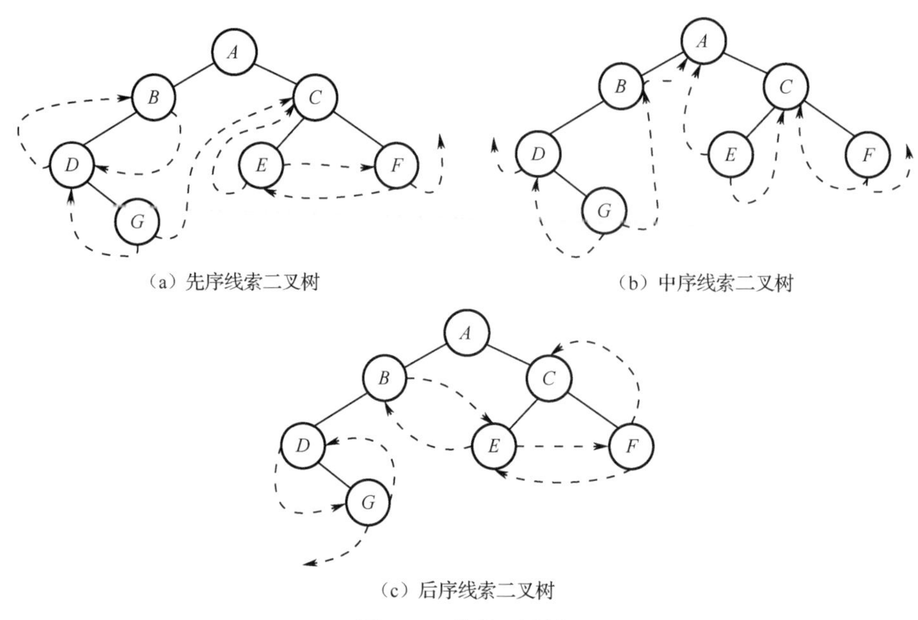

图 6.26　线索二叉树

在线索二叉树中，如何区别某结点的指针域存放的是指针还是线索呢？可以采用以下两种方法来实现。

（1）为每个结点增设两个左、右标志域 ltag 和 rtag，并令

$$\text{ltag}=\begin{cases}0 & \text{lchild指向结点的左孩子结点}\\1 & \text{lchild指向结点的前驱结点}\end{cases}$$

$$\text{rtag}=\begin{cases}0 & \text{rchild指向结点的右孩子结点}\\1 & \text{rchild指向结点的后继结点}\end{cases}$$

每个标志占 1 位，这样就只增加了很少的存储空间。结点的结构如下。

ltag	lchild	data	rchild	rtag

（2）不改变结点结构，仅在作为线索的地址前加一个负号，即负的地址表示线索，正的地址表示指针。

本书按第一种方法表示线索二叉树的存储结构。为了将二叉树中所有空指针域都利用起来，以及操作便利的需要，在存储线索二叉树时，通常增设一头结点，其结构与线索二叉树的结点结构一样，数据域不存放结点信息，左指针域指向二叉树的根结点，右指针域指向某种遍历序列的最后一个结点（开始指向自己）。而原二叉树在某种次序遍历下的第一个结点的前驱线索和最后一个结点的后继线索都指向该头结点。图 6.27 给出了图 6.26（b）所示的中序线索二叉树的完整的存储结构。

线索二叉树的结点结构定义如下。

```
Typedef   enum pointerTag {Link, Thread } ;                    //指针 Link= =0，线索 Thread==1
typedef   struct   BiThrNode   {
     TElemtype   data;
     struct   BiThrNode   *lchild, *rchild ;                   //左、右孩子指针
     pointerTag Ltag, Rtag ;                                   //左、右标志
} BiThrNodeType, *BiThrTree ;
```

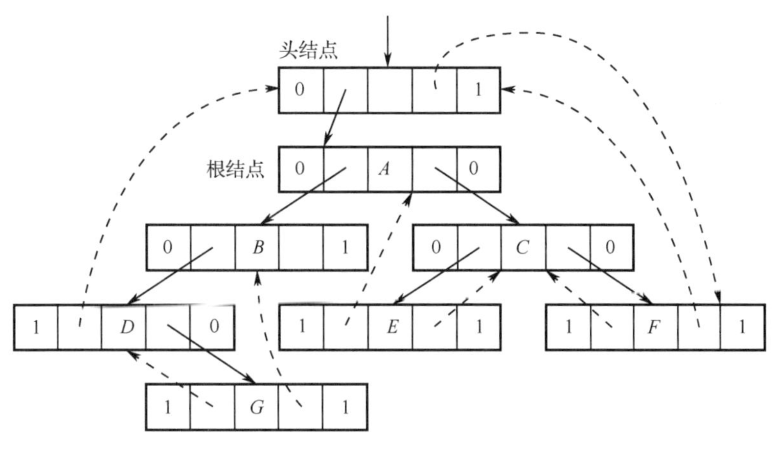

图 6.27　带头结点的中序线索二叉树存储结构

6.5.2　线索二叉树的基本算法

下面以中序线索二叉树为例，讨论线索二叉树的建立，线索二叉树的遍历，以及在线索二叉树上查找前驱结点、后继结点，插入结点和删除结点等操作算法的实现。

1. 建立中序线索二叉树

建立线索二叉树（二叉树线索化）的实质就是遍历一棵二叉树。在遍历过程中，将访问结点的操作修改为检查当前结点的左、右指针域是否为空，若为空，则将它们改为指向前驱结点或后继结点的线索。为实现这一过程，设置一个指针 pre 指向刚刚访问过的结点，以便增设线索，即若指针 p 指向当前结点，则 pre 指向它的前驱结点。

另外，在二叉树线索化前，先申请一个头结点，并将左孩子指针指向根结点，右孩子指针指向自己。二叉树线索化后，还要将最后一个结点的线索指向头结点。

下面是建立中序线索二叉树的递归算法，其中 pre 为全局变量。

```
status  InOrderThreading(BiThrTree  &Thrt, BiThrTree T)
  {     //中序遍历二叉树 Thrt，并将其中序遍历序列线索化，Thrt 指向头结点
    if(!(Thrt =(BiThrTree)malloc(sizeof(BiThrNodeType)))) exit(OVERFLOW);
    Thrt->Ltag=Link ;    Thrt->Rtag =Thread ;                //建立头结点
    Thrt->rchild=Thrt ;                                     //右指针指向自己
    if(!T) Thrt->lchild =Thrt;                              //若二叉树为空，则左指针回指
    else {   Thrt->lchild =T;   pre=Thrt ;
             InThreading(T);                                //中序遍历序列进行线索化
             pre->rchild =Thrt ;   pre->Rtag =Thread;       //最后一个结点进行线索化
             Thrt->rchild=pre;
      }
    return OK;
}
void  InTreading(BiThrTree  p)                              //中序遍历序列进行线索化
  { if(p)
      { InThreading(p->lchild);                             //左子树进行线索化
        if(!p->lchild)                                      //前驱线索
           { p->Ltag= Thread;     p->lchild=pre;  }
        else p->Ltag= Link;
        if(!pre->rchild)                                    //后继线索
```

```
        { pre->Rtag= Thread;     pre->rchild=p;   }
      else p->Rtag= Link;
      pre=p;
      InThreading(p->rchild);                                  //右子树进行线索化
    }
}
```

2. 在中序线索二叉树中查找任意结点的中序前驱结点

对于中序线索二叉树上的任意结点，寻找在中序遍历序列中它的前驱结点，有以下两种情况。

（1）如果该结点的左标志为 1，那么其左指针所指向的结点便是它的前驱结点。

（2）如果该结点的左标志为 0，说明该结点有左孩子结点，根据中序遍历的定义，它的前驱结点是以该结点的左孩子结点为根结点的左子树的最右下方的结点，即沿着其左子树的右指针链向下查找，当找到某个结点的右标志为 1 时，它就是所要找的前驱结点。

在中序线索二叉树中查找指针 p 所指结点的中序前驱结点的算法如下。

```
BiThrTree InPreNode(BiThrTree p)   //在中序线索二叉树上寻找指针 p 指向结点的中序前驱结点
  {  BiThrTree   pre ;
     pre=p->lchild;
     if(p->Ltag != Thread)
        while   (pre->Rtag== Link) pre=pre->rchild ;
     return(pre);
}
```

3. 在中序线索二叉树上查找任意结点的中序后继结点

对于中序线索二叉树上的任意结点，寻找中序遍历序列中它的后继结点，有以下两种情况。

（1）如果该结点的右标志为 1，那么其右指针所指向的结点便是它的后继结点。

（2）如果该结点的右标志为 0，说明该结点有右孩子结点，根据中序遍历的定义，它的后继结点是以该结点的右孩子结点为根结点的右子树的最左下方结点，即沿着其右子树的左指针链向下查找，当找到某结点的左标志为 1 时，它就是所要找的后继结点。

在中序线索二叉树上寻找由指针 p 所指结点的中序后继结点算法如下。

```
BiThrTree InPostNode(BiThrTree p)   //在中序线索二叉树上寻找指针 p 指向结点的中序后继结点
   {  BiThrTree   post ;
      post=p->rchild;
      if(p->Rtag != Thread)
         while   (post->Ltag==Link) post=post->lchild;
      return(post);
   }
```

以上给出的仅是在中序线索二叉树中寻找某结点的前驱结点和后继结点的算法。在先序线索二叉树中寻找某结点的后继结点及在后序线索二叉树中寻找某结点的前驱结点可以采用类似的方法实现，在此不再讨论，读者可自己写出。

4. 在中序线索二叉树中查找任意结点的先序后继结点

该操作的实现依据是，若一个结点是某子树在中序遍历序列中的最后一个结点，则它必是该子树在先序遍历序列中的最后一个结点。该结论可以用反证法证明。

依据上述结论，下面讨论在中序线索二叉树上查找某结点的先序后继结点的算法。设开始时，指向此某结点的指针为 p。

（1）若待确定的先序后继结点为分支结点，则又有两种情况。

① 当 p->ltag=Link 时，p->lchild 为指针 p 指向的结点在先序遍历序列中的后继结点。

② 当 p->ltag=Thread 时，p->rchild 为指针 p 指向的结点在先序遍历序列中的后继结点。

（2）若待确定先序后继的结点为叶结点，则也有两种情况。

① 若 p->rchild 是头结点，则遍历结束。

② 若 p->rchild 不是头结点，则指针 p 所指向的结点一定是以 p->rchild 结点为根结点的左子树在中序遍历序列中的最后一个结点，因此指针 p 所指结点也是该子树的先序遍历序列中的最后一个结点。此时，若 p->rchild 结点有右子树，则所查找的结点在先序遍历序列中的后继结点的地址为 p->rchild->rchild；若 p->rchild 为线索，则 p=p->rchild，重复执行情况（2）。

在中序线索二叉树上寻找指针 p 所指结点的先序后继结点的算法如下。

```
BiThrTree IPrePostNode(BiThrTree Thrt, BiThrTree p)
    {  //在中序线索二叉树上寻找指针 p 所指节点的先序后继结点，thrt 为线索树的头结点
       BiThrTree   post ;
       if(p->Ltag== Link) post=p->lchild ;
       else { post=p;
              while(post->Rtag== Thread && post->rchild != Thrt)
                     post=post->rchild ;
              post=post->rchild;
            }
       return(post);
    }
```

5. 在中序线索二叉树上查找任意结点的后序前驱结点

该操作的实现依据是，若一个结点是某子树在中序遍历序列中的第一个结点，则它必是该子树在后序遍历序列中的第一个结点。该结论也可以用反证法证明。

依据这一结论，下面讨论在中序线索二叉树中查找某结点的后序前驱结点的算法。设开始时，指向此某结点的指针为 p。

（1）若待确定的后序前驱结点为分支结点，则又分两种情况。

① 当 p->Ltag=Link 时，p->lchild 为指针 p 指向的结点在后序遍历序列中的前驱结点。

② 当 p->Rtag=Thread 时，p->rchild 为指针 p 指向的结点在后序遍历序列中的前驱结点。

（2）若待确定的后序前驱结点为叶结点，则也分两种情况。

① 若 p->lchild 是头结点，则遍历结束。

② 若 p->lchild 不是头结点，则指针 p 所指向的结点一定是以 p->lchild 结点为根结点的右子树在中序遍历序列中的第一个结点，因此指针 p 所指结点也是该子树的后序遍历序列中的第一个结点。此时，若 p->lchild 结点有左子树，则所查找的结点在后序遍历序列中的前驱结点的地址为 p->lchild->lchild；若 p->lchild 为线索，则 p=p->lchild，重复执行情况（2）。

在中序线索二叉树上寻找指针 p 所指结点的后序前驱结点的算法如下。

```
BiThrTree IPostPretNode(BiThrTree   Thrt, BiThrTree   p )
    {  //在中序线索二叉树上寻找指针 p 所指结点的先序后继结点，thrt 为线索树的头结点
       BiThrTree   pre ;
       if(p->Rtag==Link) pre=p->rchild ;
       else { pre=p ;
              while(pre->Ltag==Thread&& post->rchild!=Thrt)pre=pre->lchild ;
              pre=pre->lchild ;
```

```
        }
    return(pre);
}
```

6. 线索二叉树的遍历

利用在中序线索二叉树上查找后继结点和前驱结点的算法，可以遍历二叉树的所有结点。例如，先找到按某种遍历次序所得的遍历序列 p 的第一个结点，再依次查询其后继结点；或者先找到按某种遍历次序所得遍历序列中的最后一个结点，再依次查询其前驱结点。这样，既不用栈也不用递归方法，就可以访问到二叉树的所有结点。

（1）先序遍历中序线索二叉树。

```
void  PreOrderInThrTree(BiThrTree Thrt,(*visit)(TElemType))
    {  BiThrTree   p=Thrt ->lchild ;                      //从头结点进入根结点
       while(p != Thrt)                                     //当回到头结点时，遍历结束
           {  while(p->Ltag== p->Rtag==Link)               //先序遍历到最左下端
                  {  visit(p->data);
                     p=p->lchild ;
                  }
              visit(p->data);                               //访问最左下端的结点，然后向右转
              while(p->Rtag== Thread)                       //由右线索向上访问
                   p=p->rchild ;
              if(p->Rtag== Link)                            //当右孩子结点为链时进入右子树继续
                p=p->rchild ;
           }
    }
```

（2）中序遍历中序线索二叉树。

```
void  InOrderInThrTree(BiThrTree Thrt,(*visit)(TElemType))
    {  BiThrTree   p=Thrt ->lchild ;                      //从头结点进入根结点
       while(p != Thrt)                                     //当回到头结点时，遍历结束
         {  while(p->Ltag== p->Rtag==Link)                 //中序遍历到最左下端结点
               p=p->lchild ;
            visit(p->data);                                 //访问最左下端的结点
            while(p->Rtag== Thread && p->rchild != Thrt)    //访问后继结点
               {  p=p->rchild ;
                  visit(p->data);
               }
            p=p->rchild ;                                   //进入右子树继续
         }
    }
```

不用栈和递归方法后序遍历中序线索二叉树，算法较为复杂，此处不再讨论。

7. 在中序线索二叉树中查找给定值的结点

在中序线索二叉树上查找值为 x 的结点，实质上就是在线索二叉树上进行遍历，将访问结点的操作改为将结点的值与 x 比较即可。算法描述如下。

```
BiThrTree   Search(BiThrTree   Thrt, TElemType   x)
   {     //在以 Thrt 为头结点的中序线索二叉树中查找值为 x 的结点
       BiThrTree   p ;
```

```
        p=Thrt->lchild ;
        while(p->Ltag==Link && p!= Thrt) p=p->lchild ;
        while(p!=Thrt   &&   p->data != x) p=InPostNode(p);
        if(p== Thrt)
          { printf("Not Found the data!\n");
            return   NULL ;
          }
        else   return(p);
      }
```

8. 在中序线索二叉树上更新

线索二叉树的更新是指，在线索二叉树中插入一个结点或删除一个结点。一般情况下，这些操作可能破坏原来已有的线索，因此，在修改指针时，还需要对线索做相应的修改。一般来说，这个过程的代价几乎与重新进行线索化相同。这里仅讨论一种比较简单的情况，即在中序线索二叉树中插入一个结点 p，使它成为结点 s 的右孩子结点。

下面分两种情况来讨论。

（1）若结点 s 的右子树为空，如图 6.28（a）所示，则插入结点 p 之后成为图 6.28（b）所示的情形。在这种情况中，结点 s 的后继结点将成为结点 p 的中序后继结点，结点 s 成为结点 p 的中序前驱结点，而结点 p 成为结点 s 的右孩子结点。二叉树中其他部分的指针和线索不发生变化。

（2）若结点 s 的右子树非空，如图 6.29（a）所示，插入结点 p 之后如图 6.29（b）所示。结点 s 原来的右子树变成结点 p 的右子树，由于结点 p 没有左子树，故结点 s 成为结点 p 的中序前驱结点，结点 p 成为结点 s 的右孩子结点；又由于结点 s 原来的后继结点成为结点 p 的后继结点，因此还要将结点 s 原本指向结点 s 的后继结点的左线索，改为指向结点 p。

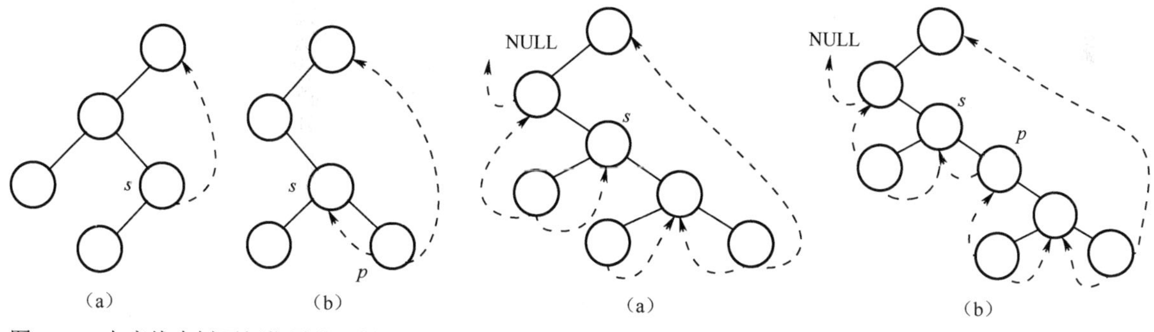

图 6.28　中序线索树更新位置右子树为空

图 6.29　中序线索树更新位置右子树非空

下面给出上述操作的算法描述。

```
void InsertThrRight(BiThrTree   Thrt, s, BiThrTree   p)
  {  //在中序线索二叉树中插入结点 p 使其成为结点 s 的右孩子结点
     BiThrTree   w ;
     p->rchild=s->rchild ;
     p->Rtag=s->Rtag ;
     p->lchild=s ;
     p->Ltag =Thread ;              //将结点 s 变为结点 p 的中序前驱结点
     s->rchild=p;
     s->Rtag=Link ;                 //结点 p 成为结点 s 的右孩子结点
    if(p->Rtag== Link)              //当结点 s 原来右子树不空时，找到结点 s 的后继结点 w，结点 w 变为结点
                                    //p 的后继结点，结点 p 变为结点 w 的前驱结点
```

```
        {   w=InPostNode(p);
            w->lchild=p;
        }
    }
```

课外阅读：学会根据“线索”建立知识间的相互联系

每个人都不是独立的个体，万事万物都是相互联系的。知识也不是一个个独立的单元，我们要善于利用知识之间千丝万缕的关系和线索建立起自己的知识体系，就像我们每个人每天都生活在一个巨大的社会网络之中，每个人都应该团结合作，团结就是力量，调整自己的步调，做好自己的事，努力为国家、社会和人民做出自己的贡献。

6.6 树和森林

6.6.1 树与森林的性质

度为 k 的树称为 k 叉树，树的深度（或高度）用 h 表示。以下给出树和森林的几条重要性质。

性质 1．设一棵树有 n 个结点，边数为 e，则 $e=n-1$，且 e 等于各结点的度数之和，即

$$e=\sum_{i=1}^{n}\text{Degree}(v_i) \text{ 或 } n=1+\sum_{i=1}^{n}\text{Degree}(v_i)$$

性质 2．一棵 k 叉树的第 i 层至多有 k^{i-1} 个结点。

证明：用数学归纳法证明。

当 $i=1$ 时，树的第一层上只有一个结点，即整棵树的根结点，而由 $i=1$ 代入 k^{i-1}，得 $k^{i-1}=k^0=1$，显然结论成立。

假设对所有 $i=j$ 时结论成立，则 $i=j+1$ 时，第 j 层至多有 k^{j-1} 个结点，每个结点至多有 k 个孩子结点，所以第 $j+1$ 层至多有 $k\times k^{j-1}=k^j$ 个结点，即 $i=j+1$ 时结论也成立。

性质 3．深度为 h 的 k 叉树最多有$(k^h-1)/(k-1)$个结点。

证明：由性质 2 可知，第 i 层至多有 k^{i-1} 个结点，h 层共有

$$k^0+k^1+\cdots+k^{h-1}=(k^h-1)/(k-1)$$

个结点。

性质 4．一棵具有 n 个结点的 k 叉树，其最小深度为 $[\log_k n(k-1)]+1$。

证明：由性质 3 可知

$$(k^{h-1}-1)/(k-1)< n\leqslant(k^h-1)/(k-1)$$
$$k^{h-1}< n(k-1)+1\leqslant k^h$$

两边去对数得

$$h-1<\log_k[n(k-1)+1]\leqslant h$$

由于 h 是整数，所以有

$$h=\lceil \log_k[n(k-1)+1]\rceil$$

性质 5．设一棵具有 n 个结点的树中，度为 0、1、2、…、m 的结点个数分别为 n_0、n_1、n_2、…、n_m 个，则 $n_0=1+\sum_{i=1}^{n}(i-1)n_i$。

证明：由性质 1 知，边数 $e=\sum_{i=0}^{n}i\,n_i$，$n=n_0+n_1+n_2+\cdots+n_m=n_0+\sum_{i=1}^{n}i\,n_i$，即

$$n_0 = n - \sum_{i=1}^{n} i n_i$$

又因为

$$n=e+1$$

所以

$$n_0 = 1 + \sum_{i=0}^{n} i n_i - \sum_{i=1}^{n} i n_i = 1 + \sum_{i=1}^{n} (i-1) n_i$$

性质 6．设森林中的所有树共包含 n 个结点和 m 条边，则该森林必含 $n-m$ 棵树。

证明：设森林有 k 棵树，各棵树的结点个数分别为 v_1、v_2、…、v_k，边数分别为 v_1-1、v_2-1、…、v_k-1，则 $v_1+v_2+\cdots+v_k=n$，又因为 $v_1-1+v_2-1+\cdots+v_k-1=n-k=m$，所以 $k=n-m$。

6.6.2 树与森林的存储结构

树与森林的存储结构比二叉树复杂得多，相应的操作算法实现也相对困难。树、森林与二叉树之间存在着一对一的对应关系，它们之间可以相互转化，在学习本部分内容时要注意与二叉树相关知识的联系。关于树和森林的一些操作（主要是遍历）完全可以借助二叉树的算法实现，后面将详细讨论，本节只介绍树与森林的几种存储结构。

树的存储可以有多种方式，既可以采用顺序存储结构，也可以采用链式存储结构，但无论采用哪种存储方式，都要求其存储结构不但能存储各结点本身的数据信息，还要唯一反映树中各结点之间的逻辑关系。森林的存储结构与树的存储结构相同，不需要单独讨论。下面介绍几种树的存储结构。

1．双亲表示法

由树的定义可知，树中的每个结点都有唯一一个双亲结点，根据这一特性，可以用一组连续的存储空间（一维数组）存储树中的各个结点，数组中的每个元素表示树的一个结点，数组元素为结构体类型，其中包括结点本身的信息及其双亲结点在数组中的序号，这种存储方法称为双亲表示法。树的双亲表示法如图 6.30 所示，其中包含三个域，一个是结点数组域，数组的每个元素又分为两个域，存放结点数据的 data 域，存放双亲结点在数组中序号的 parent 域。另外两个域 r 和 n 分别存放根结点在数组中的序号和结点个数。

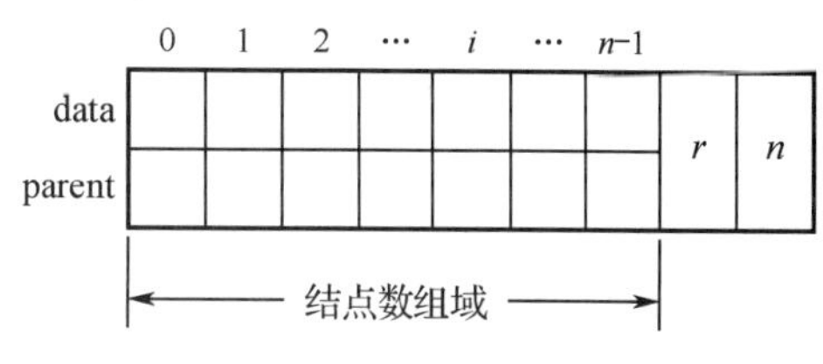

图 6.30　树的双亲表示法

存储结构定义如下。

```
# define  MAXNODE  100                //树中结点的最大个数
typedef  struct  PTNode               //数组元素结构
   {
    TElemType  data;                  //数据元素
    int  parent ;                     //双亲指针
   } PTNode ;
typedef  struct                       //树的存储结构
   {
     PTNode  data[ MAXNODE ] ;        //数组域
     int  r, n ;                      //根结点指针和结点个数
   } Ptree ;
```

序号	data	parent
0	*A*	−1
1	*B*	0
2	*C*	0
3	*D*	1
4	*E*	1
5	*F*	1
6	*G*	2
7	*H*	4
8	*I*	4

图 6.31　图 6.4 所示树的双亲表示法

图 6.4 所示的树，其双亲表示法如图 6.31 所示。图 6.31 中用 parent 域的值为−1 表示该结点是根结点，无双亲结点。

树的双亲表示法对于实现查找双亲结点操作 Parent(t,x)和取根结点操作 Root(x)非常方便，但若求某个结点的孩子结点，如 Child(t,x,i)操作时，则需要遍历整个数组。此外，这种存储方式不能反映各兄弟结点之间的关系，所以实现 RightSibling(t,x)操作也比较困难，因此，这种存储结构很少使用。

2. 孩子表示法

孩子表示法的基本思想是，每个结点除了一个存放结点值的数据域，还包含存放每个孩子结点的指针域。由于每个结点的孩子结点个数是不同的，所以又可以采用不同存储结构。下面介绍几种存储结构。

由于树中每个结点都有零个或多个孩子结点，因此，可以使每个结点包括一个数据域和多个指针域，每个指针域指向该结点的一个孩子结点，通过各个指针域值反映出树中各结点之间的逻辑关系。在这种表示法中，树中每个结点有多个指针域，形成了多个链表，所以也称为多重链表表示法。

由于树中各结点的孩子结点个数（度）各异，因此结点的指针域个数的设置有两种方法。

（1）不等长结点结构。每个结点指针域的个数等于该结点的度。

（2）等长结点结构。每个结点指针域的个数等于树的度。假设树的度为 k，所有结点都含 k 个指针域，另外增加一个度数域 degre ，存放结点的度。孩子表示法的结点结构如图 6.32 所示。

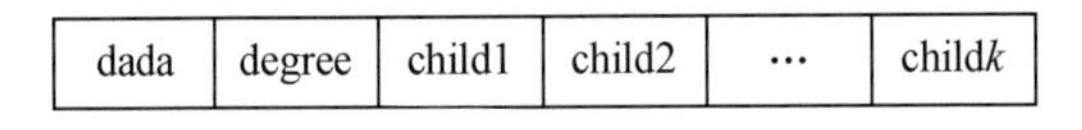

dada	degree	child1	child2	…	child*k*

图 6.32　孩子表示法的结点结构

方法（1）虽然在一定程度上节约了存储空间，但由于树中各结点是不同构的，使各种操作不容易实现，所以这种方法也很少采用。方法（2）中各结点是同构的，各种操作相对容易实现，但为此付出的代价是存储空间的浪费。图 6.33 所示为图 6.4 中树的多重链表存储结构。显然，方法（2）适用于各结点的度数相差不大的情况。

孩子表示法的存储结构描述如下。

```
# define  MAXSIZE  10
typedef  struct  CTNode  {
      TElemType  data;
      struct  TNode  *childs[ MAXSIZE ];
   } *CTNode ;
```

对于任意一棵树 T，可以定义 NodeType　*T；使 T 成为指向树根结点的指针。

3. 孩子链表表示法

孩子链表表示法存储结构的基本思想是用一维数组存储一棵树，数组大小与结点个数相同，数组的每一个数据元素由两个域组成，一个是 data 域，用来存放结点信息；另一个是 firstchild 域，用来存放指针，指针指向由该结点的所有孩子结点组成的单链表中的第一个孩子结点。单链表的结点结构也由两个域组成，一个是 child 域，用来存放孩子结点在一维数组中的序号，另一个是 next 域，即指针域，指向下一个孩子结点，孩子链表存储结构如图 6.34 所示。从图 6.34 中容易看出，每个结点的所有孩子结点拉成一个单链表，所有结点的孩子链表的首结点存放在结点数组元素的指针域中。这种存储表示是一种“顺序+链表”的结构，也称为邻接表存储结构。

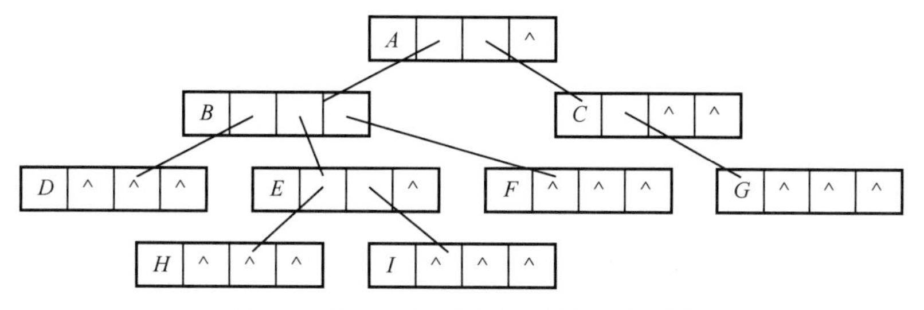

图 6.33　图 6.4 中树的多重链表存储结构

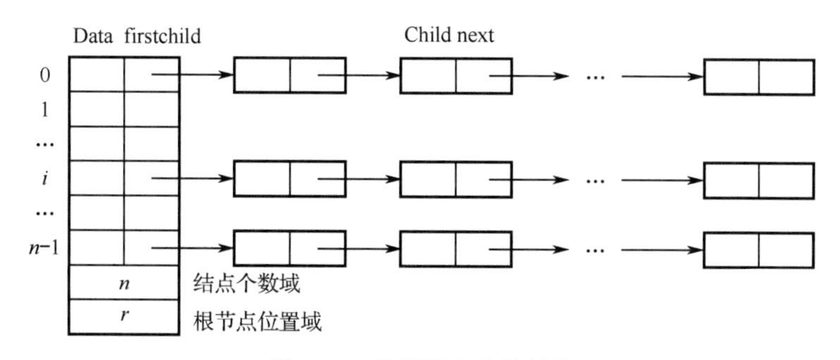

图 6.34　孩子链表存储结构

存储结构定义如下。

```
#define  MAXSIZE  100                //定义结点最大个数
typedef  struct  CTNode  {           //定义孩子链表结点类型
         int  child ;
         struct  CTNode  *next ;
       } *Childptr ;
typedef  struct  {                   //定义数组元素结点类型
         TElemType  data ;
         Childptr  firstchild ;
       } CTBos ;
typedef  struct  {                   //定义结点数组类型
         CTBos  nodes[ MAXSIZE ] ;
           int  n, r ;               //结点个数与根结点位置
         }  CTree ;
```

对于图 6.4 中的树，用孩子链表表示法，其存储结构如图 6.35 所示。

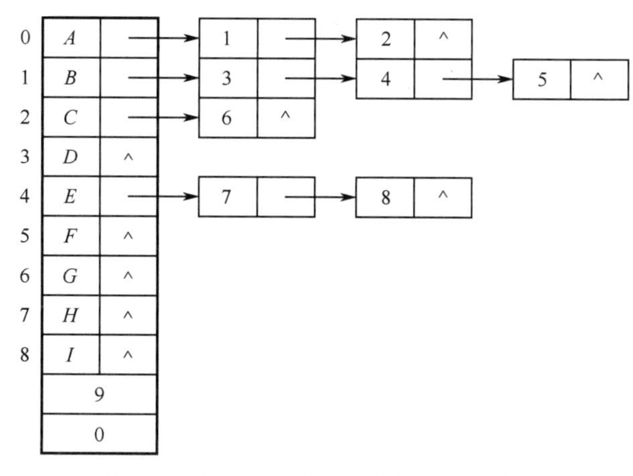

图 6.35　图 6.4 中树的孩子链表存储结构

在孩子链表表示法中，查找孩子结点十分方便，但查找双亲结点比较困难，适用于对孩子结点操作较多的问题。

4. 双亲孩子表示法

为了既便于查找孩子结点，又便于查找双亲结点，可以将孩子链表表示法加以改进，在数组元素结构中增加一个存放双亲结点序号的域，相当于将双亲表示法和孩子链表表示法两者合二为一，其存储结构如图 6.36 所示。

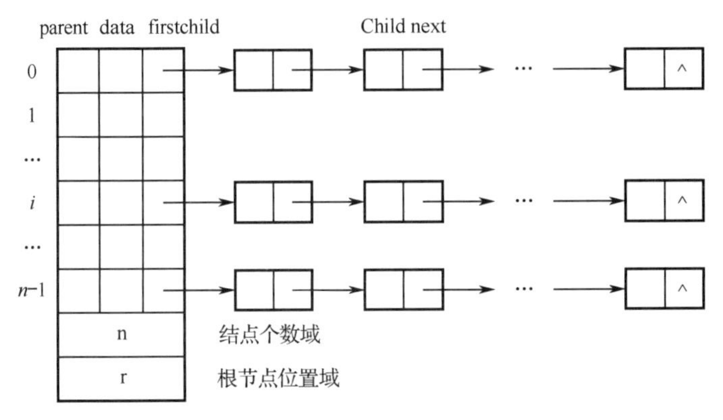

图 6.36　双亲孩子存储结构

双亲孩子存储结构描述如下。

```
#define   MAXSIZE   100          //定义结点最大个数
typedef   struct   CTNode   {    //定义孩子链表结点类型
          int   child ;
          struct   CTNode   *next ;
     } *Childptr ;
typedef   struct   {             //定义数组元素结点类型
               int   parent ;
        TElemType   data ;
        Childptr   firstchild ;
     } CTBos ;
typedef   struct   {             //定义结点数组类型
        CTBos   nodes[ MAXSIZE ] ;
          Int   n, r ;           //结点个数与根结点位置
     } CTree ;
```

对于图 6.4 中的树，用双亲孩子表示法，其存储结构如图 6.37 所示。

5. 孩子兄弟表示法

树的孩子兄弟表示法是一种常用的存储结构，其方法是在树中的每个结点除了数据域，再增加两个分别指向该结点的最左边的第一个孩子结点和第一个兄弟结点的指针。孩子兄弟表示法的结点结构如图 6.38 所示。

存储结构定义如下。

```
typedef   struct   CSNode {
      TElemType   data;
      struct   CSNode   *firstchild,   *nextsibling ;
   } CSNode, *CSTree ;
```

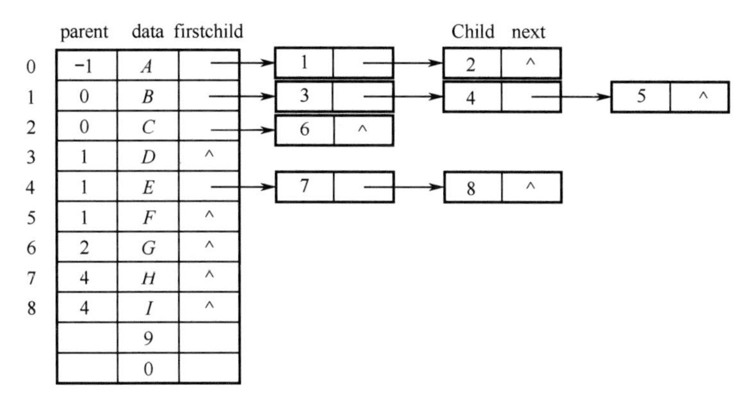

图 6.37　图 6.4 中树的双亲孩子存储结构

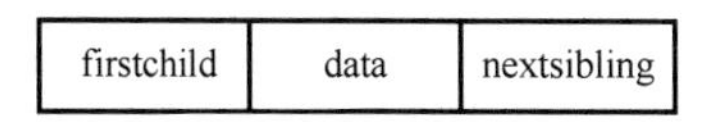

图 6.38　孩子兄弟表示法的结点结构

图 6.39 给出了图 6.4 中树的孩子兄弟存储结构示意图。由图 6.39 可以看出，树的孩子兄弟表示法是一种二叉链表结构。事实上，树和森林与二叉树之间存在着一对一的关系，彼此之间可以相互转换，在下一节将讨论这种转换方法。所以树的孩子兄弟表示法也称为二叉树表示法或二叉链表表示法。

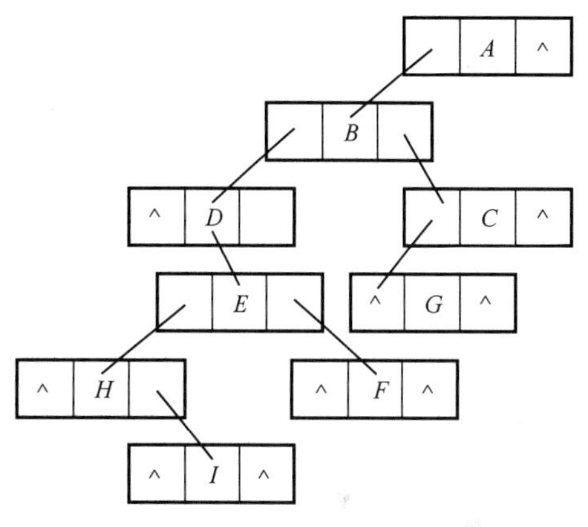

图 6.39　图 6.4 中树的孩子兄弟存储结构

6.6.3　树、森林与二叉树的转换

从树的孩子兄弟表示法中可以看到，如果约定某种规则，就可以用二叉树结构表示树和森林，这样，对树的操作可以借助二叉树的二叉链表存储结构和二叉树的操作来实现。本节将讨论树和森林与二叉树之间的转换方法。

1. 树转换为二叉树

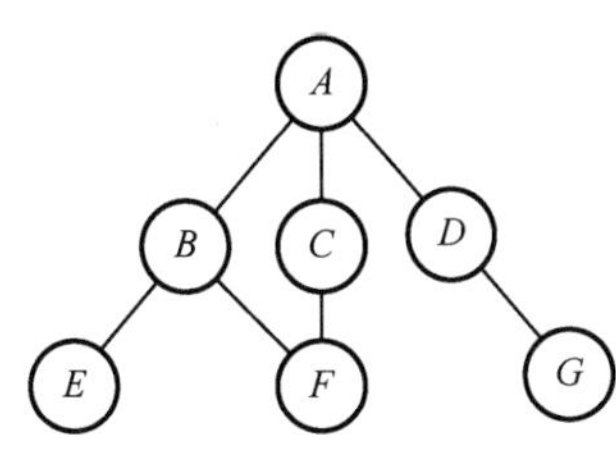

图 6.40　一棵树

对于一棵无序树，树中某个结点的孩子结点的次序无关紧要，而二叉树中的结点的左、右孩子结点是有区别的。此处约定：树中每一个结点的孩子结点按从左到右的顺序编号。图 6.40 所示为一棵树，根结点 *A* 有 *B*、*C*、*D* 三个孩子，则结点 *B* 为结点 *A* 的第一个孩子，结点 *C* 为结点 *A* 的第二个孩子，结点 *D* 为结点 *A* 的第三个孩子。

将一棵树转换为二叉树的方法可以简单概括为三个字“连、断、转”。具体方法如下。

（1）将树中所有相邻兄弟结点之间加一条连线。

（2）对于树中的每个结点，只保留它与第一个孩子结点之间的边，删去它与其他孩子结点之间的边。

（3）以树的根结点为轴心，将整棵树顺时针转动一定角度（45°），即可得到树所对应的二叉树。

可以证明，对树做这样的转换所构成的二叉树是唯一的。图 6.41 所示为图 6.40 中的树转换为二叉树的转换过程。

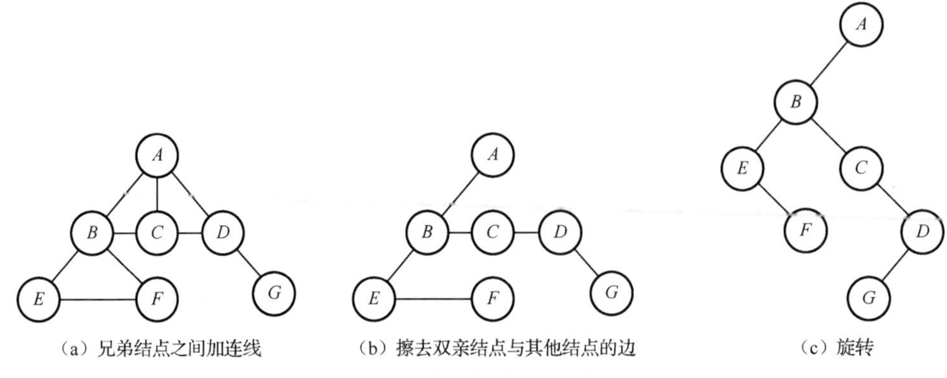

图 6.41　图 6.40 中的树转换为二叉树的转换过程

由上面的转换过程可以看出，在二叉树中，左分支上的各结点在原来的树中是父子关系，而右分支上的各结点在原来的树中是兄弟关系。由于树的根结点没有兄弟，所以转换后的二叉树，根结点无右子树。

事实上，一棵树采用孩子兄弟表示法所建立的存储结构与它所对应的二叉树的二叉链表存储结构是完全相同的。

2．森林转换为二叉树

由森林的概念可知，森林是若干棵树的集合，将森林中各棵树的根结点视为兄弟结点，因为每棵树又可以用二叉树表示，所以森林也可以用二叉树表示。

森林转换为二叉树的方法如下。

（1）将森林中的每棵树转换成相应的二叉树。

（2）第一棵二叉树不动，从第二棵二叉树开始，依次把后一棵二叉树的根结点作为前一棵二叉树根结点的右孩子结点，当所有二叉树连接完后，此时所得到的二叉树就是由森林转换得到的二叉树。

图 6.42 所示为含三棵树的森林，试将其转换为二叉树。

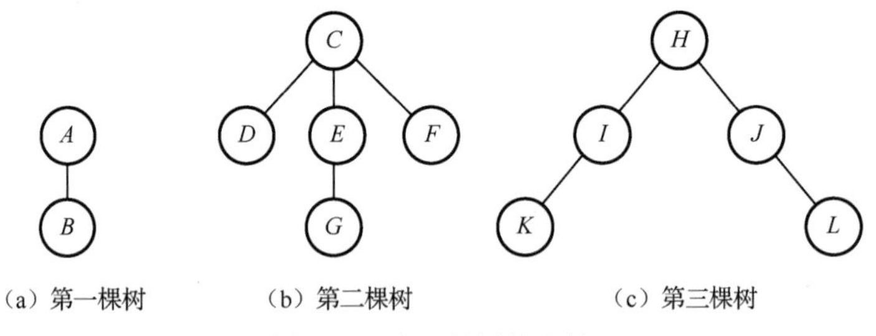

图 6.42　含三棵树的森林

将每棵树转换为二叉树，如图 6.43 所示。

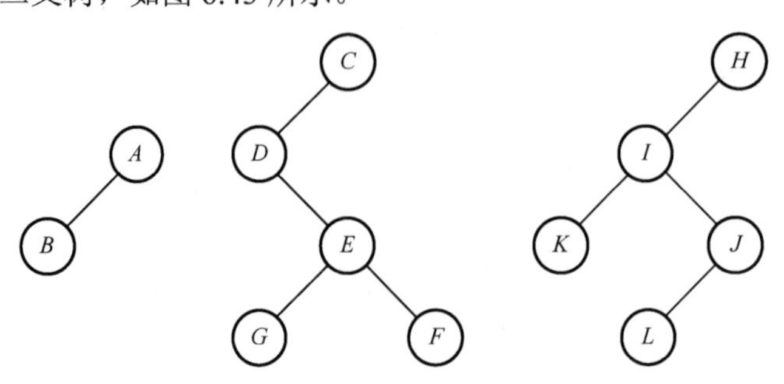

图 6.43　图 6.42 中的森林转换为三棵二叉树

将三棵二叉树连接为一棵二叉树，如图 6.44 所示。

3．二叉树转换为树或森林

树和森林都可以转换为二叉树，二者的不同之处是树转换成的二叉树，其根结点无右子树，而森林转换成的二叉树，其根结点有右子树。显然，转换过程是可逆的，即可以依据二叉树的根结点有无右子树，将一棵二叉树还原为树或森林，方法具体如下。

（1）若某结点是其双亲结点的左孩子结点，则把该结点的右孩子结点、右孩子结点的右孩子结点，……，都与该结点的双亲结点用线段连起来。

（2）删去原二叉树中的双亲结点与所有右孩子结点的连线。

（3）整理由（1）、（2）两步所得到的树或森林，使之结构层次分明。

这一方法可形式化描述为，如果 BT =(root,LB,RB)是一棵二叉树，则可按如下规则转换成森林 $F=\{T_1,T_2,\cdots,T_m\}$。

（1）若 BT 为空，则 F 为空。

（2）若 BT 非空，则森林中第一棵树 T_1 的根结点 ROOT(T_1)为 BT 的根结点；T_1 中根结点的子树森林 F_1 是由 BT 的左子树 LB 转换而成的森林；F 中除 T_1 之外其余树组成的森林 $F'=\{T_2, T_3, \cdots, T_m\}$是由 BT 的右子树 RB 转换成的森林。

图 6.45 所示为一棵二叉树，试将其转换为树或森林。

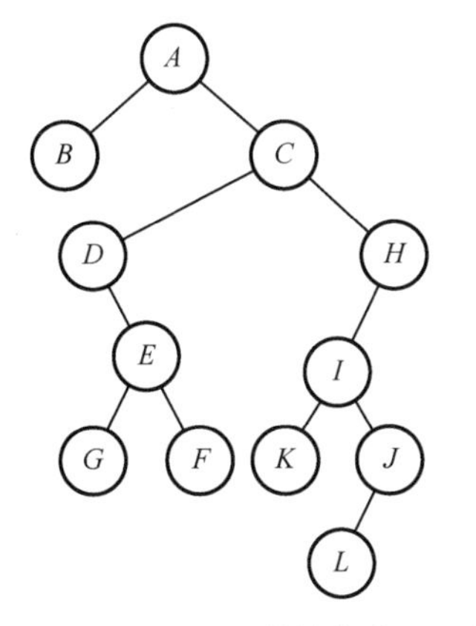

图 6.44　图 6.42 中的森林转换为二叉树

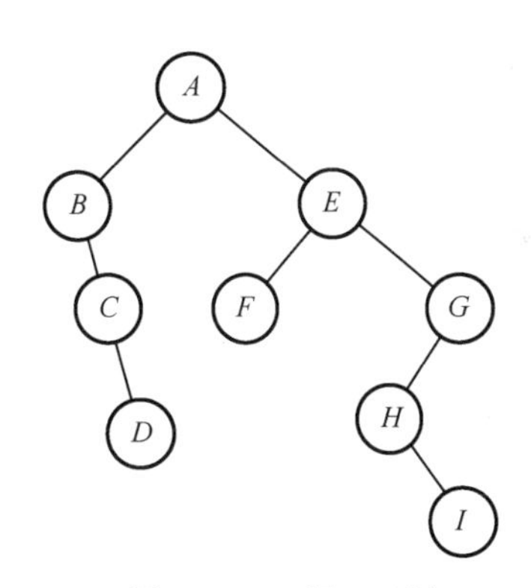

图 6.45　一棵二叉树

由于图 6.45 所示的二叉树有右子树，所以转换后应为森林，转换过程如图 6.46 所示。

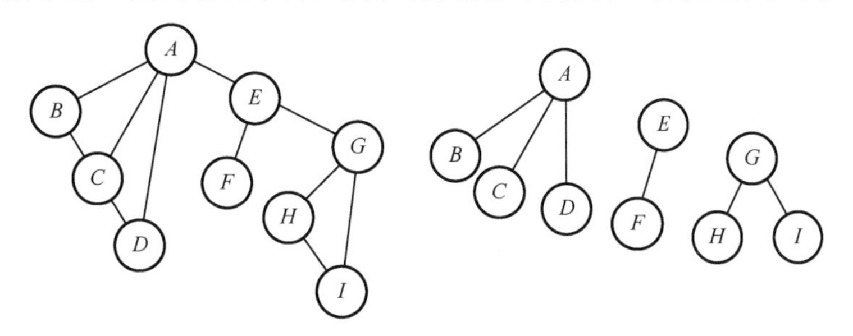

图 6.46　二叉树转换为森林的过程

最后整理得到转换后的森林，如图 6.47 所示。

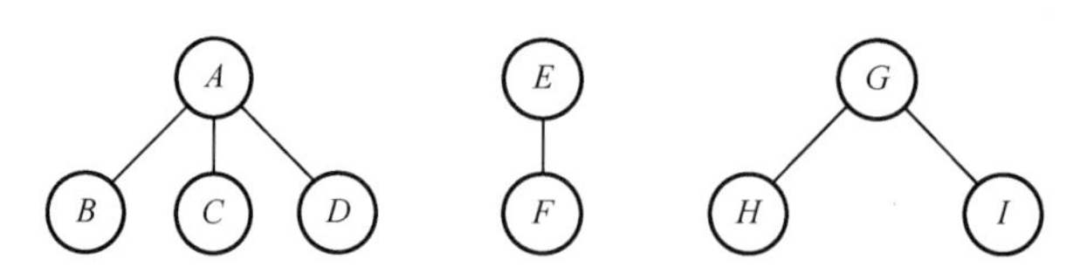

图 6.47　转换后的森林

6.6.4　树与森林的遍历

树与森林的遍历与二叉树的遍历，其算法思想既有类似的地方，又有明显的差别。树的遍历与森林的遍历也有所不同，但是，由于它们与二叉树之间的转换关系，使得它们的遍历算法可以通过二叉树的遍历来实现，因此，对树与森林的遍历算法讨论不做细致的讨论，只给出遍历的方法及与二叉树相应的遍历算法的等价性。

1．树的遍历

树的遍历主要有先序遍历、后序遍历和层次遍历三种方式，无中序遍历。

为什么树的遍历方式中没有中序遍历呢？树的遍历方式没有中序遍历的原因是，当树有多棵子树时，遍历完哪一棵子树后再访问根结点，无法确定，所以，定义中序遍历是无意义的。

1）*先序遍历*

先序遍历的过程如下。

（1）先访问根结点。

（2）再按照从左到右的顺序先序遍历根结点的每一棵子树。

2）*后序遍历*

后序遍历的过程如下。

（1）先按照从左到右的顺序后序遍历根结点的每一棵子树。

（2）再访问根结点。

3）*层次遍历*

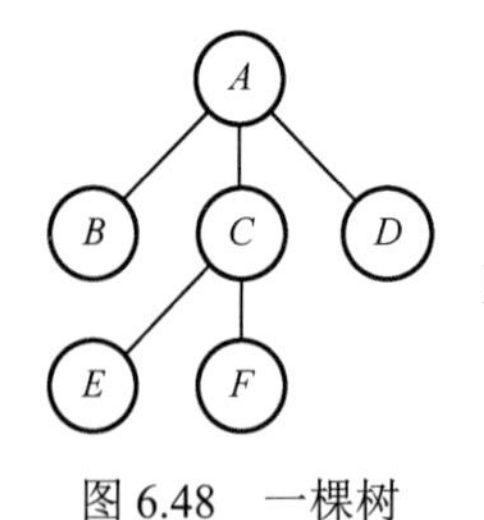

图 6.48　一棵树

层次遍历的过程如下。

从根结点开始按照从上到下、从左到右的次序访问树中的每一个结点。

例如，对图 6.48 所示的树进行先序遍历、后序遍历和层次遍历得到的序列如下。

先序遍历：*A B C E F D*。

后序遍历：*B E F C D A*。

层次遍历：*A B C D E F*。

根据树与二叉树的转换关系及树和二叉树的遍历定义可以推知，树的先序遍历与其转换后相应的二叉树的先序遍历结果相同；树的后序遍历与其转换后相应的二叉树的中序遍历结果相同。因此对树的遍历算法可以采用相应二叉树的遍历算法来实现。注意，树的先序遍历和后序遍历都是递归的。由于树属于非线性结构，结点之间的关系比线性结构更复杂一点，所以树的运算比以前讨论的各种线性数据结构的运算要复杂得多，但仔细分析会发现树的三种主要运算中，解决问题的关键是什么时候访问根结点。学习和生活中，每个人的时间和精力是有限的，应在有限的时间内尽可能地提高效率，这就需要去认真分析和把握问题的关键和实质，抓主要矛盾和矛盾的主要方面，兼顾次要矛盾和矛盾的次要方面。

2．森林的遍历

森林的遍历有先序遍历和中序遍历两种方式，但无后序遍历。原因是，当对多棵树逐棵遍历时，遍历完哪一棵树后再访问根结点是无法确定的，所以不定义后序遍历。

1）*先序遍历*

先序遍历的过程如下。

（1）访问森林中第一棵树的根结点。

（2）先序遍历第一棵树的根结点的子树。

（3）先序遍历去掉第一棵树后的森林。

对于图 6.42 所示的森林进行先序遍历，得到的序列为

$$A\ B\ C\ D\ E\ G\ F\ H\ I\ K\ J\ L$$

2）*中序遍历*

中序遍历的过程如下。

（1）中序遍历森林中第一棵树的根结点的子树。

（2）访问森林中第一棵树的根结点。

（3）中序遍历去掉第一棵树后的森林。

对于图 6.42 所示的森林进行中序遍历，得到的序列为

$$B\ A\ D\ G\ E\ F\ C\ K\ I\ L\ J\ H$$

根据森林与二叉树的转换关系及森林和二叉树的遍历定义可知，森林的先序遍历和中序遍历与所转换后对应的二叉树的先序遍历和中序遍历的序列相同。

课外阅读：把握细节，精益求精

小事情往往是大细节的体现，事实上人们总是容易忽略细节，在学习树和森林的遍历及树和森林的相互转化的过程中，每一个小细节的错误都会导致我们最终结果的错误。细节的积累产生伟大，如果我们不能对发生在生活中瞬时的事情用心去发现、去创造，那么我们就有可能失去机会。注重每一个细节，做到对任何事情严谨、细致，树立细节意识，把小事做细，做精益求精的执行者。

6.7 哈夫曼树

1951 年，哈夫曼和他在麻省理工学院的同学需要选择是完成学期报告还是期末考试，导师 Robert M. Fano 给他们的学期报告的题目是查找最有效的二进制编码。由于无法证明哪个已有编码是最有效的，哈夫曼放弃对已有编码的研究，转向新的编码方式探索，最终发现了基于有序频率二叉树编码的想法，并很快证明了这个方法是最有效的。哈夫曼使用自底向上的方法构建二叉树，避免了香农—范诺编码的最大弊端——自顶向下构建树，这就是哈夫曼树的由来。哈夫曼树是一种结点带权值的最优二叉树，在通信编码中应用广泛，本节将讨论哈夫曼树的概念、构造算法，以及哈夫曼树的应用。

6.7.1 哈夫曼树的概念与构造算法

1. 哈夫曼树的概念

哈夫曼树是指对于一组带有确定权值的叶结点，构造具有最小带权路径长度的二叉树。什么是二叉树的带权路径长度呢？在前面我们介绍过结点间的路径和路径长度的概念，这里二叉树的路径长度是指由根结点到所有叶结点的路径长度之和。如果二叉树中的叶结点都具有一定的权值，就可将这一概念加以推广。

设二叉树具有 n 个带权值的叶结点，从根结点到各个叶结点的路径长度与相应结点权值的乘积之和称为二叉树的带权路径长度，记为

$$\mathrm{WPL}=\sum_{k=1}^{n} w_k l_k$$

式中，w_k 为第 k 个叶结点的权值；l_k 为第 k 个叶结点到根结点的路径长度。在含有带相同权值的 n 个叶结点的所有二叉树中，使 WPL 最小的二叉树称为哈夫曼树。

图 6.49　二叉树

图 6.49 所示的二叉树，它的带权路径长度为

WPL=2×2+4×2+5×2+3×2=28

对于一组给定的、具有确定权值的叶结点，可以构造出不同的带权二叉树。例如，给出 4 个叶结点，设其权值分别为 1、3、5、7，我们可以构造出多棵形状不同的二叉树。这些形状不同的二叉树的带权路径长度将各不相同。图 6.50 给出了其中 5 棵不同形状的二叉树。这 5 棵树的带权路径长度分别为

WPL_a=1×2+3×2+5×2+7×2=32

WPL_b=1×3+3×3+5×2+7×1=29

WPL_c=1×2+3×3+5×3+7×1=33

WPL_d=7×3+5×3+3×2+1×1=43

WPL_e=7×1+5×2+3×3+1×3=29

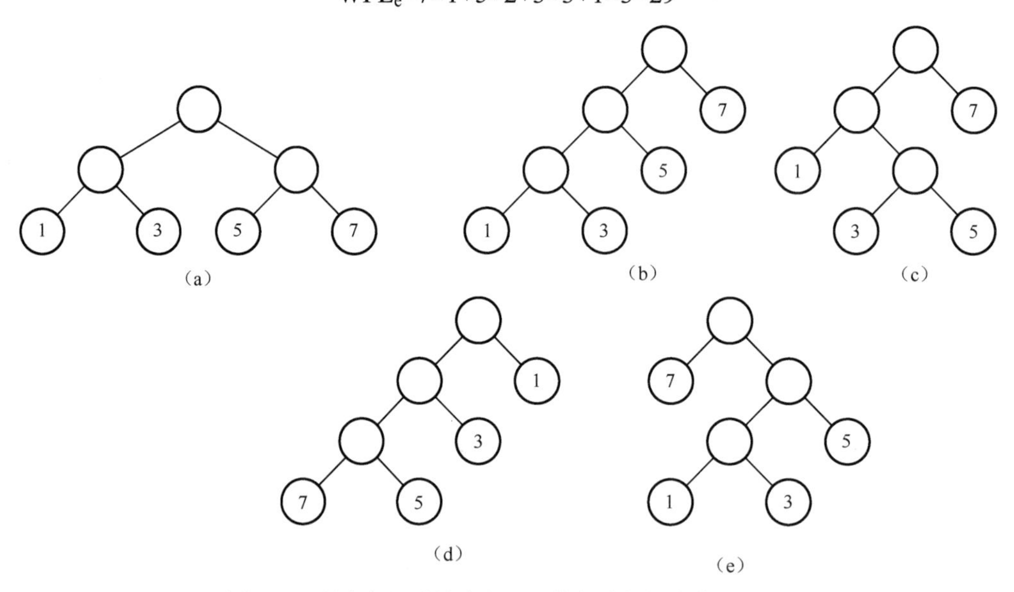

图 6.50　具有相同叶结点和不同带权路径长度的二叉树

由相同权值的一组叶结点构造出的二叉树有不同的形态和不同的带权路径长度。由此可见，哈夫曼树并不唯一。

哈夫曼树还有一些重要性质。

（1）哈夫曼树是正则二叉树，即没有度为 1 的结点。

（2）一棵含 n 个叶结点的哈夫曼树总共有 $2n-1$ 个结点。

哈夫曼树可以推广到 k 阶（叉）哈夫曼树，即每个分支结点都有 k 个孩子结点。

那么如何找到带权路径长度最小的二叉树（哈夫曼树）呢？以下给出构造哈夫曼树的一般方法。

2. 哈夫曼树的构造步骤

根据哈夫曼树的定义，一棵二叉树要使其带权路径长度最小，必须使权值大的叶结点靠近根结点，而权值小的叶结点应远离根结点。哈夫曼依据这一特点提出了一种构造最优二叉树的方法，哈夫曼方法的基本思想如下。

（1）先由给定的 n 个权值$\{w_1, w_2, \cdots, w_n\}$构造 n 棵只有一个叶结点的二叉树，从而得到一个二叉树的集合 $F=\{T_1, T_2, \cdots, T_n\}$。

（2）在 F 中选取根结点的权值最小和次小的两棵二叉树作为左、右子树构造一棵新的二叉树，这棵新的二叉树根结点的权值等于左、右子树根结点权值之和。

（3）在集合 F 中删除作为左、右子树的两棵二叉树，并将新建立的二叉树加入集合 F。

（4）重复步骤（2）（3），当 F 中只剩下一棵二叉树时，这棵二叉树就是所要建立的哈夫曼树。

图 6.51 给出了前面提到的叶结点权值集合为 $W=\{1, 3, 5, 7\}$的哈夫曼树的构造过程。为了区分叶结点和构造过程中产生的分支结点，图 6.51 中用小矩形表示分支结点，可以计算出其带权路径长度为 29，由此可见，对于同一组给定权值的叶结点所构造的哈夫曼树，哈夫曼树的形状可能不同，但带权路径长度值是相同的，一定是最小的。合并过程共进行了 n−1 次，每次产生一个分支结点，共 n−1 个分支结点，加上 n 个叶结点，整个哈夫曼树共有 2n−1 个结点，这也证明了哈夫曼树的性质（2）。

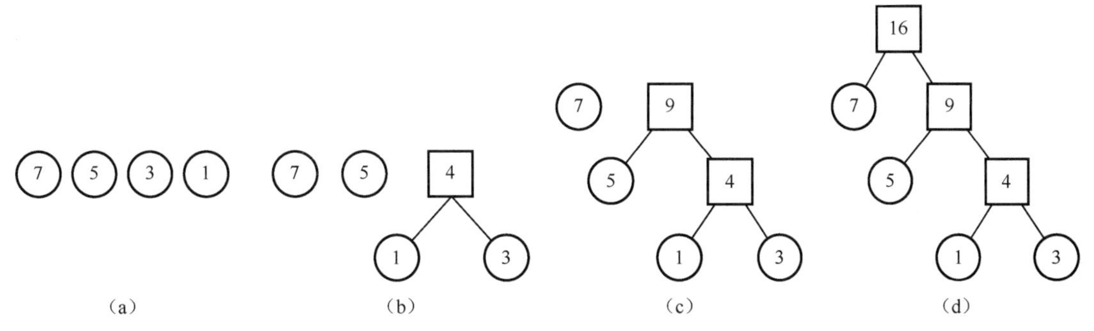

图 6.51　哈夫曼树的构造过程

k 阶哈夫曼树的构造过程有些不同。每次取 k 棵权值较小的树合并，也可以看成每次取 k−1 棵权值较小的树与另一棵树合并，以此类推，共需要 $\dfrac{n-1}{k-1}$ 次合并。当 k−1 不能整除 n−1 时，需要增加一些虚结点（不带权值的虚线圆，实际不存在），补足 k 个结点。实际上第一次取$(n-1)\%(k-1)+1$ 个结点合并。

假设有 10 个叶结点，权值分别为 1、4、9、16、15、36、49、64、81、100，试构造一棵 3 阶哈夫曼树。

解：n=10，k=3，[(m−1)/(k−1)]=9/2，余数为 1≠0，所以第一次取 2 个结点，构造出的 3 阶哈夫曼树如图 6.52 所示。

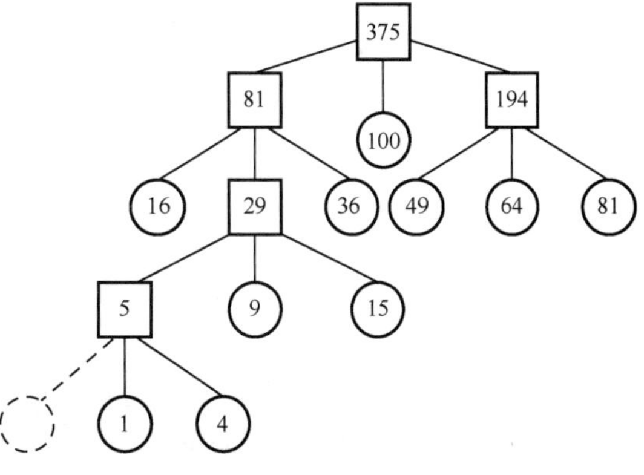

图 6.52　构造出的 3 阶的哈夫曼树

3. 哈夫曼树的构造算法

在构造哈夫曼树时，可以设置一个结构数组 HuffNode 保存哈夫曼树中各结点的信息，由二叉树的性质可知，具有 n 个叶结点的哈夫曼树共有

2n-1 个结点，所以数组 HuffNode 的大小设置为 2n-1，数组元素的结构形式如下。

weight	lchild	rchild	parent

其中，weight 域保存结点的权值，lchild 域和 rchild 域分别保存该结点的左、右孩子结点在数组 HuffNode 中的序号，从而建立起结点之间的关系。为了判定一个结点是否已加入要建立的哈夫曼树中，增加一个 parent 域，可通过 parent 域的值来确定，初始时 parent 的值为-1，当结点加入哈夫曼树时，该结点 parent 域的值为其双亲结点在数组 HuffNode 中的序号，就不是-1 了。

构造哈夫曼树时，首先将由 n 个叶结点及其权值存放到数组 HuffNode 的前 n 个分量中，然后根据前面介绍的哈夫曼构造方法，不断将两棵权值最小和次小的子树合并成一棵权值较大的子树，每次构成的新子树的根结点顺序放到 HuffNode 数组中的后 n-1 个分量中。

下面给出哈夫曼树的构造算法。

```
#define MAXVALUE 10000                          //定义最大权值
#define MAXLEAF 100                             //定义哈夫曼树中叶结点最大个数
#define MAXNODE   MAXLEAF*2-1
typedef   struct   {
     int weight ;
     int parent, lchild, rchild ;
   } HTNodeType ;
void   HaffmanTree(HTNodeType   HuffNode [ ])  //哈夫曼树的构造算法
   {   int i, j, m1, m2, x1, x2, n;
       scanf("%d", &n);                         //输入叶结点个数
       for(i=0 ; i<2*n-1 ; i++)                 //数组 HuffmanNode[ ]初始化
          {   HuffNode[i].weight=0;
          HuffNode[i].parent=-1;
          HuffNode[i].lchild=-1;
          HuffNode[i].rchild=-1;
       }
       for(i= 0 ; i<n ; i++)
           scanf("%d",&HuffNode[i].weight);     //输入 n 个叶结点的权值
       for(i=0;i<n-1;i++)                       //构造哈夫曼树
          { m1= m2=MAXVALUE ;
            x1=x2=0 ;
            for(j=0;j<n+i;j++)
                { if(HuffNode[j].weight<m1 && HuffNode[j].parent==-1)
                     { m2=m1;   x2=x1;
                       m1= HuffNode[j].weight;   x1=j ;
                     }
                  else if(HuffNode[j].weight<m2 && HuffNode[j].parent= =-1)
                     { m2=HuffNode[j].weight;
                       x2=j;
                     }
                }
                                                //将找出的两棵子树合并为一棵子树
            HuffNode[x1].parent=n+i;          HuffNode[x2].parent=n+i ;
            HuffNode[n+i].weight=HuffNode[x1].weight + HuffNode[x2].weight ;
            HuffNode[n+i].lchild=x1;   HuffNode[n+i].rchild=x2;
          }
       }
```

6.7.2 哈夫曼树的应用

1. 哈夫曼树在字符编码中的应用

在数据通信中，经常需要将传送的文字转换成由二进制字符 0、1 组成的二进制串，这一过程称为字符编码。例如，假设要传送的电文为 ABACCDA，其中只含有 A、B、C、D 四个字符，若这四个字符采用表 6.2 所示的方案一编码，则电文的代码为 000010000100100111000，长度为 21 位。在传送电文时，我们总是希望传送时间尽可能短，这就要求电文编码尽可能短。显然，这种编码方案产生的电文代码不够短。用表 6.2 中的方案二对上述电文进行编码所建立的代码为 00010010101100，长度为 14 位。在这种编码方案中，四个字符的编码均为两位，是一种等长编码。如果在编码时考虑字符出现的频率，让出现频率高的字符采用尽可能短的编码，出现频率低的字符采用稍长的编码，构造一种不等长编码，则电文的代码就可能更短。如当字符 A、B、C、D 采用表 6.2 方案三的编码时，上述电文的代码为 011011010，长度仅为 9 位。

表 6.2 字符的四种不同编码方案

方案一		方案二		方案三		方案四	
字符	编码	字符	编码	字符	编码	字符	编码
A	000	A	00	A	0	A	01
B	010	B	01	B	11	B	010
C	100	C	10	C	1	C	10
D	111	D	11	D	01	D	11

哈夫曼树可用于构造使电文的编码总长度最短的编码方案。具体做法如下。设需要编码的字符集合为$\{c_1, c_2, \cdots, c_n\}$，它们在电文中出现的次数或频率集合为$\{w_1, w_2, \cdots, w_n\}$，用 $c_1, c_2, \cdots, c_n$ 作为叶结点，$w_1, w_2, \cdots, w_n$ 作为它们的权值，构造一棵哈夫曼树，规定哈夫曼树中的左分支代表 0，右分支代表 1，则从根结点到每个叶结点所经过的路径分支组成的 0 和 1 的序列便为该结点对应的字符编码，这种编码方式称为哈夫曼编码。

在哈夫曼编码中，树的带权路径长度的含义是各个字符的码长与其出现次数的乘积之和，也就是电文的编码总长度，所以采用哈夫曼树构造的编码是一种能使电文编码总长度最短的不等长编码。

在建立不等长编码时，必须使任何一个字符的编码都不是另一个字符编码的前缀，这样才能保证译码的唯一性。能保证译码唯一性的编码称为前缀编码。例如，在表 6.2 的编码方案四中，字符 A 的编码 01 是字符 B 的编码 010 的前缀部分，这样对于代码 0101001，既可以看作 ABA 的编码，也可以看作 BCA 的编码，因此，这样的编码不能保证译码的唯一性，此类编码称为具有二义性的译码。

然而，采用哈夫曼树进行编码时，就不会产生上述二义性问题。因为，在哈夫曼树中，每个字符结点都是叶结点，不可能在根结点到其他字符结点的路径上，所以一个字符的哈夫曼编码不可能是另一个字符的哈夫曼编码的前缀，从而保证了译码的唯一性。

下面讨论实现哈夫曼编码的算法。该算法可分为两大部分。

（1）构造哈夫曼树。

（2）在哈夫曼树上求叶结点的哈夫曼编码。

求哈夫曼编码，实质上就是在已建立的哈夫曼树中，从叶结点开始，沿结点的 parent 域回退到根结点，每回退一步，就走过了哈夫曼树的一个分支，从而得到一位哈夫曼编码，由于一个字符的哈夫曼编码就是从根结点到相应叶结点所经过的路径上各分支所组成的0、1序列，因此先得到的分支代码为所求编码的低位码，后得到的分支代码为所求编码的高位码。为此设置一个结构数组HuffCode，用来存放各字符的哈夫曼编码信息，数组元素的结构如下。

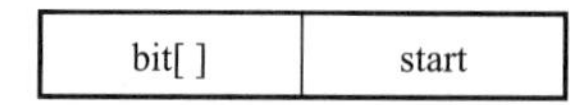

其中，分量bit[ ]为一维数组，用来保存字符的哈夫曼编码；start表示该哈夫曼编码在数组bit[ ]中的开始位置。所以，对于第 i 个字符，它的哈夫曼编码存放在HuffCode[i].bit中的从HuffCode[i].start到 n 的分量上。

构造哈夫曼编码的算法描述如下。

```
#define MAXBIT 10                               //定义哈夫曼编码的最大长度
typedef struct {
      int bit[MAXBIT];
      int start;
    } HCodeType ;
void HaffmanCode()                              //生成哈夫曼编码
    {  HTNodeType   HuffNode [MAXNODE];
       HCodeType   HuffCode [MAXLEAF], cd ;
       int i, j, c, p ;
       HuffmanTree(HuffNode);                   //建立哈夫曼树
    for(i=0 ; i<n ; i++)                        //求每个叶结点的哈夫曼编码
        {  cd.start=n-1;      c=i;
           p=HuffNode[c].parent;
           while(p!=-1)                         //由叶结点向上直到根结点
              {  if(HuffNode[p].lchild==c)cd.bit[cd.start]=0;
               else   cd.bit[cd.start]=1;
               cd.start--;      c=p ;
             p=HuffNode[c].parent;
            }
           for(j=cd.start+1;j<n;j++)            //保存求出的每个叶结点的哈夫曼编码和编码的起始位
            {  HuffCode[i].bit[j]=cd.bit[j];
               HuffCode[i].start=cd.start;
            }
         }
      for(i=0 ; i<n ; i++)                      //输出每个叶结点的哈夫曼编码
        { for(j=HuffCode[i].start+1 ; j<n ; j++)
           printf("%ld",HuffCode[i].bit[j]);
           printf("\n");
        }
}
```

例6.9 设某电文中使用的字符集为{A,B,C,D,E,F,G,H}，共8个字符，各字符出现的频率（次数）分别为5、29、7、8、14、23、3、11，为该字符集构造哈夫曼编码，使整个电文的编码长度最短，并求出总编码长度。

解：利用8个字符的出现次数作为8个叶结点的权值构造哈夫曼树，如图6.53所示。

执行求哈夫曼编码的算法过程，结果如图6.54所示。

电文的总编码长度=4×(3+5+7+8)+3×(11+14)+2×(23+29)=242

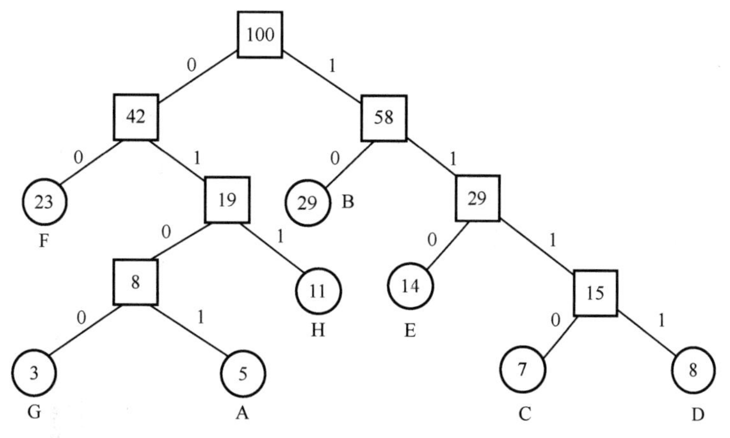

图 6.53　构造出的哈夫曼树

index	weight	parent	lchild	rchild
1	5	−1	−1	−1
2	29	−1	−1	−1
3	7	−1	−1	−1
4	8	−1	−1	−1
5	14	−1	−1	−1
6	23	−1	−1	−1
7	3	−1	−1	−1
8	11	−1	−1	−1
9		−1	−1	−1
10		−1	−1	−1
11		−1	−1	−1
12		−1	−1	−1
13		−1	−1	−1
14		−1	−1	−1
15		−1	−1	−1

（a）初始化的HT

index	weight	parent	lchild	rchild
1	5	9	−1	−1
2	29	14	−1	−1
3	7	10	−1	−1
4	8	10	−1	−1
5	14	12	−1	−1
6	23	13	−1	−1
7	3	9	−1	−1
8	11	11	−1	−1
9	3	11	1	7
10	15	12	3	4
11	19	13	8	9
12	29	14	5	10
13	42	15	6	11
14	58	15	2	12
15	100	0	13	14

（b）构造哈夫曼树结束时的HT

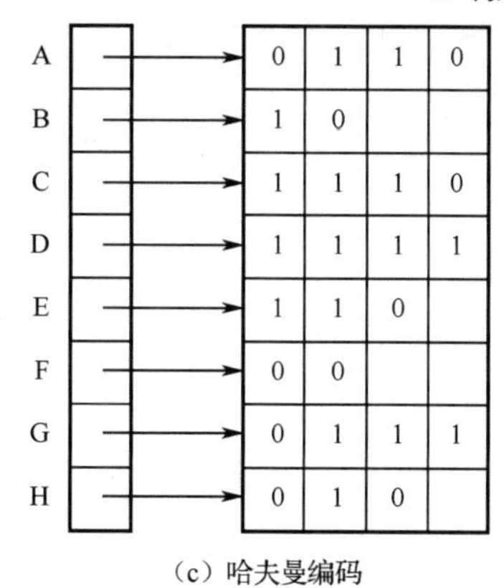

（c）哈夫曼编码

图 6.54　哈夫曼编码的算法执行过程

2. 哈夫曼树在判定问题中的应用

要编写一个将百分制成绩转换为五级分制的程序。显然，此程序很简单，只要利用条件语句便可完成。算法描述如下。

```
if(a<60)b= " bad " ;
else if(a<70)b= " pass "
    else if(a<80)b= " general "
```

```
else if(a<90)b= " good "
    else b= " excellent " ;
```

这个判定过程可用图 6.55（a）所示的判定树来表示。如果上述程序需要反复使用，而且每次的输入量很大，则应考虑上述程序的质量问题，即其操作所需要的时间。因为在实际问题中，学生的成绩在五个等级上的分布是不均匀的，假设其分布规律如表 6.3 所示。

表 6.3　分数分布规律表

分数段/分	0～59	60～69	70～79	80～89	90～100
比例数	0.05	0.15	0.40	0.30	0.10

有 80%的数据需进行三次或三次以上的比较才能得出结果。假定以 5，15，40，30 和 10 为权值构造一棵有五个叶结点的哈夫曼树，则可得到如图 6.55（b）所示的判定过程，它可以使大部分的数据经过较少的比较次数就可得出结果。但由于每个判定框都有两次比较，将这两次比较分开，得到如图 6.55（c）所示的判定树，按此判定树可写出相应的程序。假设有 10 000 个输入数据，若按图 6.55（a）所示的判定过程进行操作，则总共需进行 31 500 次比较；若按图 6.55（c）所示的判定过程进行操作，则仅需进行 22 000 次比较。可见，利用哈夫曼树构造判定结构可以使算法效率有很大的提高。

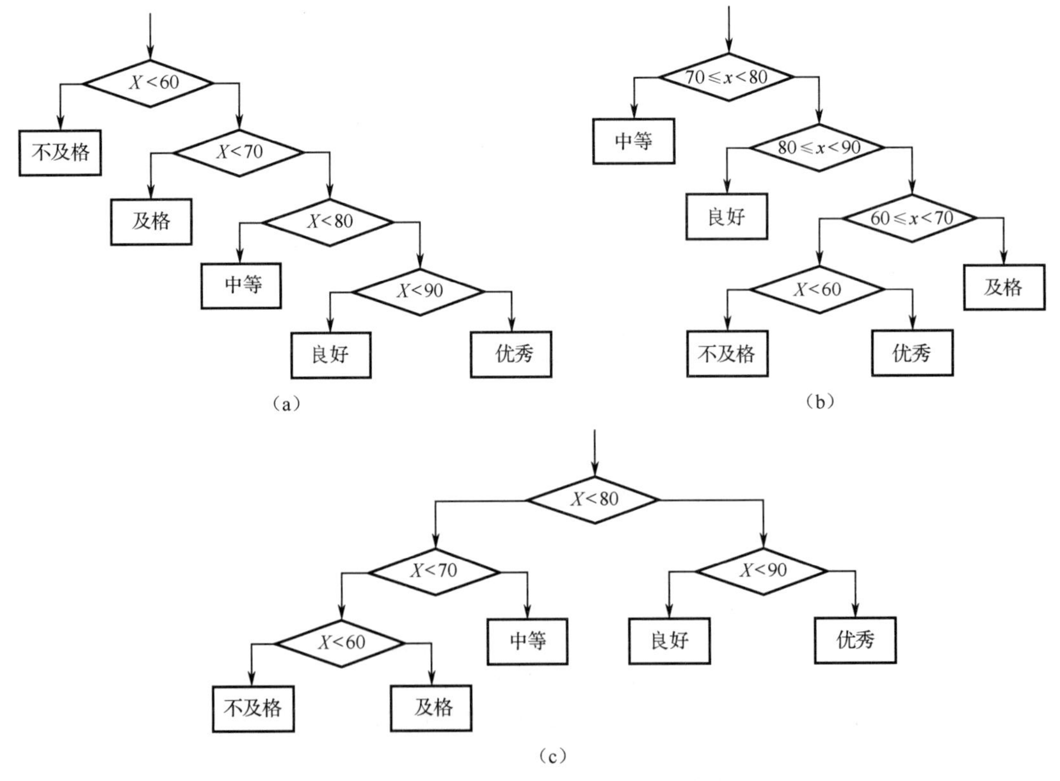

图 6.55　不同形态的成绩转换判定树

课外阅读：创新是民族的灵魂，是国家兴旺发达的不竭动力

哈夫曼编码的由来是哈夫曼放弃对已有编码的研究，转向新的编码方式探索，最终发现了基于有序频率二叉树编码的想法，并很快证明了这个方法的有效性。通过这个例子可以得到启示：不管是学习，还是科研都不是一帆风顺的过程，需要不断地创新，并坚持自己所做的事情才能取

得成功。虽然过去很多算法都是国外优先发展起来的，但目前我国在计算机领域的科研水平已经到了领先水平，我国从 1956 年开始开展计算机的研制和生产，通过中国科技工作者的努力逐渐形成我国的计算机产业。此后各个时期，我国计算机制造业的业绩展现了我国在计算机行业取得的成就。中国科研工作者的奋斗史展现了他们的爱国情怀，我们要有民族自豪感，在前辈们的业绩感召下激发我们的爱国主义情怀，形成为祖国科技发展而努力学习的动力。

6.8 用并查集求等价问题

如果已经得到完整的家谱，那么判断两个人是否是亲戚是可行的。但如果两个人的最近公共祖先与他们相隔好几代，使得家谱十分庞大，那么检验亲戚关系就十分复杂。在这种情况下，就需要用到并查集。

6.8.1 并查集

首先回顾一下等价关系与等价类的概念，从数学上看，等价类是对象（或成员）的集合，在此集合中的所有对象都满足等价关系，等价关系是集合中的自反、对称、传递的关系。等价关系是现实世界中广泛存在的一种关系。若集合 S 中的关系 R 具有自反性、对称性和传递性，则 R 是一个等价关系。由等价关系 R 可以产生集合 S 的等价类，可以用并查集高效地求解等价类问题。

并查集支持查找一个元素所属的集合及两个元素各自所属的集合的合并等运算。当给出两个元素的一个无序对(a, b)时，需要快速合并元素 a 和 b 所在的集合，这期间需要反复查找某元素所在的集合，因此称为并查集，“并”“查”“集” 三个字由此而来。在这种数据类型中，n 个不同的元素被分为若干组。每组是一个集合，这种集合叫作分离集合。

下面通过求亲戚关系的例子说明并查集求解等价问题的过程。

问题：对于亲戚关系问题，现给出一些亲戚关系的信息，如 Marry 和 Tom 是亲戚、Tom 和 Ben 是亲戚等，需要从这些信息中推出 Marry 和 Ben 是否为亲戚。

输入：第一部分以 N、M 开始。N 为问题涉及的人的个数（$1 \leqslant N \leqslant 20000$），这些人的编号为 $1, 2, 3, \cdots, N$。下面有 M 行（$1 \leqslant M \leqslant 1000000$），每行有两个数 a_i、b_i，已知 a_i 和 b_i 是亲戚。

第二部分以 Q 开始。以下 Q 行对应 Q 个询问（$1 \leqslant Q \leqslant 1000000$），每行的 c_i、d_i 表示询问 c_i 和 d_i 是否为亲戚。

输出：对于每个询问 c_i、d_i 输出一行，若 c_i 和 d_i 为亲戚，则输出“Yes”，否则输出“No”。

输入样例：

```
10 7        //N=10，M=7
2  4        //表示 2 和 4 是亲戚
5  7        //表示 5 和 7 是亲戚
1  3        //表示 1 和 3 是亲戚
8  9        //表示 8 和 9 是亲戚
1  2        //表示 1 和 2 是亲戚
5  6        //表示 5 和 6 是亲戚
2  3        //表示 2 和 3 是亲戚
3           //Q=3
3  4        //问 3 和 4 是否为亲戚
7  10       //问 7 和 10 是否为亲戚
8  9        //问 8 和 9 是否为亲戚
```

问题分析： 亲戚关系是一种典型的等价关系。将每个人抽象成为一个点，每个点用其编号唯一标识，输入数据给出 M 个边的关系，当两个人是亲戚时，两点间有一条边，很自然地就得到了一个 N 个顶点、M 条边的图模型，在图的一个连通块中，任意点之间都是亲戚。对于最后的 Q 个提问，即判断所提问的两个顶点是否在同一个连通块中。

采用集合的思路求解： 对于每个人建立一个集合，在开始的时候集合元素是这个人本身，表示开始时不知道任何人是他的亲戚，以后每次给出一个亲戚关系时就将两个集合合并，这样实时地得到了在当前状态下总的亲戚关系。如果有提问，即在当前得到的结果中看两个元素是否属于同一集合。对于样例数据的解释如表 6.4 所示。

表 6.4　对亲戚关系样例数据的解释

输入关系	等价类
初始状态	{1}{2}{3}{4}{5}{6}{7}{8}{9}{10}
(2, 4)	{1}{2,4}{3}{5}{6}{7}{8}{9}{10}
(5, 7)	{1}{2, 4}{3}{5, 7}{6}{8}{9}{10}
(1, 3)	{1, 3}{2, 4}{5, 7}{6}{8}{9}{10}
(8, 9)	(1, 3}{2, 4}{5, 7}{6}{8,9}{10)
(1, 2)	{1, 2, 3, 4}{5, 7}{6}{8,9}{10}
(5, 6)	{1, 2, 3, 4}{5, 6, 7}{8, 9}{10}
(2, 3)	{1, 2, 3, 4}{5, 6, 7}{8, 9}{10}

由表 6.4 可以看出，操作是在集合的基础上进行的，没有必要保存所有的边，而且每一步得到的划分方式是动态的。

并查集的数据结构记录了一组分离的动态集合 $S=\{S_1, S_2, \cdots, S_k\}$。每个动态集合 S_i（$1\leqslant i\leqslant k$）通过一个“代表”加以标识，该代表为所在集合中的某个元素。对于集合 S_i 选取其中哪个元素作为代表是任意的。

对于给定的编号为 1～n 的 n 个元素，x 表示其中的一个元素，设并查集为 S，并查集的实现需要支持如下运算。

（1）MAKE_SET(S, n)：初始化并查集 S，即 $S=\{S_1, S_2, \cdots, S_n\}$，每个动态集合 S_i（$1\leqslant i\leqslant n$）仅仅包含一个编号为 i 的元素，该元素作为集合 S_i 的代表。

（2）FIND_SET(S, x)：返回并查集 S 中元素 x 所在集合的代表。

（3）UNION(S, x, y)：在并查集 S 中将 x 和 y 两个元素所在的动态集合（如 S_x 和 S_y）合并为一个新的集合 $S_x\cup S_y$。并且假设在此运算前这两个动态集合是分离的，通常以 S_x 或 S_y 的代表作为新集合的代表。

6.8.2　并查集的算法实现

并查集必须借助某种数据结构实现。数据结构的选择是一个重要的环节，选择不同的数据结构可能会在查找和合并的操作效率上有很大的差别。并查集的数据结构的实现方法有很多，使用比较多的有数组实现、链表实现和树实现。这里主要介绍树实现。

用有根树表示集合，树中的每个结点包含集合的一个元素，每棵树表示一个集合。多个集合形成一个森林，以每棵树的根结点作为集合的代表，树中每个结点有一个指向双亲结点的指针，根结点的双亲结点指针指向其自身。

注意： 在同一棵树中的结点属于同一个集合，虽然它们在树中存在父子关系，但并不意味着它们之间存在从属关系。树中的指针起到的只是联系集合中元素的作用。

在并查集中，每个分离集合对应的树称为分离集合树。整个并查集也就是一个分离集合森林。图 6.56 所示为前面亲戚关系的分离集合树，其包含 4 个集合，即{1, 2, 3, 4}、{5, 6, 7}、{8, 9}和{10}，分别以 4、7、9 和 10 表示对应集合的编号。

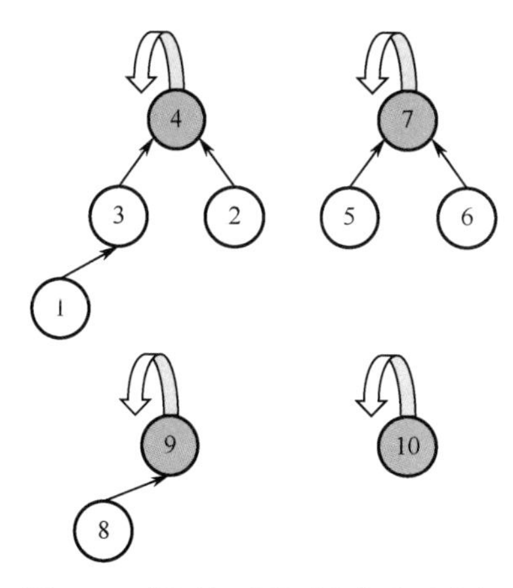

图 6.56　前面亲戚关系的集合分离树

显然在一棵深度较小的树中查找根结点的编号（该集合的代表）所花的时间较少，那么如何保证构造的分离集合树深度较小呢？

如果有两棵分离集合树 *A* 和 *B*，深度分别为 h_A 和 h_B。若 $h_A>h_B$，应将树 *B* 作为树 *A* 的子树；否则，应将树 *A* 作为树 *B* 的子树。总之，总是将深度较小的分离集合树作为子树。得到了新的分离集合树 *C* 的深度 h_C，如以树 *B* 作为树 *A* 的子树，则 h_C=MAX{h_A, h_B+1}。

这样合并得到的分离集合树的深度不会超过 $\log_2 n$，是一个比较平衡的树，对应的查找与合并的时间复杂度也就稳定在 $O(\log_2 n)$。

为此给每个结点增加一个秩（Rank）域，它是一个近似子树深度的正整数，同时它也是该结点深度的一个上界。

为了方便，采用顺序存储结构存储森林，对于前面的求亲戚关系的例子，其中结点的类型声明如下。

```
typedef struct node
  { int data;
int rank;
    int parent;
} UFSTree
```

1．并查集树的初始化

建立一个存放并查集树的数组 *t*，对于前面的求亲戚关系的例子，每个结点对应一个人，结点的数据为该人的编号，秩设置为 0，parent 设置为自己。算法描述如下。

```
void MAKE_SET(UFSTree t[], int n)
 { int i;
  for(i=l;i<=n;i++)
    {   t[i].data=i;
        t[i].rank=0 ;
        t[i].parent=i;
    }
 }
```

2．查找一个元素所属的集合

在分离集合森林中，每一棵分离集合树对应一个集合。如果要查找某一元素所属的集合，就是要找这个元素对应的结点所在的分离集合树。

以分离集合树的根结点的编号来标识这棵分离集合树，这样查找一个结点所在的分离集合树也就是查找该结点所在分离集合树的根结点。

查找树的根结点的方法很简单，只需任取树中的一个结点（取要查找的那个结点），沿双亲结点方向一直往树根走：初始时，先取一个结点，走到它的双亲结点，然后以双亲结点为基点，走到双亲结点的双亲结点，……，直到走到一个没有双亲结点的结点为止，这个结点就是树的根结点。

对应的算法如下。

```
int FIND_SET(UFSTree t[],int x)
{   if(x!=t[x]. parent)
        t[x]. parent=FIND_SET(t, t[x]. parent);
    return t[x]. parent;
}
```

对于 n 个人，构成的分离集合树的深度最大为 $\log_2 n$，所以本算法的时间复杂度为 $O(\log_2 n)$。

3. 两个元素各自所属的集合的合并

在进行并集的时候，只需要让具有较小秩的根结点指向具有较大秩的根结点即可。如果两根结点的秩相等，使其中一个根结点指向另一个根结点，同时秩加1。对应的算法如下。

```
void UNION(UFSTree t[],int x, int y)
{    x=FIND_SET(t,x);
     y=FIND_SET(t,y);
     if(t[x] . rank>t[y].rank)
        t[y].parent=x;
     else
        { t[x]. parent=y;
          if(t[x].rank==t[y].rank)
          t[y].rank++;
        }
}
```

对于 n 个人，本算法的时间复杂度为 $O(\log_2 n)$。

通过学习本节内容我们知道，如果已经得到完整的家谱，判断两个人是否是亲戚是可行的。如果家谱十分庞大，检验亲戚关系十分复杂，就需要应用并查集。并查集的数据结构记录了一组分离的动态集合 $S=\{S_1, S_2, \cdots, S_k\}$，每个动态集合 S_i（$1\leqslant i\leqslant k$）通过一个代表加以标识，该代表为所代表的集合中的某个元素。对于集合 S_i，选取其中哪个元素作为代表是任意的。

课外阅读：条条大路通罗马

并查集需要借助数据结构来实现，而并查集的数据结构实现方法有很多，本小节主要讲的是树实现，也可以用数组和链表实现，条条大路通罗马，做成一件事的方法不止一种，人生也不止一条路。在人生的灰暗时刻，及时转变自己的方向，或许会柳暗花明。

本章小结

二叉树和树是一类具有层次关系的非线性数据结构，本章是重点章节，二叉树又是本章的重点内容。本章的学习要点如下。

（1）掌握树的定义及相关术语、树的存储结构，以及树和森林的遍历方法。

（2）掌握二叉树的概念，包括二叉树、完全二叉树、满二叉树和正则二叉树的定义。

（3）掌握二叉树的性质，包括二叉树、完全二叉树、满二叉树和正则二叉树的性质。

（4）重点掌握二叉树的存储结构，包括二叉树顺序存储结构和链式存储结构。

（5）掌握二叉树的线索化及其相关算法的实现。

（6）熟练掌握二叉树的运算及其各种遍历算法的实现。

（7）熟练掌握树、森林与二叉树的转换方法。

（8）熟练掌握哈夫曼树及哈夫曼编码的内容。

（9）掌握并查集的相关概念和应用。

（10）灵活运用二叉树这种数据结构解决一些综合应用问题。

习题 6

一、选择题

1．若深度为 h 的二叉树只有度为 0 和 2 的结点，则此类二叉树的结点至少有（　　）个，至多有（　　）个。

A．$2h$　　B．$2h-1$　　C．$2h+1$　　D．2^{h-1}

E．2^h-1　　F．2^h+1

2．深度为 h 的完全二叉树至少有（　　）个结点，至多有（　　）个结点。

A．2^h　　B．2^h-1　　C．2^h+1　　D．2^{h-1}

3．具有 n 个结点的满二叉树有（　　）个叶结点。

A．$n/2$　　B．$(n-1)/2$　　C．$(n+1)/2$　　D．$n/2+1$

4．一棵具有 n 个叶结点的哈夫曼树，共有（　　）个结点。

A．$2n$　　B．$2n-1$　　C．$2n+1$　　D．2^{n-1}

5．一棵具有 25 个叶结点的完全二叉树最多有（　　）个结点。

A．48　　B．49　　C．50　　D．51

6．已知二叉树的先序遍历序列为 *ABCDEF*，中序遍历序列为 *CBAEDF*，则后序遍历序列为（　　）。

A．*CBEFDA*　　B．*FEDCBA*　　C．*CBEDFA*　　D．不确定

7．已知二叉树的中序遍历序列为 *debac*，后序遍历序列为 *dabec*，则先序遍历序列为（　　）。

A．*acbed*　　B．*decab*　　C．*deabc*　　D．*cedba*

8．下列 4 棵二叉树中，（　　）不是完全二叉树。

A．

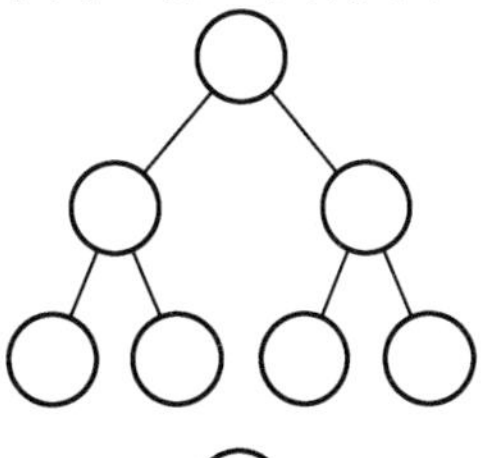

B．

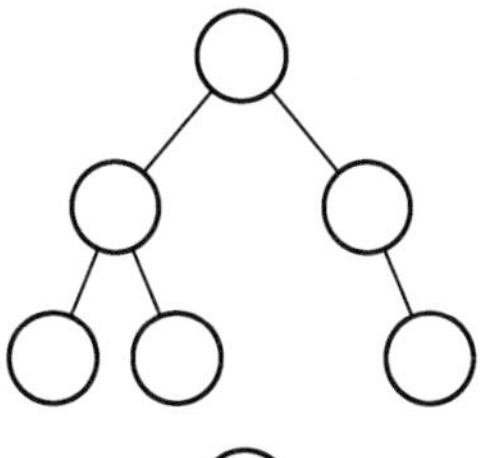

C．

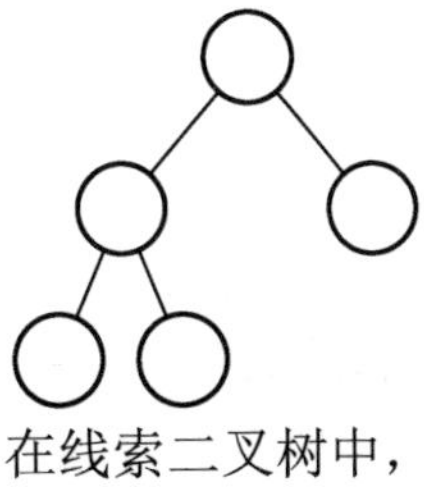

D．

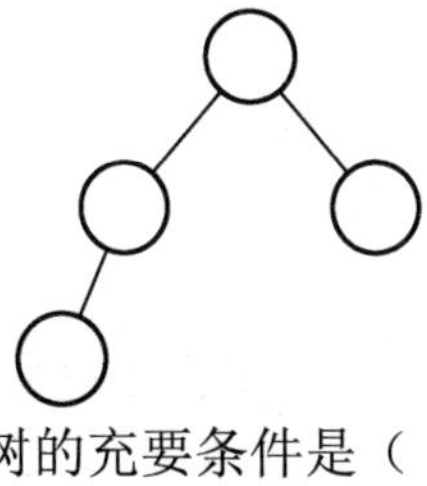

9．在线索二叉树中，指针 t 所指的结点没有左子树的充要条件是（　　）。

A．t->left=null　　B．t->ltag=1

C．t->ltag=1 且 t->left=null　　　　D．以上都不对

10．算术表达式 $a+b*(c+d/e)$转换为后缀表达式（　　）。

A．ab+cde/*　　B．abcde/+*+　　C．abcde/*++　　D．abcde*/++

11．具有 10 个叶结点的二叉树中有（　　）个度为 2 的结点。

A．8　　B．9　　C．10　　D．11

12．下列线索二叉树中（用虚线表示线索），符合后续线索树定义的是（　　）。

A.

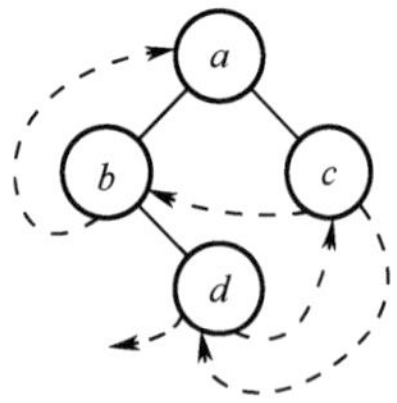

B.

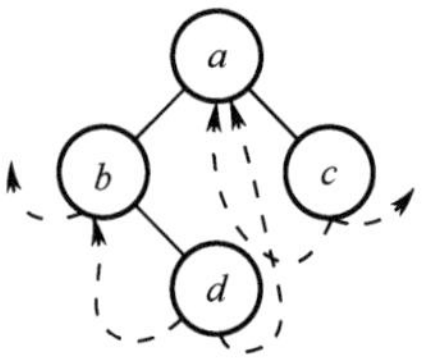

C.

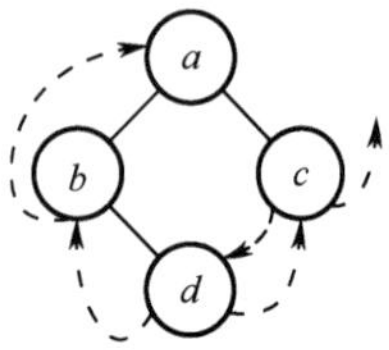

D.

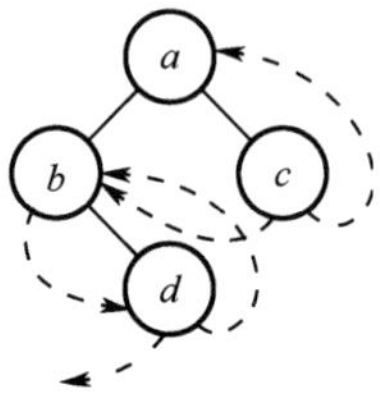

13．一个具有 1025 个结点的二叉树的深度 h 为（　　）

A．11　　B．10　　C．11～1025　　D．10～1024

14．先序遍历序列与中序遍历序列相同的二叉树为（　　）；先序遍历序列和后序遍历序列相同的二叉树为（　　）。

A．空二叉树　　B．只有根结点的二叉树

C．根结点无左孩子结点的二叉树　　D．根结点无右孩子结点的二叉树

E．空二叉树或所有分支结点只有左子数的二叉树

F．空二叉树或所有分支结点只有右子树的二叉树

15．一棵非空二叉树的先序遍历序列与后序遍历序列相反，则该二叉树一定满足（　　）。

A．所有分支结点均无左孩子结点　　B．所有分支结点均无右孩子结点

C．只有一个叶结点　　D．选项 A、B 同时成立

16．某二叉树的中序遍历序列和后序遍历序列正好相反，则该二叉树一定是（　　）的二叉树。

A．空二叉树或只有一个根结点　　B．任一分支结点无左子树

C．深度等于其结点数　　D．任一分支结点无右子树

17．线索二叉树是一种（　　）结构。

A．逻辑　　B．逻辑和存储　　C．物理　　D．线性

18．n 个结点的线索二叉树上含有的线索数为（　　）。

A．$2n$　　B．$n-1$　　C．$n+1$　　D．n

19．由 3 个结点可以构造出（　　）种不同的二叉树。

A．2　　B．3　　C．4　　D．5

20．假设哈夫曼树中有 199 个结点，它用于（　　）个字符的编码。

A．99　　B．100　　C．101　　D．102

21．对 n（$n \geq 2$）个权值均不相同的字符构成的哈夫曼树，下列关于该哈夫曼树的叙述中，错误的是（　　）。

A．该哈夫曼树一定是一棵完全二叉树

B．该哈夫曼树中一定没有度为 1 的结点

C．该哈夫曼树中两个权值最小的结点一定是兄弟结点

D．该哈夫曼树中任一分支结点的权值一定不小于下一层结点的权值

22．对于集合 *S* 中的关系 *R*，若具有自反性、对称性和传递性，则 *R* 是一个等价关系。由等价关系 *R* 可以产生集合 *S* 的等价类，采用（　　）可以高效地求解等价类问题。

A．并查集　　　　B．合并集　　　　C．并列集　　　　D．点集

二、填空题

1．一棵二叉树有 67 个结点，结点的度为 0 或 2。这棵二叉树中度为 2 的结点有（　　）个。

2．含 *A*、*B*、*C* 三个结点的不同形态的二叉树有（　　）棵。

3．一棵含有 *n* 个结点的二叉树，可能达到的最大深度为（　　），最小深度为（　　）。

4．一棵哈夫曼树有 19 个结点，则其叶结点的个数为（　　）。

5．若二叉树的中序遍历序列为 *ABCDEFG*，后序遍历序列为 *BDCAFGE*，则该二叉树的先序遍历序列为（　　），该二叉树对应的森林包含（　　）棵树。

6．一棵含 *n* 个结点的满二叉树有（　　）个度为 1 的结点、有（　　）个分支结点和（　　）个叶结点，该满二叉树的深度为（　　）。

7．含 4 个度为 2 的结点和 5 个叶结点的完全二叉树，有（　　）个度为 1 的结点。

8．已知二叉树的先序遍历序列为 *ABDEGCF*，中序遍历序列为 *DBGEACF*，则后序遍历序列为（　　）。

9. 设 WG={7, 19, 2, 6, 32, 3, 21, 10}为叶结点权值集合，则所建哈夫曼树的深度为（　　），带权路径长度 WPL=（　　）。

10．若按中序遍历二叉树的结果为 *abc*，问有（　　）种不同的二叉树可以得到这一遍历序列。

11．有一份电文中共使用 6 个字符：a、b、c、d、e、f，它们的出现频率依次为 2、3、4、7、8、9，则字符 c 的哈夫曼编码为（　　），电文的编码总长度为（　　）。

12．在具有 *n* 个结点的二叉树的二叉链表结构中，空指针的个数是（　　）。

三、问答题

1．写出下列算法的功能。

```
void  ABC(BiTree  BT)
    { if(BT= =NULL) return;
      ABC(BT->lchild);
      Printf("%c",BT->data);
      ABC(BT->rchild);
    }
```

该算法的功能是________________________________。

2．写出下列算法的功能。

```
int Level(BTNode *b, ElemType x, int h)
{   if(b==NULL)return 0;
    else if(b->data==x)return h;
    else
    {   l=Level(b->lchild, x, h+1);
        if(l==0)
```

```
            return Level(b->rchild, x, h+1);
        else return l;
    }
}
```

该算法的功能是________________________________。

3．写出下列算法的功能。

```
Status  PreOrderTraverse(BiTree  T,  Status(* Visit)(TelemType(e)))
{  InitStack(S);Push(S,T);
    While(!StackEmpty(Q))
     { Pop(S,p);if(Visit(p->data))return ERROR;
      if(p->rchild)Push(S, p->rchild);
      if(p->lchild)Push(S, p->lchild);
     }
   return OK;
}
```

该算法的功能是________________________________。

4．写出下列算法的功能。

```
void  ABC(BiTree  BT,  int  & c1,  int  & c2)
  {  if (BT != NULL)
       { ABC(BT-> lchild, c1,c2);
        c1 ++ ;
        if(BT -> lchild== NULL  &&  BT ->rchild== NULL)c2 ++;
        ABC(BT -> rchild, c1,  c2);
     }
}
```

该算法的功能是________________________________。

四、计算题

1．分别画出具有4个结点的二叉树的所有不同形态。

2．对于图1所示的二叉树，分别写出其先序遍历序列、中序遍历序列、后序遍历序列和层次遍历序列，并画出其顺序存储结构和二叉链表存储结构。

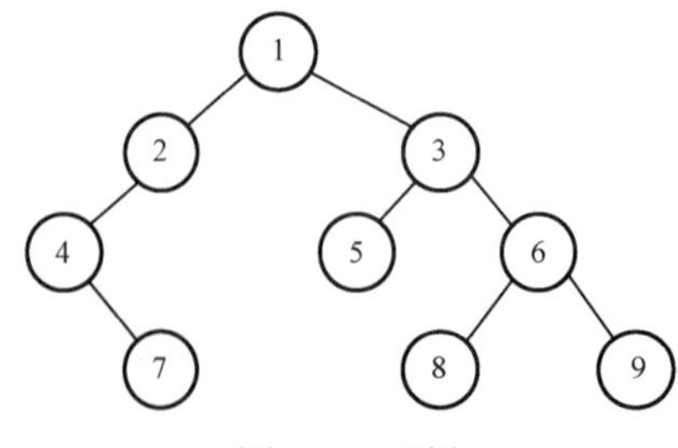

图1　二叉树

3．画出图1所示的二叉树的先序线索二叉树和后序线索二叉树。

4．对于 n 个结点的完全二叉树，用1～n 的连续整数顺序编号，请回答下列问题。

（1）该二叉树共有多少层？各层的结点数分别是多少？

（2）各层最左边的结点的编号分别是多少？各层最右边的结点的编号分别是多少？

（3）对于编号为 i（$1\leqslant i\leqslant n$）的结点，它的层号是多少？它的双亲结点（若存在）的编号是多少？它的左孩子结点（若存在）和右孩子结点（若存在）的编号分别是多少？

5．已知二叉树的先序遍历序列为 *AEFBGCDHIKJ*，中序遍历序列为 *EFAGBCHKIJD*，画出此二叉树，并画出它的后序线索二叉树。

6．已知一棵二叉树的中序遍历序列和后序遍历序列分别为 *BDCEAFHG* 和 *DECBHGFA*，请画出此二叉树。

7．已知二叉树的静态链表储结构如下，请画出此二叉树。

下标	1	2	3	4	5	6	7	8	9	10	11
Lift[*i*]	6	0	7	0	8	0	5	0	2	0	0
Data[*i*]											
Right[*i*]	*m*	*f*	*a*	*k*	*b*	*l*	*c*	*r*	*d*	*s*	*e*
	0	0	9	0	10	4	11	0	1	0	0

8. 对二叉树中的结点进行按层次顺序（每一层自左至右）的访问操作称为二叉树的层次遍历，遍历所得到的结点序列称为二叉树的层次遍历序列。现已知一棵二叉树的层次遍历序列为 *ABCDEFGHIJ*，中序遍历序列为 *DBGEHJACIF*，请画出此二叉树。

9．设一棵二叉树的先序遍历序列为 *ABDFCEGH*，中序遍历序列为 *BFDAGEHC*，将由先序遍历序列和中序遍历序列构造出来的二叉树转换成树或森林。

10．欲传输一段电文：CATEATDATACAECATAEAAE。设计出这段电文中的每个字符的哈夫曼编码。并计算整段电文的编码总长度。

11．给定叶结点的权值集合{15, 3, 14, 2, 6, 9, 16, 17}，构造相应的哈夫曼树，并计算它的带权路径长度。

五、算法设计题

1．已知二叉树 *T* 的数据域均为正数，写一个算法求数据域的最大值。

```
Int maxdata(Bitree T)
```

2．已知非空二叉树 *T* 的数据域均为字符型数据，数据域的值是“A”的只有一个结点，编写算法求这个结点的双亲结点。

```
Char   Parent(Bitree T)
```

3．已知非空二叉树 *T*，写一个求度为 2 的结点个数的算法。

4．编写用递归方法求二叉树的叶结点数的算法。

```
int   Leafnum(BiTree T)
```

5．写一个求二叉树的深度的算法。

```
int   Depth(BiTree T)
```

6．写一个交换二叉树所有结点的左右子树的算法。

```
Status   Changchild(BiTree T)
```

第 7 章　图

“最多通过 6 个中间人你就能够认识任何一个陌生人”，看到这句话，大家是否会感觉难以置信，而这正是著名的“六度分隔理论”，其反映的是在社会上人与人之间的关系，我们可以绘成一张“图”，本章我们就来探索一下图结构的魅力。

图结构是一种比线性结构和树结构更复杂的数据结构。在线性结构中，数据元素之间仅有线性关系，每个数据元素只有一个直接前驱和一个直接后继；在树结构中，结点之间具有分支层次关系，每一层上的结点只能和上一层中的至多一个结点相关联，但可以和下一层的多个结点相关联。而在图结构中，任意两个结点之间都可能相关联。图结构是描述各种复杂数据对象之间多对多关系的最合适的数学模型。图结构在自然科学、社会科学和人文科学等许多领域有非常广泛的应用。

7.1　图的基本概念及 ADT 定义

图结构涉及许多概念和相关术语，这些概念和术语对后面的学习非常重要。本节首先介绍图的有关概念和常用的一些术语，并给出图的 ADT 定义。

7.1.1　图的基本概念与相关术语

1．图的基本概念

图（Graph）是一个由非空数据元素集合和一个描述数据元素之间多对多关系集合组成的二元组，其中数据元素称为顶点（Vertex），顶点 v_i 和 v_j 之间的关系 R 表示在顶点 v_i 和 v_j 之间有一条直接连线，并用顶点的偶对(v_i, v_j)来表示。无向图中的无序偶对(v_i, v_j)称为边；有向图中的有序偶对$<v_i, v_j>$称为弧。

图的形式定义如下。

一个图 $G=(V, E)$，其中 $V=\{v_i \mid v_i \in D, D$ 是类型为 VertexType 的数据元素集合$\}$称为顶点的集合，$R \subseteq V \times V$ 是 V 上的关系；$E=\{(v_i, v_j) \mid v_i, v_j \in V \wedge (v_i, v_j) \in R\}$称为边的集合，这里$(v_i, v_j) \in R$ 表示顶点 v_i 和 v_j 有关系 R，即偶对(v_i, v_j)表示一条边。图中顶点的个数称为图的阶，含 n 个顶点的图称为 n 阶图。

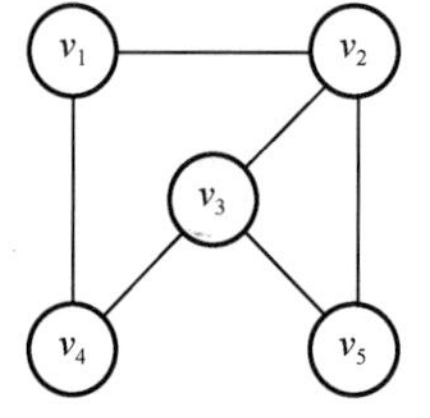

图 7.1　无向图 G_1

图 7.1 给出了一个图的示例。在该图中，顶点集 $V=\{v_1, v_2, v_3, v_4, v_5\}$；边集 $E=\{(v_1,v_2),(v_1,v_4),(v_2,v_3),(v_3,v_4),(v_3,v_5),(v_2,v_5)\}$。

（1）无向图。在一个图中，如果任意两个顶点构成的偶对$(v_i, v_j) \in E$ 是无序的，即顶点之间的连线是没有方向的，(v_i, v_j)与(v_j, v_i)是同一条边，则称该图为无向图。

例如，图 7.1 所示的图 G_1 就是一个无向图。

（2）有向图。在一个图中，如果任意两个顶点构成的偶对$(v_i, v_j) \in E$ 是有序的，即顶点之间的连线是有方向的，(v_i, v_j)与(v_j, v_i)是两条不同的边，则称该图为有向图。有向图的有序偶对（v_i, v_j）改称为弧，用尖括号表示，即$< v_i, v_j >$，始点 v_i 称为弧尾，终点 v_j 被称为弧头。

例如，图 7.2 所示的图 G_2 就是一个有向图，其中 $G_2=(V_2, E_2)$，顶点集 $V_2=\{v_1, v_2, v_3, v_4\}$，边

集 $E_2=\{<v_1, v_2>, <v_1, v_3>, <v_3, v_4>, <v_4, v_1>\}$。

（3）在无向图中，若顶点 v_i 和 v_j 之间有边，则称顶点 v_i 和顶点 v_j 互为邻接点，称边 (v_i,v_j) 依附于顶点 v_i 与顶点 v_j。在有向图中，弧用顶点的有序偶对 $<v_i, v_j>$ 表示，第一个结点 v_i 被称为弧尾，即图 7.2 中不带箭头的一端，有序偶对的第二个结点 v_j 称为弧头，即图 7.2 中带箭头的那一端。

（4）无向完全图。在一个无向图中，如果任意两顶点都有一条边直接相连，则称该图为无向完全图。在一个含有 n 个顶点的无向完全图中，共有 $\frac{n(n-1)}{2}$ 条边。

（5）有向完全图。在一个有向图中，如果任意两顶点之间都有方向相反的两条弧直接相连，则称该有向图为有向完全图。在一个含有 n 个顶点的有向完全图中，共有 $n(n-1)$ 条边。无向完全图和有向完全图统称为完全图。

图 7.3 所示为无向完全图和有向完全图。

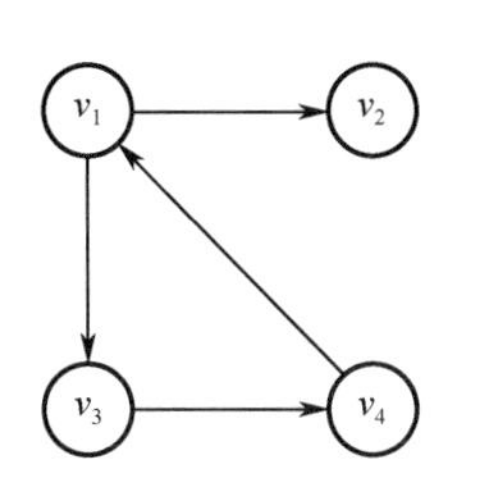

图 7.2　有向图 G_2

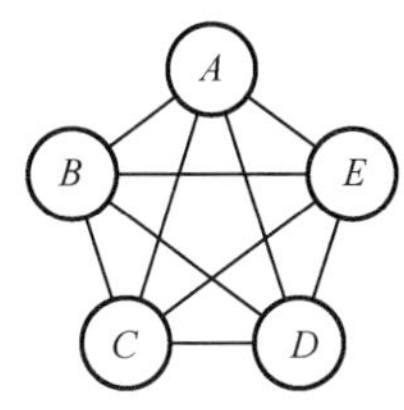

（a）5阶无向完全图

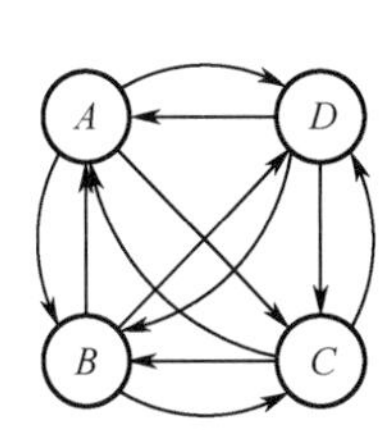

（b）4阶有向完全图

图 7.3　无向完全图和有向完全图

（6）稠密图、稀疏图。若一个图的边数远远小于完全图的边数，则称该图为稀疏图。若一个图的边数接近完全图的边数，则称该图为稠密图。

2．图的相关术语

（1）顶点的度（Degree）、入度、出度。顶点的度是指依附于某顶点 v 的边数，通常记为 $\mathrm{TD}(v)$。在有向图中，要区别顶点的入度与出度概念。顶点 v 的入度是指以该顶点为终点的弧的条数，记为 $\mathrm{ID}(v)$；顶点 v 的出度是指以该顶点为始点的弧的条数，记为 $\mathrm{OD}(v)$。顶点的度 $\mathrm{TD}(v)=\mathrm{ID}(v)+\mathrm{OD}(v)$。

例如，在无向图 G_1 中：$\mathrm{TD}(v_1)=2$，$\mathrm{TD}(v_2)=3$，$\mathrm{TD}(v_3)=3$，$\mathrm{TD}(v_4)=2$，$\mathrm{TD}(v_5)=2$。

在有向图 G_2 中：$\mathrm{ID}(v_1)=1$，$\mathrm{OD}(v_1)=2$，$\mathrm{TD}(v_1)=3$；$\mathrm{ID}(v_2)=1$，$\mathrm{OD}(v_2)=0$，$\mathrm{TD}(v_2)=1$；$\mathrm{ID}(v_3)=1$，$\mathrm{OD}(v_3)=1$，$\mathrm{TD}(v_3)=2$；$\mathrm{ID}(v_4)=1$，$\mathrm{OD}(v_4)=1$，$\mathrm{TD}(v_4)=2$。

显然，对于含有 n 个顶点和 e 条边的图，所有顶点的度数之和与顶点个数及边数满足以下关系：

$$e=\frac{1}{2}\sum_{i=1}^{n}\mathrm{TD}(v_i)$$

（2）带权图（网）。图中与边有关的数据信息称为该边的权重（Weight），简称权。在实际应用中，权可以具有某种具体含义。例如，在一个反映城市交通线路的图中，边上的权值可以表示该条线路的长度或花费的代价等；在电子线路图中，边上的权值可以表示两个端点之间的电阻值、电流或电压；对于反映工程进度的图而言，边上的权值可以表示从前一个子工程到后一个子工程所需要的时间，等等。边上带权的图称为带权图或网（Network），记为 $G=(V, E, W)$，其中，V、E 分别表示顶点集和边集，W 表示各条边上的权值集合。

如果图是无向图，则称该网为无向网，如果图是有向图，则称该网为有向网。

图 7.4（a）所示为无向网 G_3，图 7.4（b）所示为有向网 G_4。

（3）路径、简单路径与路径长度。顶点 v_p 到顶点 v_q 之间的路径是指存在顶点序列 $v_p, v_{i1}, v_{i2}, \cdots, v_{im}, v_q$，其中，$(v_p, v_{i1}), (v_{i1}, v_{i2}), \cdots, (v_{im}, v_q)$ 分别为图中的边。若除 v_p 和 v_q 外，其他顶点都只出现一

次，则称这种路径为简单路径。一条路径上边的条数称为该路径的长度。如果两个顶点之间存在路径，则称这两个顶点是可达的。

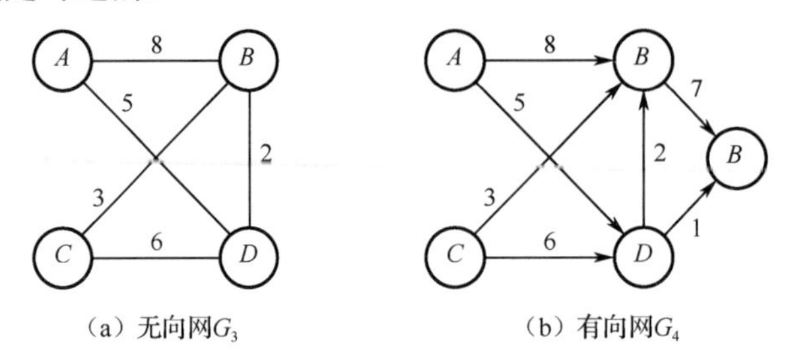

（a）无向网G_3　　（b）有向网G_4

图 7.4　无向网 G_3 与有向网 G_4

例如，图 7.1 所示的无向图 G_1 中，$v_1 \to v_4 \to v_3 \to v_5$ 与 $v_1 \to v_2 \to v_5$ 是从顶点 v_1 到顶点 v_5 的两条路径，路径长度分别为 3 和 2。

（4）回路与简单回路。若顶点 v_p 到顶点 v_q 之间有路径且 $v_p=v_q$（起点与终点重合），则称该路径为回路或环（Cycle）。若除第一个顶点与最后一个顶点可以重合外，其他顶点都不重复出现，则称这种回路为简单回路（或简单环）。

例如，在图 7.1 中，$v_1 \to v_2 \to v_3 \to v_4 \to v_1$ 是一条简单回路。图 7.2 中的 $v_1 \to v_3 \to v_4 \to v_1$ 也是一条简单回路。

（5）子图与母图。设图 $G=(V,E)$，$G'=(V',E')$，若 $V' \subseteq V$，$E' \subseteq E$，则称图 G' 是图 G 的一个子图，图 G 称为图 G' 的母图。

图 7.5（a）所示为图 G_1 的一个子图，图 7.5（b）所示为图 G_2 的一个子图。

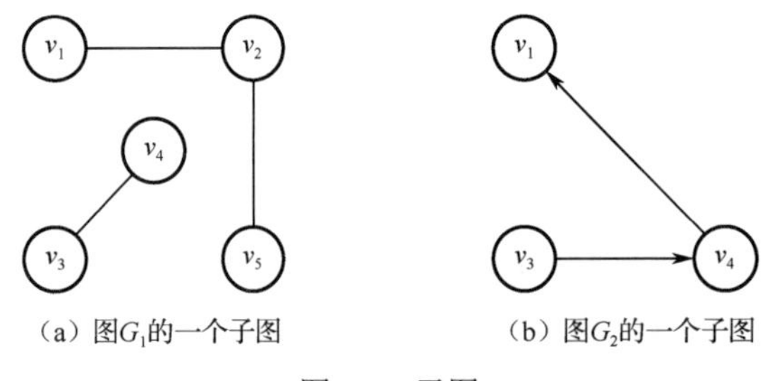

（a）图G_1的一个子图　　（b）图G_2的一个子图

图 7.5　子图

（6）无向图的连通性与连通分量。对于一个无向图，如果从一个顶点 v_i 到另一个顶点 v_j（$i \neq j$）可达，则称顶点 v_i 和 v_j 是连通的。如果图中任意两个顶点都是连通的，则称该图是连通图，否则称为不连通图。无向图的一个极大连通子图称为一个连通分量。

例如，图 7.1 所示的图 G_1 是一个连通图，又如图 7.6（a）所示的无向图 G_5 是一个非连通图，图 7.6（b）为其两个连通分量。

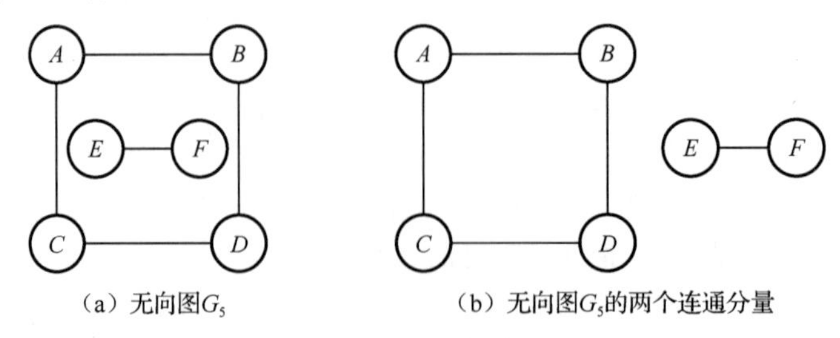

（a）无向图G_5　　（b）无向图G_5的两个连通分量

图 7.6　无向图及其连通分量

（7）有向图的连通性与连通分量。对于一个有向图，若图中任意一对顶点 v_i 和 v_j（$i \neq j$），既有从顶点 v_i 到顶点 v_j 的路径，也有从顶点 v_j 到 v_i 的路径，则称该有向图是强连通图。有向图的一个极大强连通子图称为强连通分量。若一个有向图中任意一对顶点 v_i 和 v_j（$i≠j$），有一条从顶点 v_i 到 v_j（或顶点 v_j 到 v_i）的单向路径，则称该图是弱连通的。强连通图只有一个强连通分量，即其本身，非强连通图有多个强连通分量。

例如，图 7.2 中的有向图 G_2 是一个非强连通图，有两个强连通分量，分别是$\{v_1, v_3, v_4\}$和$\{v_2\}$，如图 7.7（a）所示。图 7.7（b）是一个强连通图。

（8）生成树。连通图 $G=(V, E)$的生成树是指图 G 的包含其全部 n 个顶点的一个极小连通子图，记为 $T=(V, E')$，其中 $E' \subseteq E$。

例如，图 7.8 给出了图 7.1 所示的无向图 G_1 的一棵生成树。

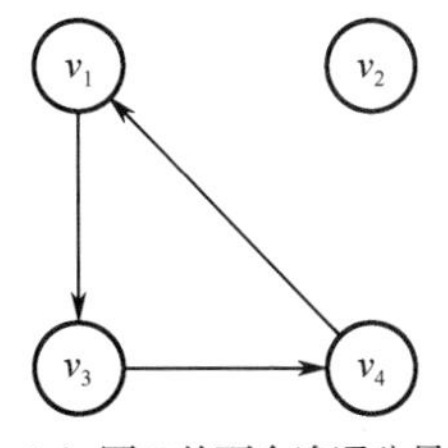

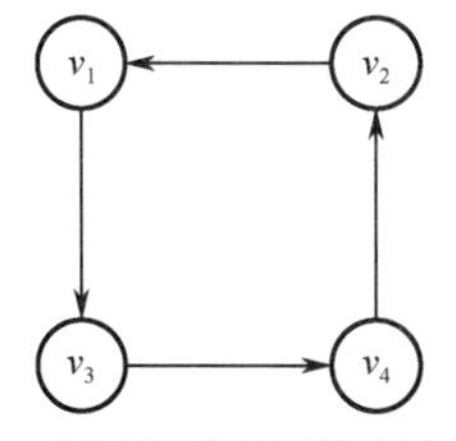

图 7.7　有向图的连通分量

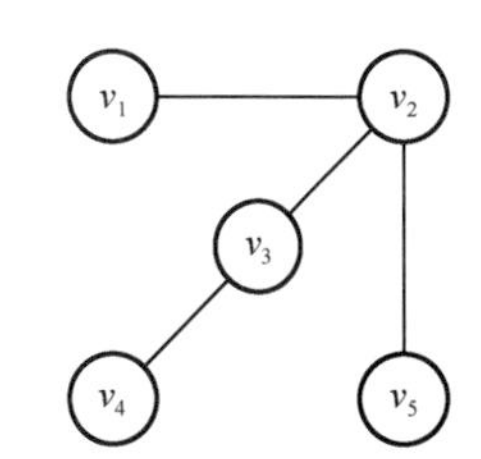

图 7.8　无向图 G_1 的一棵生成树

一个连通图的生成树具有以下特点。

① 连通性。生成树是连通图，若减少任意一条边，则其必然变成非连通图。

② 存在不唯一性。任何一个连通图一定有生成树，但其不是唯一的。

③ 连通图的生成树必定包含且仅包含图 G 的 n−1 条边。

事实上，在生成树中添加任意一条属于原图中的边必定会产生回路，因为新添加的边使其所依附的两个顶点之间有了第二条路径。

（9）生成森林。在非连通图中，由每个连通分量都可以得到一个极小连通子图，即一棵生成树。这些连通分量的生成树就组成了一个非连通图的生成森林。

例如，图 7.9 给定了一个非连通图，对应的生成森林如图 7.10 所示。

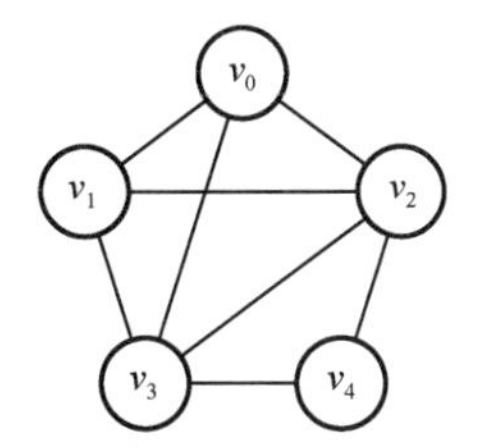

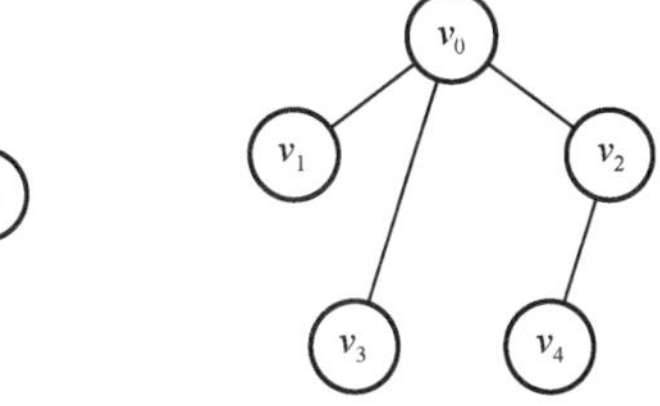

图 7.9　一个含两个分支的非连通图 G_6

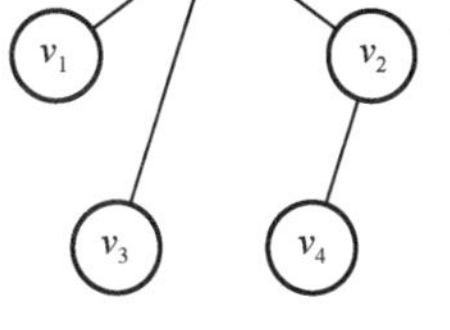

图 7.10　图 7.9 所给非连通图的生成森林

7.1.2　图的 ADT 定义

图的 ADT 定义如下。

```
ADT  Graph  {
      数据对象 V：V={ vi | vi∈VertexType, 1<=i<=n}是具有相同特性的数据元素集合，称为顶点集。
      数据关系 R：R={ VR }
                  VR={ <v, w > | v, w∈V，P(v, w), <v, w >表示从顶点 v 到顶点  w 的弧。
                  谓词 P(v, w)定义了弧<v, w >的意义或信息}
      数据操作：
       （1）图的创建 CreatGraph(&G)
            初始条件：V 是图 G 的顶点集，VR 是图 G 的弧集
```

操作结果：输入图 G 的顶点和边，建立图 G 的存储结构

（2）撤销图 DestroyGraph(G)

初始条件：图 G 存在

操作结果：销毁图 G，并释放其所占用的存储空间

（3）查找顶点 FindVex(G, v)

初始条件：图 G 存在，v 是与顶点值类型相同的数据元素

操作结果：若存在值等于 v 的顶点，返回成功信息，否则返回失败信息

（4）取某顶点的值 GetVex(G, &v)

初始条件：图 G 存在，v 是图 G 的某个顶点

操作结果：在图 G 中找到顶点 v，并返回顶点 v 的相关信息

（5）为顶点赋值 PutVex(G, v, value)

初始条件：图 G 存在，v 是图 G 的某个顶点

操作结果：在图 G 中找到顶点 v，并将值 value 赋给顶点 v

（6）取某顶点的第一个邻接顶点 FirstAdjVex(G, v)

初始条件：图 G 存在，v 是图 G 的某个顶点

操作结果：返回顶点 v 的第一个邻接顶点，若顶点 v 无邻接顶点则返回空

（7）取下一个顶点 NextAdjVex(G, v, w)

初始条件：图 G 存在，v 是图 G 的某个顶点，w 是 v 的邻接顶点

操作结果：返回顶点 v 的下一个邻接顶点（相对于顶点 w）。若顶点 w 是 v 的最后一个邻接顶点，则返回空

（8）插入一个顶点 InsertVex(&G, v)

初始条件：图 G 存在，顶点 v 是与 G 的顶点有相同特性

操作结果：在图 G 中增添一个新顶点 v

（9）删除一个顶点 DeleteVex(&G, v)

初始条件：图 G 存在，v 是图 G 的某个顶点

操作结果：在图 G 中，删除顶点 v 及所有和顶点 v 相关联的边或弧

（10）插入一条弧 InsertArc(&G, v, w)

初始条件：图 G 存在，v 和 w 是图 G 的两个顶点

操作结果：在图 G 中增添一条从顶点 v 到顶点 w 的边或弧，若图 G 是无向图，还增添一条从顶点 w 到顶点 v 的边

（11）删除一条弧 DeleteArc(&G, v, w)

初始条件：图 G 存在，v 和 w 是图 G 的两个顶点

操作结果：在图 G 中删除一条从顶点 v 到顶点 w 的边或弧，若图 G 是无向图，还删除一条从顶点 w 到顶点 v 的边

（12）深度优先搜索图 DFSTraverse(G, *visit())

初始条件：图 G 存在，visit()是访问顶点的操作函数

操作结果：在图 G 中，从顶点 v 出发按深度优先搜索图 G，每个顶点只访问一次且仅访问一次

（13）广度优先搜索图 BFSTraverse(G, *visit())

初始条件：图 G 存在，visit()是访问顶点的操作函数

操作结果：在图 G 中，从顶点 v 出发按广度优先搜索图 G，每个顶点只访问一次且仅访问一次

} ADT Graph

课外阅读：人际关系是我们宝贵的人生财富

六度分隔理论的背景介绍：1967 年，哈佛大学的心理学教授 Stanley Milgram 想要描绘一个连接人与社区的人际关系网，从而设计了一个连锁信件实验。他将一套连锁信件随机发送给居住在内布拉斯加州奥马哈的 160 个人，信中放了一个波士顿股票经纪人的名字，并要求每名收信人把这封信寄给自己认为是比较接近这名股票经纪人的朋友。这位朋友收到信后，再把信寄给他认为更接近这名股票经纪人的朋友。最终，大部分信件都寄到了这名股票经纪人手中，每封信平均经

手 6 次到达。

六度分隔理论说明了社会中普遍存在“弱纽带”，但是却发挥着非常强大的作用。有很多人在找工作时会体会到这种弱纽带的效果。通过弱纽带，人与人之间的距离变得非常“近”。这也启示我们要利用好“弱纽带”，在日常的人际交往中真诚待人，为未来积累宝贵的人际财富。

7.2 图的存储结构与创建算法

数据结构，字面意思是“数据的结构”，也就是指数据以什么样的形式组织起来便于存储；深层含义是如何处理数据，或者说是“数据的处理”。这就体现了“辩证统一”的思想，数据按照一定的结构存储是为了提高数据处理的效率，而要想提高数据处理的效率，除了优化算法，还要从数据存储结构下手，结构和操作是辩证的统一，是不可分割的整体，应当一起研究。这就像我国的改革与开放必须同时进行，二者相辅相成，改革必然要求开放，开放也必然要求改革。正如习近平在十九届中共中央政治局常委同中外记者见面时的讲话上提到的“我们将总结经验、乘势而上，继续推进国家治理体系和治理能力现代化，坚定不移深化各方面改革，坚定不移扩大开放，使改革和开放相互促进、相得益彰”。

从图的定义可知，一个图的信息包括两部分：图中的顶点信息及描述顶点之间关系的信息（边或弧）。因此无论采用什么方法建立图的存储结构，都要完整、准确地反映这两方面的信息。下面介绍图的几种常用的存储结构及创建算法。

7.2.1 邻接矩阵存储结构与创建算法

1．图的邻接矩阵定义

所谓图的邻接矩阵（Adjacency Matrix）存储结构，就是用一维数组存储图中顶点的信息，用矩阵表示图中各顶点之间的邻接关系。假设图 $G=(V, E)$有 n 个确定的顶点，即 $V=\{v_0, v_1, \cdots, v_{n-1}\}$，表示 G 中各顶点相邻关系的 $n\times n$ 矩阵元素为

$$A[i][j]=\begin{cases}1 & (v_i,v_j)\text{或}<v_i,v_j>\text{是}E(G)\text{中的边}\\0 & \text{若}(v_i,v_j)\text{或}<v_i,v_j>\text{不是}E(G)\text{中的边}\end{cases}$$

若 G 是网，则邻接矩阵可定义为

$$A[i][j]=\begin{cases}w_{ij} & \text{若}(v_i,v_j)\text{或}<v_i,v_j>\text{是}E(G)\text{中的边，}w_{ij}\text{是边上的权值}\\0\text{或}\infty & \text{若}(v_i,v_j)\text{或}<v_i,v_j>\text{不是}E(G)\text{中的边}\end{cases}$$

式中，w_{ij} 表示边(v_i, v_j)或$<v_i, v_j>$上的权值；∞表示一个计算机允许的、大于所有边上权值的数。举例说明如下。

图 7.11 所示为无向图 G_7，其邻接矩阵如图 7.12 所示。

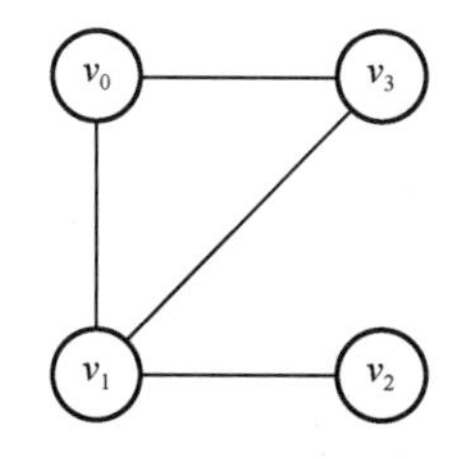

图 7.11　无向图 G_7

$$A=\begin{bmatrix}0&1&0&1\\1&0&1&1\\0&1&0&0\\1&1&0&0\end{bmatrix}$$

图 7.12　无向图 G_7 的邻接矩阵

图 7.13 所示为有向图 G_8，其邻接矩阵如图 7.14 所示。

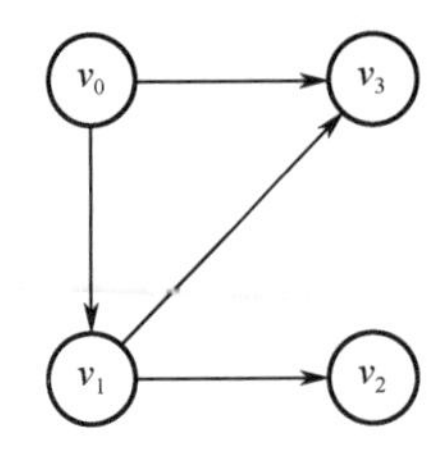

图 7.13　有向图 G_8

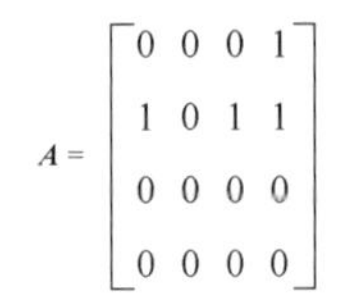

图 7.14　有向图 G_8 的邻接矩阵

图 7.15 所示为无向网 G_9，其邻接矩阵如图 7.16 所示。

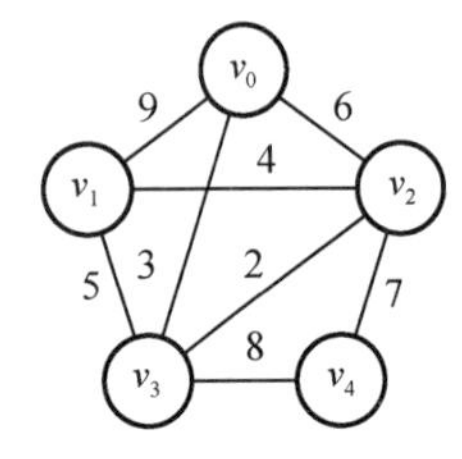

图 7.15　无向网 G_9

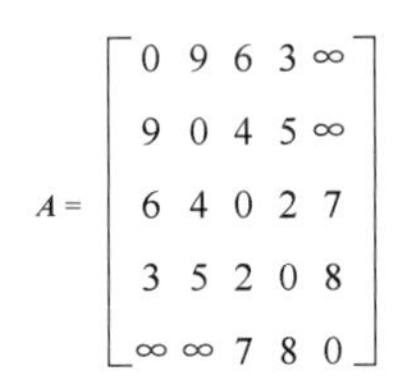

图 7.16　无向网 G_9 的邻接矩阵

图的邻接矩阵存储方法具有以下特点。

（1）一个图的邻接矩阵是唯一的。

（2）无向图的邻接矩阵一定是一个对称矩阵。因此，在具体存放邻接矩阵时只需存放上（或下）三角矩阵的元素即可。

（3）在无向图（或网）的邻接矩阵中，第 i 行（或第 i 列）非零元素（或非零且非∞元素）的个数等于第 i 个顶点的度，所有非零元素（或非零且非∞元素）的个数等于边数的两倍，在不带权无向图中有

$$\mathrm{TD}(v_i)=\sum_{j=0}^{n-1}A[i][j],\qquad \sum_{i=0}^{n-1}\sum_{j=0}^{n-1}A[i][j]=2e$$

（4）在有向图（或网）的邻接矩阵中，第 i 行非零元素（或非零且非∞元素）的个数等于第 i 个顶点的出度，第 j 列非零元素（或非零且非∞元素）的个数等于第 j 个顶点的入度，在不带权有向图中有

$$\mathrm{OD}(v_i)=\sum_{j=0}^{n-1}A[i][j],\qquad \mathrm{ID}(v_j)=\sum_{i=0}^{n-1}A[i][j]$$

（5）对于一个有向图，所有顶点的入度之和等于所有结点的出度之和，即

$$\sum_{i=0}^{n-1}\mathrm{ID}(v_i)=\sum_{i=0}^{n-1}\mathrm{OD}(v_i)$$

用邻接矩阵存储图，很容易确定图中任意两个顶点之间是否有边相连。但是，要确定图中有多少条边，则必须按行、按列对每个元素进行检测，所花费的时间代价很大。这是用邻接矩阵存储图的局限性。

2．图的邻接矩阵描述

用邻接矩阵存储图时，除了用一个邻接矩阵表示边，还需用一个一维数组用于存储顶点信息，另外还需保存图的顶点数和边数信息，其存储结构如图 7.17 所示。

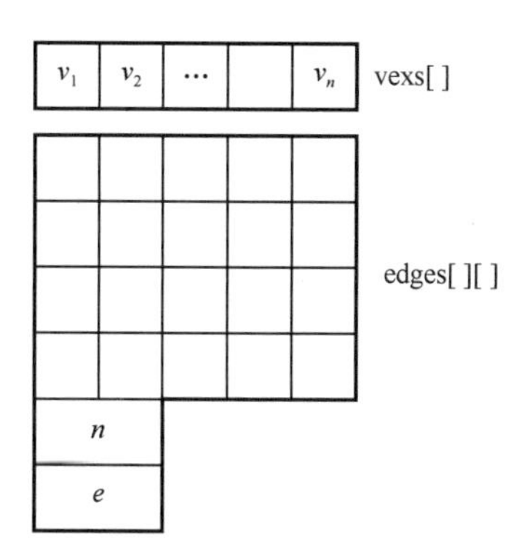

图 7.17　图的邻接矩阵存储结构示意图

存储结构描述如下。

```
#define   MaxVertexNum   100                    //最大顶点数设为 100
typedef   char   VertexType ;                   //顶点类型设为字符型
typedef   int   EdgeType ;                      //边的权值设为整型
typedef   struct   {
    VertexType   vexs[ MaxVertexNum ] ;         //顶点表
    EdgeType   edges[ MaxVertexNum ][ MaxVertexNum ];   //邻接矩阵，即边表
    int   n, e ;                                //顶点数和边数
  } Mgragh;                                     //Mgragh 是以邻接矩阵存储的图类型
```

邻接矩阵存储结构既适合存储无向图（网），也适合存储有向图（网）。

3．建立图的邻接矩阵存储结构的算法

```
void   CreateMGraph(MGraph &G)                  //建立无向图 G 的邻接矩阵存储结构
     {   int i, j, k, w ;
         char   ch ;
         printf("请输入顶点数和边数(输入格式为:顶点数,边数):\n");
         scanf("%d,%d",&(G.n),&(G.e));          //输入顶点数和边数
         printf("请输入顶点信息(输入格式为:顶点信息<CR>):\n");
         for(i=0 ; i<G.n ; i++)                  //输入顶点信息，建立顶点表
             scanf("%c \ n ",&(G.vexs[i]));
         for(i=0;i<G.n;i++)                      //初始化邻接矩阵
           for(j=0;j<G.n;j++)
               G->edges[i][j]=0;
         Printf("请输入每条边对应的两个顶点的序号(输入格式为:i,j\n");
         for(k=0; k<G.e ; k++)                   //输入 e 条边，建立邻接矩阵
             { scanf("\n%d,%d", &i, &j);
               G.edges[i][j]=1;
               G.edges[j][i]=1 ;                 //若为无向图，则加入对称边
             }
     }       //CreateMGraph
```

上述算法的时间复杂度为 $O(n^2)$，可以看出时间复杂度仅与顶点数有关，因此邻接矩阵适用于稠密图的存储。

7.2.2 邻接表存储结构与创建算法

1. 邻接表存储结构定义

邻接表（Adjacency List）是一种图的顺序存储结构与链式存储结构相结合的存储结构。邻接表表示类似于树的孩子链表表示法。对于图 G 中的每个顶点 v_i，将所有邻接于 v_i 的顶点 v_j 拉成一个单链表，这个单链表称为顶点 v_i 的邻接表，再将所有顶点的邻接表的表头指针放到一个数组中，由此构成整个图的邻接表。在邻接表表示中，有两种结点结构，如图 7.18 所示。

其中头结点由顶点域 vertex 和指向该顶点邻接表第一个边结点的边表头指针域 firstedge 构成，边结点（邻接表结点）的 adjvex 域存放邻接点的序号，next 域存放指向下一条邻接边的指针。

对于网的邻接表，需要再增设一个存储边信息（如权值等）的 info 域，网的邻接表存储结构如图 7.19 所示。

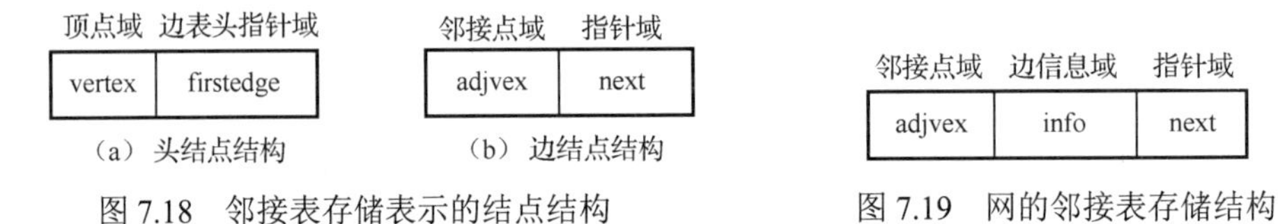

图 7.18 邻接表存储表示的结点结构　　图 7.19 网的邻接表存储结构

例如，图 7.20（a）所示为无向图 G_{10}，其邻接表存储结构如图 7.20（b）所示。

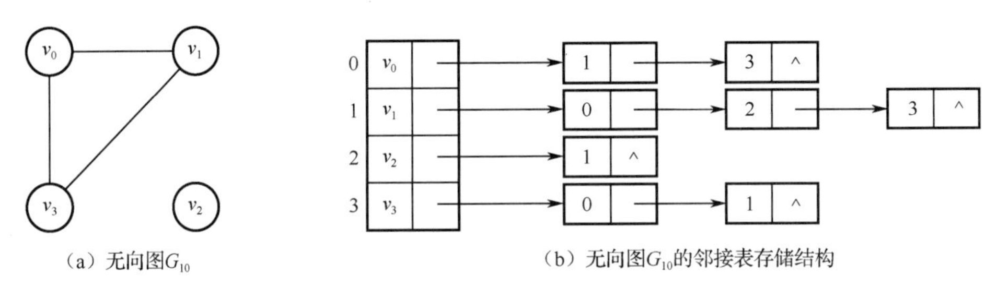

图 7.20 无向图 G_{10} 及其邻接表存储结构

对于一个图，其邻接表存储结构与邻接矩阵不同，是不唯一的。例如，对于图 7.20（a）中的顶点 v_0，采用邻接表存储结构时，其对应的单链表除了图 7.20（b）所示的存储结构，还可以将对应的两个边结点的顺序调换，因此，边结点的顺序不唯一导致了邻接表也具备了不唯一性，在使用邻接表表示时一定要注意对边结点顺序的要求。

邻接表存储结构的定义如下。

```
#define MaxVerNum 100                              //最大顶点数为 100
typedef   struct   EdgeNode {                      //边结点
            int adjvex ;                           //邻接点域
            struct   EdgeNode * next ;             //指向下一个邻接点的指针域
            datatype   *info                       //要表示边上信息，则应增加一个边信息域 info
        } EdgeNode;
typedef   struct   VertexNode {                    //头结点
          VertexType   vertex ;                    //顶点域
          EdgeNode   * firstedge;                  //第一条边结点的头指针
        } VertexNode;
typedef struct{
        VertexNode adjlist[MaxVertexNum];          //邻接表的头结点数组
```

```
    int n, e ;                                    //顶点数和边数
   }ALGraph;                                      //ALGraph 是以邻接表存储的图类型
```

2．有向图邻接表结构的构造算法

建立一个有向图的邻接表存储结构，算法如下。

```
void CreateALGraph(ALGraph   &G)                  //建立有向图的邻接表存储结构
  { int i, j, k ;
    EdgeNode * s ;
    printf("请输入顶点数和边数(输入格式为:顶点数,边数)：\n");
    scanf("%d,%d",&(G.n),&(G.e));                 //输入顶点数和边数
    printf("请输入顶点信息(输入格式为:顶点信息<CR>)：\n");
    for(i=0;i<G.n;i++)                            //建立有 n 个顶点的顶点表
        { scanf("\n%c",&(G.adjlist[i].vertex));   //输入顶点信息
            G->adjlist[i].firstedge=NULL;         //顶点的边表头指针设为空
        }
    printf("请输入边的信息(输入格式为:i,j \n");
    for(k=0;k<G.e;k++)                            //建立边表
      { scanf("\n%d,%d",&i,&j);                   //读入弧< vi, vj >的顶点对应序号
          s=(EdgeNode*)malloc(sizeof(EdgeNode));  //生成新边表结点 s
          s->adjvex=j;                            //邻接点序号为 j
          s->next=G.adjlist[i].firstedge;         //将新边表结点 s 插到顶点 vi 的边表头部
          G.adjlist[i].firstedge=s ;
      }
  } //CreateALGraph
```

3．基于邻接矩阵的邻接表创建及销毁算法

（1）根据邻接矩阵数组 A、顶点个数 n 和边数 e 来建立图的邻接表 G（采用邻接表指针方式），算法描述如下。

```
void CreateALGraph(ALGraph *&G, int A[MAXV][MAXV], int n, int e)   //创建图的邻接表
{   int i, j;
    EgdeNode *p;
    G=(ALGraph *)malloc(sizeof(ALGraph));
    for(i=0;i<n;i++)                                       //给邻接表中所有头结点的指针域设置初值
        G->adjlist[i].firstedge=NULL;
    for(i=0;i<n;i++)                                       //检查邻接矩阵中的每个元素
        for(j=n-1;j>=0;j--)
            if(A[i][j]!=0 && A[i][j]!=INF)                 //存在一条边
            {   p=(EdgeNode *)malloc(sizeof(EdgeNode));    //创建一个结点 p
                p->adjvex=j;                               //存放邻接点
                p->info=A[i][j];                           //存放权
                p->next=G->adjlist[i].firstedge;           //采用头插法插入结点 p
                G->adjlist[i].firstedge=p;
            }
        G->n=n; G->e=e;
}
```

（2）销毁图的算法如下。

```
void DestroyALGraph(ALGraph *&G)                  //销毁图的邻接表
```

```
{   int i; EdgeNode *pre, *p;
    for(i=0;i<G.n;i++)                          //扫描所有的单链表
    {   pre=G->adjlist[i].firstedge;             //指针 p 指向第 i 个单链表的首结点
        if(pre!=NULL)
        {   p=pre->next;
            while(p!=NULL)                       //释放第 i 个单链表的所有边结点
            {   free(pre);
                pre=p; p=p->next;
            }
            free(pre);
        }
    }
    free(G);                                     //释放头结点数组
}
```

若无向图中有 n 个顶点、e 条边，则它的邻接表需 n 个头结点和 $2e$ 个边结点。显然，在边稀疏（$e \ll n(n-1)/2$）的情况下，用邻接表表示图比用邻接矩阵表示图要节省存储空间，当和边相关的信息较多时更是如此。

在无向图的邻接表中，顶点 v_i 的度恰好为第 i 个链表中的结点数；而在有向图的邻接表中，第 i 个链表中的结点个数是顶点 v_i 的出度。为了求其入度，必须遍历整个邻接表。在所有链表中其邻接点域的值为 i 的结点的个数就是顶点 v_i 的入度。有时，为了便于确定顶点的入度，可以建立一个有向图的逆邻接表，即对每个顶点 v_i，将以 v_i 为弧头的结点连接起来，拉成链表。

例如，图 7.2 所示的有向图 G_2，其邻接表和逆邻接表如图 7.21 所示。

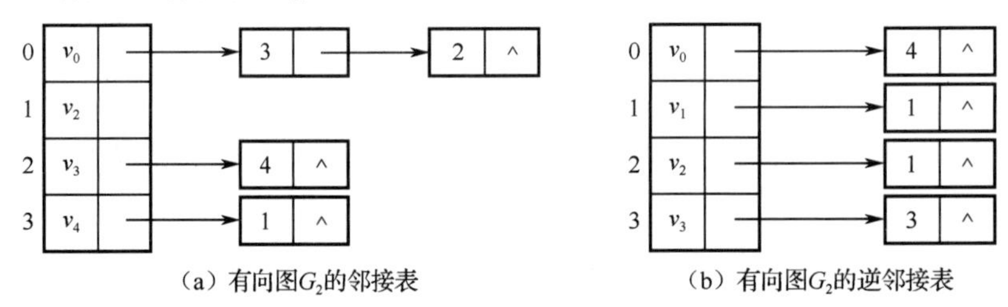

图 7.21　图 7.2 所示的有向图 G_2 的邻接表与逆邻接表

在建立图的邻接表或逆邻接表时，若输入的顶点信息为顶点的编号，则建立邻接表的时间复杂度为 $O(n+e)$，否则，需要通过查找才能得到顶点在图中的位置，此时的时间复杂度为 $O(ne)$。

在邻接表上很容易找到任一顶点的第一个邻接点和下一个邻接点，但要判定任意两个顶点 v_i 和 v_j 之间是否有边或弧相连，则需要搜索第 i 个或第 j 个链表，因此，不如邻接矩阵方便。

7.2.3　有向图的十字链表存储结构与创建算法

图的邻接表存储结构便于确定顶点的出度，逆邻接表存储结构便于确定顶点的入度，那我们是否可以建议一种存储结构，即能方便得到入度，也能方便得到出度呢？中国伟大的教育家孔子提出来这样的方法论：“学而不思则罔，思而不学则殆”，强调学思并重。对于图的存储结构的优化，就需要我们去贯通所学的基础知识，在学习的基础上勤加思考，不断转换思维方式来寻求解决问题的方法。

1．有向图的十字链表存储结构

十字链表（Orthogonal List）是有向图的另一种存储结构，它实际上是将邻接表与逆邻接表结合的一种存储结构，即把每一条边的结点分别组织到以弧尾为头结点的链表和以弧头为头结点的链表中。十字链表存储结构的头结点和弧结点结构分别如图 7.22（a）和图 7.22（b）所示。整个图的存储结构如图 7.22（c）所示。

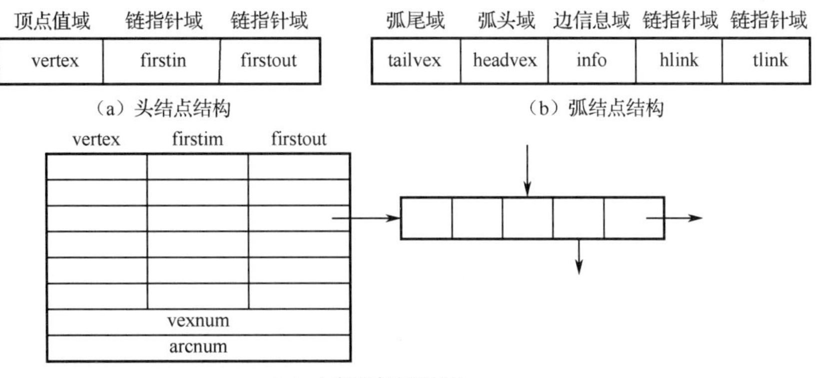

（a）头结点结构　（b）弧结点结构

（c）十字链表存储结构

图 7.22　图的十字链表存储结构图

在弧结点中有五个域：其中弧尾域（tailvex）和弧头域（headvex）分别指示弧尾和弧头这两个顶点在图中的位置，链指针域（hlink）指向弧头相同的下一条弧，链指针域（tlink）指向弧尾相同的下一条弧，边信息域（info）指向该弧的相关信息。弧头相同的弧在同一条横向链表上，弧尾相同的弧在同一条纵向链表上。头结点由三个域组成：其中顶点值域（vertex）存储与顶点相关的信息，如顶点的名称等；firstin 和 firstout 为两个链指针域，分别指向以该顶点为弧头或弧尾的第一个弧结点。

例如，图 7.23 所示的有向图 G_{11}，其十字链表存储结构如图 7.24 所示。

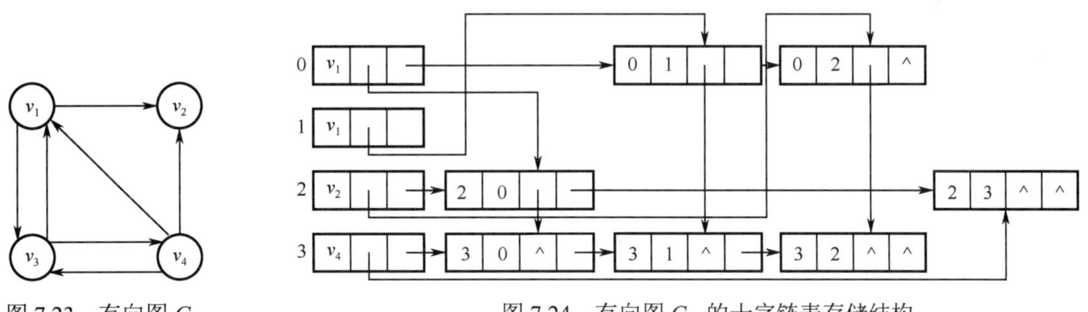

图 7.23　有向图 G_{11}　　图 7.24　有向图 G_{11} 的十字链表存储结构

若将有向图的邻接矩阵看作稀疏矩阵的话，则十字链表也可以看作邻接矩阵的链式存储结构，在图的十字链表中，弧结点所在的链表是非循环链表，结点之间相对位置自然形成，不一定按顶点序号有序排列，表头结点即顶点结点，它们之间是顺序存储的。

有向图的十字链表存储结构描述如下。

```
#define   MAX_VERTEX_NUM   20
typedef   struct   ArcBox {
            int   tailvex, headvex ;                //弧尾和弧头的位置
            struct   ArcBox   * hlink, tlink;       //弧头相同和弧尾相同的弧的链域
            InfoType    info ;                      //弧相关信息的指针
     } ArcBox ;
typedef   struct   VexNode {
          VertexType vertex:
          ArcBox    firstin, firstout;              //分别指向该顶点第一条入弧和出弧
```

```
    } VexNode;
typedef   struct {
        VexNode xlist[MAX_VERTEX_NUM];          //表头向量
        int   vexnum, arcnum ;                  //有向图的顶点数和弧数
    } OLGraph;
```

2．有向图十字链表存储结构的构造算法

下面给出建立一个有向图的十字链表存储结构的创建算法。通过该算法，只要输入 n 个顶点的信息和 e 条弧的信息，便可建立有向图的十字链表存储结构，算法描述如下。

```
void CreateDG(OLGraph &G) //采用十字链表存储结构，构造有向图 G(G.kind=DG)
 { scanf(&G . vexnum, &G . arcnum, &IncInfo);                //若 IncInfo 为 0，则各弧不含相关信息
   for(i=0 ; i < G . vexnum ; ++i)                           //构造表头向量
     {   scanf(&(G . xlist[i].vertex));                      //输入顶点值
      G . xlist[i].firstin=NulL;   G . xlist[i].firstout =NULL;   //初始化指针
     }
   for(k=0 ; k<G.arcnum ; ++k)                               //输入各弧并构造十字链表
     { scanf(&v1,&v2);                                       //输入一条弧的始点和终点
      i =LocateVex(G,v1);   j=LocateVex(G,v2);               //确定 v1 和 v2 在存向图 G 中位置
      p=(ArcBox*)malloc(sizeof(ArcBox));                     //假定有足够空间
      p={ i, j, G->xlist[j].firstin, G->xlist[i].firstout,NULL }   //对弧结点赋值
                                                             //{tailvex,headvex,hlink,tlink,info}
      G->xlist[j].firsrtin=G->xlist[i].firstout=p;           //完成在入弧和出弧链头的插入
      if(IncInfo)Input(p->info);                             //若弧含有相关信息，则输入
    }
}   //CreateDG
```

在十字链表中既容易找到以顶点 v_i 为弧尾的弧，也容易找到以顶点 v_i 为弧头的弧，因而容易求得顶点的出度和入度（若需要，可在建立十字链表存储结构的同时求出）。同时，由算法可知，建立十字链表存储结构的时间复杂度和建立邻接表存储结构是相同的。在某些有向图的应用中，十字链表是很有用的存储结构。

7.2.4　无向图的邻接多重表存储结构

邻接多重表（Adjacency Multilist）主要用于存储无向图。如果用邻接表存储无向图，每条边的两个边结点分别在以该边所依附的两个顶点为弧头的链表中出现两次，这既浪费了存储空间，又会给某些操作带来不便。例如，对已访问过的边做标记，或者要删除图中的某一条边等，需要找到表示同一条边的两个结点。因此，在无向图这一类操作问题中，采用邻接多重表存储结构更为适宜。

邻接多重表存储结构和十字链表存储结构类似，也是由顶点表和边表组成，每一条边用一个结点表示，其顶点结点结构和边结点结构如图 7.25 所示。

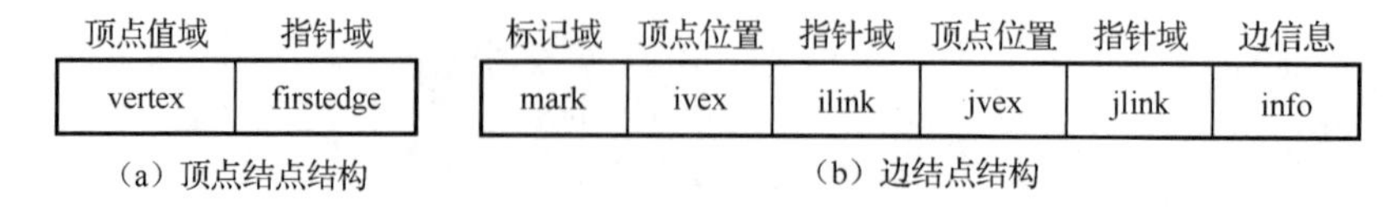

图 7.25　邻接多重表的两种结点结构

顶点结点由两个域组成，顶点值域（vertex）和指针域（firstedge）。vertex 域存储和该顶点相关的信息，firstedge 域指示第一条依附于该顶点的边。边结点由六个域组成，mark 域为标记域，

用于标记该边是否被搜索过；ivex 域和 jvex 域为该边依附的两个顶点在图中的位置；ilink 域为指向下一条依附于 ivex 处顶点的边的指针域；jlink 域为指向下一条依附于 jvex 处顶点的边的指针域，info 域为指向和边相关的各种信息的指针域。

例如，图 7.1 中的无向图 G_1 的邻接多重表存储结构如图 7.26 所示。

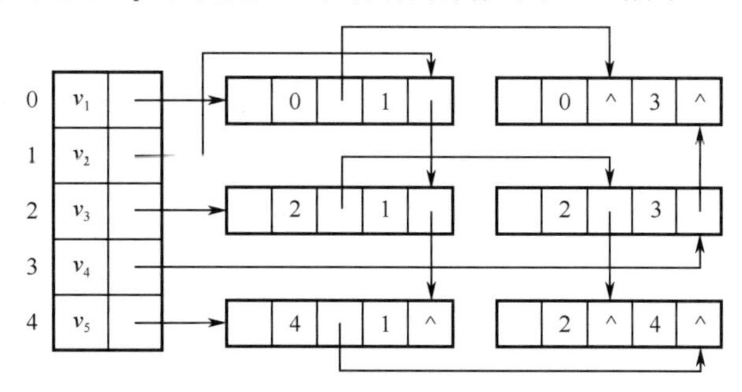

图 7.26　图 7.1 中的无向图 G_1 的邻接多重表存储结构

在邻接多重表中，所有依附于同一顶点的边串联在同一链表中，由于每条边依附于两个顶点，则每个边结点同时链接在两个链表中。由此可见，对无向图而言，其邻接多重表和邻接表的差别是同一条边在邻接表中用两个结点表示，而在邻接多重表中只有一个结点。因此，邻接多重表除了在边结点中增加一个标志域，它所需的存储量和邻接表相同。在邻接多重表中，各种基本操作的实现也与邻接表相似。

邻接多重表存储结构算法描述如下。

```
#define MAX_VERTEX_NUM   20
typedef   emnu { unvisited, visited}    VisitIf ;
typedef   struct   EBox{
          VisitIf mark:                              //访问标记
          int ivex,jvex;                             //该边依附的两个顶点的位置
          struct   EBox   *ilink, *jlink ;           //分别指向依附这两个顶点的下一条边
          InfoType   info;                           //边信息指针
     } EBox ;
typedef   struct   VexBox{
          VertexType data ;
           EBox   *fistedge ;                        //指向第一条依附于该顶点的边
       } VexBox;
typedef   struct {
          VexBox adjmulist[MAX_VERTEX_NUM];
           int vexnum, edgenum ;                     //无向图的当前顶点数和边数
     } AMLGraph ;
```

课外阅读：学思结合才是求知之道

路漫漫其修远兮，吾将上下而求索。求索的过程是不断学习、不断思考的过程。图的存储结构有很多，要善于去思考与总结每种存储结构的优缺点。存储结构的缺点便是我们优化它时的切入点。同时学思结合也是我们解决问题的方法论之一，习近平总书记说过：“一切向前走，都不能忘记走过的路；走得再远、走到再光辉的未来，也不能忘记走过的过去，不能忘记为什么出发。”

7.3 图的遍历算法

与树的遍历类似，图的遍历是指从图中的某一顶点出发，对图中的每个顶点访问且只访问一次。图的遍历是图的一种基本操作，图的许多其他操作都是建立在遍历基础上的。由于图结构本身的复杂性，使图的遍历操作也比较复杂，主要表现在以下四个方面：首先是在图结构中，没有一个“自然”的头结点，图中任意一个顶点都可作为第一个被访问的结点；其次是在非连通图中，从一个顶点出发，只能够访问它所在的连通分量上的所有顶点，因此，还需考虑如何选取下一个出发点以访问图中其他的连通分量；再次是在图结构中，如果有回路存在，那么一个顶点被访问之后，有可能沿回路又回到该顶点；最后一点就是在图结构中，一个顶点可以和其他多个顶点相连，当这样的顶点访问过后，存在如何选取下一个要访问的顶点的问题。

图遍历算法的应用十分广泛。例如，在传染病防控期间，患者与其密切接触者之间的关系就可以映射为一个有向图，结合图的遍历就可以得出需要排查的人员顺序，这样利用图数据，科学地进行传染病病源追踪和传播范围预测，做到科学防范。图的遍历通常有深度优先搜索（Depth Fisrst Search）和广度优先搜索（Breadth First Search）两种方式，在实际应用中，这两种图遍历算法更多地作为底层算法来支持其他图算法。例如，地图导航反映出的最短路径问题等。下面分别介绍这两种算法。

7.3.1 深度优先搜索算法

深度优先搜索方法类似于树的先序遍历，是树的先序遍历方法的一种推广，简称为 DFS 算法。

假设初始状态是图中所有顶点都未被访问。深度优先搜索可以从图中某个顶点 v 出发，访问此顶点，然后依次从 v 的未被访问的邻接点出发深度优先搜索图，直至图中所有和 v 有路径相通的顶点都被访问到；若此时图中尚有顶点未被访问，则另选图中一个未曾被访问的顶点作为起始点，重复上述过程，直至图中所有顶点都被访问到。

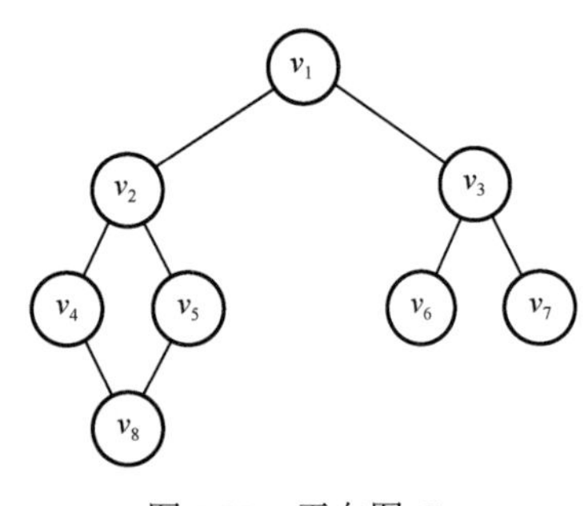

图 7.27　无向图 G_{12}

以图 7.27 所示的无向图 G_{12} 为例，进行图的深度优先搜索。假设从顶点 v_1 出发进行搜索，在访问了顶点 v_1 之后，选择邻接点 v_2。因为 v_2 未被访问，则从 v_2 出发进行搜索。依次类推，接着从 v_4、v_8、v_5 出发进行搜索。在访问了 v_5 之后，由于 v_5 的邻接点都已被访问，则搜索回到 v_8。由于同样的理由，搜索继续回到 v_4、v_2 直至 v_1，此时由于 v_1 的另一个邻接点 v_3 未被访问，则搜索又从 v_1 到 v_3 继续进行下去，由此得到的顶点访问序列为 $v_1 \to v_2 \to v_4 \to v_8 \to v_5 \to v_3 \to v_6 \to v_7$。

显然，这是一个递归的过程。为了在遍历过程中便于区分顶点是否已被访问，需附设一个访问标志数组 visited[0…n−1]，其初值全部为 FALSE，一旦某个顶点被访问，则其相应的分量置为 TRUE。

假设顶点为字符型数据，则深度优先搜索的算法过程描述如下。

```
void  DFS(Graph G, int v, *visit())              //从第 v 个顶点出发递归深度优先搜索图 G
  {  visited[v]=TRUE ;
     printf("%3c ", G. adjlist[i].vertex);       //访问第 v 个顶点
     for(w=FirstAdjVex(G,v); w; w=NextAdjVex(G,v,w))
     if(!visited[w])DFS(G,w);                    //对 v 的尚未访问的邻接顶点 w 递归调用深度优先搜索算法
  }
```

上述算法执行一次，只能遍历图的一个连通分量。为遍历整个图，需要另外再增加一个函数，对未访问的顶点重复调用深度优先搜索算法（实际上按连通分量的个数重复）。下面给出对邻接表存储结构的图 *G* 进行深度优先搜索的完整算法。

```
void  DFSTraverseAL(ALGraph *G)              //深度优先搜索用邻接表存储的图 G
    { int   i ;
     for(i=0 ; i<G.n ; i++)
        visited[i]=FALSE;                    //初始化全局变量，visited 数组作为标志向量
     for(i=0 ;i<G.n ; i++)
         if(!visited[i])DFSAL(G, i);         //顶点 vi 未访问过，从顶点 vi 开始深度优先搜索
    }   //DFSTraveseAL
void DFSAL(ALGraph *G, int i)                //以顶点 vi 为出发点对邻接表存储的图 G 进行深度优先搜索
  { EdgeNode *p ;
    printf("%3c ", G . adjlist[i].vertex);   //访问顶点 vi（顶点数据为字符型）
    visited[i]=TRUE ;                        //标记顶点 vi 已访问
    p=G->adjlist[i].firstedge ;              //取顶点 vi 边表的头指针
    while(p)                                 //依次搜索顶点 vi 的邻接点 vj，j=p->adjva
      { if(!visited[p->adjvex])              //若顶点 vj 未被访问过，则以顶点 vj 为出发点向纵深搜索
         DFSAL(G,p->adjvex);
          p=p->next;                         //查找顶点 vi 的下一个邻接点
        }
    }  //DFSAL
```

分析上述算法，在遍历图时，对图中每个顶点至多调用一次 DFSAL 函数，因为一旦某个顶点被标志为已被访问，就不再从它出发进行搜索。因此，遍历图的过程实质上是对每个顶点查找其邻接点的过程。所耗费的时间取决于所采用的存储结构。当用二维数组邻接矩阵作为图的存储结构时，查找每个顶点的邻接点所需的时间复杂度为 $O(n^2)$，其中 n 为图中的顶点数。而当以邻接表作为图的存储结构时，查找邻接点所需的时间复杂度为 $O(e)$，其中 e 为无向图中的边数或有向图中的弧数。因此，当以邻接表作为存储结构时，深度优先搜索图的时间复杂度为 $O(n+e)$。

7.3.2　广度优先搜索算法

广度优先搜索方法，简称 BFS 算法，该算法类似于树的层次遍历过程。假设从图中某个顶点 v 出发，在访问了顶点 v 之后依次访问顶点 v 的各个未曾访问过的邻接点，然后分别从这些邻接点出发，依次访问它们的邻接点，并使“先被访问的顶点的邻接点”先于“后被访问的顶点的邻接点”被访问，直至图中所有已被访问的顶点的邻接点都被访问到。若此时图中尚有顶点未被访问，则另选图中一个未曾被访问的顶点作为起始点，重复上述过程，直至图中所有顶点都被访问到。换句话说，在广度优先搜索图的过程中，以顶点 v 为起始点，由近至远，依次访问和顶点 v 有路径相通且路径长度分别为 1, 2, 3, …的顶点。

例如，对图 7.27 所示无向图 G_{12} 进行广度优先搜索，首先访问顶点 v_1，再访问顶点 v_1 的邻接点 v_2 和 v_3，然后依次访问顶点 v_2 的邻接点 v_4、v_5，接着访问顶点 v_3 的邻接点 v_6 和 v_7，最后访问 v_4 的邻接点 v_8。由于这些顶点的邻接顶点均已被访问，并且图中所有顶点都被访问过，因此完成了图的遍历，得到的顶点访问序列为

$$v_1 \to v_2 \to v_3 \to v_4 \to v_5 \to v_6 \to v_7 \to v_8$$

和深度优先搜索算法类似，在遍历过程中，也需要设置一个访问标志数组。并且，为了顺次访问路径长度为 1, 2, 3, …的顶点，需附设一个队列，存储已被访问的路径长度为 1, 2, 3, …的顶点。

图的广度优先搜索算法描述如下。

```
void   BFSTraverse(Graph G, int v))
    {   //按广度优先搜索非递归遍历图 G。使用辅助队列 Q 和访问标志数组 visited
        for(i=0; i<G.vexnum; ++i)                              //初始化访问标志数组 visited
          visited[i]=FALSE;
        InitQueue(Q);                                          //初始化队列 Q
        if(!visited[v])                                        //顶点 v 尚未访问
          {     EnQueue(Q,v);                                  //顶点 v 入队
                while(!QueueEmpty(Q))
                     { DeQueue(Q,u);                           //队头元素出队并置为 u
                       visited[u]=TRUE;
                       printf("%3c ", G. adjlist[i].vertex);   //访问顶点 u
                       for(w=FirstAdjVex(G,u);   w ;   w=NextAdjVex(G,u,w))
                         if(!visited[w])EnQueue(Q,w);          //顶点 u 尚未访问的邻接点 w 入队 Q
                     }
          }
    }   //BFSTraverse
```

以上算法执行一次只能遍历图的一个连通分量，为了能遍历整个图，仍需重复调用 BFSTraverse 函数，调用次数为连通分量的个数。以下给出对以邻接矩阵为存储结构的整个图 G 进行广度优先搜索的完整算法。

```
void   BFSTraverseAL(MGraph &G)                  //广度优先搜索以邻接矩阵存储的图 G
     {   int i;
         for(i=0; i<G.n; i++)
             visited[i]=FALSE;                   //标志向量初始化
         for(i=0; i<G.n; i++)
         if(!visited[i]) BFS(G, i);              //顶点 vi 未访问过，从顶点 vi 开始广度优先搜索
     }   //BFSTraverseAL
void   BFS(MGraph G, int k)               //以顶点 vi 为出发点，对邻接矩阵存储的图 G 进行广度优先搜索
        { int i,   j;
         InitQueue(Q);
         printf("visit vertex :V %c\n",G.vexs[k]);   //访问原点 vk
         visited[k]=TRUE;
         EnQueue(Q,k);                           //原点 vk 入队
         while(!QueueEmpty(Q))
             { i=DeQueue(Q);                     //顶点 vi 出队
              for(j=0;j<G.n;j++)                 //依次搜索顶点 vi 的邻接点 vj
                  if(G->edges[i][j]= =1 && !visited[j])          //若顶点 vj 未访问
                     { printf("visit vertex:V %c\n",G->vexs[j]);  //访问顶点 vj
                      visited[j]=TRUE;
                      EnQueue(Q, j);                             //访问过的顶点 vj 入队
                     }
              }
     }   //BFS
```

分析上述算法，每个顶点至多进一次队列。遍历图的过程实质是通过边或弧查找邻接点的过程，因此广度优先搜索图的时间复杂度和深度优先搜索相同，两者不同之处仅仅在于对顶点访问的顺序不同。

课外阅读：理论联系实际

荀子曾说过："不登高山，不知天之高也；不临深谷，不知地之厚也。"这句话的意思是要想了解"天之高""地之厚"，必须"登高山""临深溪"。"不登""不临"是无法了解"天""地"的情况的。人们要想获得真正的知识，必须亲身实践。学习理论的目的在于实践。过分强调理论而轻视实践，人就会丧失实践的能力。通过实践，理论才落到实处。纸上得来终觉浅，绝知此事要躬行。只有付诸行动，认真去实践，所学到的知识才不至于成为空洞教条的理论。在掌握图遍历算法的基础理论之后，我们便应主动去了解图遍历的应用，只有做到在实际中活学活用，才能更好地内化所学的知识。

7.4 图的连通性

判定一个图的连通性是图的一个应用问题，我们可以利用图的遍历算法来求解这一问题。本节将重点讨论无向图和有向图的连通性判断、求图的生成树或生成森林，以及连通图中是否有关节点（Articulation Point）等几个有关图的连通性问题。

7.4.1 无向图的连通性

在对无向图进行遍历时，如果无向图是连通的，那么仅需从图中任一顶点出发，进行深度优先搜索或广度优先搜索，便可访问到图中所有的顶点。对于无向非连通图，则需要从多个顶点出发进行搜索，而每一次从一个新的起始顶点出发进行搜索过程中得到的顶点访问序列恰好为其各个连通分量中的顶点集。

例如，图 7.6（a）所示的无向图 G_5，其邻接表如图 7.28 所示，按深度优先搜索分别从顶点 A 和顶点 E 出发两次调用深度优先搜索算法，得到的顶点访问序列分别为

$$ABCD、EF$$

这两个顶点集分别加上所有依附于这些顶点的边，便构成了无向非连通图 G_5 的两个连通分量，如图 7.6（b）所示。

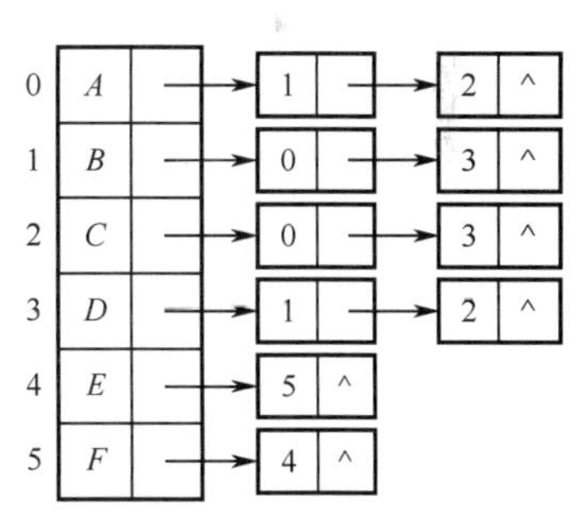

图 7.28 图 7.6（a）所示的无向图 G_5 的邻接表

因此，要想判定一个无向图是否为连通图，或有几个连通分量，可以设置一个计数变量 count，初始值为 0，在调用深度优先搜索算法的第二个循环语句 for 中，每调用一次深度优先搜索算法，count 加 1，这样，当整个算法结束时，依据 count 的值，就可以确定图的连通性。当 count =1 时，连通；当 count>1 时，不连通，count 的值就是连通分量的个数。

7.4.2 有向图的连通性

有向图的连通性不同于无向图的连通性，可分为弱连通和强连通。这里仅就有向图的强连通性及强连通分量的判定进行讨论。

深度优先搜索是判断有向图连通性和求连通分量的一种有效方法。假设以十字链表作为有向图的存储结构，算法步骤如下。

（1）在有向图 G 上，从某个顶点出发沿着以该顶点为弧尾的弧进行深度优先搜索，并按其所有邻接点的搜索都完成（退出 DFSTraverseAL 函数）的顺序将顶点排列起来。此时需要对 DFSTraverseAL 函数做如下两点修改：①在进入 DFSTraverseAL 函数时首先进行计数变量的初始

化，即在入口处加上 count=0 的语句；②在退出函数之前将完成搜索的顶点号记录在另一个辅助数组 finished[vexnum]中，即在 DFSTraverseAL 函数结束之前加上语句 finished[++count]=v。

（2）在有向图 G 上，从最后完成搜索的顶点（finished[vexnum-1]中的顶点）出发，沿着以该顶点为弧头的弧进行逆向深度优先搜索，若此次遍历不能访问到有向图中所有的顶点，则从余下的顶点中最后完成搜索的那个顶点出发，继续进行逆向的深度优先搜索，以此类推，直到有向图中所有顶点都被访问到为止。此时调用 DFSTraverseAL 函数时需做如下修改：函数中第二个循环语句的边界条件应改为 finished[vexnum-1]～finished[0]。

由此可得，每一次调用 DFSTraverseAL 函数做逆向深度优先遍历所访问到的顶点集便是有向图 G 中一个强连通分量的顶点集。

例如，对图 7.2 所示的有向图 G_2，假设从顶点 v_1 出发进行深度优先搜索，得到 finished 数组中的顶点号序列为(1, 3, 2, 0)；然后从顶点 v_1 出发进行逆向深度优先搜索，得到两个顶点集{ v_1, v_3, v_4}和{ v_2}，这就是该有向图的两个强连通分量的顶点集。

上述求强连通分量的第二步，其实质如下。

（1）构造一个有向图 G_r，设 $G=(V, E)$，则 $G_r=(V_r, E_r)$，对于所有 $<v_i, v_j>\in E$，必有 $<v_j, v_i>\in E_r$，即 G_r 中拥有和 G 方向相反的弧。

（2）在有向图 G_r 上，从顶点 finished[vexnum-1]出发进行深度优先遍历。可以证明，在有向图 G_r 上所得深度优先生成森林中每一棵树的顶点集为 G 的强连通分量的顶点集。

显然，利用深度优先搜索算法求强连通分量的时间复杂度与广度优先搜索算法相同。

7.4.3 生成树与生成森林

本节给出通过对图的遍历得到图的生成树或生成森林的算法。

设 $E(G)$为连通图 G 中所有边的集合，则从图中任一顶点出发遍历图时，必定将 $E(G)$分成两个集合 $T(G)$和 $B(G)$，其中 $T(G)$是遍历图的过程中历经的边的集合；$B(G)$是剩余的边的集合。显然，$T(G)$和图 G 中所有顶点一起构成连通图 G 的极小连通子图。按照 7.1.2 节的定义，它是连通图的一棵生成树。由深度优先搜索得到的生成树称为深度优先生成树；由广度优先搜索得到的生成树称为广度优先生成树。生成树一定存在，但不唯一。

例如，图 7.27 所示的无向连通图 G_{12}，深度优先生成树和广度优先生成树如图 7.29 所示，图中虚线为集合 $B(G)$中的边，实线为集合 $T(G)$中的边。

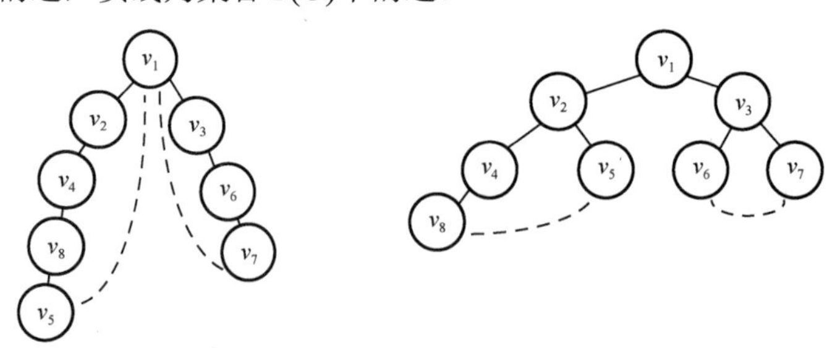

（a）无向连通图G_{12}的深度优先生成树　　（b）无向连通图G_{12}的广度优先生成树

图 7.29　无向连通图 G_{12} 的两种生成树

对于非连通图，遍历后得到的是生成森林。例如，图 7.30（a）所示的非连通图 G_{13}，其深度优先生成森林如图 7.30（b）所示，它由三棵深度优先生成树组成。

假设以孩子兄弟链表作为生成森林的存储结构，求非连通图的深度优先生成森林的算法描述如下。

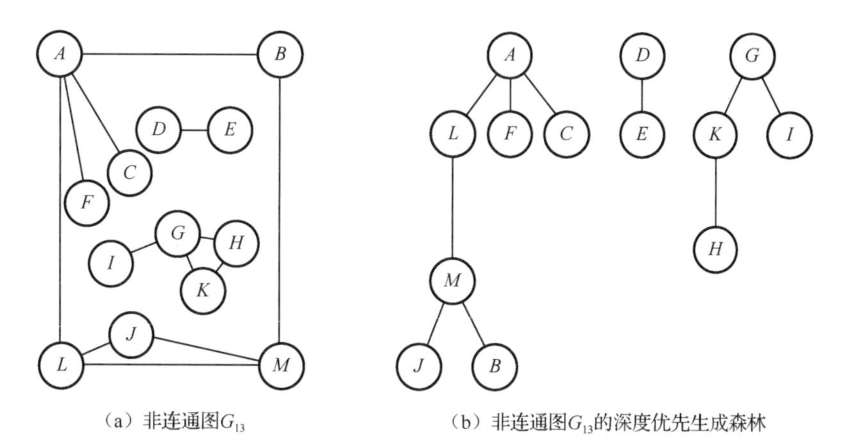

图 7.30　非连通图 G_{13} 的生成树林

```
void DFSForest(Graph G, CSTree *T)//建立无向图 G 的深度优先生成森林的孩子兄弟链表
    {  T=NULL;
       for(v=0;v<G.vexnum;++v)
       visited[v]=FALSE;
       for(v=0;v<G.vexnum;++v)
           if(!visited[v])                         //顶点 v 为新的生成树的根结点
             { p=(CSTree)malloc(sizeof(CSNode));   //分配根结点
              *p={GetVex(G,v).NULL,NULL};          //给根结点赋值
              if(!T) T=p;                          //T 是第一棵生成树的根结点
              else  q->nextsibling=p;              //前一棵生成树的根结点的兄弟是其他生成树的根结点
              q=p;                                 //指针 q 指向当前生成树的根结点
              DFSTree(G,v,&p);                     //建立以指针 p 指向的结点为根结点的生成树
             }
    }
void  DFSTree(Graph G,int v,CSTree &T)             //从第 v 个顶点出发深度优先搜索图 G，建立以 T 为
                                                     根结点的生成树
    {  visited[v]=TRUE;
       first=TRUE;
       for(w=FirstAdjVex(G,v);  w;  w=NextAdjVex(G,v,w))
           if(!visited[w])
             { p=(CSTree)malloc(sizeof(CSNode)};   //分配孩子结点
              *p={GetVex(G,w),NULL,NULL};
               if(first)   //顶点 w 是顶点 v 的第一个未被访问的邻接点，作为根结点的左孩子结点
                    { T->lchild=p;
                      first=FALSE;
                    }
               else  //顶点 w 是顶点 v 的其他未被访问的邻接点，作为上一邻接点的右兄弟结点
                    q->nextsibling=p;
               q=p;
               DFSTree(G,w,&q);    //从第 w 个顶点出发深度优先搜索图 G，建立生成子树
             }
    }
```

该算法的时间复杂度和遍历算法相同。

7.4.4 关节点与重连通分量

若在删去顶点 v 及其相关联的边之后，将图的一个连通分量分割成两个或两个以上的连通分量，则称顶点 v 为该图的一个关节点。关节点也称为割点。一个没有关节点的连通图称为重连通图（Biconnected Graph）。在重连通图上，任意一对顶点之间至少存在两条路径，在删去某个顶点及依附于该顶点的边时也不破坏图的连通性。若在连通图上至少删去 k 个顶点才能破坏图的连通性，则称此图的连通度为 k。关节点和重连通图在求解实际问题中有较多应用。例如，一个表示通信网络的图，其连通度越高，系统就越可靠，无论哪一个站点出现故障或遭到外界破坏，都不影响系统的正常工作；一个航空网若是重连通图，则当某条航线因天气等某种原因关闭时，旅客仍可从别的航线绕道而行；若将大规模集成电路的关键线路设计成重连通图的话，则在某些元件失效的情况下，整个芯片的功能不受影响；在战争中，若要摧毁敌方的运输线，仅需破坏其运输网中的关节点即可。俗话说“打蛇打七寸”，抓住事物的主要矛盾才是解决问题的关键。

例如，图 7.31（a）中所给的图 G_{14} 是连通图，但不是重连通图。图中有五个关节点 A、B、D、G 和 H。若删去顶点 B 及所有依附顶点 B 的边，G_{14} 就被分割成三个连通分量{A、C、F、L、M、J}、{G、H、I、K}和{D、E}。类似地，若删去顶点 A、D、G 或 H 及所依附于它们的边，则 G_{14} 被分割成两个连通分量。

利用深度优先搜索可求得图的关节点，并由此可判别图是否是重连通图。

图 7.31（b）所示为从顶点 A 出发的深度优先生成树，图中的实线表示树的边，虚线表示回边（不在生成树上的边）。对树中任一顶点 v 而言，其孩子结点为在它之后搜索到的邻接点，而其双亲结点和由回边连接的祖先结点是在它之前搜索到的邻接点。由深度优先生成树可得出关节点的特性如下。

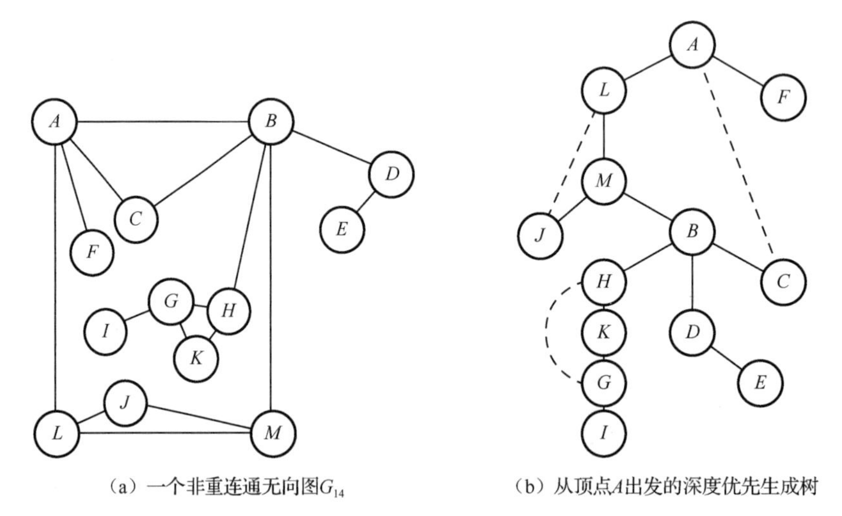

（a）一个非重连通无向图G_{14}　　（b）从顶点A出发的深度优先生成树

图 7.31　连通图的关节点

（1）若生成树的根结点有两棵或两棵以上的子树，则此根顶点必为关节点，如图 7.31（b）中的顶点 A。因为图中不存在连接不同子树中顶点的边，因此，若删去根结点，生成树便变成生成森林。

（2）若生成树中某个非叶结点 v，其某棵子树的根结点和子树中的其他结点均没有指向结点 v 的祖先结点的回边，则 v 为关节点。因为，若删去结点 v，则其子树和图的其他部分被分割开来，如图 7.31（b）中的顶点 B 和顶点 G。

若对图 Graph=(V, E)重新定义遍历时的访问函数 visit( )，并引入一个新的函数 low()，则由一次深度优先搜索可求得连通图中存在的所有关节点。

用 visited[v]表示深度优先搜索法遍历连通图时所访问顶点 v 的次序号，low 的定义为

$$\mathrm{low}(v)=\mathrm{Min}\left\{\mathrm{vivited}[v],\mathrm{low}[w],\mathrm{visited}[k] \;\middle|\; \begin{array}{l} w\text{ 是 }v\text{ 在深度优先生成树上的孩子结点} \\ k\text{ 是 }v\text{ 在深度优先生成树上由回边连接的祖先结点} \\ (v,w)\in \mathrm{Edge} \\ (v,k)\in \mathrm{Edge} \end{array}\right\}$$

若对于某个顶点 v，存在孩子结点 w 且 low[w]≥visited[v]，则该顶点 v 必为关节点。因为当结点 w 是结点 v 的孩子结点时，low[w]≥visited[v]，表明 w 及其子孙顶点均无指向 v 的祖先的回边。

由定义可知，visited[v]的值为 v 在深度优先生成树的先序遍历序列的序号，只需将 DFS 函数中头两个语句改为 visited[v0]=++count（在 DFS 函数中设初值 count=1）即可；low[v]可由后序遍历深度优先生成树求得，而 v 在后序遍历序列中的次序和遍历时退出 DFS 函数的次序相同，由此修改深度优先搜索算法便可得到求关节点的算法。

```
void FindArticul(ALGraph G)                     //连通图 G 以邻接表存储，查找并输出 G 的全部关节点
    {  count=1;                                 //全局变量 count 用于访问计数
       visited[0]=1;                            //设定邻接表上 0 号顶点为生成树的根结点
       for(i=1;i<G.vexnum;++i)                  //其余顶点尚未访问
           visited[i]=0;
       p=G.adjlist[0].first;
       v=p->adjvex;
       DFSArticul(G,v);                         //从顶点 v 出发深度优先搜索关节点
       if(count<G.vexnum)                       //生成树的根结点至少有两棵子树
         { printf(0,G.adjlist[0].vertex);       //根结点是关节点，输出
           while(p->next)
             { p=p->next;
               v=p->adjvex;
               if(visited[v]==0) DFSArticul(G, v);
             }
       }
}    //FindArticul
void DFSArticul(ALGraph G, int v0)                    //从顶点 v0 出发深度优先搜索图 G，查找并输出关节点
   { visited[v0]=min=++count;                         //顶点 v0 是第 count 个访问的顶点
     for(p=G.adjlist[v0].firstedge; p; p=p->next)     //搜索顶点 v0 的每个邻接点
       { w=p->adjvex;                                 //顶点 w 为顶点 v0 的邻接点
         if(visited[w]= =0)                           //若顶点 w 未被访问，则结点 w 为结点 v0 的孩子结点
           { DFSArticul(G,w);                         //返回前求得 low[w]
             if(low[w]<min)min=low[w];
             if(low[w]>=visited[v0])printf(v0,G.adjlist[v0].vertex);    //输出关节点
           }
         else if(visited[w]<min)min=visited[w];   //顶点 w 已被访问，结点 w 是结点 v0 在生成树上的祖先结点
   }
  low[v0]=min;
}
```

例如，图 7.31（a）所示的图 G_{14} 中各顶点的 visited 和 low 的函数值如表 7.1 所示。

表 7.1　图 7.31（a）所示的图 G_{14} 各顶点的 visited 和 low 的函数值

i	0	1	2	3	4	5	6	7	8	9	10	11	12
G.adjlist[i].vertex	A	B	C	D	E	F	G	H	I	J	K	L	M
visited[i]	1	5	12	10	11	13	8	6	9	4	7	2	3
low[i]	1	1	1	5	10	1	5	5	8	2	5	1	1
求得 low 值的顺序	13	9	8	7	6	12	3	5	2	1	4	11	10

其中，J 是第一个求得 low 值的顶点，由于存在回边(J, L)，则 low[J]=Min{visited[J]、visited[L]}=2。顺便提一句，上述算法中将指向双亲结点的树边也看作回边，由于不影响关节点的判别，因此，为使算法简明起见，在算法中没有区别它们。

由于上述算法的过程就是一个遍历的过程，因此，求关节点的时间复杂度仍为 $O(n+e)$。

课外阅读：解决问题抓关键

人们都希望能最快、最有效地解决问题。但有的人能做到，有的人却做不到，原因有很多，而是否懂得抓要点、抓根本是其中的关键。眉毛胡子一把抓，结果往往是事事着手，事事落空，即使事情能做成，也要付出很多的时间和精力。与此相反，有的人不管遇到多棘手的问题，都能够以最快的速度抓住问题的要点，并采取相应的手段。于是，再棘手的问题也能很快解决。我们该如何掌握这一智慧呢？那就是抓到“牵一发动全身”的地方。任何问题，都有一个关键点，那就是“牵一发而动全身”的地方。这个地方是一切矛盾的汇集处。解决了它，其他的问题就会迎刃而解，就像图中的关节点一样。要想攻坚克难、勇攀高峰，更需要在关键处着手，从根本上解决问题。

7.5　最小生成树

对于连通图已经讨论了求生成树的问题，而对于网则可以提出求最小生成树的问题。求最小生成树问题具有重要的实际应用价值。本节将讨论最小生成树的概念及两种重要的算法。

7.5.1　最小生成树的基本概念

由生成树的定义可知，无向连通图的生成树不是唯一的。连通图的一次遍历所经过的边的集合及图中所有顶点的集合就构成了该图的一棵生成树。对连通图不同方法的遍历，就可能得到不同的生成树。图 7.32 所示为图 7.27 所示的无向连通图 G_{12} 的三棵生成树。

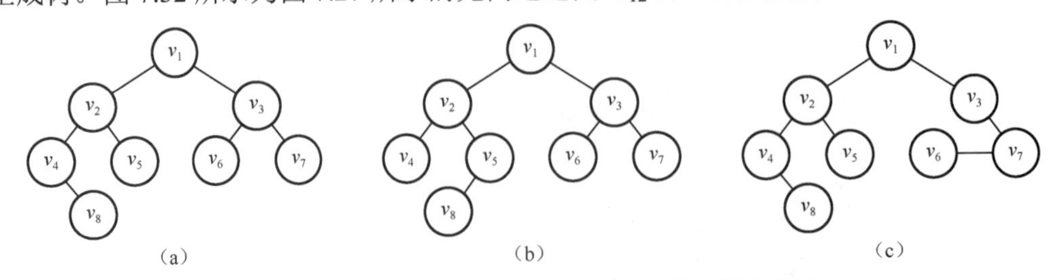

图 7.32　图 7.27 所示的无向连通图 G_{12} 的三棵生成树

可以证明，对于有 n 个顶点的无向连通图，无论其生成树的形态如何，所有生成树中都有且仅有 $n-1$ 条边。

如果无向连通图是一个网，那么，它的所有生成树中必有一棵边的权值总和最小的生成树，这棵生成树称为**最小生成树**。最小生成树一定存在，但不是唯一的。当各边权值互不相同时，最小生成树是唯一的。

最小生成树可以应用到许多实际问题中，不管是“一带一路”倡议的要求，还是经济发展的需要，其中最能凸显价值的便是交通线路的搭建。21 世纪以来，公路交通的快速发展，有效缓解了我国交通运输紧张状况，显著提升了我国的综合国力和竞争力，《国家公路网规划（2013—2030年）》提出，到 2030 年，国家公路网总规模约 40 万公里，其中国家高速公路共 36 条，计 11.8 万公里；普通国道共 200 条，计 26.5 万公里。而在公路网建设中最重要的就是造价问题，如以尽可能低的总造价建造城市间的公路线路（或铁路交通网），把 7 个城市联系在一起。在这 7 个城市中，公路线路的造价依据城市间的距离不同而不同，可以构造一个公路线路造价网［如图 7.33（a）所示的网 G_{14}］，在网中，每个顶点表示城市，顶点之间的边表示城市之间可构造公路线路，每条边的权值表示该条公路线路的造价，使总的造价最低的问题，实际上就是寻找该网的最小生成树。

下面两节介绍两种常用的构造最小生成树的方法。

7.5.2 构造最小生成树的 Prim 算法

Prim 算法需给定初始顶点。

假设 $G=(V, E, W)$是一个具有 n 个顶点的连通网，其中，V 为网中所有顶点的集合，E 为网中所有边的集合，W 为各边权值的集合。设 $T=(U, \mathrm{TE})$是 G 的最小生成树，其中，U 是 T 的顶点集，TE 是 T 的边集，则由 G 构造从起始顶点 v 出发的最小生成树 T 的步骤如下。

（1）初始化 $U=\{v\}$，v 到其他顶点的所有边为候选边。

（2）重复以下步骤 $n-1$ 次，使得其他 $n-1$ 个顶点加入 U。

① 从候选边中挑选权值最小的边输出，设该边在 $V-U$ 中的顶点是 k，将 k 加入 U。

② 考察当前 $V-U$ 中的所有顶点 j，修改候选边：若(j, k)的权值小于原来和顶点 k 关联的候选边，则用(k, j)取代后者作为候选边。

例如，图 7.33（a）所示的网 G_{14}，按 Prim 算法，从顶点 v_1 出发，该网最小生成树的产生过程如图 7.33（b）～7.33（g）所示。

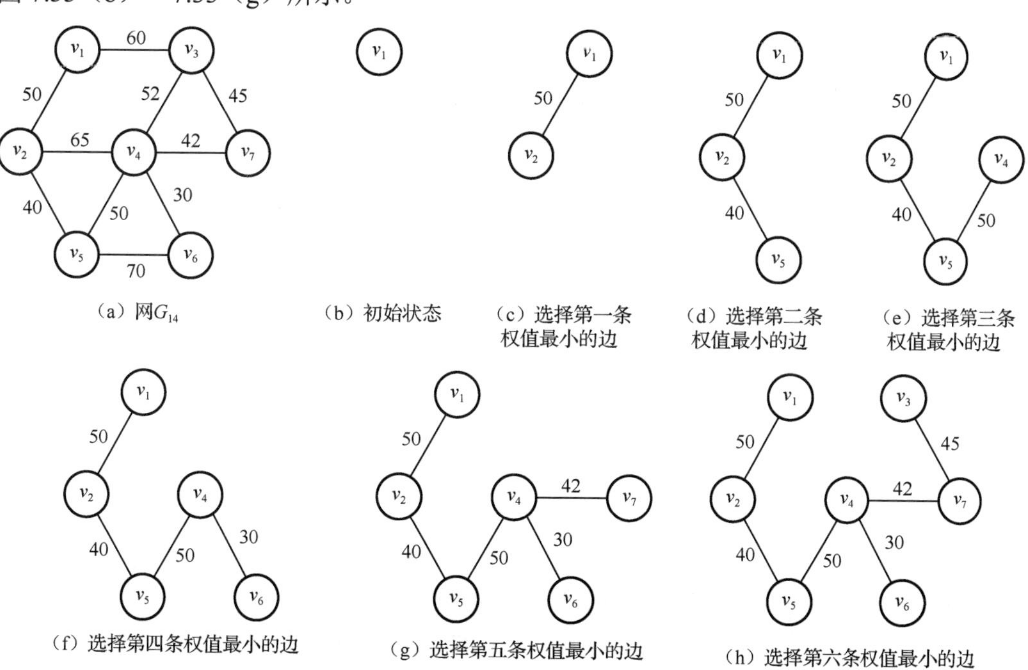

图 7.33　用 Prim 算法构造最小生成树的过程

为实现 Prim 算法，需要设置两个附加的一维数组 lowcost 和 closevertex，它们记录从 U 到 $V-U$ 之间选择权值最小的边。对于某个 $j\in V-U$，closevertex[j]存储该边依附在 U 中的顶点编号，lowcost[j]用来保存该边的权值。假设初始状态 $U=\{v\}$（v 为出发的顶点），这时有 lowcost[v]=0，它表示顶点 v 已加入集合 U，数组 lowcost 的其他分量的值是顶点 v 到其余各顶点所构成的直接边的权值。然后不断选取权值最小的边(j, k)（$k\in U$，$j\in V-U$），每选取一条边，就将 lowcost[k]置为 0，表示顶点 k 已加入集合 U。由于顶点 k 从集合 $V-U$ 进入集合 U 后，这两个集合的内容发生了变化，需要依据具体情况更新数组 lowcost 和 closevert 中部分分量的内容。最后 closevertex 中为所建立的最小生成树。

假设无向网采用邻接矩阵存储结构，Prim 算法描述如下。

```
void  Prim(int gm[MAXV ][MAXV], int n, int v)   //用 Prim 方法建立邻接矩阵
            //n 个顶点的邻接矩阵存储结构的网 gm 的最小生成树，从序号为 v 的顶点出发
    {  int   lowcost[MAXV], mincost, closevertex[MAXV ];
       int i, j, k;
       for(i=0; i<n; i++)                    //初始化
         { lowcost[i]=gm[v][i];
           closevertex[i]=v;
         }
       for(i=1; i<n; i++)                    //寻找当前最小权值的边的顶点
        { mincost=MAXCOST;                   //MAXCOST 为一个极大常量值
          for(j=0;j<n;j++)
               if(lowcost[j]<mincost && lowcost[j]!=0)
                 { mincost=lowcost[j];
                   k=j;
                 }
          printf("顶点的序号=%d 边的权值=%d\n",k,mincost);
          lowcost[k]=0;
          for(j=0;j<n;j++)                   //修改其他顶点的边的权值和最小生成树顶点序号
            if(gm[k][j]!=0 && gm[k][j]<lowcost[j])
              {   lowcost[j]=gm[k][j];
                  closevertex[j]=k;
              }
          }
}
```

加入顶点 k 后的调整过程如图 7.34 所示，顶点 k 未加入时，两集合之间的边最小权值为 lowcost[j]，k 加入后，则需要将 lowcost[j]与 gm[k][j]进行比较，找出最小权值的边。

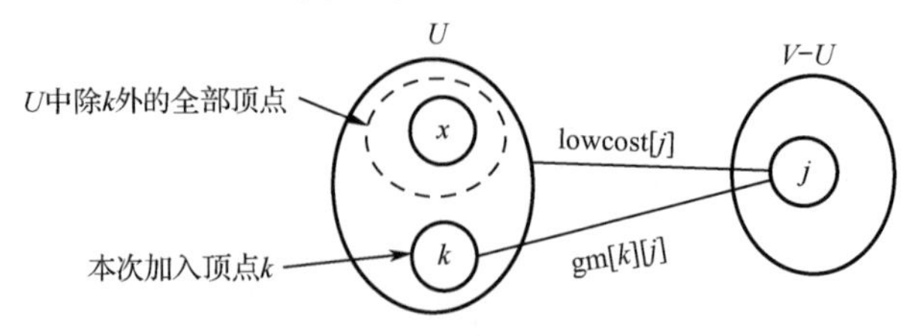

图 7.34　加入顶点 k 后的调整过程

图 7.35 给出了在用 Prim 算法构造图 7.33 所示的网的最小生成树的过程中，数组 closevertex、lowcost 及集合 U，$V-U$ 的变化情况，使读者可进一步加深对 Prim 算法的了解。

顶点	(1)		(2)		(3)		(4)		(5)		(6)		(7)	
	Low Cost	Close Vex	Low Cost	Close Vex	Low Cost	Close Vex	Low Cost	Close Vex	Low Cost	Close Vex	Low Cost	Close Vex	Low Cost	Close Vex
v_1	0	1	0	1	0	1	0	1	0	1	0	1	0	1
v_2	50	1	0	1	0	1	0	1	0	1	0	1	0	1
v_3	60	1	60	1	60	1	52	4	52	4	45	7	0	7
v_4	∞	1	65	2	50	5	0	5	0	5	0	5	0	5
v_5	∞	1	40	2	0	2	0	2	0	2	0	2	0	2
v_6	∞	1	∞	1	70	5	30	4	0	4	0	4	0	4
v_7	∞	1	∞	1	∞	1	42	4	42	4	0	4	0	4
U	$\{v_1\}$		$\{v_1, v_2\}$		$\{v_1, v_2, v_5\}$		$\{v_1,v_2,v_5,v_4\}$		$\{v_1,v_2,v_5,v_4, v_6\}$		$\{v_1,v_2,v_5,v_4, v_6, v_7\}$		$\{v_1,v_2,v_5,v_4, v_6, v_7, v_3\}$	
T	{}		$\{(v_1, v_2)\}$		$\{(v_1,v_2),(v_2, v_5)\}$		$\{(v_1,v_2),(v_2, v_5),(v_4, v_5)\}$		$\{(v_1,v_2),(v_2, v_5),(v_4,v_5), (v_4, v_6)\}$		$\{(v_1,v_2),(v_2, v_5),(v_4,v_5), (v_4,v_6),(v_4, v_7)\}$		$\{(v_1,v_2),(v_2, v_5),(v_4,v_5), (v_4,v_6),(v_4, v_7),(v_3, v_7)\}$	

图 7.35　用 Prim 算法构造最小生成树过程中各参数的变化示意图

在 Prim 算法的求解过程中，我们可以看到有一步关键的调整过程，其实 lowcost[j]可以看作贪心算法得到的局部最优，而仅仅是局部最优是无法保证结果是全局最优的。总结起来就是局部最优+调整=全局最优。这启示我们思考问题要打开思路，同时要学会全方位、多角度地思考问题，学会在不同情况下权衡利弊与分析，掌握辩证思维的有效培养与使用。

在 Prim 算法中有两层 for 循环，所以 Prim 算法的时间复杂度为 $O(n^2)$，其中 n 为图中顶点的个数。

7.5.3　构造最小生成树的 Kruskal 算法

Kruskal 算法是一种按照网中边的权值递增的顺序构造最小生成树的方法，其基本思想是，设带权无向连通网 $G=(V, E, W)$，令 G 的最小生成树 $T=(U, \mathrm{TE})$，则构造最小生成树的步骤如下。

（1）置 U 的初值等于 V（包含有网 G 中的全部顶点），TE 的初值为空集（图 G 中每一个顶点都构成一个连通分量）。

（2）将图 G 中的边按权值从小到大的顺序依次选取：若选取的边未使生成树 T 形成回路，则加入 TE；否则舍弃，直到 TE 中包含$(n-1)$条边为止。Kruskal 方法称为加边法，适用于稀疏图。

对于图 7.33（a）所示的网 G_{14}，用 Kruskal 方法构造最小生成树的过程如图 7.36 所示。在构造过程中，按照网中边的权值由小到大的顺序，不断选取当前未被选取的边集中权值最小的边。依据生成树的概念，n 个结点的生成树，有 $n-1$ 条边，故重复上述过程，直到选取 $n-1$ 条边为止，这时就构成了一棵最小生成树。

实现 Kruskal 算法的关键是判断选取的边能否与生成树中已保留的边形成回路，这可以通过判断边的两个顶点所在的连通分量来解决。为此设置一个辅助数组 vset[0…n−1]，用于判定两个顶点之间是否连通。数组元素 vset[i]（初值为 i）代表编号为 i 的顶点所属的连通子图的编号（当选中两个不连通的顶点时，它们分属的两个顶点集合按其中一个重新统一编号）。当两个顶点的集合编号不同时，加入这两个顶点构成的边到最小生成树中一定不会形成回路。

在实现 Kruskal 算法时，用数组 E 存放图 G 中的所有边，并要求它们按照权值从小到大的顺序排列，为此先从图 G 的邻接矩阵中获取边集 E，再采用排序算法对边集 E 按权值递增排序。具体算法如下。

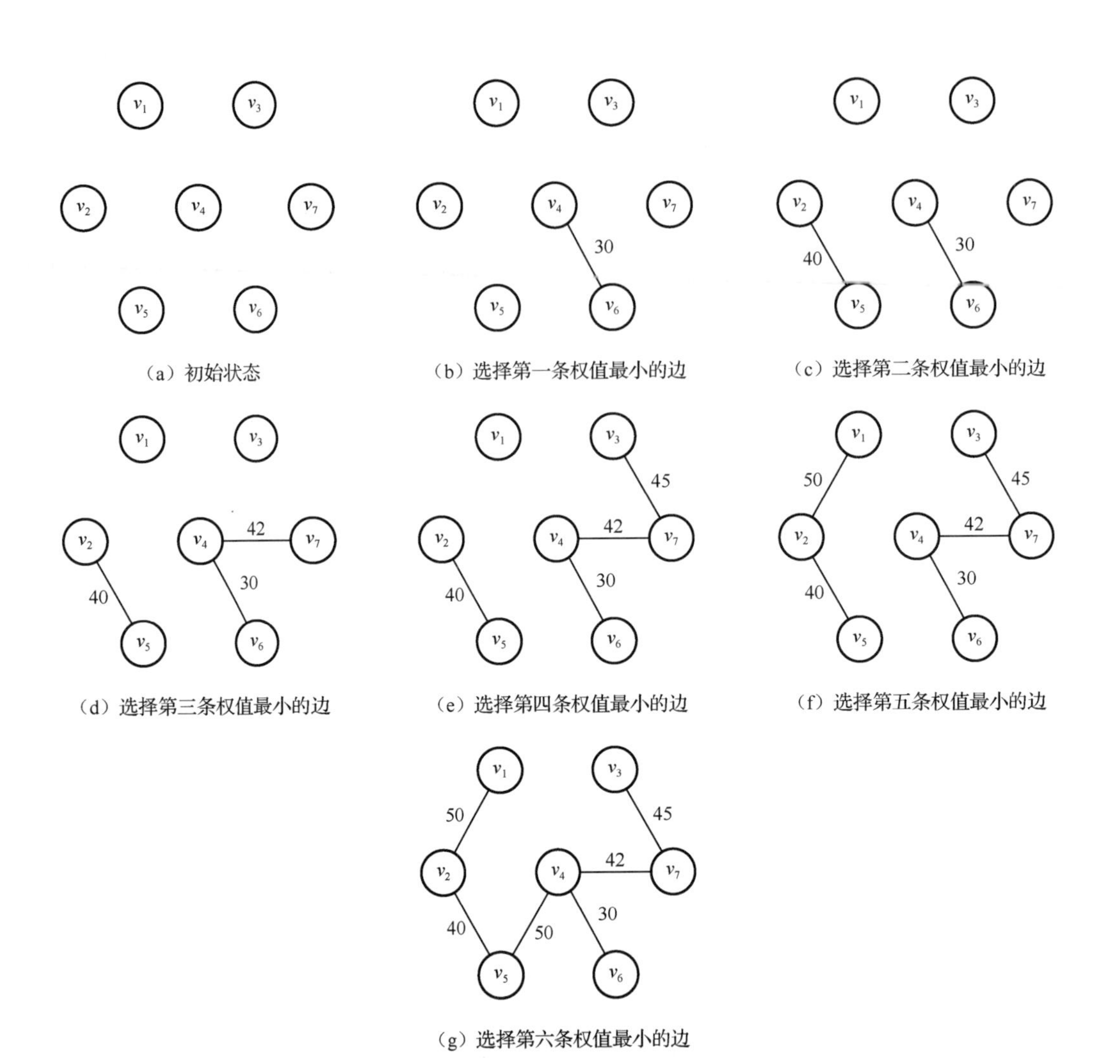

图 7.36　用 Kruskal 方法构造最小生成树的过程

```
typedef struct
{   int u;                              //边的起始点
    int v;                              //边的终止点
    int w;                              //边的权值
} Edge;
void Kruskal(MatGraph g)
{   int i, j, u1, v1, sn1, sn2, k;
    int vset[MAXV];
    Edge E[MaxSize];                    //存放所有边
    k=0;                                //数组 E 的下标从 0 开始计
    for(i=0;i<g.n;i++)                  //由图 g 产生的边集 E
      for(j=0;j<g.n;j++)
          if(g.edges[i][j]!=0 && g.edges[i][j]!=INF)
          {   E[k].u=i;   E[k].v=j;   E[k].w=g.edges[i][j];
              k++;
          }
    InsertSort(E, g.e);                 //用直接插入排序对数组 E 按权值递增排序
    for(i=0;i<g.n;i++)                  //初始化辅助数组
          vset[i]=i;
```

```
    k=1;                              //当前构造生成树的第 k 条边
    j=0;                              //数组 E 中边的下标，初值为 0
    while(k<g.n)                      //当生成的边数小于 n 时，循环
    {
      u1=E[j].u;v1=E[j].v;            //取一条边的头尾顶点
      sn1=vset[u1];
      sn2=vset[v1];                   //分别得到两个顶点所属的集合编号
      if(sn1!=sn2)                    //两顶点属于不同的集合
      {   printf(" (%d, %d):%d\n", u1, v1, E[j].w);
          k++;                        //生成边数增 1
          for(i=0;i<g.n;i++)          //两个集合统一编号
            if(vset[i]==sn2)          //集合编号为 sn2 的改为 sn1
              vset[i]=sn1
      }
      j++;                            //扫描下一条边
    }
}
```

在上述算法中，采用直接插入排序的时间复杂度为 $O(e^2)$，while 循环最坏情况下时间复杂度为 $O(n^2+e)$，对于无向连通图，有 $e \geqslant n-1$，则本算法时间复杂度为 $O(e^2)$。但我们还可以对该算法进行改进，一是将排序方法改为堆排序，二是采用并查集的方式对顶点进行合并。此时，改进后的算法时间复杂度为 $O(e\log_2 e)$，不做特殊说明的情况下，通常认为 Kruskal 算法的时间复杂度为 $O(e\log_2 e)$。改进后的算法如下。

```
void Kruskal(MatGraph g)                          //改进后的 Kruskal 算法
{   int i,j,k,u1,v1,sn1,sn2;
    UFSTree t[MaxSize];
    Edge E[MaxSize];
    k=1;                                          //数组 e 的下标从 1 开始计
    for(i=0;i<g.n;i++)                            //由图 g 产生的边集 E
      for(j=0;j<=i;j++)
        if(g.edges[i][j]!=0 && g.edges[i][j]!=INF)
        {  E[k].u=i;E[k].v=j;E[k].w=g.edges[i][j];
           k++;
        }
    HeapSort(E,g.e);                              //采用堆排序对数组 E 按权值递增排序
    MAKE_SET(t,g.n);                              //初始化并查集树 t
    k=1;                                          //当前构造生成树的第 k 条边，初值为 1
    j=1;                                          //E 中边的下标，从 1 开始
    while(k<g.n)                                  //当生成的边数小于 n 时，循环
    {  u1=E[j].u;
       v1=E[j].v;                                 //取一条边的头尾顶点 u1 和 v2
       sn1=FIND_SET(t,u1);
       sn2=FIND_SET(t,v1);                        //分别得到两个顶点所属的集合编号
       if(sn1!=sn2)                               //两顶点属于不同的集合,是最小生成树的边
       {  printf(" (%d,%d):%d\n",u1,v1,E[j].w);
          k++;                                    //生成边数增 1
          UNION(t,u1,v1);                         //将 u1 和 v1 两个顶点合并
       }
       j++;                                       //扫描下一条边
```

```
    }
}
```

另外需要注意的是：在一个网的最小生成树中，所选择的某些边的权值可能大于未被选择的边的权值。

本节介绍的两种构造最小生成树的方法，也是图的典型应用之一——寻找最小造价方案，像我们前面提到的国家公路网的建设问题，在实际情况中除了考虑造价，还要做到加强生态环境保护，贯彻低碳发展理念，避让环境敏感区和生态脆弱区，从而落实走资源节约型、环境友好型的发展道路。

课外阅读：寻求机遇，合作共赢

春风化雨，润物无声。沙漠丝路驼铃浅唱，海上丝路过洋牵星。千百年来，“和平合作，开放包容，互学互鉴，互利共赢”的丝绸之路精神薪火相传，推动了人类文明进步，而丝绸之路也可以映射为一张图，它是一张“伟图”。众所周知，合作不仅是一种积极向上的心态，更是一种智慧，这些年来，中国不断与“一带一路”国家深化经贸合作，提升全球基础设施互联互通水平，以及贸易投资自由化和便利化的水平，“一带一路”纽系中国、融通世界、纵贯古今、兼济天下，蕴含着包容互鉴的东方智慧，见证着中国知行合一、勇于担当的大国风范，充分体现了中国引领构建人类命运共同体的责任和担当。于我们自身而言，更要具备合作共赢的意识，抓住机遇，迎接挑战。

7.6 最短路径问题

最短路径问题是图的一个典型的应用问题。例如，某一地区的一个公路网，给定了该网内的 n 个城市及这些城市之间的相通公路的距离，能否找到城市 A 到城市 B 之间的一条距离最近的通路呢？如果城市用顶点表示，城市间的公路用边表示，公路的长度作为边的权值，那么，这个问题就可归结为在一个网中，求顶点 A 到顶点 B 的所有路径中，边的权值之和最短的一条路径。这条路径就是两顶点之间的最短路径，称路径上的第一个顶点为源点（Source），最后一个顶点为终点（Destination）。在非网（不带权的连通图）中，最短路径是指两点之间经过的边数最少的路径。下面讨论两种最常见的最短路径问题。

7.6.1 从一个源点到其他各顶点的最短路径

本节先讨论单源点的最短路径问题。问题描述：给定一个带权有向图 G 与源点 v，求从源点 v 到图 G 中其他顶点的最短路径，并限定各边上的权值大于或等于 0。

下面介绍解决这一问题的迪杰斯特拉（Dijkstra）算法。求解思路：设 $G=(V, E)$是一个带权有向图，把图中顶点集合 V 分成两组。

第一组为已求出最短路径的顶点集合（用 S 表示，初始时集合 S 中只有一个源点，以后每求得一条最短路径就将顶点加入集合 S，直到全部顶点都加入集合 S 为止，算法就结束了）。

第两组为其余未求出最短路径的顶点集合（用 U 表示）。

（1）初始化：集合 S 只包含源点，即 $S=\{v\}$，源点 v 的最短路径为 0。集合 U 包含除源点 v 外的其他顶点，集合 U 中顶点 i 距离为边上的权值（若源点 v 与顶点 i 有弧 $<v, i>$）或∞（若顶点 i 不是源点 v 的出边邻接点）。

（2）从集合 U 中选取一个距离源点 v 最小的顶点 u，把顶点 u 加入集合 S（该选定的距离就是源点 v 到顶点 u 的最短路径长度）。

（3）以顶点 u 为新考虑的中间点，修改集合 U 中各顶点 j 的最短路径长度：若从源点 v 到顶点 j（$j \in U$）的最短路径长度（经过顶点 u）比原来最短路径长度（不经过顶点 u）短，则修改顶点 j 的最短路径长度，即源点 v 到顶点 j 的最短路径长度为源点 v 到顶点 u 的最短路径长度与顶点 u 到顶点 j 边上权值的和。

（4）重复步骤（2）、步骤（3）直到所有顶点都包含在集合 S 中为止。

本算法需要解决两个问题。

（1）如何存放最短路径长度？

这里引入一维数组 dist[]。源点 v 为默认设置，dist[j]表示源点 v 到顶点 j 的最短路径长度，如 dist[2]=12 表示源点 v 到顶点 2 的最短路径长度为 12。

（2）如何存放最短路径？

从源点到其他顶点的最短路径有 $n-1$ 条，一般来说：一条最短路径用一个一维数组表示，如从顶点 0 到顶点 5 的最短路径为 0、2、3、5，表示为 path[5]={0, 2, 3, 5}。那么所有 $n-1$ 条最短路径可以用二维数组 path[][]存储。

在这里提出了更为简便的方法，依旧采用一维数组 path[]存储路径，形式为 path[j]=u，表示在最短路径中顶点 u 为顶点 j 的前驱顶点。这样当我们求路径时，仅仅需要一步步往前推出前驱顶点，从而逆推出完整的路径。

以下是 Dijkstra 算法描述（v 为源点）。

```
void Dijkstra(MGraph g, int v)
{   int dist[MAXV], path[MAXV];
    int s[MAXV];
    int mindis,i,j,u;
    for(i=0;i<g.n;i++)
    {    dist[i]=g.edges[v][i];              //距离初始化
    s[i]=0;                                  //s[]置空
    if(g.edges[v][i]<INF)                    //路径初始化
        path[i]=v;                           //源点 v 到顶点 i 有边时
    else
        path[i]=-1;                          //源点 v 到顶点 i 没边时
    }
    s[v]=1;                                  //源点 v 放入集合 S
     for(i=0;i<g.n;i++)                      //循环 n-1 次
       {  mindis=INF;
          for(j=0;j<g.n;j++)
              if(s[j]==0 && dist[j]<mindis)
              {  u=j;
                 mindis=dist[j];
              }
          s[u]=1;                            //顶点 u 放入集合 S
          for(j=0;j<g.n;j++)                 //修改不在集合 S 中的顶点的距离
              if(s[j]==0)
                 if(g.edges[u][j]<INF && dist[u]+g.edges[u][j]<dist[j])
              {  dist[j]=dist[u]+g.edges[u][j];
                 path[j]=u;
              }
     }
   Dispath(dist,path,s,g.n,v);               //输出最短路径
}
```

例如，图 7.37（a）所示为有向网 G_{15}，其带权邻接矩阵如图 7.37（b）所示。

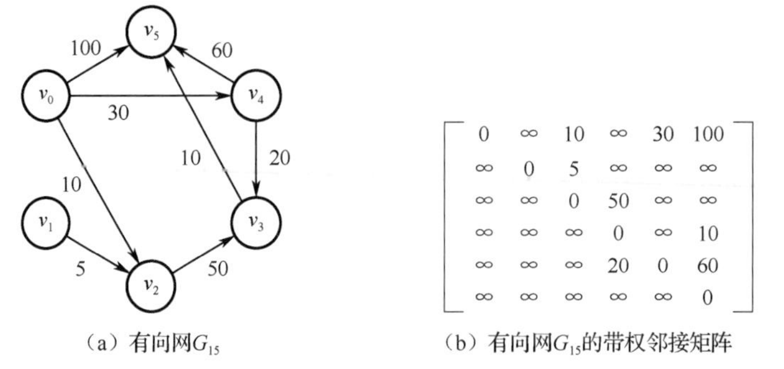

（a）有向网G_{15}

$$\begin{bmatrix} 0 & \infty & 10 & \infty & 30 & 100 \\ \infty & 0 & 5 & \infty & \infty & \infty \\ \infty & \infty & 0 & 50 & \infty & \infty \\ \infty & \infty & \infty & 0 & \infty & 10 \\ \infty & \infty & \infty & 20 & 0 & 60 \\ \infty & \infty & \infty & \infty & \infty & 0 \end{bmatrix}$$

（b）有向网G_{15}的带权邻接矩阵

图 7.37　有向网 G_{15} 及其带权邻接矩阵

若对网 G_{15} 进行 Dijkstra 算法，则所得从源点 v_0 到其余各顶点的最短路径，以及运算过程中向量 dist 值的变化状况，如图 7.38 所示。

S	*U*	dist[]	path[]
		0　1　2　3　4　5	0　1　2　3　4　5
{0}	{1,2,3,4,5}	{0，∞，10，∞，30，100}	{0，-1，0，-1，0，0}
{0,2}	{1,3,4,5}	{0，∞，**10**，**60**，30，100}	{0，-1，0，**2**，0，0}
{0,2,4}	{1,3,5}	{0，∞，10，**50**，**30**，**90**}	{0，-1，0，**4**，0，**4**}
{0,2,4,3}	{1,5}	{0，∞，10，**50**，30，**60**}	{0，-1，0，4，0，**3**}
{0,2,4,3,5}	{1}	{0，∞，10，50，30，60}	{0，-1，0，4，0，3}
{0,2,4,3,5,1}	{}	{0，∞，10，50，30，**60**}	{0，-1，0，4，0，3}

图 7.38　用 Dijkstra 算法构造单源点最短路径过程中各参数的变化示意图

观察求解结果我们会发现：按顶点进入集合 *S* 的先后顺序，最短路径长度会越来越长，而且一个顶点一旦进入集合 *S* 后，其最短路径长度不再改变，因此 Dijkstra 算法不适合负权值的情况。

上述算法的时间复杂度为 $O(n^2)$。如果只希望找到从源点到某一个特定的终点的最短路径，从上面我们求最短路径的原理来看，这个问题和求源点到其他所有顶点的最短路径一样复杂，其时间复杂度也是 $O(n^2)$。

下面利用数组 dist 和 path 求最短路径长度和最短路径，如求顶点 0 到顶点 5 的最短路径长度，则根据 dist[5]=60，可得出路径长度为 60；若要求顶点 0 到顶点 5 的最短路径，则根据数组 path[] 的值，由 path[5]=3 得顶点 5 的前驱顶点为 3，path[3]=4 得顶点 3 的前驱顶点为 4，path[4]=0 得顶点 4 的前驱顶点为 0，至此追溯到了源点 0，因此 0→5 的最短路径为 0→4→3→5。通过最终得到的两个数组，可以快速得到从源点到其他顶点的最短路径及其长度。

7.6.2　每一对顶点之间的最短路径

该问题的一种解决方法是，每次以一个顶点为源点，重复调用 Dijkstra 算法 *n* 次。这样，便可求得每一对顶点的最短路径。总的执行时间为 $O(n^3)$。本节将介绍由罗伯特·弗洛伊德提出的另一个算法。这个算法的时间复杂度也是 $O(n^3)$，但形式上要简单些。

问题描述：对于一个各边权值均大于零的有向图，对每一对顶点 $i \neq j$，求出顶点 *i* 与顶点 *j* 之间的最短路径和最短路径长度。

求解思路：假设有向图 $G=(V, E)$采用邻接矩阵存储。设置一个二维数组 *A* 用于存放当前顶点之间的最短路径长度，分量 $A[i][j]$表示当前顶点 *i* 到顶点 *j* 的最短路径长度。按顶点 0, 1, 2, …的顺序依次考虑，递推可以产生一个矩阵序列：$\boldsymbol{A}_0 \rightarrow \boldsymbol{A}_1 \rightarrow \cdots \rightarrow \boldsymbol{A}_k \rightarrow \cdots \rightarrow \boldsymbol{A}_{n-1}$，$A_k[i][j]$表示顶点 i 到顶点 j 的路径上所经过的顶点编号不大于 k 的最短路径长度。

初始时，有 $A_{-1}[i][j]$=g.edges[i][j]，若 A_{k-1} 已经求出，考虑顶点 k，求从顶点 i 到顶点 j 的最短路径经过顶点 k 的情况。如图 7.39 所示，目前顶点 i 到顶点 j 会产生两条路径，我们要比较后取最短的一条，即 $A_k[i,j]=\text{MIN}\{A_{k-1}[i,j], A_{k-1}[i,k]+A_{k-1}[k,j]\}$（$0 \leqslant k \leqslant n-1$）。

本算法同样需要解决最短路径信息的存储问题，解决方法如下。

（1）用二维数组 A 存储最短路径长度：$A_k[i][j]$表示考虑顶点 0～k 后得出的顶点 i 到顶点 j 的最短路径长度；$A_{n-1}[i][j]$表示最终的顶点 i 到顶点 j 的最短路径长度。

（2）用二维数组 path 存放最短路径：$\text{path}_k[i][j]$表示考虑顶点 0～k 后得出的顶点 i 到顶点 j 的最短路径；$\text{path}_{n-1}[i][j]$表示最终顶点 i 到顶点 j 的最短路径。

如何使用 path 存放最短路径呢？$\text{path}_x[i][j]$表示考虑过 0～x 的顶点得到顶点 i 到顶点 j 的最短路径，存放该路径上顶点 j 的前一个顶点编号，如 $\text{path}_{k-1}[i][j]=b$，说明考虑过 0～$k$-1 顶点的情况得到的最短路径中顶点 j 的前驱顶点为 b，现在考虑顶点 k，那么此时产生了新路径，如图 7.40 所示，若经过顶点 k 的路径更短，那么产生的新矩阵 $\text{path}_k[i][j]$的值应为 a，否则 $\text{path}_k[i][j]$的值不改变仍然为 b。

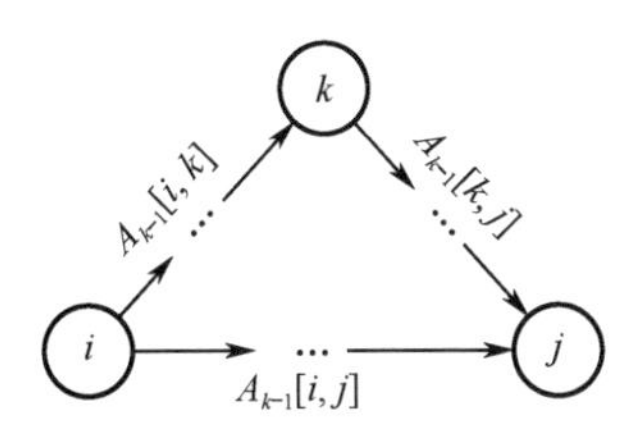

图 7.39　考虑顶点 k 时的路径长度情况

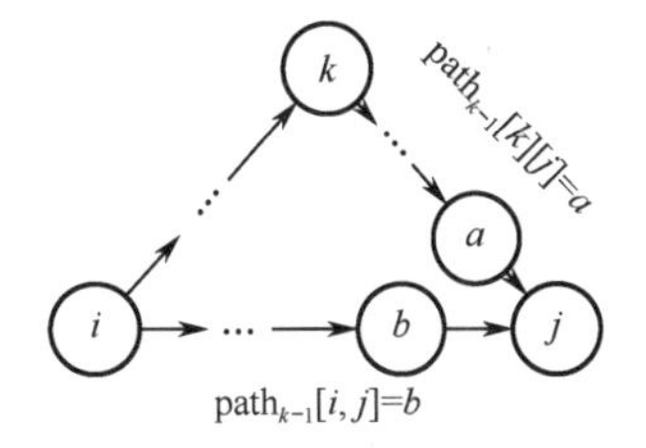

图 7.40　考虑顶点 k 时的路径情况

弗洛伊德算法如下。

```
void Floyd(MatGraph g)                          //求每对顶点之间的最短路径
{  int A[MAXVEX][MAXVEX];                       //建立数组 A
   int path[MAXVEX][MAXVEX];                    //建立数组 path
   int i, j, k;
   for(i=0;i<g.n;i++)
     for(j=0;j<g.n;j++)
     {  A[i][j]=g.edges[i][j];
        if(i!=j && g.edges[i][j]<INF)
             path[i][j]=i;                      //顶点 i 和顶点 j 之间有一条边时
        else                                    //顶点 i 和顶点 j 之间没有边时
             path[i][j]=-1;
     }
   for(k=0;k<g.n;k++)                           //求 Ak[i][j]
   {   for(i=0;i<g.n;i++)
          for(j=0;j<g.n;j++)
            if(A[i][j]>A[i][k]+A[k][j])         //找到更短路径
            {     A[i][j]=A[i][k]+A[k][j];      //修改路径长度
                  path[i][j]=path[k][j];        //修改最短路径为经过顶点 k
            }
   }
}
```

图 7.41 所示为一个简单的有向网及其邻接矩阵。

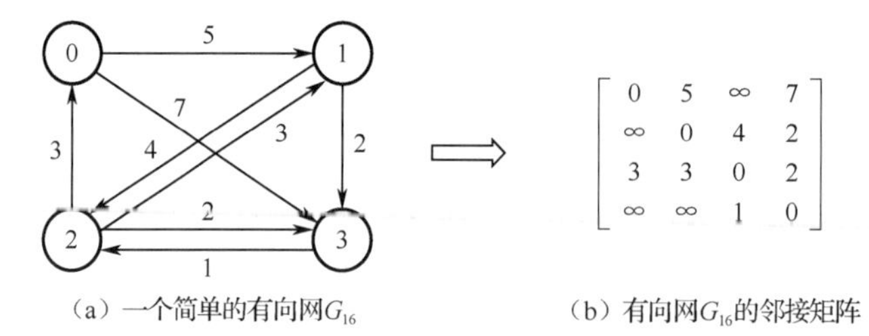

（a）一个简单的有向网G_{16}　　（b）有向网G_{16}的邻接矩阵

图 7.41　一个简单的有向网及其邻接矩阵

图 7.42 给出了用弗洛伊德算法求该有向网中每对顶点之间的最短路径过程中，数组 *A* 和数组 path 的变化情况。

(A_{-1})	**0**	**1**	**2**	**3**
0	0	5	∞	7
1	∞	0	4	2
2	3	3	0	2
3	∞	∞	1	0

($path_{-1}$)	**0**	**1**	**2**	**3**
0	−1	0	−1	0
1	−1	−1	1	1
2	2	2	−1	2
3	−1	−1	3	−1

(A_0)	**0**	**1**	**2**	**3**
0	0	5	∞	7
1	∞	0	4	2
2	3	3	0	2
3	∞	∞	1	0

($path_0$)	**0**	**1**	**2**	**3**
0	−1	0	−1	0
1	−1	−1	1	1
2	2	2	−1	2
3	−1	−1	3	−1

(A_1)	**0**	**1**	**2**	**3**
0	0	5	9	7
1	∞	0	4	2
2	3	3	0	2
3	∞	∞	1	0

($path_1$)	**0**	**1**	**2**	**3**
0	−1	0	1	0
1	−1	−1	1	1
2	2	2	−1	2
3	−1	−1	3	−1

(A_2)	**0**	**1**	**2**	**3**
0	0	5	9	7
1	7	0	4	2
2	3	3	0	2
3	4	4	1	0

($path_2$)	**0**	**1**	**2**	**3**
0	−1	0	1	0
1	2	−1	1	1
2	2	2	−1	2
3	2	2	3	−1

(A_3)	**0**	**1**	**2**	**3**
0	0	5	8	7
1	6	0	3	2
2	3	3	0	2
3	4	4	1	0

($path_3$)	**0**	**1**	**2**	**3**
0	−1	0	3	0
1	2	−1	3	1
2	2	2	−1	2
3	2	2	3	−1

图 7.42　弗洛伊德算法执行中数组 *A* 与数组 path 的变化情况

在考虑顶点 0 时，没有任何路径修改。考虑顶点 1 时，顶点 0 到顶点 2 由无路径改为 0→1→2，长度为 9，path[0][2]改为 1。考虑顶点 2 时，顶点 1 到顶点 0 由无路径改为 1→2→0，长度为 7，path[1][0]改为 2；顶点 3 到顶点 0 由无路径改为 3→2→0，长度为 4，path[3][0]改为 2；顶点 3 到顶点 1 由无路径改为 3→2→1，长度为 4，path[3][1]改为 2。考虑顶点 3 时，顶点 0 到顶点 2 由 0→

1→2 改为 0→3→2 ，长度为 8，path[0][2]改为 3；顶点 1 到顶点 0 由 1→2→0 改为 1→3→2→0，长度为 6，path[1][0]改为 2；顶点 1 到顶点 2 由 1→2 改为 1→3→2，长度为 3，path[1][2]改为 3。

根据两个最终数组（A_3 和 $path_3$）即可求两两顶点的最短路径及长度，这一点与 Dijkstra 算法类似，都是在求路径时，需要一步步往前推出前驱顶点，从而逆推出完整的路径。例如：A_3[1][0]=6 说明顶点 1 到顶点 0 的最短路径长度为 6；求顶点 1 到顶点 0 的最短路径：由 $path_3$[1][0]=2，$path_3$[1][2]=3，$path_3$[1][3]=1 得查找的顶点序列为 0、2、3、1，则顶点 1 到顶点 0 的最短路径为 1→3→2→0。

课外阅读：天才就是勤奋的结果。

罗伯特·弗洛伊德（Robert W. Floyd），计算机科学家，图灵奖得主，前后断言法的创始人，堆排序算法和Floyd-Warshall 算法的创始人之一。

20 世纪 50 年代初期本是文科学士的罗伯特·弗洛伊德迫于就业压力做了计算机操作员，他很快对计算机产生了兴趣，决心弄懂其原理。于是他借了有关计算机的书籍资料在值班空闲时间刻苦学习钻研，有问题就虚心向程序员请教。白天不值班，他又回母校去听有关课程。这样，他不但在 1958 年获得了理科学士学位，而且逐渐从计算机的门外汉变成计算机的专家。1962 年他被马萨诸塞州的 Computer Associates 公司聘为分析员。此时与 Warsall 合作发布 Floyd-Warshall 算法。1965 年他应聘成为卡内基梅隆大学的副教授，3 年后转至斯坦福大学。1970 年被聘任为教授。

之所以能这样快地步步高升，关键就在于罗伯特·弗洛伊德勤奋学习和深入研究，书山有路勤为径，学海无涯苦作舟，想要学好一门知识，唯有勤奋与努力，才会收获甘甜的果实。

7.7 有向无环图及其应用

有向无环图（Directed Acycline Graph，DAG）是一类非常重要的图结构，在实际问题中有着广泛的应用，如在工程项目管理中，有向无环图是常用的工具之一。本节将详细讨论有向无环图的概念，有向无环图的拓扑排序算法，有向无环网的关键路径问题等。

7.7.1 有向无环图的概念

一个无环的有向图称为有向无环图。有向无环图是一类比有向树更一般的特殊有向图，图 7.43 所示为有向树、有向无环图和有向图。

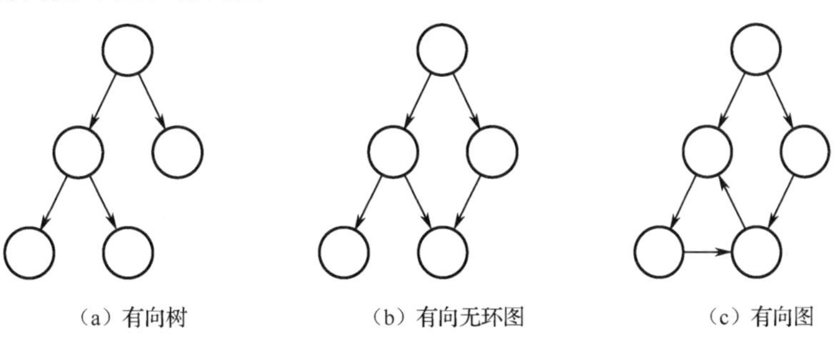

图 7.43 有向树、有向无环图和有向图

有向无环图是描述含有公共子式的表达式的有效工具，如下述表达式：

$$((a+b)*(b*(c+d))+(c+d)*e)*((c+d)*e)$$

可以用第六章讨论的二叉树来表示，如图 7.44 所示。仔细观察该表达式，可发现有一些相同的子表达式，如$(c+d)$和$(c+d)*e$等，在二叉树中，它们重复出现。若利用有向无环图，则可以实现对相同子式的共享，从而节省存储空间。图 7.45 所示为同一表达式的有向无环图。

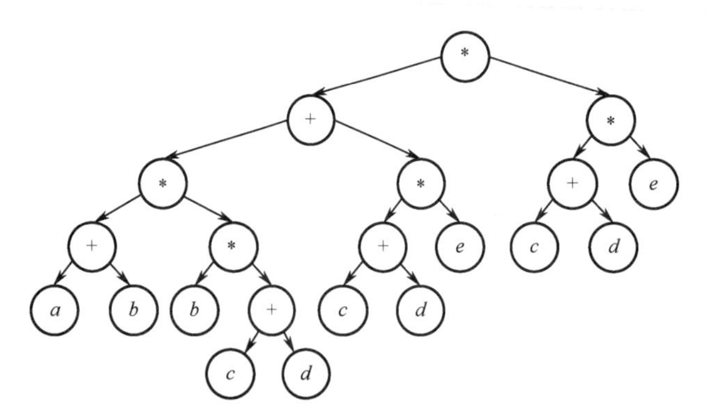

图 7.44　用二叉树描述表达式

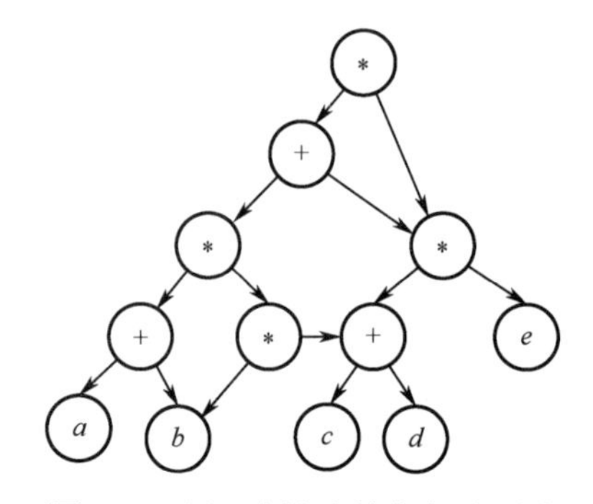

图 7.45　同一表达式的有向无环图

检查一个有向图是否存在环要比无向图复杂。对于无向图来说，若深度优先搜索过程中遇到回边（指向已访问过的顶点的边），则必定存在环；而对于有向图来说，这条回边有可能是指向深度优先生成森林中另一棵生成树上顶点的弧。但是，如果从有向图的某个顶点 v 出发的遍历，在 dfs(v)结束之前出现一条从顶点 u 到顶点 v 的回边，由于结点 u 在生成树上是结点 v 的子孙结点，则有向图必定存在包含顶点 v 和顶点 u 的环。

有向无环图是描述一项工程或系统进行过程的有效工具。除最简单的情况之外，几乎所有的工程都可分为若干个称作活动（Activity）的子工程，而这些子工程之间，通常受着一定条件的约束，如其中某些子工程的开始必须在另一些子工程完成之后进行。对整个工程和系统来说，管理者通常关心两个方面的问题：一是工程能否按预期顺利进行；二是估算整个工程完成的最短时间。以下分别介绍这两个问题是如何通过对有向无环图进行拓扑排序和求关键路径操作实现的。

7.7.2　AOV 网与拓扑排序

1. AOV 网

所有的工程或者某种流程可以分为若干个小的工序或阶段，这些小的工序或阶段就称为活动。若以图中的顶点来表示活动，有向边表示活动之间的优先关系，则这种用顶点表示活动的有向图称为 AOV 网（Activity On Vertex Network）。在 AOV 网中，若从顶点 i 到顶点 j 之间存在一条有向路径，则称顶点 i 是顶点 j 的前驱顶点，或者称顶点 j 是顶点 i 的后继顶点。若$<i, j>$是图中的弧，则称顶点 i 是顶点 j 的直接前驱，顶点 j 是顶点 i 的直接后继。

AOV 网中的弧表示了活动之间存在的制约关系。例如，计算机专业的学生必须完成一系列规定的基础课和专业课的学习才能毕业。学生按照怎样的顺序来学习这些课程呢？这个问题可以被看作一个大的工程，其活动就是学习每一门课程。这些课程的名称与相应代号如表 7.2 所示。

表 7.2 计算机专业的课程设置及其关系

课程代号	课程名	先行课程代号	课程代号	课程名	先行课程代号
C_1	程序设计基础	无	C_8	算法分析	C_3
C_2	数值分析	C_1，C_{13}	C_9	高级语言	C_3，C_4
C_3	数据结构	C_1，C_{13}	C_{10}	编译系统	C_9
C_4	汇编语言	C_1，C_{12}	C_{11}	操作系统	C_{10}
C_5	自动机理论	C_{13}	C_{12}	解析几何	无
C_6	人工智能	C_3	C_{13}	微积分	C_{12}
C_7	计算机原理	C_{13}			

表 7.2 中 C_1、C_{12} 是独立于其他课程的基础课，其他课需要有先行课程。例如，学完程序设计基础和微积分后才能学数据结构，等等。先行条件规定了课程之间的优先关系。这种优先关系可以用图 7.46 所示的有向图来表示。其中，顶点表示课程，有向边表示前提条件。若课程 i 为课程 j 的先行课，则必然存在有向边 $<i, j>$。在安排学习顺序时，必须保证在学习某门课之前，已经学习了其先行课程。

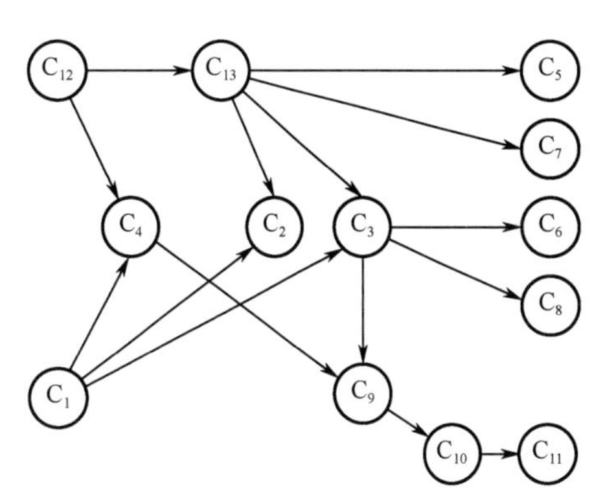

图 7.46 一个 AOV 网实例

类似的 AOV 网的例子还有很多，如大家熟悉的计算机程序，任何一个可执行程序也可以划分为若干个程序段（或若干语句），由这些程序段组成的流程图也是一个 AOV 网。

2. 拓扑排序

设 $G=(V, E)$是一个具有 n 个顶点的有向图，V 中顶点序列 $v_1, v_2, \cdots, v_n$ 称为一个拓扑序列，当且仅当该顶点序列满足下列条件：若 $<v_i, v_j>$是图中的弧（或从顶点 v_i 到 v_j 有一条路径），则在拓扑序列中顶点 v_i 必须排在顶点 v_j 之前。

在一个有向图中找一个拓扑序列的过程称为拓扑排序。

若某个 AOV 网中所有顶点都在它的拓扑序列中，则说明该 AOV 网不存在回路，这时的拓扑序列是 AOV 网中所有活动的一个全序集合。以图 7.46 中的 AOV 网为例，可以得到不止一个的拓扑序列，C_1、C_{12}、C_4、C_{13}、C_5、C_2、C_3、C_9、C_7、C_{10}、C_{11}、C_6、C_8 就是其中之一。显然，对于任何一项工程中各个活动的安排，必须按拓扑有序序列中的顺序进行才是可行的。

3. 拓扑排序算法

对 AOV 网进行拓扑排序的方法和步骤如下。

（1）从 AOV 网中选择一个没有前驱顶点的顶点（该顶点的入度为 0）并输出。

（2）从 AOV 网中删去该顶点，并且删去从该顶点发出的全部有向边，且将相邻接的顶点入度减 1。

（3）重复上述两步，直到剩余的 AOV 网中不再存在没有前驱顶点的顶点为止。

这样操作的结果有两种：一种是 AOV 网中全部顶点都被输出，这说明 AOV 网中不存在有向回路；另一种是 AOV 网中有顶点未被全部输出，剩余的顶点均不存在前驱顶点，这说明 AOV 网中存在有向回路。

例如，图 7.47（a）所示为一个 AOV 网，图 7.47（b）～图 7.47（h）是其拓扑排序过程。

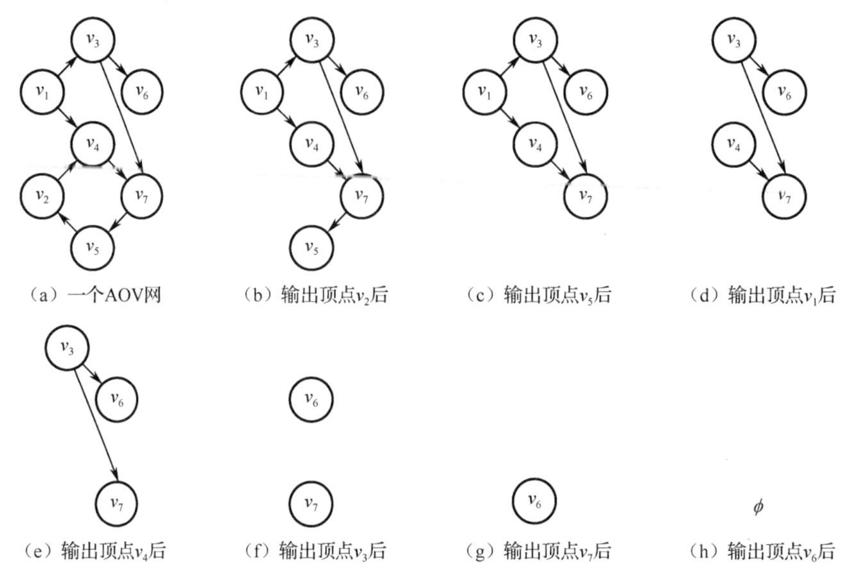

（a）一个AOV网　（b）输出顶点v_2后　（c）输出顶点v_5后　（d）输出顶点v_1后

（e）输出顶点v_4后　（f）输出顶点v_3后　（g）输出顶点v_7后　（h）输出顶点v_6后

图 7.47　AOV 网及其拓扑排序过程

这样得到一个拓扑序列：$v_2,v_5,v_1,v_4,v_3,v_7,v_6$。

从拓扑排序过程可以看出，拓扑序列不是唯一的。

为了实现上述算法，对 AOV 网采用邻接表存储结构，并且邻接表中顶点结点中增加一个记录顶点入度的数据域。顶点结构如下。

count	vertex	firstedge

其中，vertex、firstedge 的含义如前文所述；count 为记录顶点入度的数据域。边结点的结构在 7.2.2 节已述。图 7.47（a）所示的 AOV 网的邻接表如图 7.48 所示。

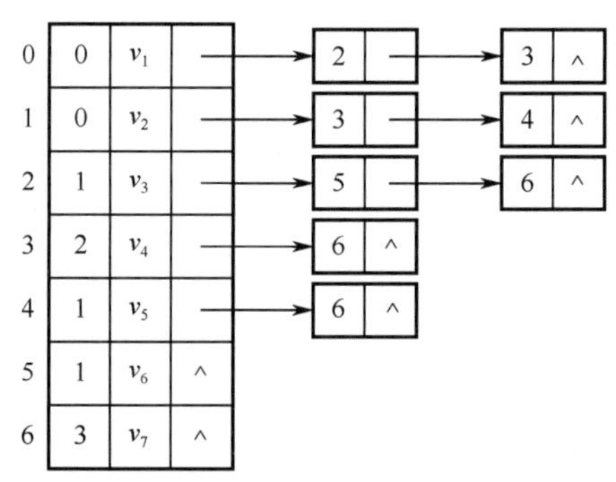

图 7.48　图 7.47（a）所示的 AOV 网的邻接表

顶点表结点结构的描述如下。

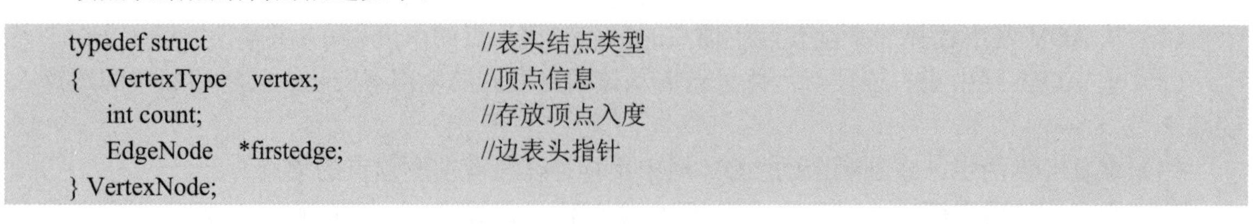

```
typedef struct                          //表头结点类型
{   VertexType    vertex;               //顶点信息
    int count;                          //存放顶点入度
    EdgeNode    *firstedge;             //边表头指针
} VertexNode;
```

当然也可以不增设入度域，另外设一个一维数组来存放每一个结点的入度。

算法中设置一个栈 St，凡是 AOV 网中入度为 0 的顶点都将其入栈。拓扑排序的算法步骤如下。

（1）将没有前驱顶点的顶点（count 域为 0）压入栈。

（2）从栈中退出栈顶元素输出，并把该顶点引出的所有有向边删去，即把它的各个邻接顶点的入度减 1。

（3）将新的入度为 0 的顶点入栈。

（4）重复步骤（2）、（3），直到栈为空为止。此时或是已经输出全部顶点，或是剩下的顶点中没有入度为 0 的顶点。

从上面的步骤可以看出，栈在这里的作用只是起到一个保存当前入度为零点的顶点，并使之处理有序。这种有序可以是后进先出，也可以是先进先出，因此也可以用队列来辅助实现。下面给出的拓扑排序的算法实例，其中采用栈来存放当前未处理过的入度为 0 的结点。

拓扑排序算法描述如下。

```
void TopSort(AdjGraph *G)                       //拓扑排序算法
{   int i, j;
    int St[MAXV], top=-1;                       //栈 St 的指针为 top
    EdgeNode *p;
    for(i=0;i<G.n;i++)                          //置入度初值为 0
        G->adjlist[i].count=0;
    for(i=0;i<G.n;i++)                          //求所有顶点的入度
     {  p=G->adjlist[i].firstedg;
        while(p!=NULL)
        {  G->adjlist[p->adjvex].count++;
            p=p->next;
         }
      }
    for(i=0;i<G->n;i++)                         //将入度为 0 的顶点入栈
      if(G->adjlist[i].count==0)
      {  top++;
         St[top]=i;
      }
    while(top>-1)                               //栈不空循环
    {   i=St[top];top--;                        //顶点 i 出栈
        printf("%d ",i);                        //输出该顶点
        p=G->adjlist[i].firstedge;              //找第一个邻接点
        while(p!=NULL)                          //将顶点 i 的出边邻接点的入度减 1
        {  j=p->adjvex;
           G->adjlist[j].count--;
           if(G->adjlist[j].count==0)           //将入度为 0 的邻接点入栈
           {  top++;
              St[top]=j;
            }
           p=p->next;                           //找下一个邻接点
        }
     }
}
```

对于一个含有 n 个顶点、e 条边的 AOV 网来说，以上算法的时间复杂度为 $O(e+n)$。

7.7.3　AOE 网与关键路径

1. AOE 网

若在一个网中，以顶点表示事件，以有向边表示活动，边上的权值表示活动的开销（如该活

动持续的时间等），则这种网称为 AOE 网（Activity On Edge Network）。

如果用 AOE 网来表示一项工程，那么，仅仅考虑各个子工程之间的优先关系还不够，更多的是关心整个工程完成的最短时间是多少；哪些活动的延期将会影响整个工程的进度，而加速这些活动是否会提高整个工程的效率。因此，通常在 AOE 网中列出完成预定工程计划所需要进行的活动，每个活动计划完成的时间，要发生哪些事件，以及这些事件与活动之间的关系，从而可以确定该项工程是否可行，估算工程完成的时间及确定哪些活动是影响工程进度的关键。

AOE 网具有以下两个性质。

（1）只有在某个顶点所代表的事件发生后，从该顶点出发的各有向边所代表的活动才能开始。

（2）只有在进入某个顶点的各有向边所代表的活动都已经结束，该顶点所代表的事件才能发生。

图 7.49 所示为一个具有 11 个活动、9 个事件的假想工程的 AOE 网。$A, B, \cdots, I$ 分别表示一个事件；$<A, B>, <A, C>, \cdots, <G, I>$ 分别表示一个活动；用 $a_1, a_2, \cdots, a_{11}$ 代表这些活动花费的时间。其中 A 称为源点，是整个工程的开始点，其入度为 0；I 为终点，是整个工程的结束点，其出度为 0。

对于 AOE 网，可采用与 AOV 网同样的邻接表存储结构。其中，邻接表中边结点的域为该边的权值，即该有向边代表的活动所持续的时间。

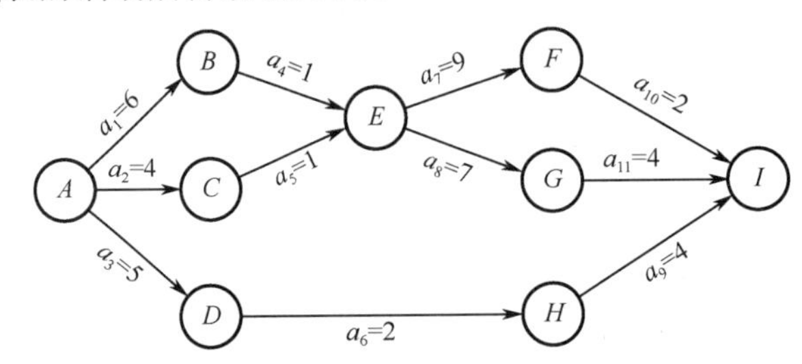

图 7.49　一个具有 11 个活动、9 个事件的假想工程的 AOE 网

2. 关键路径

由于 AOE 网中的某些活动能够同时进行，故完成整个工程所必须花费的时间应该是源点到终点的最大路径长度（这里的路径长度是指该路径上的各个活动所需的时间之和）。具有最大路径长度的路径称为关键路径。关键路径上的活动称为关键活动。关键路径长度是整个工程所需的最短工期。要缩短整个工期，必须加快关键活动的进度。这也启示我们在生活工作中要树立统筹规划的意识，抓住事物的主要矛盾和普遍联系，全面看待问题，具备严谨、细致的职业素养和工匠精神，这样才能更好地解决问题。

利用 AOE 网进行工程管理时需要解决的主要问题如下。

（1）计算完成整个工程的最大路径长度。

（2）确定关键路径，找出哪些活动是影响工程进度的关键。

3. 关键路径的确定

为了在 AOE 网中找出关键路径，需要定义几个参量，并且说明其计算方法。

（1）事件的最早发生时间 ve[k]。

ve[k]是指从源点到顶点 v_k 的最大路径长度代表的时间。这个时间决定了所有从顶点 v_k 发出的有向边所代表的活动能够开工的最早时间。根据 AOE 网的性质，只有进入顶点 v_k 的所有活动 $< v_j, v_k>$ 都结束时，顶点 v_k 代表的事件才能发生；而活动 $< v_j, v_k>$ 的最早结束时间为 $\text{ve}[j]+\text{dut}(< v_j, v_k>)$。所以 v_k 发生的最早时间为

$$\begin{cases} \text{ve}[0]=0 \\ \text{ve}[k]=\text{Max}\{\text{ve}[j]+\text{dut}(< v_j,\ v_k>)\} \qquad < v_j,\ v_k> \in p[k] \end{cases} \tag{7.1}$$

式中，$p[k]$为所有到达顶点 v_k 的有向边的集合；$\text{dut}(<v_j, v_k>)$为有向边$<v_j,v_k>$上的权值。

（2）事件的最迟发生时间 vl[k]。

vl[k]是指在不推迟整个工期的前提下，事件 v_k 允许的最晚发生时间。设有向边$<v_k, v_j>$代表从顶点 v_k 出发的活动，为了不拖延整个工期，事件 v_k 发生的最迟时间必须保证不推迟从事件 v_k 出发的所有活动$<v_k, v_j>$的终点 v_j 的最迟时间 $vl[j]$。$vl[k]$的计算方法为

$$\begin{cases} \text{vl}[n]=\text{ve}[n] \\ \text{vl}[k]=\text{Min}\{\text{vl}[j]-\text{dut}(<v_k,\ v_j>)\} \qquad <v_j,\ v_k>\in s[k] \end{cases} \tag{7.2}$$

式中，$s[k]$为所有从顶点 v_k 发出的有向边的集合。

（3）活动 a_i 的最早开始时间 $e[i]$。

若活动 a_i 是由弧$<v_k,v_j>$表示的，根据 AOE 网的性质，只有事件 v_k 发生了，活动 a_i 才能开始。也就是说，活动 a_i 的最早开始时间应等于事件 v_k 的最早发生时间。因此有

$$e[i]=\text{ve}[k] \tag{7.3}$$

（4）活动 a_i 的最晚开始时间 $l[i]$。

活动 a_i 的最晚开始时间是指，在不推迟整个工程完成时间的前提下，活动 a_i 必须开始的最晚时间。若由弧$<v_k,v_j>$表示，则活动 a_i 的最晚开始时间要保证事件 v_j 的最迟发生时间不拖后。因此有

$$l[i]=vl[j]-\text{dut}(<v_k,v_j>) \tag{7.4}$$

根据每个活动的最早开始时间 $e[i]$和最晚开始时间 $l[i]$就可判定该活动是否为关键活动，即$l[i]=e[i]$的活动就是关键活动，$l[i]>e[i]$的活动则不是关键活动，$l[i]-e[i]$的值 $d[i]$为活动的时间余量。关键活动确定之后，关键活动所在的路径就是关键路径。

下面以图 7.49 所示的 AOE 网为例，求出上述参量，来确定该网的关键活动和关键路径。首先，进行拓扑排序，假设拓扑序列为：A、B、C、D、E、F、G、H、I，按照式（7.1）求事件的最早发生时间 ve[k]：

ve(A)=0
ve(B)=ve(A)+6=6
ve(C)=ve(A)+4=4
ve(D)=ve(A)+5=5
ve(E)=MAX(ve(B)+1，ve(C)+1}=MAX{7，5}=7
ve(F)=ve(E)+9=16
ve(G)=ve(E)+7=14
ve(H)=ve(D)+2=7
ve(I)=MAX{ve(F)+2，ve(G)+4，ve(H)+4}=MAX(18，18，11}=18

其次，拓扑序列为 A、B、C、D、E、F、G、H、I，拓扑逆序为 I、H、G、F、E、D、C、B、A，按照式（7.2）求事件的最迟发生时间 vl[k]：

vl(I)=ve(I)=18
vl(H)=vl(I)−4=14
vl(G)=vl(I)−4=14
vl(F)=vl(I)−2=16
vl(E)=MIN(vl(F)−9，vl(G)−7}={7，7}=7
vl(D)=vl(H)−2=12
vl(C)=vl(E)−1=6
vl(B)=vl(E)−1=6
vl(A)=MIN(vl(B)−6，vl(C)−4，vl(D)−5}={0，2，7}=0

再按照式（7.3）和式（7.4）求活动的最早开始时间 $e[i]$和最晚开始时间 $l[i]$：

活动 a_1：$e(a_1)=\mathrm{ve}(A)=0$，$l(a_1)=\mathrm{vl}(B)-6=0$，$d(a_1)=0$

活动 a_2：$e(a_2)=\mathrm{ve}(A)=0$，$l(a_2)=\mathrm{vl}(C)-4=2$，$d(a_2)=2$

活动 a_3：$e(a_3)=\mathrm{ve}(A)=0$，$l(a_3)=\mathrm{vl}(D)-5=7$，$d(a_3)=7$

活动 a_4：$e(a_4)=\mathrm{ve}(B)=6$，$l(a_4)=\mathrm{vl}(E)-1=6$，$d(a_4)=0$

活动 a_5：$e(a_5)=\mathrm{ve}(C)=4$，$l(a_5)=\mathrm{vl}(E)-1=6$，$d(a_5)=2$

活动 a_6：$e(a_6)=\mathrm{ve}(D)=5$，$l(a_6)=\mathrm{vl}(H)-2=12$，$d(a_6)=7$

活动 a_7：$e(a_7)=\mathrm{ve}(E)=7$，$l(a_7)=\mathrm{vl}(F)-9=7$，$d(a_7)=0$

活动 a_8：$e(a_8)=\mathrm{ve}(E)=7$，$l(a_8)=\mathrm{vl}(G)-7=7$，$d(a_8)=0$

活动 a_9：$e(a_9)=\mathrm{ve}(H)=7$，$l(a_9)=\mathrm{vl}(G)-4=10$，$d(a_9)=3$

活动 a_{10}：$e(a_{10})=\mathrm{ve}(F)=16$，$l(a_{10})=\mathrm{vl}(I)-2=16$，$d(a_{10})=0$

活动 a_{11}：$e(a_{11})=\mathrm{ve}(G)=14$，$l(a_{11})=\mathrm{vl}(I)-4=14$，$d(a_{11})=0$

最后，比较 $e[i]$和 $l[i]$的值，其中 $d[i]=0$ 的为关键活动，由此可判断出关键活动有 a_{11}、a_{10}、a_8、a_7、a_4、a_1，因此关键路径有两条：$A\to B\to E\to F\to I$ 和 $A\to B\to E\to G\to I$。

对于关键路径问题，需要注意以下几点。

（1）在 AOE 网中可能存在多条关键路径，即关键路径不是唯一的。

（2）关键活动如果不按期完成，就会影响整个工程的完成时间。

（3）某一个关键活动提前完成，整个工程并不一定会提前完成；只有所有的关键活动都提前完成，整个工程才会提前完成。

课外阅读：利用科技创新，弘扬工匠精神

人工智能是社会发展和技术创新的产物，是促进人类进步的重要技术形态。该领域的研究包括机器人、语言识别、图像识别、自然语言处理和专家系统等。就语音识别来说，其算法模型在求解过程中计算一个单词的概率时，需要知道它的所有前导状态的概率。为此，各个状态就必须按一定的顺序来处理，这个顺序就是拓扑顺序。拓扑排序作为一个必要的预处理步骤，在图的动态规划问题中被广泛应用。

现在，经济已进入全球化时代，科技创新能力成为国家实力的关键体现。一个国家具有较强的科技创新能力，就能在世界产业分工中占据优势地位，创造激活国家经济的新产业，从而引领世界经济。科技创新是新时期“工匠精神”的灵魂，只有具备“工匠精神”，才能将产品、产业做大做强。这也要求我们在学习中具备严谨治学的态度，培养自身创新精神，在不远的未来为国家建设出一分力！

本章小结

图是一种复杂的非线性结构，有广泛的应用，本章的主要学习要点如下。

（1）理解并掌握图的基本概念与 ADT 定义。

（2）掌握图的各种存储结构，重点是邻接矩阵和邻接表，理解它们的特点和差异。

（3）熟练掌握图深度优先搜索和广度优先搜索的递归与非递归遍历算法，以及这两个算法在图搜索算法设计中的应用。

（4）掌握求图的最小生成树的 Prim 算法与 Kruskal 算法。

（5）掌握求图的单源最短路径的 Dijkstra 算法和求多源最短路径的弗洛伊德算法。

（6）掌握有向无环图的拓扑排序过程。

（7）掌握在 AOE 网中求关键路径的过程。

（8）灵活应用图模型解决相关的实际问题。

习题 7

一、选择题

1．一个具有 n 个顶点的无向连通图最多有（　　）条边，最少有（　　）条边。

A．n^2　　B．$n(n-1)$　　C．$n(n-1)/2$　　D．n

E．$n-1$　　F．$n+1$

2．一个具有 n 个顶点的有向强连通图最多有（　　）条弧，最少有（　　）条弧。

A．n^2　　B．$n(n-1)$　　C．$n(n-1)/2$　　D．n

E．$n-1$　　F．$n+1$

3．在一个无向图中，所有顶点的度数之和等于所有边数的（　　），在一个有向图中，所有顶点的入度之和等于所有顶点出度之和的（　　）。

A．1 倍　　B．2 倍　　C．1/2　　D．4 倍

4．有 n 个顶点的有向图用邻接矩阵 $\boldsymbol{A}$ 表示时，顶点 v_i 的入度是（　　）。

A．$\sum_{i=1}^{n} A[i,j]$　　B．$\sum_{j=1}^{n} A[i,j]$　　C．$\sum_{i=1}^{n} A[j,i]$　　D．$\sum_{i=1}^{n} A[i,j]+\sum_{j=1}^{n} A[j,i]$

5．无向图 $G=(V, E)$，其中：$V=\{a, b, c, d, e, f\}$，$E=\{(a,b)$，(a,e)，(a,c)，(b,e)，(c,f)，(f,d)，$(e,d)\}$，对该图进行深度优先遍历，得到的顶点序列正确的是（　　）。

A．*abecdf*　　B．*acfebd*　　C．*aebcfd*　　D．*aedfcb*

6．（　　）方法可以判断出一个有向图是否有环。

A．深度优先遍历　　B．拓扑排序　　C．求最短路径　　D．求关键路径

7．图 1 给出一个无向图。从顶点 1 出发，深度优先搜索的输出序列为（　　），广度优先搜索的输出序列为（　　）。

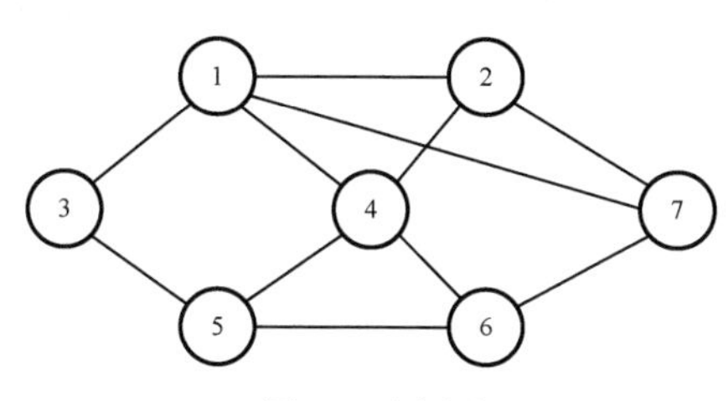

图 1　无向图

A．1354267　　B．1347625　　C．1534276　　D．1247653

8．已知有 8 个顶点 A、B、C、D、E、F、G、H 的无向图，其邻接矩阵存储结构如表 1 所示。从顶点 A 开始，深度优先搜索的输出序列为（　　）。

A．*ABCDGHFE*　　B．*ABCDGFHE*　　C．*ABGHFECD*　　D．*ABFHEGDC*

表 1　无向图的邻接矩阵存储结构

	A	*B*	*C*	*D*	*E*	*F*	*G*	*H*
A	0	1	0	1	0	0	0	0
B	1	0	1	0	1	1	1	0

续表

	A	B	C	D	E	F	G	H
C	0	1	0	1	0	0	0	0
D	1	0	1	0	0	0	1	0
E	0	1	0	0	0	0	0	1
F	0	1	0	0	0	0	1	1
G	0	1	0	1	0	1	0	1
H	0	0	0	0	1	1	1	0

9．有向图的邻接表存储结构如图 2 所示，从顶点 1 出发，深度优先搜索的输出序列为（　　），广度优先搜索的输出序列为（　　）。

A．12354　　B．12345　　C．13452　　D．14352

E．12345　　F．13245　　G．12354　　H．14352

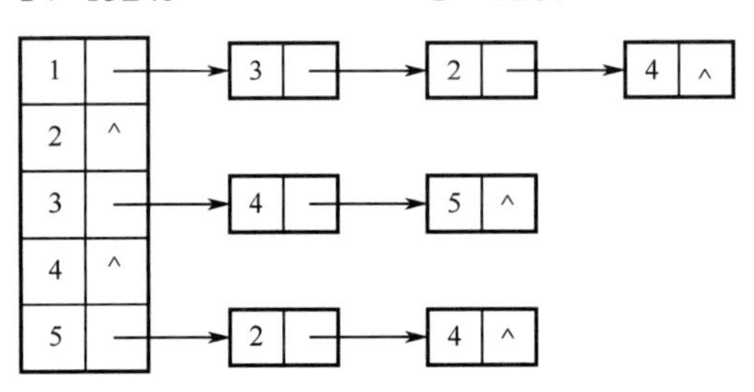

图 2　有向图的邻接表存储结构

10．设网有 n 个顶点和 e 条边，当采用邻接表存储结构时，求最小生成树 Prim 算法的时间复杂度为（　　）。

A．$O(n)$　　B．$O(n+e)$　　C．$O(n^2)$　　D．$O(n^3)$

11．设图有 n 个顶点和 e 条边，求解最短路径的弗洛伊德算法的时间复杂度为（　　）。

A．$O(n)$　　B．$O(n+e)$　　C．$O(n^2)$　　D．$O(n^3)$

12．用有向无环图描述表达式$(A+B)*[(A+B)/A]$，至少需要的顶点数为（　　）。

A．5　　B．6　　C．8　　D．9

13．在用邻接表表示图时，拓扑排序算法的时间复杂度为（　　）。

A．$O(n)$　　B．$O(n+e)$　　C．$O(n^2)$　　D．$O(n^3)$

14．若无向图 $G=(V, G)$中含有 7 个顶点，要保证图在任何情况下都是连通的，则需要的边数最少是（　　）条。

A．6　　B．15　　C．16　　D．21

15．对图 3 所示的有向图进行拓扑排序，可以得到不同拓扑排序序列的个数是（　　）。

A．4　　B．3

C．2　　D．1

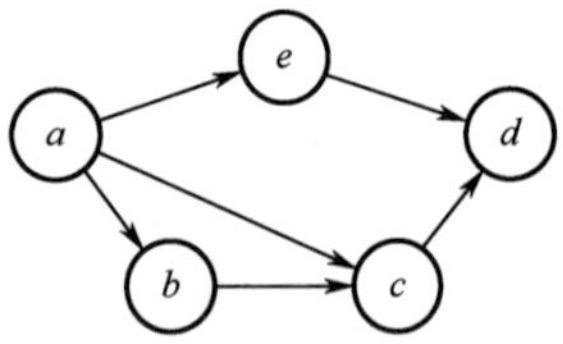

图 3　有向图

二、填空题

1．在一个图中，所有顶点的度数之和等于所有边数的（　　　）倍。

2．在一个有向图中，所有顶点的入度之和等于所有顶点的出度之和的（　　　）倍。

3．具有 4 个顶点的无向完全图有（　　　）条边。

4．具有 6 个顶点的无向图至少应有（　　　）条边才能确保其是一个连通图。

5．对于一个具有 n 个顶点的无向图，若采用邻接矩阵存储结构，则该矩阵的大小为（　　　　）。

6．对于一个具有 n 个顶点、e 条边的无向图，若采用邻接表存储结构，则表头向量的大小为（　　　　），所有邻接表中的结点总数是（　　　　）。

7．图的深度优先搜索算法类似于二叉树的（　　　　）遍历；图的广度优先搜索算法类似于二叉树的（　　　　）遍历。

8．判定一个有向图是否存在回路除了可以利用拓扑排序方法，还可以利用（　　　　）度优先搜索方法。

9．在一个无向图的邻接表中，若表结点的个数是 m，则图中边的条数是（　　　　）。

10．具有 n 个顶点的图，求最小生成树的 Prim 算法时间复杂度为（　　　　），它适用（　　　　）图。

11．具有 e 条边的图，求最小生成树的 Kuruscal 算法时间复杂度为（　　　　），它适用（　　　　）图。

12．具有 n 个顶点和 m 条边的图，采用邻接表存储结构。则深度优先搜索算法、广度优先搜索算法、求拓扑排序、求关键路径的时间复杂度都是（　　　　）。

13．求 n 个顶点的有向图某顶点到其他各顶点的最短路径的 Dijkstra 算法的时间复杂度为（　　　　）。

14．求 n 个顶点的有向图每对顶点间最短路径的弗洛伊德算法的时间复杂度为（　　　　）。

15．图 G 是一个非连通的无向图，共有 28 条边，则该图至少有（　　　　）个顶点。

三、计算题

1．在图 4 所示的各无向图中，哪些图是连通图？若是非连通图请给出其连通分量。

2．在图 5 所示的有向图中。

（1）请给出每个顶点的度、入度和出度。

（2）请给出其邻接矩阵、邻接表及逆邻接表。

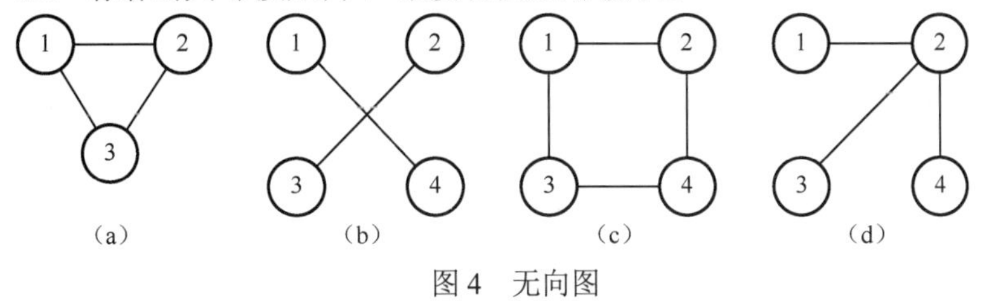

图 4　无向图

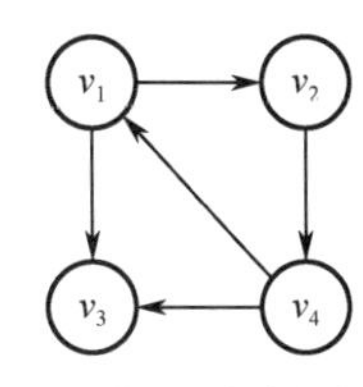

图 5　有向图

3．已知一个图的顶点集 V 和边集 E 如下：V={0, 1, 2, 3, 4, 5, 6, 7, 8, 9}；E={(0, 1), (0, 4), (1, 2), (1, 7), (2, 8), (3, 4), (3, 8), (5, 6), (5, 8), (5, 9), (6, 7), (7, 8), (8, 9)}。当它用邻接矩阵存储结构和邻接表存储结构时，分别写出从顶点 0 出发按深度优先搜索得到的顶点序列和按广度优先搜索得到的顶点序列（假设每个顶点邻接表中的结点是按顶点序号从大到小的次序链接的）。

图	深度优先搜索顶点序列	广度优先搜索顶点序列
邻接矩阵存储结构		
邻接表存储结构		

4．对于图 6 所示的连通图，请用 Prim 算法构造其最小生成树。

5．用 Kruskal 算法求图 7 的最小生成树（写出步骤）。

6．AOE 网如图 8 所示，其中顶点表示事件，弧及权值表示活动及其持续的时间（单位为天）。找出所有关键路径；求出事件 v_3 的最早开始时间。

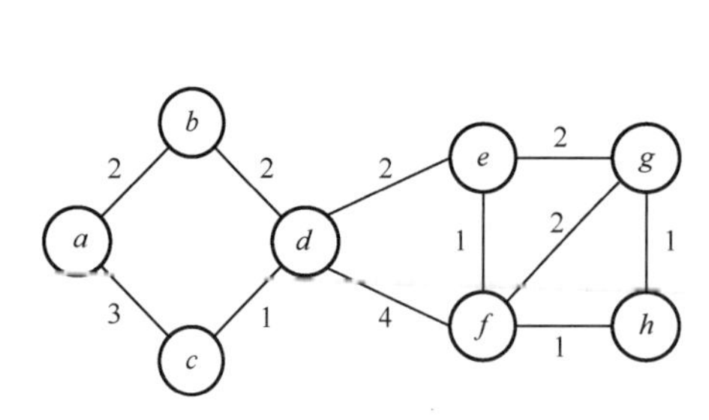

图 6 连通图 1

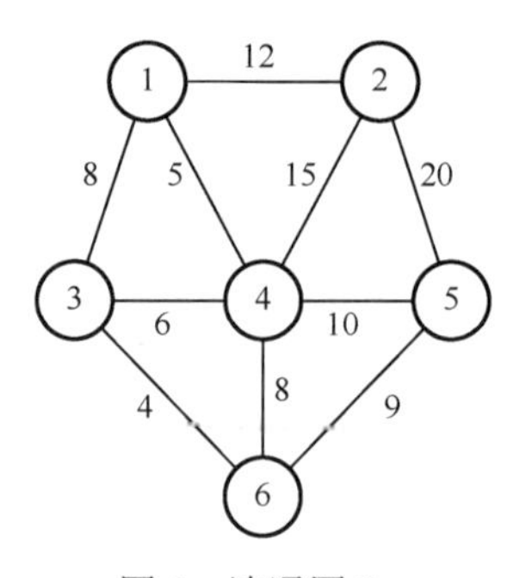

图 7 连通图 2

7．有向图如图 9 所示，试列出图中的全部可能的拓扑排序序列。

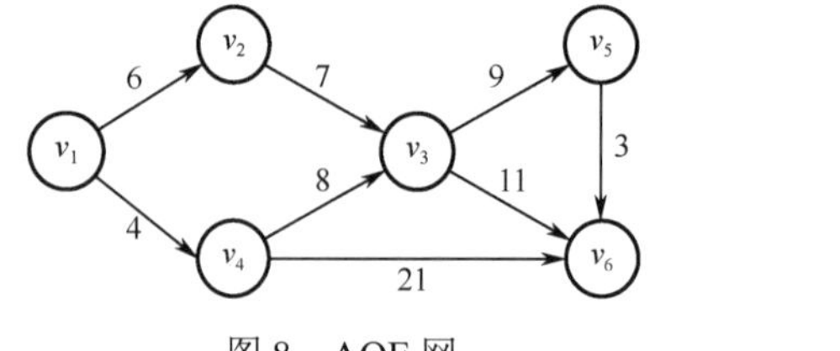

图 8 AOE 网

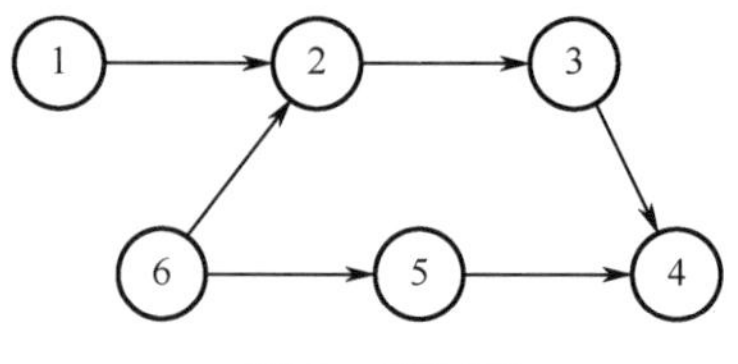

图 9 有向图

8. 已知一个图的顶点集 V 和边集 E 分别为 V={0, 1, 2, 3, 4, 5, 6, 7, 8}；E={<0, 1>, <0, 2>, <1, 3>, <1, 4>, <2, 4>, <2, 5>, <3, 6>, <3, 7>, <4, 7>, <4, 8>, <5, 7>, <6, 7>, <7, 8>}。若采用邻接表存储结构，并且每个顶点邻接表中的边结点都是按照终点序号从小到大的次序连接的，则按照书中介绍的拓扑排序算法，写出得到的拓扑序列（答案是唯一的）。

9．已知一个连通图如图 10 所示。

（1）分别写出从顶点 1 开始的深度优先遍历和广度优先遍历序列。

（2）找出一棵生成树。

（3）求顶点 4 到各点的最短路径。

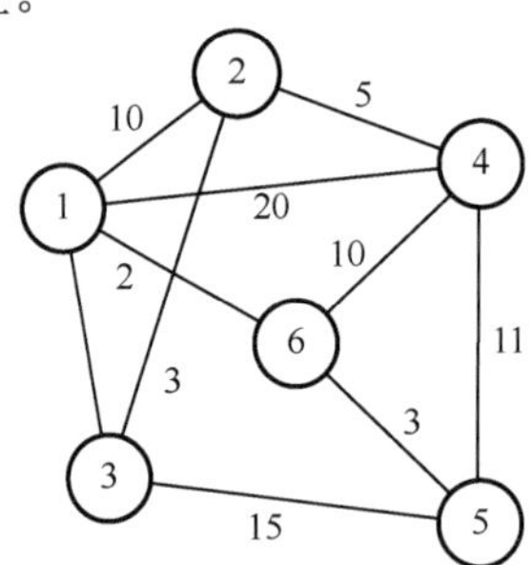

图 10 连通图 3

四、算法设计题

1．A、B 是图 G 的两个顶点。编写一个判断他们是否连通的算法。

```
Int AlinkB(Graph  G,  VertexType A,  VertexType  B)
```

2．编写一个求图 G 的连通分支数的算法。

```
Int  num(Graph  G)
```

3．假设图 G 采用邻接表存储结构，编写一个求不带权无向连通图 G 中从顶点 u 到顶点 v 的一条最短路径（路径上经过的顶点数最少）的算法。

```
void ShortPath(Graph  G,  int  u,  int  v)
```

第 8 章　查找

查找是使用最广泛的操作之一。例如：在学生管理系统中查找某个学生的基本情况或学习成绩；在图书管理系统中查找一本图书；在英汉字典中查找某个英文单词的中文解释；在新华字典中查找某个汉字的读音、含义；在网络中查找需要的信息；等等。可以说，查找是获取某种信息所不可缺少的最基本操作。

计算机和网络系统使信息查询变得方便、快捷、准确。要从计算机或网络中查找特定的信息，需要在计算机中存储包含特定信息的表。例如，要从计算机中查找英文单词的中文解释，就需要存储类似英汉字典这样的信息表，以及对该表进行查找操作；在网络上查找信息就需要各网站保存大量的数据库表和网页，以及相应的 Web 搜索引擎或浏览器。

查找是许多程序中最消耗时间的部分。因此，一个好的查找方法会大大提高程序运行速度。本章讨论的主要内容就是信息的存储和查找，主要包括线性表查找、树表查找和哈希表查找及其相关算法设计。

8.1　查找概述

为了讨论各种查找表的查找问题，本节先介绍关于查找表的相关概念及查找算法的性能分析。

8.1.1　查找表的相关概念

1．查找表

由具有同一类型（属性）的数据元素组成的集合称为一个查找表。由于集合中数据元素之间存在着完全松散的关系，因此查找表是一种非常灵活的数据结构，可以利用其他数据结构来实现，如本章将要介绍的线性表、树表和哈希表等。

2．关键字

关键字（也称为键或码）是数据元素中某个数据项或组合数据项的值，用它可以标识一个数据元素。能唯一确定数据元素的关键字，称为主关键字；不能唯一确定数据元素的关键字，称为次关键字。

3．查找

按给定的某个关键字 key，在查找表中查找关键字等于给定值 key 的数据元素，若找到，则返回查找成功信息，否则返回查找失败信息，此过程称为查找。当关键字是主关键字时，由于主关键字是唯一的，所以查找结果也是唯一的，一旦找到，则查找成功，结束查找过程，并给出找到的数据元素的信息，或指示该数据元素的位置。如果整个表都查找完，仍然没有找到，则查找失败，此时，查找结果应给出一个“空”记录或“空”指针。当关键字是次关键字时，查找结果不唯一，需要查遍表中所有的数据元素，找出所有关键字等于给定值的全部数据元素，或在可以肯定查找失败时，才能结束查找过程。

4. 静态查找表和动态查找表

若在查找的同时对表执行修改操作（如插入和删除），则相应的表为动态查找表，否则称为静态查找表。换句话说，动态查找表的结构本身是在查找过程中动态生成的，即在创建表时，对于给定值，若表中存在关键字等于给定值的数据元素，则查找成功并返回；否则插入关键字等于给定值的数据元素。

5. 内查找和外查找

若整个查找过程都在内存中进行，则称为内查找。若查找的过程中需要访问外存，则称为外查找。

8.1.2 查找算法的性能分析

分析查找算法的效率，通常用平均查找长度（Average Search Length，ASL）来衡量。在查找成功时，平均查找长度是指为查找数据元素在查找表中的位置所进行的关键字比较次数的期望值。

对一个含 n 个数据元素的表，查找成功时有

$$\mathrm{ASL}=\sum_{i=1}^{n}P_iC_i$$

式中，P_i 为表中第 i 个数据元素的查找概率，通常假设每个数据元素的查找概率相等，此时 $P_i=1/n$（$1\leqslant i\leqslant n$），且 $\sum_{i=1}^{n}P_i=1$；C_i 为表中第 i 个数据元素的关键字与给定值 key 相等时，关键字的比较次数，显然，不同的查找方法，C_i 也不相同。

显然，平均查找长度是衡量查找算法性能好坏的重要指标。一个查找算法的平均查找长度越大，其时间性能越差；反之，一个查找算法的平均查找长度越小，其时间性能越好。

8.2 线性表的查找

在查找表的组织方式中，线性表是最简单的。本节将详细讨论基于线性表的顺序查找、折半查找和分块查找（Blocking Search）。查找与数据的存储结构有关，线性表有顺序存储结构和链式存储结构两种。这里只介绍顺序存储结构的查找算法。数组元素的类型定义和顺序表的定义如下。

```
typedef   struct {                    //数组元素类型定义
          KeyType   key;              //关键字域
          InfoType  otherinfo;        //其他域
             }ElemType
  typedef   struct {                  //顺序存储结构
          ElemType   *elem;           //数组基址
          int        length;          //表长
        }  SSTable;
```

8.2.1 顺序查找

顺序查找（Sequential Search）又称为线性查找，是最基本的查找方法之一。其基本思想是，从表的一端开始，向另一端逐个按给定值 key 与关键字进行比较，若找到，则查找成功，并给出数据元素在表中的位置；若整个表查找完，仍未找到与给定值 key 相同的关键字，则查找失败，返回失败信息。

以顺序存储结构为例，数据元素从下标为 1 的数组单元开始存放，0 号单元留空，作为监视哨。

```
int   Search_Seq (SSTable   ST, KeyType   key )
   {    //在顺序表 ST 中查找关键字为 key 的数据元素，若找到，则返回该数据元素在数组中的下标，否则返回 0
        ST.elem[0].key = key;        //存放监视哨，这样在从后向前查找失败时，不必判断表是否检测完，从而
达到算法统一
        for( i = ST.length ; ST.elem[i].key != key; i-- );        //从表尾向前查找
        return   i;
   }
```

算法性能分析：对于含 n 个数据元素的顺序表，当给定值 key 与表中第 i 个元素关键字相等时，总共需要进行 $n-i+1$ 次关键字比较，即 $C_i=n-i+1$。于是，当查找成功时，顺序查找的平均查找长度为

$$\text{ASL} = \sum_{i=1}^{n} p_i (n-i+1)$$

设每个数据元素的查找概率相等，即 $p_i = \dfrac{1}{n}$，则等概率情况下有

$$\text{ASL} = \sum_{i=1}^{n} \frac{1}{n}(n-i+1) = \frac{n+1}{2}$$

查找不成功时，关键字的比较次数是 $n+1$。

算法中的基本操作就是关键字的比较，因此，顺序查找算法的平均时间复杂度为 $O(n)$，其中 n 为查找表中数据元素的个数。

在许多情况下，查找表中数据元素的查找概率是不相等的。为了提高查找效率，查找表需要依据查找概率大小顺序存储数据元素，查找概率越小的越靠后，从而减少比较次数。

顺序查找算法的优点是算法简单，对表中数据元素的存储结构没有要求。缺点是当 n 很大时，平均查找长度较大，效率很低，另外对于线性链表，只能进行顺序查找。

8.2.2 折半查找

折半查找（Binary Search）也称为二分查找，它是一种效率较高的查找算法。但是，折半查找要求线性表必须采取顺序存储结构，而且表中数据元素必须按关键字有序排列。在后续的讨论中，均假设有序表是递增有序的。

1. 折半查找的基本思想

折半查找的基本思想是，在有序表中，每次取查找范围中的中间数据元素作为比较对象，若给定值与中间数据元素的关键字相等，则查找成功；若给定值小于中间数据元素的关键字，则在中间数据元素的左半区继续折半查找；若给定值大于中间数据元素的关键字，则在中间数据元素的右半区继续折半查找。不断重复上述查找过程，直到查找成功为止，或所查找的范围内无此数据元素，即查找失败。

例 8.1 设含有 11 个数据元素的有序表（关键字为数据元素的值）{7, 14, 18, 21, 23, 29, 31, 35, 38, 42, 46, 49, 52}。请给出查找关键字为 21 和 45 的数据元素的折半查找过程。

假设指针 low、high 和 mid 分别指示待查数据元素所在范围的下界、上界和指示区间的中间位置。

（1）查找关键字为 21 的过程。

① 设置初始区，指针 low 和指针 high 分别指示待查元素所在范围的下界和上界。

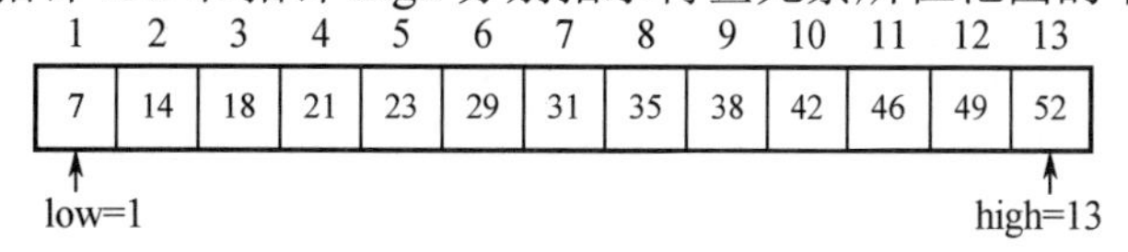

② 查找区间是否空？非空则继续。

③ 求中间数据元素的位置 mid=7。

1	2	3	4	5	6	7	8	9	10	11	12	13
7	14	18	21	23	29	31	35	38	42	46	49	52

low=1　　mid=7　　high=13

④ 将 21 与 ST.elem[mid].key =31 比较，由于 21<31，所以取左半边[1...6]。

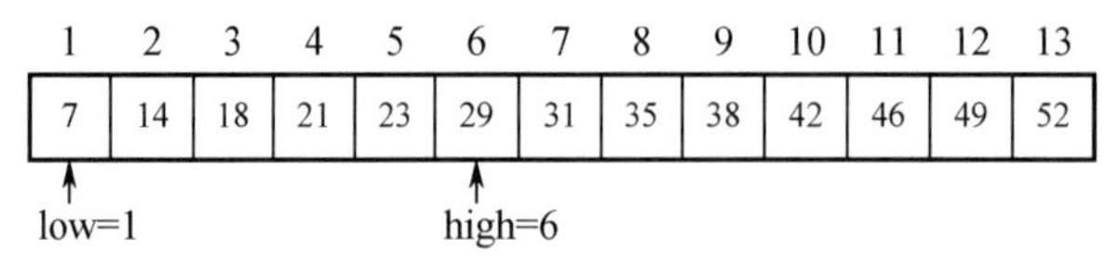

⑤ 对左半边[1...6]求中间数据元素位置 mid=3。

1	2	3	4	5	6
7	14	18	21	23	29

low=1　　mid=3　　high=6

⑥ 将 21 与 ST.elem[mid].key =18 比较，由于 21>18，取[1…6]的右半边[4…6]。

4	5	6
21	23	29

low=4　　high=6

⑦ 取[4…6]的中间数据元素位置 mid=5。

4	5	6
21	23	29

low=4　　mid=5　　high=6

⑧ 将 21 与 ST.elem[mid].key =23 比较，由于 21<23，取[4...6]的左半边[4…5]。

4	5
21	23

low=4　　high=5

⑨ 取[4...5]的中间元素位置 mid=4。

4	5
21	23

low=mid=4　　high=5

⑩ 将 21 与 ST.elem[mid].key=21 比较，相等，查找成功，返回位置 mid=4。

（2）查找关键字为 45 的过程。

① 设置初始区。

1	2	3	4	5	6	7	8	9	10	11	12	13
7	14	18	21	23	29	31	35	38	42	46	49	52

low=1　　high=13

② 查找区间是否空？非空则继续。

③ 求中间数据元素的位置 mid=7。

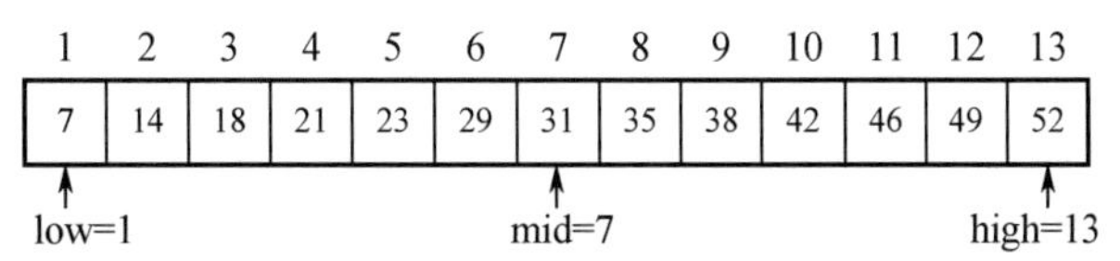

④ 将 45 与 ST.elem[mid].key=31 比较，由于 45>31，所以取右半边[8...13]。

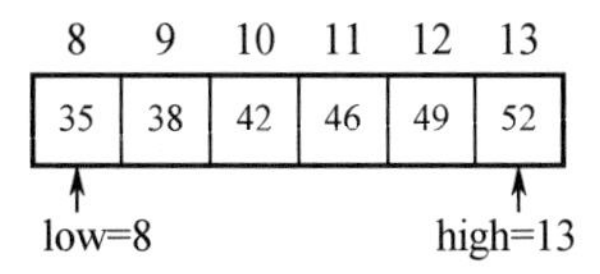

⑤ 取右半边[8...13]的中间数据元素位置 mid=10。

8	9	10	11	12	13
35	38	42	46	49	52

low=8　mid=10　high=13

⑥ 将 45 与 ST.elem[mid].key=42 比较，由于 45>42，取[8...13]的右半边[11...13]。

11	12	13
46	49	52

low=11　high=13

⑦ 取[11...13]的中间数据元素位置 mid=12。

11	12	13
46	49	52

low=11　high=13　mid=12

⑧ 将 45 与 ST.elem[mid].key=49 比较，由于 45<49，取[11…13]的左半边[11…12]。

11	12
46	49

low=11　high=12

⑨ 取[11…12]的中间数据元素位置 mid=11。

11	12
46	49

low=mid=11　high=12

⑩ 将 45 与 ST.elem[mid].key=46 比较，45<46，取[11...12]的左半边[11…11]。

11
46

low=high=11

再取中点 mid=11，将 45 与 ST.elem[mid].key=46 比较，仍不相等，且 45<46，取左半边，high=10，此时 low>high，表明查找不成功，返回位置 mid=0。

2．折半查找的算法步骤

```
（1）low=1；high=length;                                        //设置初始区间
（2）当 low>high 时，返回查找失败信息;                           //表空，查找失败
（3）当 low≤high 时，mid=(low+high)/2;                          //取中点
① 若 key<ST.elem[mid].key，high=mid-1；转步骤（2）              //在左半区进行查找
② 若 key>ST.elem[mid].key，low=mid+1；转步骤（2）               //在右半区进行查找
③ 若 key==ST.elem[mid].key，返回数据元素在表中位置               //查找成功
```

3．折半查找的算法描述

```
int   Binary_Search(SSTable   ST, Keytype   key )
  {  //在表 ST 中查找关键字为 key 的数据元素，若找到返回该数据元素在表中的位置，否则，返回 0
    int   mid, low=1; high=ST.length;                           //设置初始区间
    while(low<=high)                                            //测试表空否，非空，进行比较
        { mid=(low+high)/2;                                     //取得中间数据元素位置
          if(key==ST.elem[mid].key)          return mid;        //查找成功，返回数据元素位置
            else   if(key>ST.elem[mid].key)     low=mid+1;      //调整到右半边
                   else      high=mid-1;                        //调整到左半边
        }
    return   0;
  }
```

4．折半查找算法的性能分析

在折半查找过程中，以表的中点为比较对象，从中点将表分割为左右两个子表，对子表继续进行折半查找。所以，对表中每个数据元素的查找过程，可用二叉树来描述，称这棵描述查找过程的二叉树为判定树。

例如，对例 8.1 所给出的有序表的查找过程，构造出的判定树如图 8.1 所示。

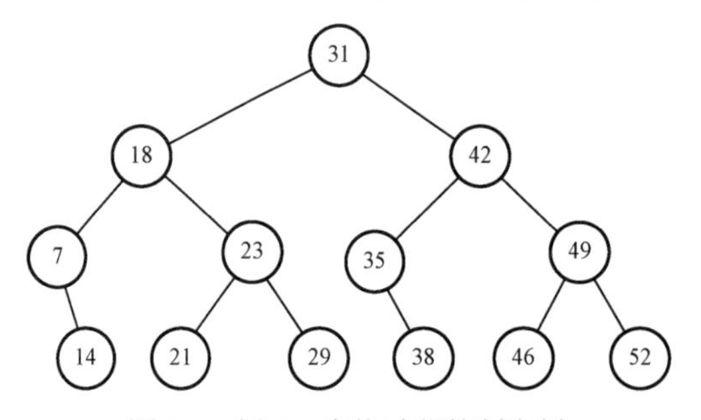

图 8.1　例 8.1 查找过程的判定树

不难看出，查找任一个数据元素的过程，就是从判定树的根结点沿着到该结点路径上的各结点进行关键字比较，比较次数恰好等于该结点的层号。对于 n 个结点的判定树，设树的深度为 k，则有 $2^{k-1}-1<n\leqslant 2^k-1$，即 $k-1<\log_2(n+1)\leqslant k$，所以 $k=\lceil \log_2(n+1) \rceil$。因此，折半查找在查找成功时，所进行的关键字比较次数至多为 $\lceil \log_2(n+1) \rceil$。

折半查找的平均查找长度计算方法如下。

为便于讨论，以深度为 k 的满二叉树（$n=2^k-1$）为例。假设表中每个数据元素的查找概率是相同的，即 $P_i=\frac{1}{n}$，则树的第 i 层有 2^{i-1} 个结点，因此，折半查找的平均查找长度为

$$\mathrm{ASL}=\sum_{i=1}^{n}P_iC_i=\frac{1}{n}\sum_{i=1}^{n}i\cdot 2^{i-1}=\frac{n+1}{n}\log_2(n+1)-1\approx\log_2(n+1)-1$$

所以，折半查找的时间复杂度为$O(\log_2 n)$。

以上给出的是估计折半查找算法平均查找长度的近似公式，事实上，利用判定树可以精确计算平均查找长度，即

$$\text{ASL}=\frac{1}{n}\sum_{i-1}^{n}\text{第}i\text{层结点的个数}\times\text{该层的层号}$$

例如，例 8.1 所给的有序查找表，其折半查找算法的平均查找长度计算方法如下。

第一层 1 个结点，层号为 1，每个结点比较 1 次，共比较 1×1 次。

第二层 2 个结点，层号为 2，每个结点比较 2 次，共比较 2×2 次。

第三层 4 个结点，层号为 3，每个结点比较 3 次，共比较 3×4 次。

第四层 6 个结点，层号为 4，每个结点比较 4 次，共比较 4×6 次。

所以，在等概率情况下，查找成功时的平均查找长度为

$$\text{ASL}=\frac{1}{13}(1\times1+2\times2+3\times4+4\times6)=\frac{41}{13}$$

如何计算在等概率情况下，查找不成功时的平均查找长度？为此需要对判定树进行扩充。为判定树中所有度为 0 和 1 的结点补充虚结点，用小矩形表示，这些虚结点称为外部结点，而原来的那些结点称为内部结点。

例如，例 8.1 所给的有序表折半查找过程的扩充判定树如图 8.2 所示。

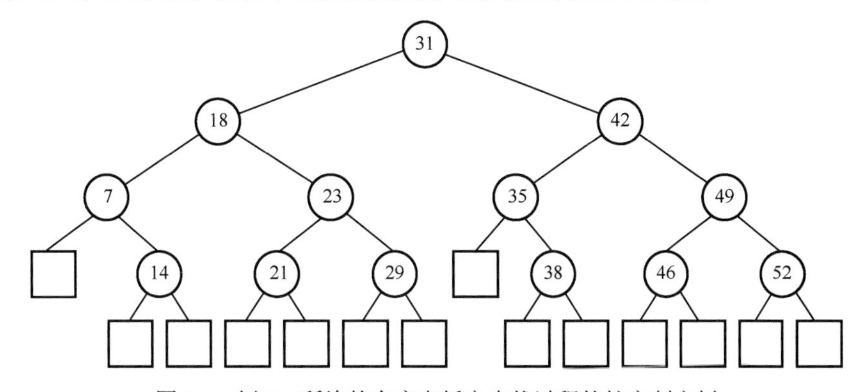

图 8.2　例 8.1 所给的有序表折半查找过程的扩充判定树

在查找过程中，当遇到一个外部结点时，表明查找不成功，每个外部结点到根结点的路径长度（等于该结点的层号减 1）就是查找不成功的比较次数。于是得到，在等概率情况下，查找不成功时的平均查找长度为

$$\text{ASL}=\frac{\sum\text{每层外部结点个数}\times(\text{该层结点到根结点的路径长度}-1)}{\text{外部结点个数}}$$

例如，对例 8.1 所给有序查找表进行折半查找，在等概率情况下，查找不成功时的平均查找长度计算方法如下。

第四层有 2 个外部结点，路径长度为 3，比较次数为 2×3；第五层有 12 个外部结点，路径长度为 4，比较次数为 12×4；外部结点总个数为 14，所以有

$$\text{ASL}=\frac{1}{14}(2\times3+12\times4)=\frac{54}{14}=\frac{27}{7}$$

8.2.3　分块查找

分块查找又称为索引顺序查找或分组查找，它是对顺序查找的一种改进。分块查找要求将查

找表分成若干个子表（或称为块），子表之间是有序的，即前一组的关键字都小于后一组的关键字，各子表内既可以有序，也可以无序。为各子表建立一个索引表，每一个子表对应一个索引项，索引项包括两个字段：一个是关键字字段，存放对应子表中的最大关键字；另一个是指针字段，存放指向对应子表的指针。另外还要求索引表按关键字有序存储。

假设一个线性表有 20 个数据元素，其关键字序列为{8, 30, 23, 14, 28, 38, 32, 58, 42, 49, 61, 72, 63, 68, 75, 83, 96, 90, 78, 88}，假设将 20 个数据元素分成 4 块，每块有 5 个数据元素，该线性表的索引存储结构如图 8.3 所示。第一块的最大关键字 30 小于第二块的最小关键字 32，第二块的最大关键字 58 小于第三块的最小关键字 61，以此类推。

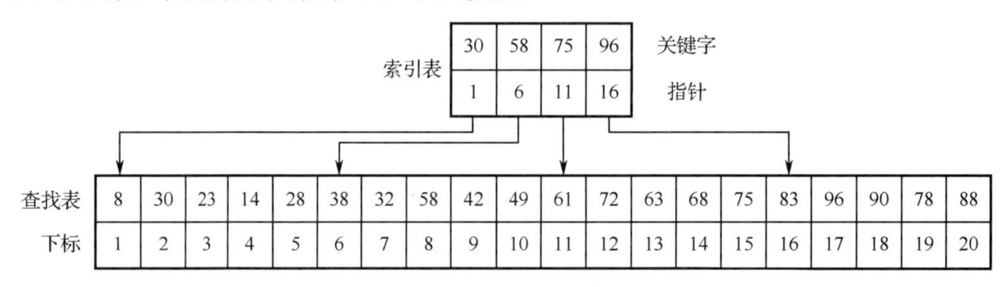

图 8.3　分块查找示例

查找时，先用给定的值 key 在索引表中查找索引项，以确定所要进行的查找在查找表中的分块，再对该分块进行顺序查找。由于索引表按关键字有序，所以在索引表中的查找既可以用顺序查找法，也可以用折半查找法进行查找，块内采用顺序查找。

例如，在图 8.3 所示的存储结构中查找关键字等于给定值 k=72 的数据元素，因为索引表小，可以用顺序查找法查找索引表，即首先将 k 依次和索引表中的各关键字比较，直到找到第一个关键字大于等于 k 的数据元素，由于 $k \leqslant 75$，所以关键字为 72 的数据元素若存在，必定在第三块中，然后由第三块的起始地址 11 开始，在地址 11～15 中顺序查找，直到找到地址为 12 的关键字为 72 为止，总共比较了 5 次。

如果给定值 k=50，先确定如果存在应该在第二块中，然后在第二块中查找。因为一直到这块的最后一个地址 10 为止都没有找到，则查找失败，说明表中不存在关键字等于 50 的数据元素，总共比较了 7 次。

分块查找由索引表查找和子表查找两步完成。设 n 个数据元素的查找表分为 b 个子表，且每个子表均有 s 个数据元素，则 $s=\left\lceil \frac{n}{s} \right\rceil$。若索引表和子表都采用顺序查找，则分块查找的平均查找长度为

$$\mathrm{ASL}=\mathrm{ASL}_{\mathrm{index}}+\mathrm{ASL}_{\mathrm{block}}=\frac{1}{2}(b+1)+\frac{1}{2}\left(\frac{n}{b}+1\right)=\frac{1}{2}\left(s+\frac{n}{s}\right)+1$$

可见，平均查找长度不仅和表的总长度 n 有关，还和所分的子表个数 b 有关。在表长 n 确定的情况下，取 $b=\sqrt{n}$ 时，$\mathrm{ASL}=\sqrt{n}+1$ 达到最小值。

若索引表采用折半查找，子表采用顺序查找，则分块查找的平均查找长度为

$$\mathrm{ASL}\approx\log_2\left(\frac{n}{s}+1\right)+\frac{s}{2}$$

课外阅读：计算机先驱奖获得者——莫奇利

莫奇利（John William Mauchly）美国工程师，1944 年，莫奇利和埃克特合作，创建了一家电

子数学计算设备设计制造公司，于 1946 年生产出第一台实用的数字计算机——埃尼阿克。折半查找是莫奇利于 1946 年提出的。

8.3 树表的查找

前面介绍的三种查找方法都是用线性表作为查找表的组织形式，其中以折半查找的效率最高。但由于折半查找要求表中的数据元素按关键字有序排列，且不用于采用链表作为存储结构的查找，因此，当表的插入或删除操作频繁时，为维护表的有序性，需要移动表中的很多数据元素，这种由移动数据元素引起的额外开销会抵消折半查找的优点。所以，线性表更适合于静态查找表的查找；若要对动态查找表进行高效率的查找，可采用几种特殊的二叉树作为查找表的组织形式，在此将它们统称为树表。下面将深入讨论二叉排序树（Binary Sort Tree）、平衡二叉树、红黑树、B−树、B+树五种动态查找表的查找算法及其性能分析。

8.3.1 二叉排序树

1. 二叉排序树定义

二叉排序树或是一棵空二叉树，或是具有下列性质的二叉树。

（1）若左子树不空，则左子树上所有结点的值均小于根结点的值；若右子树不空，则右子树上所有结点的值均大于根结点的值。

（2）左、右子树也都是二叉排序树。

图 8.4 所示为一棵二叉排序树。从图 8.4 中可以看出，对二叉排序树进行中序遍历，便可得到一个按关键字有序的中序遍历序列，这一特点称为二叉排序树的中序有序性。因此，对于一个无序结点序列，通过构造一棵二叉排序树可以得到一个有序结点序列。

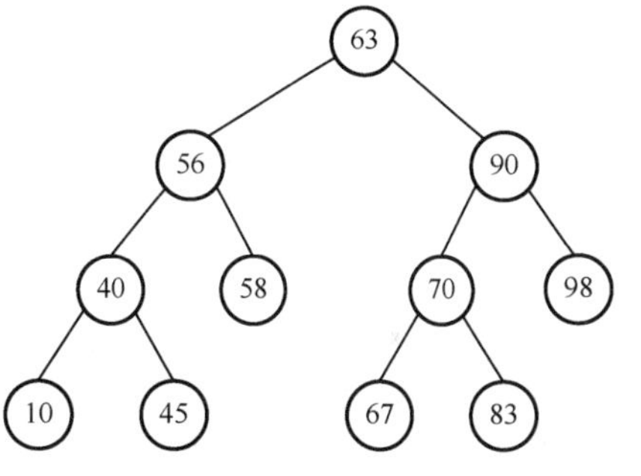

图 8.4　一棵二叉排序树

2. 二叉排序树的查找过程

设给定的关键字为 key，二叉排序树的查找过程如下。

（1）若二叉排序树为空，查找失败，返回空指针。

（2）若二叉排序树非空，将给定值 key 与树的根结点关键字比较。

① 若相等，则查找成功，查找过程结束，返回根结点的地址。

② 当 key 小于根结点的关键字时，则递归查找左子树。

③ 当 key 大于根结点的关键字时，则递归查找右子树。

以二叉链表作为二叉排序树的存储结构，存储结构定义如下。

```
typedef    struct
        { KeyType    key;                          //关键字项
         InfoType   otherinfo;                     //其他数据项
        }ElemType;                                 //每个结点数据域的类型
typedef    struct    BSTNode
        { ElemType    elem;                        //数据元素域
         struct    BSTNode    *lchild ,*rchild;    //左、右指针域
```

```
} BSTNode, *BSTree;                              //二叉排序树的结点类型
```

二叉排序树的查找算法描述如下。

```
BSTree  SearchBST (BSTree  ST, KeyType  key)
  {  //在二叉排序树 ST 上递归地查找关键字为 key 的数据元素，若找到，返回指向该数据元素的指针，否则返回空指针
     if((ST= =null)|| ST->elem.key= =key)return  ST                    //查找结束
     else  if(ST->elem.key>key) return  SearchBST (ST->lchild, key)    //在左子树递归查找
           else return  SearchBST (ST->rchild, key)                    //在右子树递归查找
  }
```

例如，在图 8.4 所示的二叉排序树中，查找关键字等于 45 的结点（树中结点内的数字表示关键字）。

首先将关键字 key=45 和根结点的关键字比较，因为 key<63，则查找以 63 为关键字的根结点的左子树。此时，左子树不空，且 key<56，则继续查找以 56 为关键字的根结点的左子树，由于 key>40，则继续查找以 40 为关键字的根结点的右子树，由于 key 和关键字为 40 的根结点的右子树的根结点关键字相等，因此查找成功，返回指向关键字 45 的结点的指针。又如在图 8.4 中查找关键字等于 50 的结点，和上述过程类似，在给定值 key 和关键字 63、56、40、45 相继比较之后，继续查找以关键字 45 为根结点的右子树，此时，右子树为空，则说明该树中没有待查结点，故查找失败，返回指针为 NULL。

二叉排序树的查找算法性能与树形有关，最好情况下，二叉排序树是平衡的，即每个结点的左右子树深度基本相同，其时间复杂度为$O(\log_2 n)$。最坏情况下，当二叉排序树是单支树时，树的深度最大值为 n，时间复杂度为 $O(n)$。可以证明，在平均情况下，二叉排序树的时间复杂度仍为$O(\log_2 n)$。

由此可见，二叉排序树的查找和折半查找效率相差不大。但就维护表的有序性而言，二叉排序树更加有效，因为无须移动数据元素，只需要修改指针即可完成对结点的插入和删除操作。因此，对于经常需要进行插入、删除和查找操作的表，采用二叉排序树较合适。

3. 二叉排序树插入和创建算法

（1）二叉排序树的插入算法。

设待插入结点的关键字为 key。其插入过程如下。

① 若二叉排序树为空，则创建一个关键字为 key 的结点作为根结点。否则将关键字 key 与根结点的关键字比较，若两者相等，则说明树中已有关键字为 key 的结点，无须插入，直接返回假。

② 若关键字 key 小于 ST->elem.key，则将关键字为 key 的结点插入根结点的左子树，否则将它插入右子树。

对应的递归算法描述如下。

```
bool  InsertNode ( BSTree &ST, ElemType  e )          //在二叉排序树 ST 上插入关键字为 key 的结点
    {
       if (ST= =null)
       {   ST= (BSTNode * ) malloc(sizeof(BSTNode));    //构造新结点
           ST->elem =e; ST ->lchild= NULL; ST ->rchild=NULL;
           return true;
       }
      else if(ST->elem.key= =e.key)
              return false;
```

```
        else if(e.key<ST->elem.key)
                return   InsertNode(ST->lchild, e);
        else
                return   InsertNode(ST->rchild, e);
    }
```

（2）二叉排序树的创建算法。

二叉排序树的创建可以从空树开始，按照输入关键字的顺序依次插入结点，最终得到一棵二叉排序树。操作过程如下。

① 初始化一棵二叉排序树为空树。

② 输入一个结点，将其插入二叉排序树。

③ 重复步骤②，直至结点插入完毕。

算法描述如下。

```
void   CreateBSTree ( BSTree &ST , int n )     //构造一棵含 n 个结点的二叉排序树
       {  ST=NULL;
          cin>>e;
        for ( i=1; i<=n; i++ )
            {  InsertNode ( ST, e );             //将此结点插入二叉排序树
               cin>>e;                           //继续插入结点

            }
  }
```

例 8.2 设结点的关键字序列为 63、90、70、55、67、42、98、83、10、45、58，构造一棵二叉排序树，构造过程如图 8.5 所示。

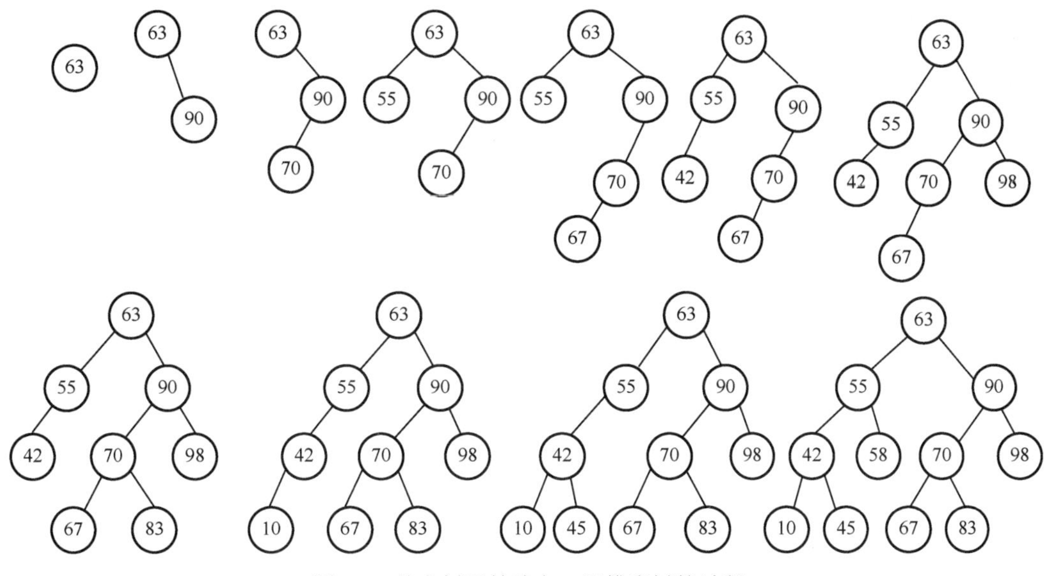

图 8.5　从空树开始建立二叉排序树的过程

4．二叉排序树删除操作

从二叉排序树中删除一个结点的情况较为复杂，删除结点可以在任何位置进行，且删除结点之后，要求仍能保持二叉排序树的特性。

设 p 为指向待删结点的指针，f 为其双亲结点的指针，分三种情况进行讨论。

（1）被删除的结点是叶结点的情况。设指针 p 指向欲删除的叶结点，由于删去叶结点后不影响整个树的特性，因此，只需将被删结点的双亲结点相应指针域改为空指针即可，如图 8.6 所示。

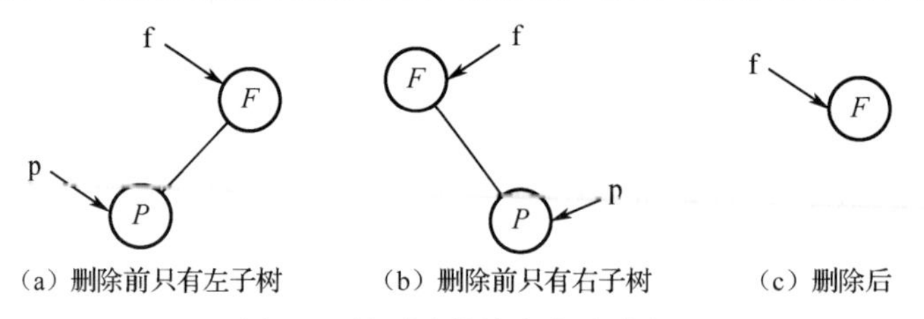

图 8.6　被删除的结点为叶结点

（2）被删除的结点只有左子树或只有右子树的情况。设指针 p 指向欲删除结点且只有左子树 T_L，左子树的根结点为 Q；或只有右子树 T_R，右子树的根结点为 Q，此时，只需用左子树 T_L 或右子树 T_R 的根结点替换指针 p 所指向的结点即可，如图 8.7 和图 8.8 所示。

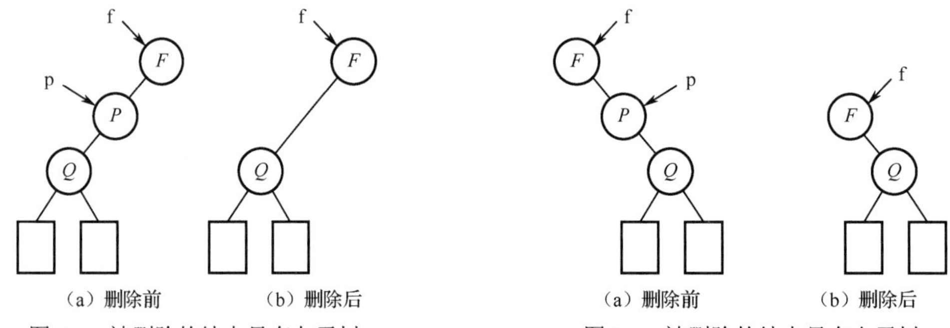

图 8.7　被删除的结点只有左子树　　图 8.8　被删除的结点只有右子树

（3）被删除的结点既有左子树，又有右子树的情况。设指针 p 指向欲删除的结点，左子树为 T_L，右子树为 T_R，删除指针 p 所指向的结点后，可按中序遍历保持关键字有序调整结点。调整的方法有以下几种。

① 用指针 p 所指结点的左子树的最右下方的结点代替被删除结点，因为指针 p 所指结点的左子树的最右下方的结点恰好是被删结点在中序遍历序列中的直接前驱，如图 8.9 所示。

② 用指针 p 所指结点的右子树的最左下方的结点代替被删除结点，因为指针 p 所指结点的右子树的最左下方的结点恰好是被删结点在中序遍历序列中的直接后继，如图 8.10 所示。

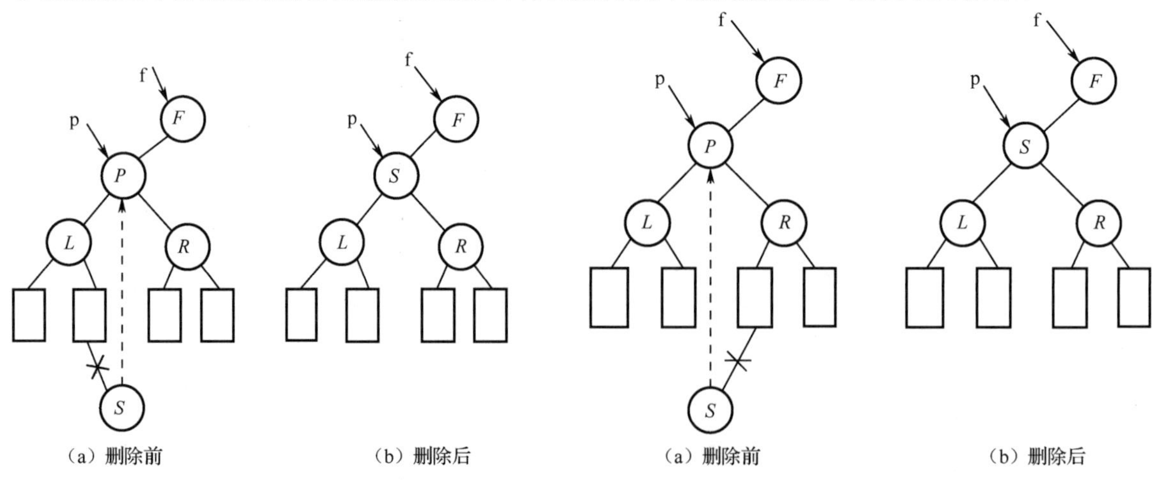

图 8.9　用左子树最右下方结点代替被删除结点　　图 8.10　用右子树最左下方的结点代替被删除结点

③ 用指针 p 所指结点的左子树的根结点代替被删结点，将被删结点的右子树连接到指针 p

所指结点的左子树的最右下方结点的右孩子指针上，如图 8.11 所示。

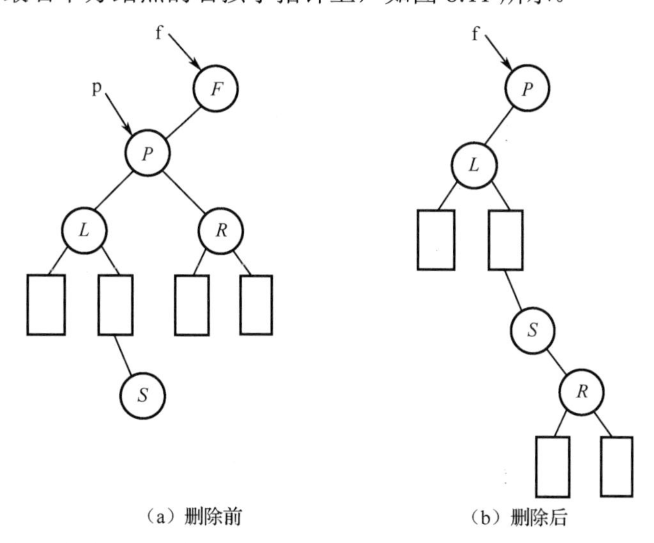

（a）删除前　　（b）删除后

图 8.11　将被删结点的右子树连接到指针 p 所指结点的左子树的最右下方结点的右孩子指针上

④ 用指针 p 所指结点的右子树的根结点代替被删结点，将被删结点的左子树连接到指针 p 所指结点的右子树的最左下方结点的左孩子指针上，如图 8.12 所示。

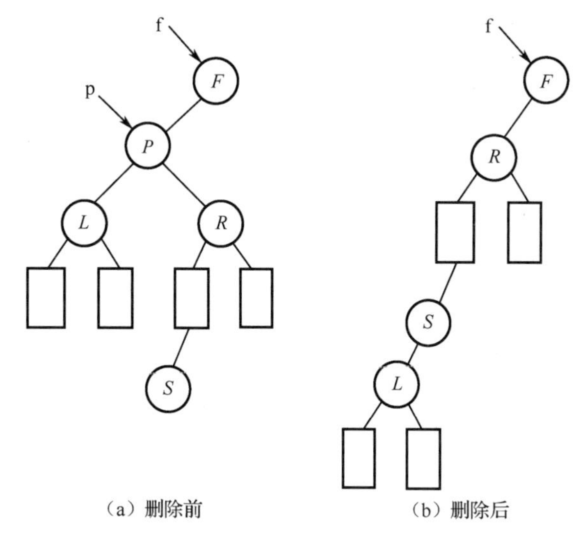

（a）删除前　　（b）删除后

图 8.12　将被删结点的左子树连接到指针 p 所指结点的右子树的最左下方结点的左孩子指针上

以上四种调整方法中，前两种调整方法不增加树深，后两种调整方法可能会增加树深。

删除算法描述如下。

```
void  DeleteNode(BSTree &ST, KeyType key )
   {  BSTree p=ST, q , s, f=null ;
     if(!ST)  return;                              //树空返回
     while （p）
     {
        if(p->elem.key= =key)  break;              //找到关键字等于 key 的结点 p，结束循环
        f=p;                                       //结点 f 为结点 p 的双亲结点
        if(p->elem.key>key)  p=p->lchild;          //在结点 p 的左子树继续查找
        else    p->rchild ;                        //在结点 p 的右子树中继续查找
     }
```

```
    if(!p)    return;                          //找不到被删结点返回
    q=p;
    if (p->lchild)&&( (p->rchild)              //被删结点的左、右子树都不空
    {
    s= p->lchild;
    while(s->rchild)                           //在结点p的左子树中继续查找其前驱结点，既最右下方的结点
    {
      q=s;
      s=s->rchild;                             //沿着结点p的左子树的右子树向下走，向右走到尽头
    }
    p->elem= s->elem;                          //结点s的值赋值给被删结点p，然后删除结点s
    if(q!=p)    q->rchild= s->lchild;          //重接结点q的右子树
    else q->lchild=s->lchild;                  //重接结点q的左子树
    delete s;
    return;
    }
    else    if(!p->rchild)                     //被删结点p无右子树，只需重接其左子树
    {
      p=p->lchild;
    }
    else    if(!p->lchild)                     //被删结点p无左子树，只需重接其右子树
    {
      p=p->rchild;
    }
    if (!f)    ST=p;                           //被删结点为根结点
    else    if（q==f->lchild）f->lchild=p;      //挂接结点f的左子树
          else    f->rchild=p;                 //挂接结点f的右子树
          delete q;
    }
```

对给定的序列建立二叉排序树，若左、右子树均匀分布，则其查找过程类似于有序表的折半查找。但若给定序列原本有序，则建立的二叉排序树就退化为单分支树，其查找效率与顺序查找相同。因此，对不均匀的二叉排序树进行插入或删除结点后，应对其进行调整，使其保持平衡。

8.3.2 平衡二叉树

前面提到二叉排序树的算法性能依赖于树的形状，而二叉排序树的形状与创建过程中输入数据元素的次序有关。如果数据元素是按关键字有序的，依次输入建立的二叉排序树一定是单分支树，此时，查找算法的性能最差。要使算法性能最好，二叉树应该是平衡的。现在的问题是如何构造一棵平衡的二叉树？当一棵平衡二叉树在插入或删除结点时导致不平衡，如何将其调整为平衡二叉树？本节将讨论这些问题。

平衡二叉树有很多种，较为著名的是 AVL 树，它是由苏联数学家 Adelson Velskii 和 Landis 于 1962 年给出的，故用他们的名字命名。本节讨论的平衡二叉树都是指 AVL 树。

1．平衡二叉树的概念与特点

平衡二叉树或是一棵空树，或是具有下列性质的二叉排序树。

（1）它的左子树和右子树都是平衡二叉树，且左子树和右子树高度差的绝对值不超过 1。

（2）某个结点的左、右子树高度之差称为该结点的平衡因子，记为 BF（Balance Factor）。

图 8.13 给出了两棵二叉排序树，每个结点旁边所标注的数字表示该结点的平衡因子。显然，图 8.13（a）所示的二叉树是平衡二叉树。图（b）所示的二叉树不是平衡二叉树。

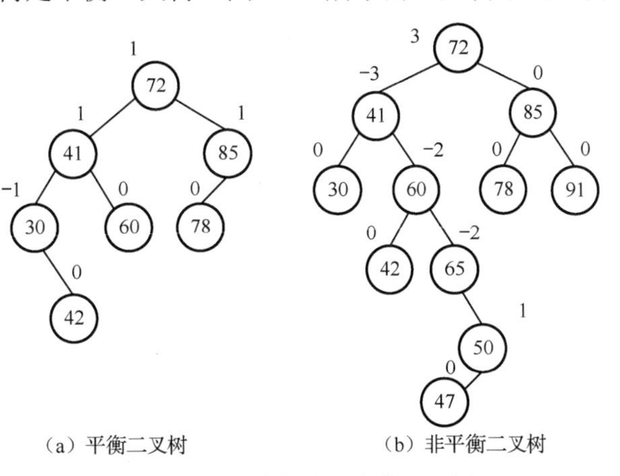

（a）平衡二叉树　　（b）非平衡二叉树

图 8.13　平衡与非平衡的二叉树

由定义不难得到平衡二叉树的特点。

（1）平衡二叉树所有结点的平衡因子只能取-1、0、1 三个值之一。若二叉树中存在其平衡因子的绝对值大于 1 的结点，则这棵二叉树一定不是平衡二叉树。

（2）满二叉树每个结点的平衡因子都是 0，完全二叉树每个结点的平衡因子或为 0，或为 1。所以，满二叉树和完全二叉树都是平衡二叉树，反之不然。

（3）若平衡二叉树每个结点的平衡因子都是 0，则其必为满二叉树。

（4）深度为 h 的平衡二叉树至少有 $F_{h+2}-1$ 个结点，其中 F_{h+2} 表示斐波那契数列的第 $h+2$ 项。众所周知，斐波那契数列的后项与前项之比的极限为 $\frac{\sqrt{5}\pm 1}{2}$，其中一个根就是黄金分割率。此性质表明，二叉树的平衡性符合黄金分割率。

2．平衡二叉树的调整方法

先通过一个具体例子说明构造平衡二叉树过程中的调整方法（也称为平衡化）。

假设查找表中的数据元素关键字序列为{12, 28, 35, 80, 56, 90}，用构造二叉排序树的方法，逐个插入结点，当发现二叉树不平衡时，立即进行调整。步骤如下。

第一步：插入关键字为 12 的根结点，如图 8.14（a）所示。此时，二叉树平衡，无须调整。

第二步：在关键字为 12 的结点的右孩子结点处插入关键字为 28 的结点，如图 8.14（b）所示。此时二叉树仍然平衡，无须调整。

第三步：在关键字为 28 的结点的右孩子结点处插入关键字为 35 的结点，如图 8.14（c）所示。此时，二叉树不平衡，需要调整。调整方法是向左旋转，将根结点连接到右孩子的左指针处，右孩子结点（关键字为 28）成为根结点，如图 8.14（d）所示。

第四步：在关键字为 35 的结点右子树的右孩子结点处插入关键字为 80 的结点，如图 8.14（e）所示。此时二叉树仍然平衡，无须调整。

第五步：在关键字为 35 的结点右子树的左孩子结点处插入关键字为 56 的结点，如图 8.14（f）所示。此时，二叉树失去平衡，需要调整。调整方法是先向右旋转，将关键字为 56 的结点转到关键字为 80 的结点处，使关键字为 80 的结点成为关键字为 56 的结点的右孩子结点，如图 8.14（g）所示。再向左旋转，将关键字为 56 的结点转到关键字为 35 的结点处，使关键字为 35 的结点连接到关键字为 56 的结点的左孩子结点上，如图 8.14（h）所示。

第六步：在结点 35 的右子树的右孩子结点处插入关键字为 90 的结点，如图 8.14（i）所示，此时，二叉树失去平衡，需要调整。调整方法是左旋转，将关键字为 28 的结点连接到关键字为 56 的结点的左孩子结点上，关键字为 35 的结点连接到关键字为 28 的结点的右孩子结点上，如图 8.14（j）所示。平衡二叉树构造结束。

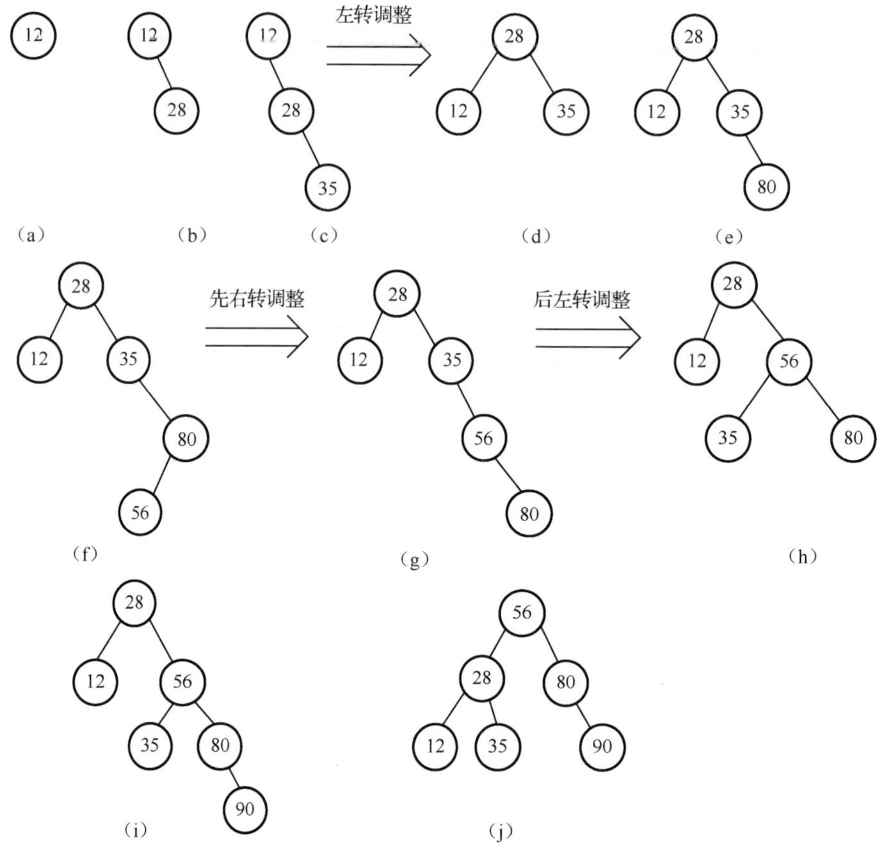

图 8.14　构造平衡二叉树的过程

对于一般情况，当插入一个结点导致二叉树不平衡时，需要进行调整。首先找到离插入结点最近且平衡因子绝对值超过 1 的祖先结点，以该结点为根结点的子树称为最小不平衡子树，当最小不平衡子树被调整为平衡子树后，整个树又成为一棵平衡二叉树。设 A 是最小不平衡子树的根结点，则调整该子树的操作可归纳为以下四种情况。

（1）在结点 A 的左子树的左子树上插入结点失去平衡（LL 型）。

调整的方法是右旋转，即将根结点 A 向右旋转，连接到左子树根结点 C 的右孩子指针上，原左子树的右子树的根结点接到结点 A 的左孩子指针上，如图 8.15 所示。

图 8.15（a）为插入前的平衡二叉树。其中，AR 为结点 A 的右子树，CL、CR 分别为结点 C 的左、右子树，AR、CL、CR 三棵子树的高均为 h。

在图 8.15（a）所示的平衡二叉树上插入结点 X，如图 8.15（b）所示。结点 X 插入结点 C 的左子树 CL，导致结点 A 的平衡因子绝对值大于 1，以结点 A 为根结点的子树失去平衡。

调整后的子树，除了各结点的平衡因子绝对值不超过 1，还必须保证是二叉排序树。将结点 A 为根结点的子树调整为结点 C 的右子树，结点 C 为新的根结点。由于结点 C 的右子树 CR 可作为结点 A 的左子树，所以将 CR 调整为结点 A 的左子树，如图 8.15（c）所示。

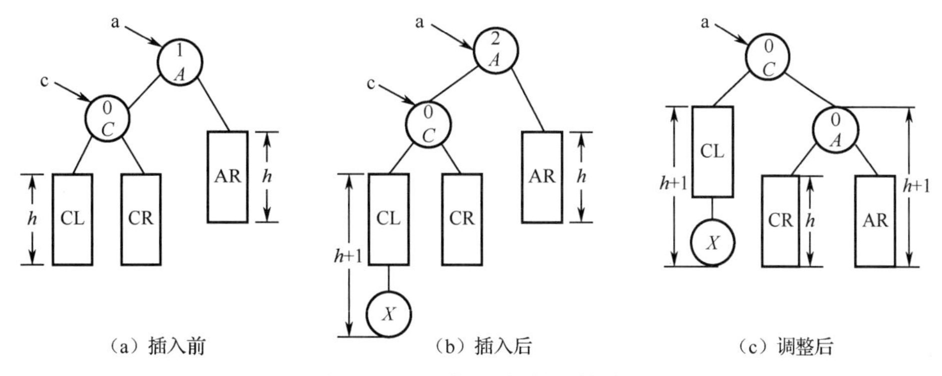

图 8.15　LL 型二叉树的调整过程

（2）在结点 *A* 的右子树的右子树上插入结点失去平衡（RR 型）。

调整的方法是左旋转，即将根结点 *A* 向左旋转，连接到右子树根结点 *C* 的左孩子指针上，原右子树的左子树 CL 的根结点接到结点 *A* 的右孔子指针上，如图 8.16 所示。

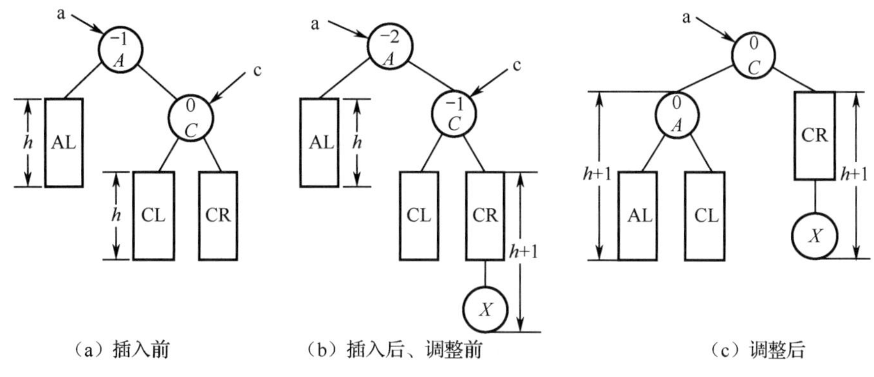

图 8.16　RR 型二叉树的调整过程

（3）在结点 *A* 的左子树的右子树上插入结点失去平衡（LR 型）。

图 8.17（a）为插入前的二叉树，根结点 *A* 的左子树比右子树高度大 1，待插入结点 *X* 将插到结点 *B* 的右子树上，并使结点 *B* 的右子树高度加 1，从而使结点 *A* 平衡因子的绝对值大于 1，导致以结点 *A* 为根结点的子树平衡性被破坏，如图 8.17（b）所示。

调整方法是先向左旋转，将结点 *C* 连接到结点 *A* 的左子树上，结点 *C* 的左子树连接到结点 *B* 的右子树上，如图 8.17（c）所示。再向右旋转，将结点 *A* 连接到结点 *C* 的右子树上，结点 *C* 的右子树接到结点 *A* 的左子树上，如图 8.17（d）所示。

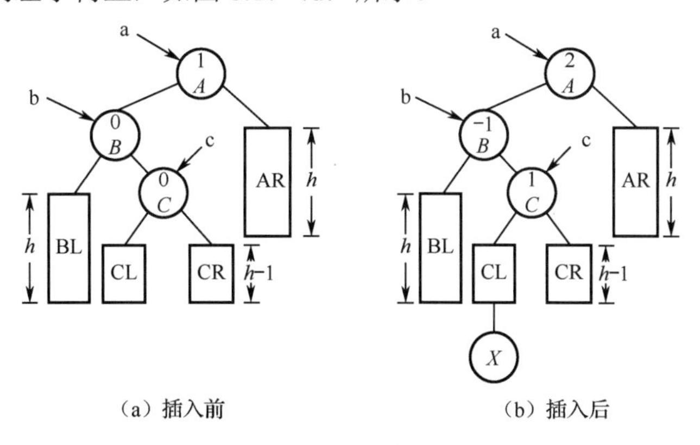

图 8.17　LR 型二叉树的调整过程

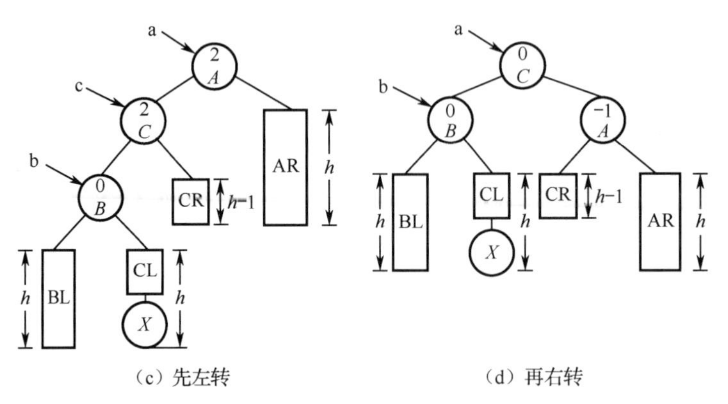

图 8.17　LR 型二叉树的调整过程（续）

（4）在结点 *A* 的右子树的左子树上插入结点失去平衡（RL 型）。

图 8.18（a）为插入前的二叉树，根结点 *A* 的右子树比左子树高度高 1，待插入结点 *X* 将插到结点 *B* 的左子树上，并使结点 *B* 的左子树高度加 1，从而使结点 *A* 平衡因子的绝对值大于 1，导致以结点 *A* 为根结点的子树平衡性被破坏，如图 8.18（b）所示。

调整方法是先向右旋转，将结点 *C* 连接到结点 *A* 的右子树上，结点 *C* 的右子树 CR 接到结点 *B* 的左孩子结点上。结点 *B* 接到结点 *C* 的右孩子结点上，如图 8.18（c）所示。再向左旋转，将结点 *A* 连接到结点 C 的左子树上，结点 *C* 的左子树接到结点 *A* 的右孩子结点上，如图 8.18（d）所示。

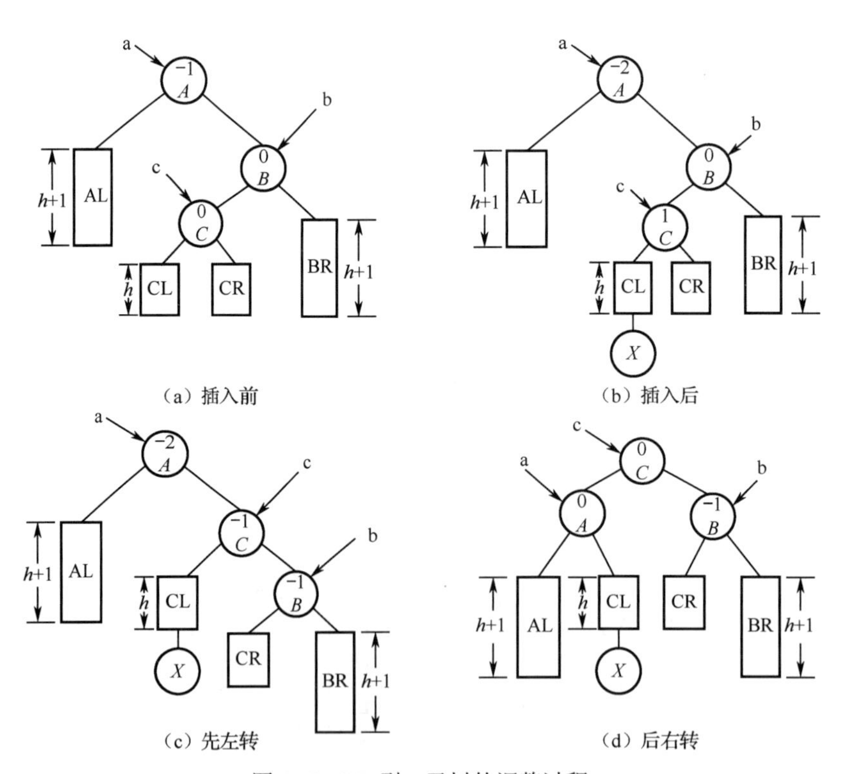

图 8.18　RL 型二叉树的调整过程

例 8.3　输入关键字序列{15, 4, 8, 12, 9, 25, 19, 16}，给出构造一棵平衡二叉树的步骤。

解：建立平衡二叉树的过程如图 8.19 所示，图 8.19（I）为其最终结果。

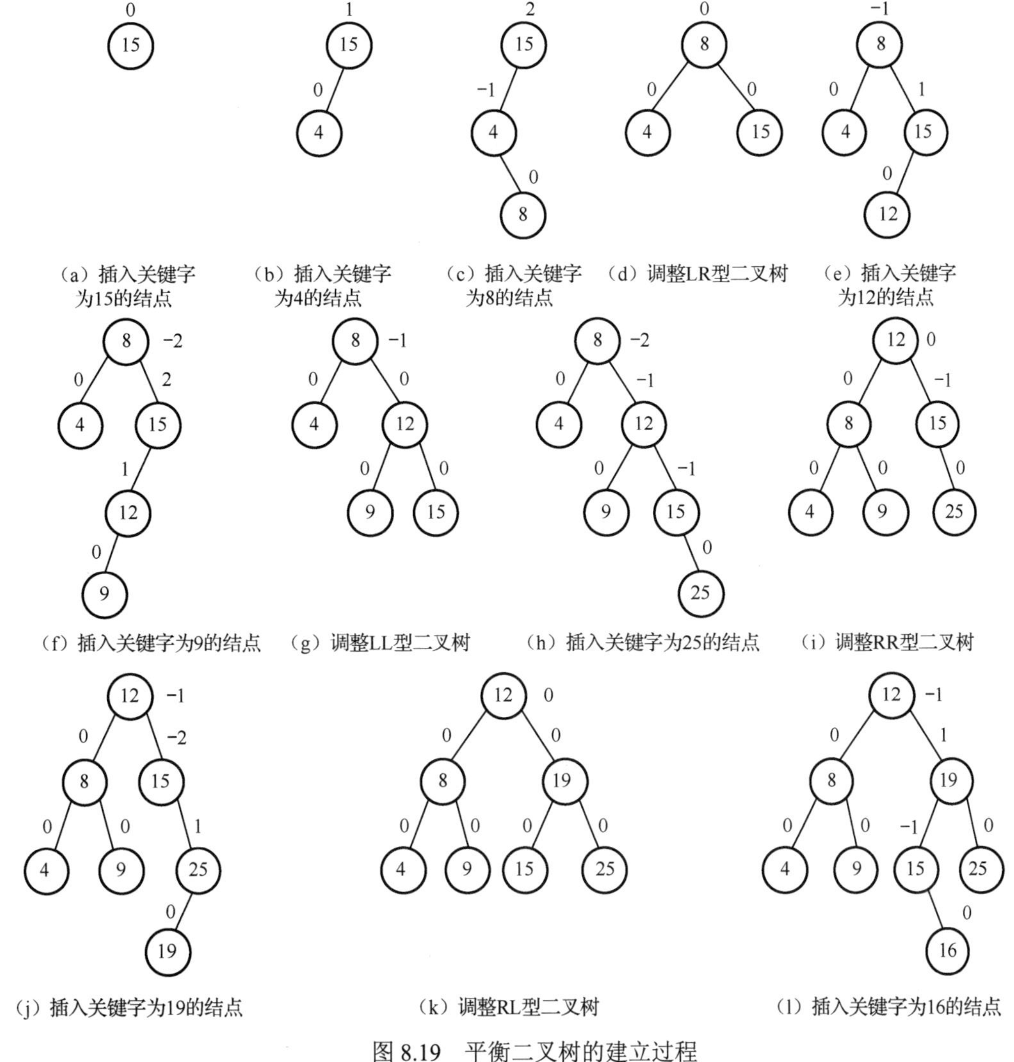

图 8.19　平衡二叉树的建立过程

3．平衡二叉排序树插入一个结点的算法

在平衡二叉排序树 T 上插入一个关键字为 key 的新结点，递归算法描述如下。

（1）若树 T 为空树，则插入一个关键字为 key 的新结点作为树 T 的根结点，树的深度加 1。

（2）若 key 和树 T 的根结点关键字相等，则不插入。

（3）若 key 小于树 T 的根结点的关键字，而且在树 T 的左子树中不存在与 key 有相同关键字的结点，则将新结点插入树 T 的左子树，并且当插入之后的左子树深度增加 1 时，按下列情况分别进行处理。

① 若树 T 根结点的平衡因子为-1（右子树的深度大于左子树的深度），则将根结点的平衡因子更改为 0，树 T 的深度不变。

② 若树 T 的根结点平衡因子为 0（左、右子树的深度相等），则将根结点的平衡因子更改为 1，树 T 的深度增加 1。

③ 若树 T 的根结点平衡因子为 1（左子树的深度大于右子树的深度），则按下列情况分别进行处理。

若树 T 的左子树根结点的平衡因子为 1，需进行单向右旋转平衡处理，并且在向右旋转之后，将根结点和其右子树根结点的平衡因子更改为 0，树的深度不变。

若树 T 的左子树根结点平衡因子为-1，需先向左旋转，再向右旋转，双向平衡处理，并且在旋转之后，修改根结点和其左、右子树根结点的平衡因子，树的深度不变。

④ 若关键字 key 大于树 T 的根结点的关键字，而且在树 T 的右子树中不存在与关键字 key 有相同关键字的结点，则将新结点插入树 T 的右子树，并且在插入之后，右子树深度增加 1 时，则按下列情况分别进行处理，其处理操作和③中所述相对称。

若树 T 的右子树根结点的平衡因子为 1，需进行单向左旋转平衡处理，并且在向左旋转之后，将根结点和其左子树根结点的平衡因子更改为 0，树的深度不变。

若树 T 的右子树根结点平衡因子为-1，需先向右旋转，再向左旋转，双向平衡处理，并且在旋转之后，修改根结点和其左、右子树根结点的平衡因子，树的深度不变。

4．平衡二叉排序树的删除

平衡二叉树删除结点的方式与二叉排序树相似。但删除后可能破坏平衡二叉树的平衡性，调整过程如下。

（1）查找：先在平衡二叉树中查找到关键字为 k 的结点 p。

（2）删除：删除结点 p 分以下几种情况。

① 结点 p 为叶结点：直接删除该结点。

② 结点 p 为单分支结点：用结点 p 的左、右孩子结点替代结点 p（结点替换）。

③ 结点 p 为双分支结点：先用结点 p 的中序前驱（或中序后继）结点 q 的值替换结点 p 的值，再删除结点 q。

（3）调整：若被删除的是结点 q，则从根结点到结点 q 的路径的逆方向查找第一个失去平衡的结点。

① 若所有的结点都是平衡的，则不需要调整。

② 假设找到某个结点的平衡因子为-2：若其右孩子结点的平衡因子是-1，则进行 RR 型二叉树的调整；若其右孩子结点的平衡因子是 1，则进行 RL 型二叉树的调整；若其右孩子结点的平衡因子是 0，则进行 RR 型或 RL 型二叉树的调整均可。

③ 假设找到某个结点的平衡因子为 2：若其左孩子结点的平衡因子是-1，则进行 LR 型二叉树的调整；若其右孩子结点的平衡因子是 1，则进行 LL 型二叉树的调整；若其右孩子结点的平衡因子是 0，则进行 LR 型或 LL 型二叉树的调整均可。

5．平衡二叉树的查找算法性能分析

在平衡二叉树上进行查找的过程和二叉排序树相同，因此，在查找过程中与给定值进行比较的关键字个数不超过树的深度。那么，含有 n 个关键字的平衡二叉树的最大深度是多少呢？为解答这个问题，我们先分析深度为 h 的平衡二叉树所具有的最少结点数。

假设以 N_h 表示深度为 h 的平衡二叉树中含有的最少结点数。显然，$N_0=0$，$N_1=1$，$N_2=2$，并且 $N_h=N_{h-1}+N_{h-2}+1$。这个关系和斐波那契序列极为相似。利用归纳法容易证明：当 $h\geqslant 0$ 时，$N_h=F_{h+2}-1$，而 $F_h\approx\frac{\phi}{\sqrt{5}}$，（其中 $\phi=\frac{1+\sqrt{5}}{2}$）则 $N_h\approx\frac{\phi^{h+2}}{\sqrt{5}}-1$。所以，含有 n 个结点的平衡二叉树的最大深度为 $\log_\phi[\sqrt{5}(n+1)]-2$。因此，在平衡二叉树上进行查找时，其时间复杂度为 $O(\log_2 n)$。

上述对二叉排序树和平衡二叉树的查找性能的讨论都是在等概率的前提下进行的。

8.3.3 红黑树

1．红黑树的定义及性质

平衡二叉树虽然可以保证在最坏的情况下查找、插入和删除结点的时间复杂度为 $O(\log_2 n)$，

但是插入和删除操作后，为了保持平衡二叉树的平衡性，非常频繁地调整全树整体拓扑结构的代价较大。为此在平衡二叉树的平衡标准上进一步放宽条件，引入了红黑树的概念。

红黑树是满足下列性质的二叉排序树。

（1）每个结点是红色或黑色的。

（2）根结点是黑色的。

（3）每个叶结点（增加的外部结点，通常用 nil 表示）是黑色的。

（4）若某个结点是红色的，则其孩子结点必为黑色。

（5）对于每个结点，从该结点到其所有后代叶结点的简单路径上，均包含相同数目的黑结点。

与折半查找树类似，为了便于对红黑树的实现和理解，引入了 n+1 个外部叶结点，以保证原树中每个结点（内部结点）左、右孩子结点均非空。图 8.20 所示为红黑树，由于本书为黑白印刷，图中黑结点为黑色，红结点为灰色。

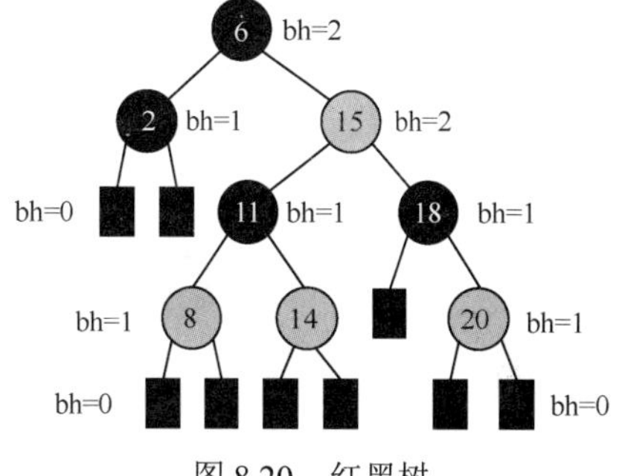

图 8.20　红黑树

从某个结点 x 出发到达一个叶结点的任意一条简单路径上的黑结点的个数（不含结点 x）称为该结点的黑高（Black Height），记为 bh(x)。黑高的概念是由性质（5）确定的，根结点的黑高称为红黑树的黑高。

结论 1：从根结点到叶结点的最长路径最多不会超过最短路径的两倍。

证明：由性质（5）可知，如果从根结点到任一叶结点的简单路径最短时，这条路径必然全部由黑结点构成。由性质（4）可知，当某条路径最长时，则由红、黑结点交错构成（始终按照一红一黑的顺序组织），又因为最短路径和最长路径的黑结点数目是一致的，所以最长路径上的结点数是最短路径的两倍。图 8.20 中的 6→15→11→14 和 6→2 就是这样的两条路径。

结论 2：一棵含有 n 个内部结点的红黑树的深度至多为 $2\log_2(n+1)$。

证明：由结论 1 可知，从根结点到叶结点（不含叶结点）的任何一条简单路径上都至少有一半是黑结点，因此，根的黑高至少为 $h/2$，于是有 $n \geqslant 2^{h/2}-1$，即可求得结论。

可见，红黑树的“适度平衡”，由 AVL 树的“高度平衡”降低到“任一结点左右子树的深度，相差不超过一倍”，也降低了动态操作时调整的频率。对于一棵动态查找树，如果插入和删除操作比较少，查找操作比较多，采用 AVL 树比较合适，否则采用红黑树更合适。由于维护这种高度平衡所付出的代价比获得的效益大得多，因此红黑树的实际应用更广泛，C++语言的 STL（标准模板库）中的很多函数，如 set、multiset、map 和 multimap 都应用到了红黑树的变体。Java 语言中的 TreeMap 和 TreeSet 就是用红黑树实现的。

2．红黑树的插入

红黑树的插入过程和二叉排序树的插入过程基本类似，不同之处在于，在红黑树中插入新结点后需要进行调整（主要通过重新着色或旋转操作进行），以满足红黑树的性质。

结论 3：新插到红黑树中的结点为红结点。

证明：假设插入的结点是黑色，那么这个结点所在路径比其他路径多出一个黑结点［几乎每次插入都会破坏性质（5）］，调整起来也比较麻烦。如果插入的结点是红色，此时所有路径上的黑结点数目不变，仅在出现连续两个红结点时才需要调整，而且这种调整也比较简单。

设结点 z 为新插入的结点。插入过程如下。

（1）用二叉排序树插入法插入结点 z，并将结点 z 着为红色。若结点 z 的父结点是黑色的，无须做任何调整，此时就是一棵标准的红黑树。

（2）如果结点 z 是根结点，将结点 z 着为黑色（树的黑高增 1），结束。

（3）如果结点 z 不是根结点，并且结点 z 的父结点 $z.p$ 是红色的，则分为下面三种情况，区别在于结点 z 的叔结点 y 的颜色不同，因结点 $z.p$ 是红色的，插入前的树是合法的，根据性质（2）和性质（4），爷结点 $z.p.p$ 必然存在且为黑色。性质（1）只在结点 z 和结点 $z.p$ 之间被破坏了。

情况 1：结点 z 的叔结点 y 是黑色，且结点 z 是一个右孩子结点。

情况 2：结点 z 的叔结点 y 是黑色，且结点 z 是一个左孩子结点。

每一棵子树 T_1、T_2、T_3、T_4 都有一个黑色根结点，且具有相同的黑高。

情况 1（LR，先向左旋转，再向右旋转），即结点 z 是爷结点的左孩子结点的右孩子结点。先向左旋转将此情形转变为情况 2，向左旋转后，结点 z 变为父结点 $z.p$ 的左孩子结点。因为结点 z 和结点 $z.p$ 都是红色的，所以向左旋转操作对结点的黑高和性质（5）都无影响。

情况 2（LL，向右旋转），即结点 z 是爷结点的左孩子结点的左孩子结点。做一次向右旋转，并交换结点 z 的原父结点和原爷结点的颜色，就可以保持性质（5），也不会改变树的黑高。这样，红黑树中也不再有两个连续的红结点，调整结束。情况 1 和情况 2 的调整方式如图 8.21 所示。

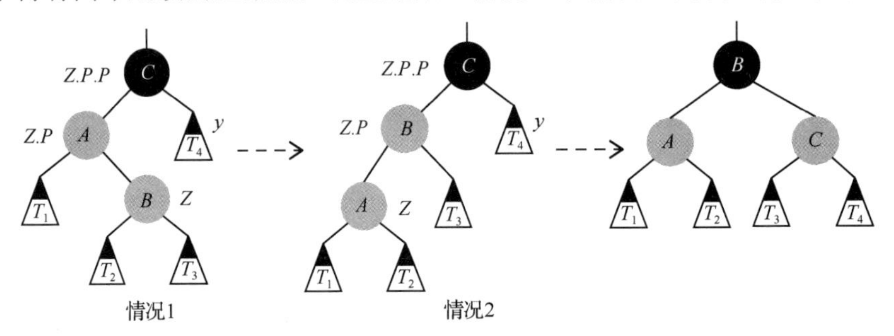

图 8.21　情况 1 和情况 2 的调整方式

若父结点 $z.p$ 是爷结点 $z.p.p$ 的右孩子结点，则还有两种对称的情况：RL（先向右旋转，再向左旋转），RR（向右旋转），此处不再赘述。红黑树的调整方法和 AVL 树调整方法有异曲同工之妙。

情况 3：如果结点 z 的叔结点 y 是红色的。

每一棵子树 T_1、T_2、T_3、T_4 都有一个黑色的根结点，且具有相同的黑高。

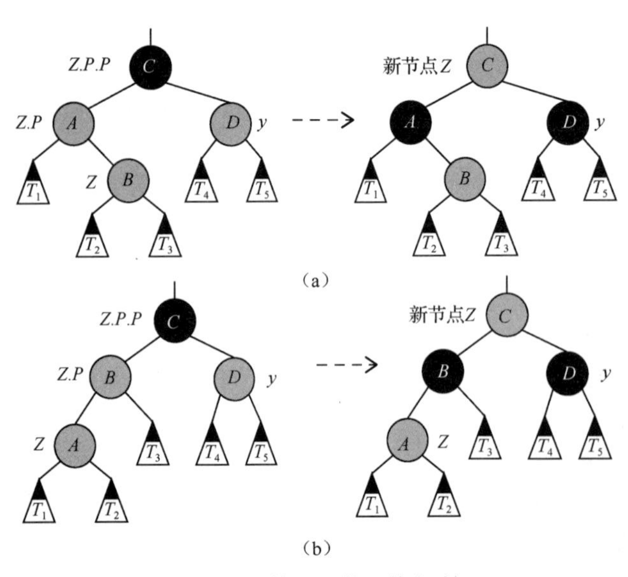

图 8.22　情况 3 的调整方式

情况 3 中结点 z 是左孩子结点或右孩子结点均无影响。结点 z 的父结点 $z.p$ 和叔结点 y 都是红色的，因为爷结点 $z.p.p$ 是黑色的，将结点 $z.p$ 和结点 y 都着为黑色，将结点 $z.p.p$ 着为红色，以在局部保持性质（4）和性质（5）。然后，把结点 $z.p.p$ 作为新结点 z 来重复循环，结点 z 的指针在树中上移两层，情况 3 的调整方式如图 8.22 所示。

若父结点 $z.p$ 是爷结点 $z.p.p$ 的右孩子结点，也有两种对称的情况，此处不再赘述。

不断重复步骤（2）和步骤（3）。只要满足情况 3 的条件，就会不断循环，每次循环结点 z 的指针都会上移两层，直到满足性质（2）（表示结点 z 上移到根结点）或情况 1 或情况 2 的条件。

虽然插入的初始位置一定是红黑树的某个叶结点，但因为在情况 3 中，结点 z 存在不断上升的可能，所以对于三种情况，结点 z 都有存在子树的可能。

以图 8.23（a）中的红黑树为例（虚线表示初始插入时的状态），先后插入结点 5、结点 4 和结点 12 的过程如图 8.23 所示。插入结点 5 后为情况 3，将结点 5 的父结点 3 和叔结点 10 着为黑色，将结点 5 的爷结点着为红色，此时因结点 7 已是根结点，故着为黑色，树的黑高加 1，结束。插入结点 4 后为情况 1 的对称情况（RL），此时特别强调虚构黑色空叶结点的存在，先对结点 5 进行右旋，转变为情况 2 的对称情况（RR），交换结点 3 和结点 4 的颜色，再对结点 3 进行左旋，结束。插入结点 12，其父结点是黑色的，无须进行任何调整，结束。

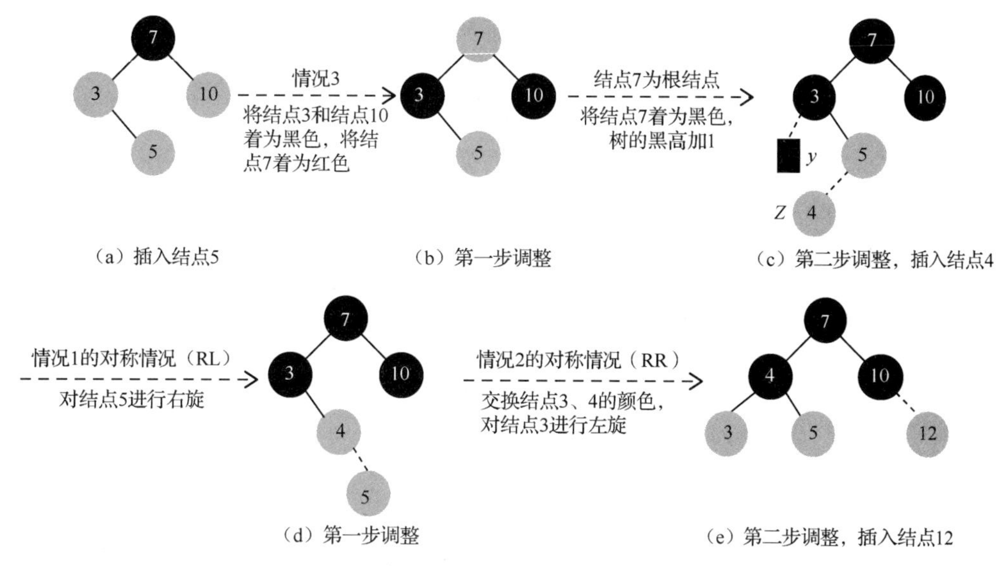

图 8.23　红黑树的插入过程

3．红黑树的删除

红黑树的插入操作容易造成连续的两个红结点，破坏性质（4）。而删除操作容易造成子树黑高的变化（删除黑结点会导致根结点到叶结点间的黑结点数目减少），破坏性质（5）。

删除过程也是先执行二叉查找树的删除方法。若待删除结点有两个孩子结点，不能直接删除，而是找到该结点的中序后继（或前驱）结点填补，即右子树中最小的结点，转换为删除该后继结点。由于后继结点至多只有一个孩子结点，这样就转换为待删结点是叶结点或仅有一个孩子结点的情况。

最终，删除一个结点有以下两种情况：

（1）待删结点只有右子树或左子树。如果待删结点只有右子树或左子树，则只有两种情况，如图 8.24 所示。

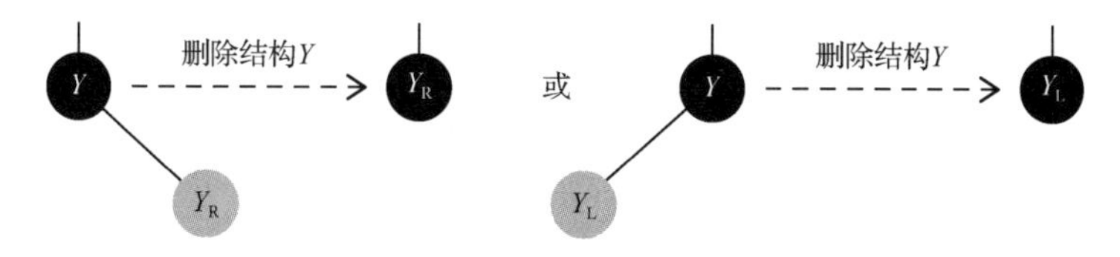

图 8.24　待删结点只有右子树或左子树的情况

只有这两种情况存在。子树只有一个结点且必然是红色的，否则会破坏性质（5）。

（2）待删结点没有孩子结点。

① 如果待删结点没有孩子结点。若该结点是红色的，直接删除，无须做任何调整。

② 如果待删结点没有孩子结点，并且该结点是黑色的。

假设待删结点为 y，结点 x 是用来替换结点 y 的结点（注意，当结点 y 是叶结点时，结点 x

是黑色的 NULL 结点）。删除结点 y 后将导致先前包含结点 y 的任何路径上的黑结点数目减 1，因此结点 y 的任何祖先结点都不再满足性质（5），简单的修正办法就是将替换结点 y 的结点 x 视为还有额外的一重黑色，定义为双黑结点，即如果将任何包含结点 x 的路径上黑结点数目加 1，在此假设下，性质（5）满足，但破坏了性质（1）。那么，删除操作的任务就转化为将双黑结点恢复为普通结点。分为下面四种情况，区别在于结点 x 的兄弟结点 w 及 w 的孩子结点的颜色不同。

情况 1：结点 x 的兄弟结点 w 是红色的。

情况 1 中结点 w 必须有黑色左右孩子结点和父结点。交换结点 w 和结点 x 的父结点 $x.p$ 的颜色，然后对 $x.p$ 做一次左旋，而不会破坏红黑树的任何性质。现在，结点 x 的新兄弟结点是旋转之前结点 w 的某个孩子结点，其颜色为黑色，这样，就将情况 1 转换为情况 2、3、4 处理。情况 1 的调整方式如图 8.25 所示。

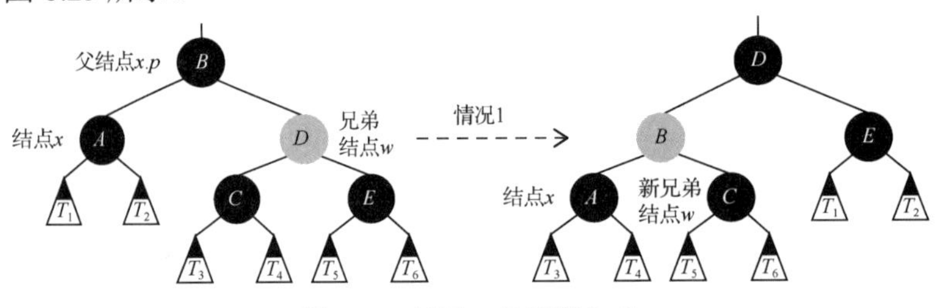

图 8.25　情况 1 的调整方式

情况 2：结点 x 的兄弟结点 w 是黑色的，结点 w 的左孩子结点是红色的，结点 w 的右孩子结点是黑色的。

情况 2（RL，先向右旋转，再向左旋转），即红结点是其爷结点的右孩子结点的左孩子结点。交换结点 w 和其左孩子结点的颜色，然后对结点 w 进行一次右旋，而不破坏红黑树的任何性质。现在，结点 x 的新兄弟结点 w 的右孩子结点是红色的，这样就将情况 2 转换为了情况 3。情况 2 的调整方式如图 8.26 所示，白色节点表示既可为红色也可为黑色，对操作没有影响。

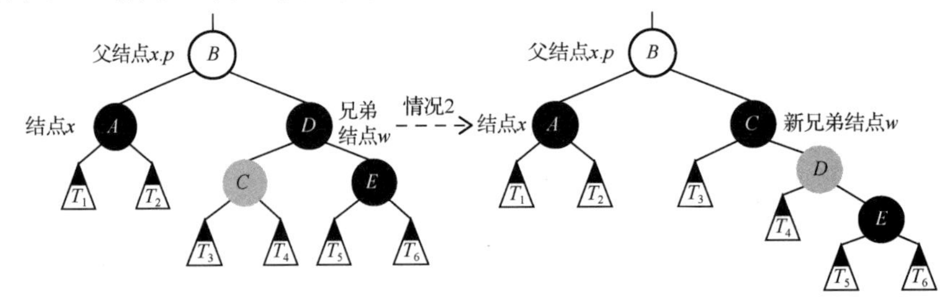

图 8.26　情况 2 的调整方式

情况 3：结点 x 的兄弟结点 w 是黑色的，且结点 w 的右孩子结点是红色的。

情况 3（RR，向左旋转），即红结点是其爷结点的右孩子结点的右孩子结点。交换结点 w 和其父结点 $x.p$ 的颜色，把结点 w 的右孩子结点着为黑色，并对结点 x 的父结点 $x.p$ 进行一次左旋，将结点 x 变为单重黑色，此时不再破坏红黑树的任何性质，结束。情况 3 的调整方式如图 8.27 所示。

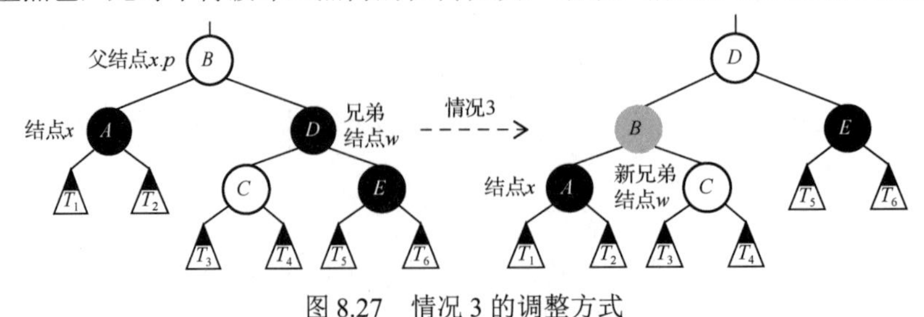

图 8.27　情况 3 的调整方式

情况 4：结点 x 的兄弟结点 w 是黑色的，且结点 w 的两个孩子结点都是黑色的。

情况 4 中因为结点 w 也是黑色的，所以从结点 x 和结点 w 上去掉一重黑色，使得结点 x 只有一重黑色而结点 w 为红色。为了补偿从结点 x 和结点 w 中去掉的一重黑色，把结点 x 的父结点 $x.p$ 额外着一层黑色，以保持局部的黑高不变。通过将结点 $x.p$ 作为新结点 x 来循环，结点 x 上升一层。如果是通过情况 1 进入情况 4，因为原来的结点 $x.p$ 是红色的，此时终止循环，并将新结点 x 变为黑色，结束。情况 4 的调整方式如图 8.28 所示。

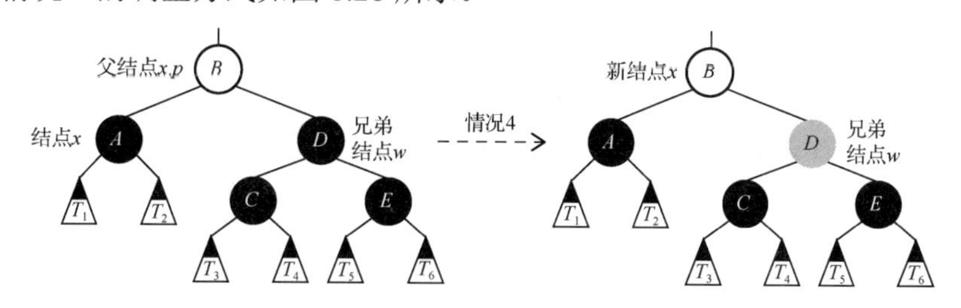

图 8.28　情况 4 的调整方式

若结点 x 是父结点 $z.p$ 的右孩子结点，则还有四种对称的情况，这里不再赘述。

归纳总结：在情况 4 中，因结点 x 的兄弟结点 w 及左、右孩子结点都是黑色的，可以从结点 x 和结点 w 中各提取一重黑色，来让结点 x 变为普通黑结点，以致不会破坏性质（4），并把调整任务向上“推”给它们的父结点 $x.p$。在情况 1～情况 3 中，因为结点 x 的兄弟结点 w 及左、右孩子结点中有红结点，所以只能在结点 $x.p$ 的子树内用调整和重新着色的方式，且不能改变结点 x 所在原树根结点的颜色［否则向上可能破坏性质（4）］。情况 1 虽然可能会转换为情况 4，但因为新结点 x 的父结点 $x.p$ 为红色，所以执行一次情况 4 就会结束。情况 1～情况 3 在各执行常数次的颜色改变和至多 3 次旋转后便终止，情况 4 是可能重复执行的唯一情况，每执行一次指针 x 上升一层，至多执行 $\log_2 n$ 次。

以图 8.29（a）中的红黑树为例（虚线部分表示初始删除时的状态），依次删除结点 5 和结点 15 的过程如图 8.29 所示。删除结点 5，用虚构的黑色空叶结点替换，视作双黑空叶结点，为情况 1，交换兄弟结点 12 和父结点 8 的颜色，对结点 8 进行左旋，转变为情况 4，从双黑空叶结点和结点 10 中各提取一重黑色（提取后，双黑空叶结点变为普通空叶结点，结点 10 变为红色），因为原父结点 8 是红色的，故将结点 8 变为黑色，结束。删除结点 15，为情况 2 的对称情况（LR），交换结点 8 和结点 10 的颜色，对结点 8 进行左旋，转变为情况 2 的对称情况（LL），交换结点 10 和结点 12 的颜色（两者颜色一样，无变化），将结点 10 的左孩子结点 8 着为黑色，对结点 12 进行右旋，结束。

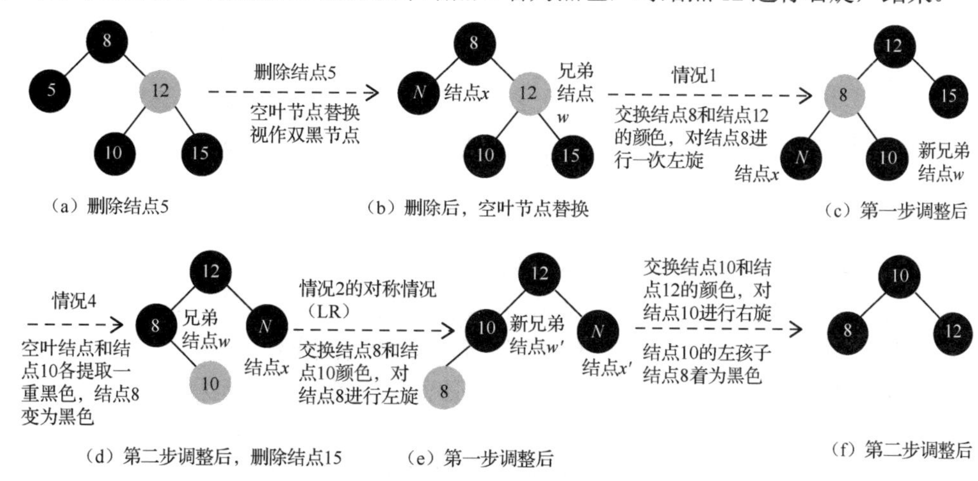

图 8.29　红黑树的删除过程

8.3.4 B-树

虽然平衡二叉树在各种二叉树中其查找性能是最好的，但是，由于每个结点至多有两个孩子结点，当结点个数 n 较大时，二叉树的高度仍然较大，其时间复杂度 $O(\log_2 n)$ 也较大。尤其是对外部数据的查找，读盘次数较多，大大影响查找算法的性能。为此引入一种多路平衡索引树，也称为 B-树，它在文件系统和数据库管理系统中有着非常广泛的应用。

1. B-树的概念

一棵 m 阶 B-树，或为空树，或为满足下列性质的 m 叉树。

（1）树中的每个结点至多有 m 棵子树。

（2）若根结点不是叶结点，则至少有两棵子树。

（3）除根结点之外的所有分支结点至少有 $\left\lceil \frac{m}{2} \right\rceil$ 棵子树。

（4）所有的分支结点中包含以下信息（$n, A_0, K_1, A_1, K_2, \cdots, K_n, A_n$）。其中，$K_i$（$i$=1, 2, ⋯, n）为关键字，且 $K_i<K_{i+1}$；A_i（i=0, 1, ⋯, n）为指向子树根结点的指针，且指针 A_{i-1} 所指向的子树中所有结点的关键字均小于 K_i（i=1, 2, ⋯, n）；A_n 所指向的子树中所有结点的关键字均大于 K_n，$\left\lceil \frac{m}{2} \right\rceil -1 \leqslant n \leqslant m-1$，$n$ 为关键字的个数。

（5）所有的外部结点都出现在同一层次上，且不带信息（可以看作外部结点或查找失败的结点，实际上这些结点不存在，指向这些结点的指针为空）。

图 8.30 所示为一棵 5 阶 B-树，其深度为 4。

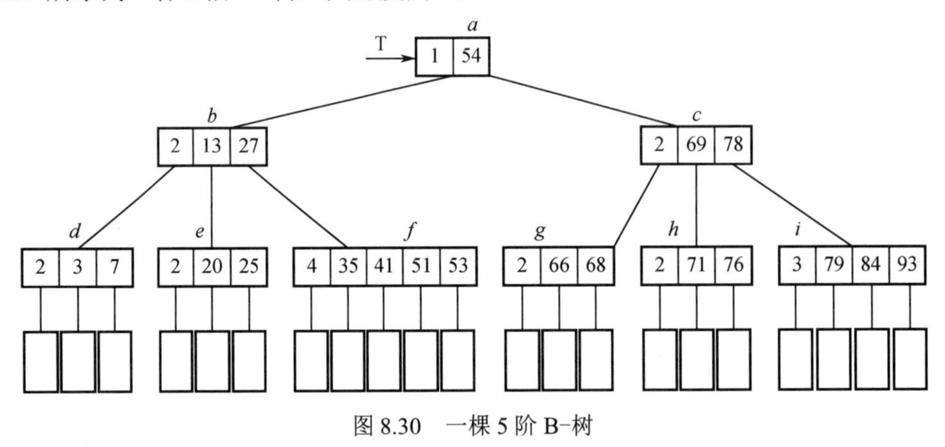

图 8.30　一棵 5 阶 B-树

2. B-树的查找

B-树的查找类似于二叉排序树的查找，不同的是：B-树每个结点中是多个关键字的有序表，在到达某个结点时，先在有序表中查找，若找到，则查找成功；否则，按照对应的指针进入所指向的子树中继续查找，当到达叶结点时，说明树中没有对应的关键字，查找失败。由此可见，在 B-树上的查找过程是一个顺着指针查找结点和在结点中查找关键字交叉进行的过程。

例如，在图 8.30 中查找关键字为 93 的数据元素。首先，从指针 T 指向的根结点 a 开始，结点 a 中只有一个关键字，且 93 大于它，因此，按根结点 a 指针域 A_1 到结点 c 继续查找，结点 c 中有两个关键字，而 93 也都大于它们，应按 c 结点指针域 A_2 到结点 i 去查找，在结点 i 中按顺序比较关键字，找到关键字 K_3，与所要查找的关键字 93 相等，查找成功。

查找算法的性能分析。B-树的查找是由两个基本操作交叉进行的过程：(1) 在 B-树上查找结点；（2）在结点中查找关键字。通常 B-树是存储在外存中的，操作（1）就是通过指针在磁盘中定位，将结点信息读入内存之后，再对结点中的关键字有序表进行顺序查找或折半查找。因为在磁盘上读取结点信息比在内存中进行关键字查找耗时多，所以，在磁盘上读取结点信息的次数，即 B-树的层次是决定 B-树查找效率的首要因素。

那么，对含有 n 个关键字的 m 阶 B-树，最坏情况下达到的深度是多少呢？可按平衡二叉树进行类似分析。首先，讨论 m 阶 B-树各层上的最少结点数。

由 B-树定义：第一层至少有 1 个结点；第二层至少有 2 个结点。由于除根结点外的每个分支结点至少有 $\left\lceil \frac{m}{2} \right\rceil$ 棵子树，则第三层至少有 $2\times\left\lceil \frac{m}{2} \right\rceil$ 个结点，以此类推，第 k+1 层至少有 $\left(2\times\left\lceil \frac{m}{2} \right\rceil\right)^{k-1}$ 个结点，而 k+1 层的结点为叶结点。

由此知：若 m 阶 B-树有 n 个关键字，则叶结点（查找不成功的结点）有

$$n+1 \geqslant 2\left(\lceil m/2 \rceil\right)^{k-1}$$

个，即

$$k \leqslant \log_{\lceil m/2 \rceil}\left(\frac{n+1}{2}\right)+1$$

这就是说，在含有 n 个关键字的 B-树上进行查找时，从根结点到关键字所在结点的路径上涉及的结点数不超过

$$\log_{\lceil m/2 \rceil}\left(\frac{n+1}{2}\right)+1$$

3. B-树的插入

在 B-树上插入关键字与在二叉排序树上插入结点不同，关键字的插入不是在叶结点上进行的，而是在最底层的某个分支结点中添加一个关键字，若该结点上关键字个数不超过 m−1 个，则可直接插到该结点上；否则，该结点上关键字至少达到 m 个，因而使该结点的子树超过了 m 棵，这与 B-树的定义不符。所以要进行调整，即结点的“分裂”。方法为当关键字加入结点后，将结点中的关键字分成三部分，使得前后两部分关键字个数均大于或等于 $\left\lceil \frac{m}{2} \right\rceil-1$，而中间部分只有一个结点。前、后两部分为两个结点，中间的一个结点将其插到父结点中。若插入父结点后，使得父结点中关键字个数超过 m−1，则父结点继续分裂，直到插入某个父结点，其关键字个数小于 m 为止。由此可见，B-树是从下向上生长的。

例 8.4 按下列关键字顺序，建立 5 阶 B-树，如图 8.31 所示。

20, 54, 69, 84, 71, 30, 78, 25, 93, 41, 7, 76, 51, 66, 68, 53, 3, 79, 35, 12, 15, 65

① 向空树中插入关键字 20，如图 8.31（a）所示。

② 插入关键字 54、69、84，如图 8.31（b）所示。

③ 插入关键字 71，索引项达到 5，要分裂成三部分：{20, 54}，{69}和{71, 84}，并将关键字 69 上升到该结点的父结点中，如图 8.31（c）所示。

④ 插入关键字 30、78、25、93，如图 8.31（d）所示。

⑤ 插入关键字 41 又分裂，如图 8.31（e）所示。

⑥ 插入关键字 7，如图 8.31（f）所示。

⑦ 插入关键字 76 又分裂，如图 8.31（g）所示。

⑧ 插入关键字 51、66，如图 8.31（h）所示。

⑨ 插入关键字 68，需分裂，关键字 54 上升到根结点中，如图 8.31（i）所示。

⑩ 插入关键字 53、3、79、35，如图 8.31（j）所示。

⑪ 插入关键字 12 时，需分裂，关键字 12 上升到根结点中，根结点的关键字个数又大于 4，又需要分裂，如图 8.31（k）所示。

⑫ 最后直接插入关键字 15、65，如图 8.31（l）所示。

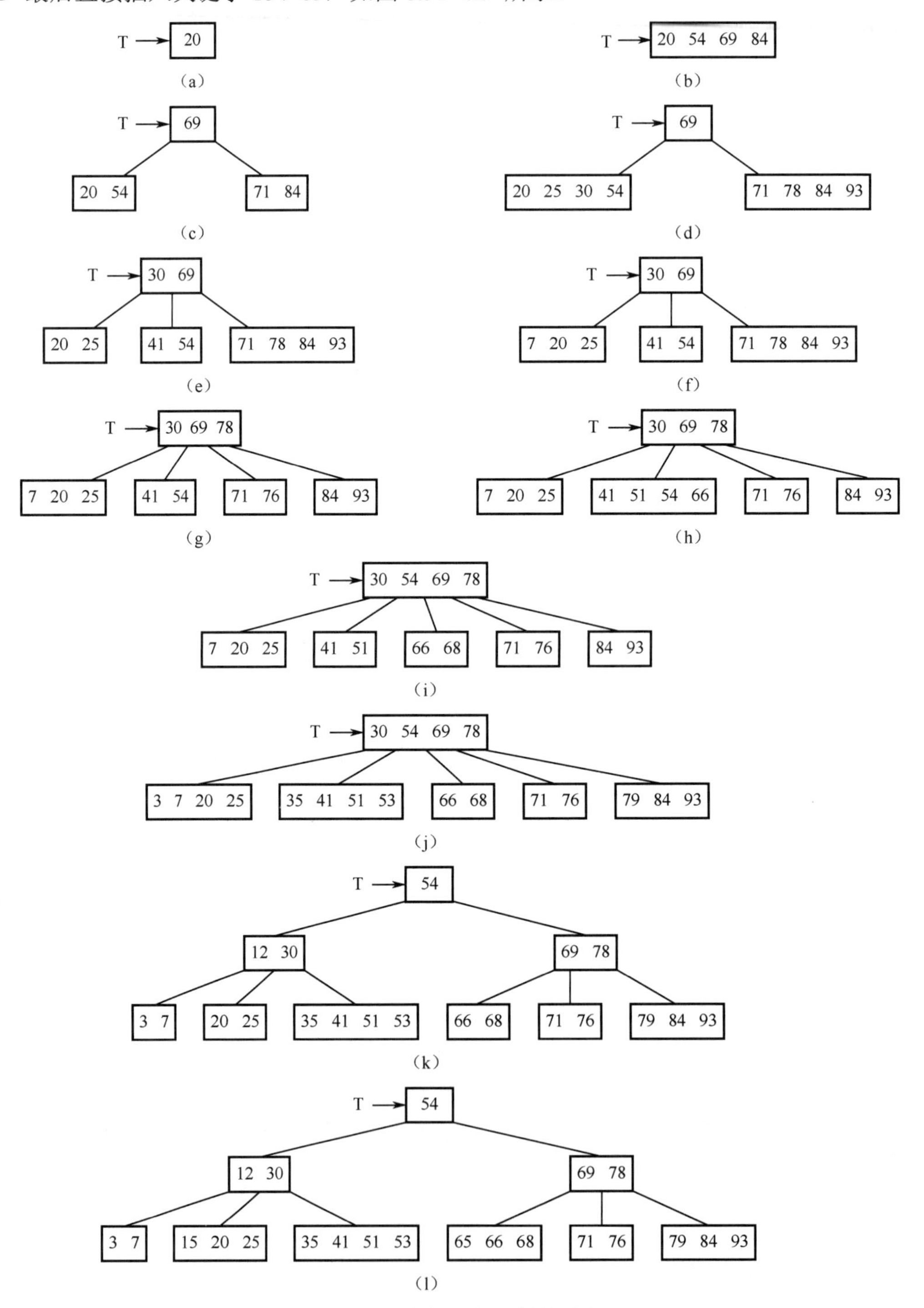

图 8.31　建立 5 阶 B-树的过程

4．B-树的删除

当在 B-树中删除一个关键字时，有可能破坏 B-树的特性，因此必须调整。根据删除结点的位置不同，调整情况分为以下两种。

（1）删除最底层结点中的关键字。

① 当结点中的关键字个数大于$\left\lceil \frac{m}{2} \right\rceil -1$时，直接删除。

② 删除结点中的一个关键字后，剩余关键字的个数小于$\left\lceil \frac{m}{2} \right\rceil -1$。若右兄弟结点的关键字个数大于$\left\lceil \frac{m}{2} \right\rceil -1$，则将父结点中的相应关键字下沉补足，而将右兄弟结点最左边的关键字上提到父结点中。如果没有右兄弟结点，用类似的方法则考虑左兄弟结点。此时，不改变 B-树的结构。

例如，删去图 8.31（1）中的关键字 76，将父结点中的关键字 78 下沉，右兄弟结点中的关键字 79 上提到父结点中，如图 8.32 所示。

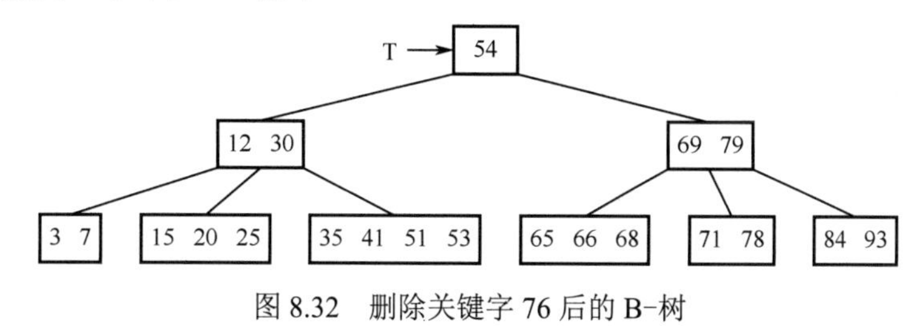

图 8.32　删除关键字 76 后的 B-树

③ 删除结点中的一个关键字后，剩余的关键字个数小于$\left\lceil \frac{m}{2} \right\rceil -1$。若右兄弟结点的关键字个数等于$\left\lceil \frac{m}{2} \right\rceil -1$，则将该结点与右兄弟结点合并成一个结点，父结点减少一个孩子结点，此时应将父结点的一个关键字下沉到合并后的结点中，关键字的个数等于$2\left\lceil \frac{m}{2} \right\rceil -1$。如果没有右兄弟结点，用类似的方法则考虑左兄弟结点。然而，合并过程到此时并不一定结束。如果从父结点下沉一个节关键字后，使父结点的关键字个数小于$\left\lceil \frac{m}{2} \right\rceil -1$，于是又要对父结点进行同样的处理。最坏的情况，可能一直合并到根结点为止，从而使整个 B-树减少一层。

例如，删除图 8.32 中的关键字 7 时，将父结点中的关键字 12 下沉，右兄弟结点的关键字 15 上提到父结点中，如图 8.33（a）所示。

又如，在图 8.33（a）的 B-树中删除关键字 12。与有兄弟结点的关键字和父结点的关键字合并成一个新结点后，父结点关键字个数为 1，小于 2，继续合并，如图 8.33（b）所示。整个 B-树减少了一层。

（2）删除非底层结点中的关键字。若所删除的关键字是非底层结点中的 K_i，则可以用指针 A_i 所指子树中的最小关键字 X 替代 K_i，然后删除关键字 X，直到这个 X 在最底层结点上，即转化为（1）的情况。

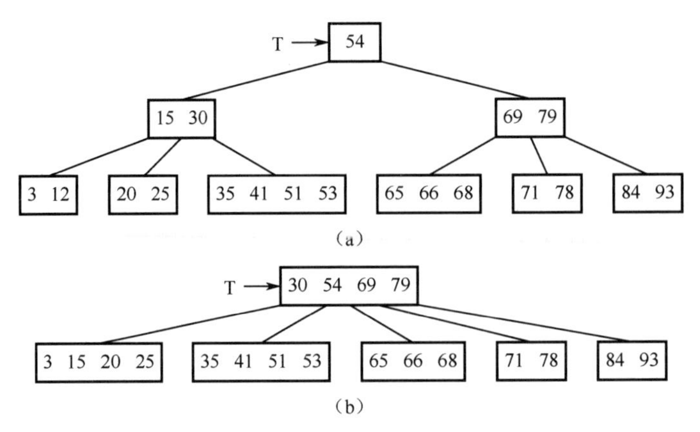

图 8.33 删除关键字 7 和 12 后的 B-树

8.3.5 B+树

B+树是为了适应文件系统的需要，对 B-树通过变形得到的一种平衡多叉树。一棵 m 阶 B+树和 m 阶 B-树的差异如下。

（1）有 n 棵子树的结点中含有 n 个关键字。

（2）所有的叶结点中包含了全部关键字信息，以及指向含有这些关键字结点的指针，且叶结点本身依关键字的大小按从小到大的顺序拉成单链表。

（3）所有分支结点都可以看作索引部分，结点中仅含有其子树根结点中最大（或最小）的关键字。

（4）同一个关键字允许在叶结点和非叶结点中重复出现。

例如，图 8.34 所示为一棵 4 阶 B+树，通常在 B+树上有两个头指针，一个指向根结点，另一个指向关键字最小的叶结点。因此，可以对 B+树进行两种查找运算：一种是从最小关键字开始的顺序查找，另一种是从根结点开始的索引查找。

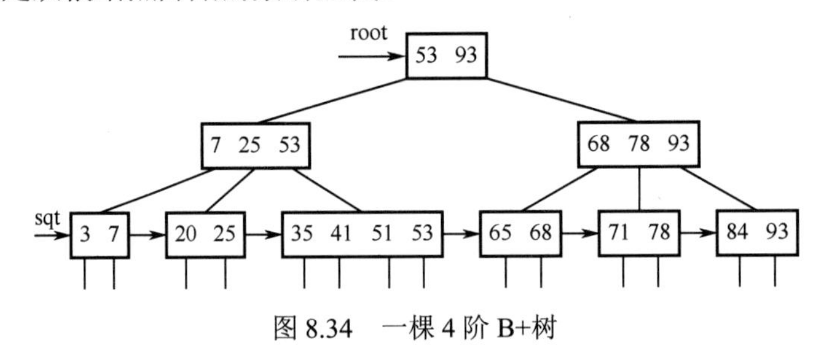

图 8.34 一棵 4 阶 B+树

在 B+树上进行索引查找、插入和删除的过程与 B-树基本类似。只是在查找时，若分支结点上的关键字等于给定值，此时查找过程并未终止，而是继续向下直到叶结点。因此，在 B+树查找过程中，不管查找成功与否，每次查找都是走了一条从根结点到叶结点的包含$\left\lfloor \dfrac{m+1}{2} \right\rfloor$个结点的路径。

B+树查找算法的性能分析类似于 B-树。B+树的插入操作仅在叶结点上进行，当结点中的关键字个数大于 m 时，要分裂成两个结点，他们所包含关键字的个数均为$\left\lceil \dfrac{m}{2} \right\rceil$个关键字，并且他们的双亲结点中应同时包含这两个结点中的最大关键字。

B+树的删除操作也仅在叶结点上进行，当叶结点中的最大关键字被删除时，其在分支结点中的值可以作为一个“分界关键字”存在。若因删除而使结点中关键字的个数少于$\left\lceil \frac{m}{2} \right\rceil$时，应与兄弟结点合并，合并过程也和B-树类似。

课外阅读：人与自然和谐发展

在大力倡导构建和谐社会的今天，人类与自然关系是共生、共赢、共荣，而不是征服、改造、索取。在人类与自然的关系的问题上，必须以互惠互利、共同发展为前提，克服目光短浅、急功近利思想，树立人与自然和谐并进的发展观。人类必须去爱护自然、保护自然，对自然抱有一种敬畏的心态，努力为失去平衡的自然界做些“亡羊补牢”式的修补或调整；人类要顺应自然，利用自然自身固有的规律，更好地创造美好的生活。人与自然和谐相处，从理论层面上看，它应是人与自然互相适应的辩证统一、互动和谐；从实践层面上讲，它应有人与自然双方均处于既被改造、又应保护的关系之中。历史经验表明，当人类与自然处于平等、互利、和谐关系的时候，自然也能为人类提供良好的生存、发展环境。

8.4 哈希表查找

前面讨论了基于线性表、树表的查找方法，由于数据元素的存储位置与关键字之间不存在确定的对应关系，因此，在查找过程中，需要进行一系列关键字的比较操作，这些查找方法都是基于关键字比较的方法，查找效率较低。本节将介绍一种不是基于关键字比较的查找算法，称为哈希查找算法。其基本思想是，先建立关键字与对应数据元素存储地址之间的对应关系，通过这个对应关系，能够很快地由关键字得到对应的数据元素的存储位置，从而直接访问数据元素。

8.4.1 哈希表与哈希方法

1．哈希表与哈希函数的概念

通过把关键字映射到表中来访问数据元素的过程称为散列（Hash），映射所用的函数称为散列函数（哈希函数），存储数据元素的表称为散列表（哈希表），哈希表中的数据元素顺序是按哈希地址顺序存放的。以下给出确切的描述。

设数据元素的关键字集合$K=\{key_1, key_2, \cdots, key_i, \cdots, key_{n-1}, key_n\}$，用一块连续的存储空间存放数据元素，设存储空间的地址集合为$HT=\{0, 1, \cdots, m-1\}$。

选取某个函数 H：K→HT

key→i

即按函数H(key)，由关键字 key 直接计算数据元素的存储地址，并按此地址存放数据元素。由此得到的查找表称为哈希查找表，简称哈希表，函数H(key)称为哈希函数。

例 8.5 设有 11 个数据元素构成关键字集合{18, 27, 1, 20, 22, 6, 10, 13, 41, 15, 25}，选取关键字与数据元素存储地址间的函数为H(key)=key mod 11，利用该函数对 11 个数据元素建立哈希表如下。

0	1	2	3	4	5	6	7	8	9	10
22	1	13	25	15	27	6	18	41	20	10

注意：哈希表不同于顺序表，虽然两者都是用地址连续的存储空间存放数据元素，但是，在顺序表中，数据元素是按逻辑关系顺序存放的，而哈希表是按元素关键字与数据元素存储地址之

间的对应关系存放的。

2．冲突与同义词。

对于 n 个数据元素的集合，总能找到关键字与存储地址一一对应的函数。若取 $m>n$，分配 m 个存储单元存放数据元素，选取哈希函数 H(key)=key MOD m 即可。但是，这样会造成很大的存储空间浪费，甚至不可能分配这么大的存储空间。通常，关键字的集合比哈希地址集合大得多，因而经过哈希函数变换后，可能将不同的关键字映射到同一个哈希地址上，这种现象称为冲突（Collision），映射到同一个哈希地址上的关键字称为同义词。可以说，冲突是不可能避免的，我们所能做的是尽可能地减少冲突。

哈希表查找方法需要解决以下两个问题。

（1）构造一个好的哈希函数。所谓好的哈希函数具有如下性质。

① 简单高效性：所选取的函数尽可能简单，以便提高地址转换速度。

② 分布均匀性：所选取的函数对关键字计算出的地址，应在哈希表地址集合中大致均匀分布，以减少空间浪费。换言之，哈希函数取每个地址的概率是相等的。

③ 地址散列性：所选取的函数产生冲突的可能性应尽可能小。

（2）适当选择解决冲突的策略。由于关键字的随机性，一般情况下发生冲突是不可避免的，因此，必须考虑如何处理冲突。

3．哈希查找方法

哈希查找方法是对于给定的关键字 key，通过构造的哈希函数 H(key)计算出数据元素的存储地址，将关键字 key 与该地址单元中的数据元素的关键字进行比较，若相等，则查找成功；若不相等，则说明发生冲突，此时可按照已选择的冲突解决策略继续进行查找。

哈希查找方法在没有冲突的情况下，由哈希地址直接访问数据元素，避免了比较操作，效率很高，当发生冲突时仍然需要进行关键字的比较。

8.4.2 哈希函数的常用构造方法

构造哈希函数是哈希查找方法的关键。通常需考虑以下几方面因素。

（1）哈希函数的计算时间。选择的哈希函数应尽量计算简单，减少耗时。

（2）关键字的长度、类型及其分布情况。

（3）哈希表的大小，即哈希空间的大小。

（4）数据元素的查找频率。

由于数据元素关键字的分布是多种多样的，也是比较随机的，一般情况下，构造哈希函数比较困难。但是，当数据元素的关键字有一定的规律或某种特征时，可以利用这些规律或特征构造其哈希函数。目前常用的哈希函数构造方法有以下几种。

1．直接定址法

当数据元素的关键字满足某个线性函数关系时，可以选择关键字的某个线性函数作为哈希函数，即

$$H(\text{key})=a\cdot \text{key}+b \qquad （其中 a、b 为常数）$$

这类函数是 1 : 1 对应函数，不会产生冲突，但要求哈希地址集合与关键字集合大小相同，因此，对于较大的关键字集合不适用。

例 8.6 设关键字集合为{100, 300, 500, 700, 800, 900}，选取的哈希函数为 H(key)=0.01*key+0，

则构造的哈希表如下。

0	1	2	3	4	5	6	7	8	9
	100		300		500		700	800	900

2. 数字分析法

设关键字集合中每个关键字均由 m 位组成，每位上可能有 r 种不同的符号。根据 r 种不同符号在各位上的分布情况，选取某几位组成哈希地址。所选的位应该使各种符号在该位上出现的频率大致相同。例如，若关键字是 4 位十进制数，则每位上可能有十个不同的数字 0～9，所以 r=10；又如，若关键字是由英文字母组成的串，不考虑大小写，则每位上可能有 26 种不同的字母，所以 r=26。

例 8.7 设有一组关键字如下。

```
3 4 7 0 5 2 4
3 4 9 1 4 8 7
3 4 8 2 6 9 6
3 4 8 5 2 7 0
3 4 8 6 3 0 5
3 4 9 8 0 5 8
3 4 7 9 6 7 1
3 4 7 3 9 1 9
-------------
1 2 3 4 5 6 7
```

第 1 位、第 2 位均是“3”和“4”，第 3 位也只有“7”“8”“9”，因此，这几位不能用，余下四位数字分布较均匀，可作为哈希地址使用。若哈希地址是两位，则可取这四位中的任意两位组成哈希地址，也可以取其中两位与其他两位叠加求和后，再取低两位作为哈希地址。

3. 平方取中法

对关键字平方后，按哈希表大小，取中间的若干位作为哈希地址。

4. 折叠法

折叠法是将关键字从左到右分成位数相等的几部分，最后一部分位数可以少些，然后将这几部分叠加求和，并按哈希表的表长，取后几位作为哈希地址。

折叠法可以分为两种。

（1）移位法，将各部分的最后一位对齐相加。

（2）间界叠加法，从一端向另一端沿各部分的分界来回折叠后，最后一位对齐相加。

例 8.8 设关键字 key=25346358705，哈希表长为三位，则可对关键字每三位作为一部分分割为四组：253、463、587、05。两种折叠方法如下。

```
   2 5 3          2 5 3
   4 6 3          3 6 4
   5 8 7          5 8 7
+    0 5       +    5 0
---------      ---------
 1 3 0 8        1 2 5 4
H(key)=308     H(key)=254
  移位法        间界叠加法
```

于是，由移位法得到的哈希地址为 308，而间界叠加法得到的哈希地址为 254。

对于关键字的位数很多，且每一位上符号分布较均匀时，可采用折叠法求得哈希地址。

5．除留余数法

取关键字除以 p 的余数作为哈希地址。

取哈希函数为

$$\text{Hash(key)}=\text{key} \bmod p \qquad （其中 p 是一个整数）$$

这是最简单、最常用的方法之一。使用该方法时，选取合适的 p 很重要，若哈希表的表长为 m，则要求 $p \leqslant m$，即接近 m 或等于 m。p 一般选为质数，也可以是不包含小于 m 的质因子的合数。

8.4.3 处理冲突的方法

1．开放定址法

所谓开放定址法是指由关键字得到的哈希地址一旦发生了冲突，即该地址已经存放了数据元素，就去寻找下一个空闲的哈希地址，只要哈希表足够大，空闲的哈希地址总能被找到，并将数据元素存入其中。

找空哈希地址的方法有很多，下面介绍三种。

（1）线性探测法。

当哈希函数在某些关键字上发生冲突时，取哈希函数的线性函数作为新的哈希函数，即

$$H_i=(\text{Hash(key)}+d_i) \bmod m \qquad (1\leqslant i<m)$$

式中，Hash(key)为哈希函数，m 为哈希表长度，d_i 为增量序列：$\pm1, \pm2, \cdots, \pm(m-1)$，且 $d_i=i$。

例 8.9 设关键字集为{47, 7, 29, 11, 16, 92, 22, 8, 3}，哈希表的表长为 11。

取哈希函数 Hash(key)=key mod 11，用线性探测法处理冲突，构造的哈希表如下。

哈希地址	0	1	2	3	4	5	6	7	8	9	10
关键字	11	22		47	92	16	3	7	29	8	
散列次数	1	2		1	1	1	4	1	2	2	

其中，11、47、92、16、7 均是由哈希函数得到的且没有冲突的哈希地址而直接存入的。

Hash(29)=7，发生地址冲突，需要寻找下一个空的哈希地址。

由 H_1=(Hash(29)+1) mod 11=8，哈希地址 8 为空，将关键字 29 存入其中。

同样，关键字 22、8 也发生地址冲突，也是由 H_1 找到空的哈希地址的。

对 Hash(3)=3 发生的冲突需要探测 3 次才找到空存储单元，即

H_1=(Hash(3)+1) mod 11=4　　仍然冲突

H_2=(Hash(3)+2) mod 11=5　　仍然冲突

H_3=(Hash(3)+3) mod 11=6　　找到空的哈希地址，存入关键字

线性探测法可能使第 i 个哈希地址的同义词存入第 i+1 个哈希地址，这样本应存入第 i+1 个哈希地址的数据元素变成了第 i+2 个哈希地址的同义词，……，因此，可能出现很多数据元素在相邻的哈希地址上“堆积”起来的现象，这种现象称为聚集，聚集现象大大降低了查找效率。为此，可采用二次探测法，或双哈希函数探测法，以改善聚集问题。

（2）二次探测法。

$$H_i=(\text{Hash(key)}\pm d_i) \bmod m$$

式中，Hash(key)为哈希函数；m 为哈希表长度，m 为某个 $4k+3$（k 是整数）的质数；d_i 为增量序

列$\pm 1^2, \pm 2^2, \cdots, \pm q^2$（$q \leqslant \frac{1}{2}(m-1)$）。

例 8.10 仍以例 8.9 为例，用二次探测法处理冲突，建立的哈希表如下。

哈希地址	0	1	2	3	4	5	6	7	8	9	10
关键字	11	22	3	47	92	16		7	29	8	
哈希次数	1	2	3	1	1	1		1	2	2	

对关键字寻找空的哈希地址只有 3 个关键字与上例不同。

Hash(3)=3，哈希地址冲突，由

H_1=(Hash(3)+1^2) mod 11= 4　仍然冲突

H_2=(Hash(3)−1^2) mod 11=2　找到空的哈希地址，存入关键字

（3）双哈希函数探测法。

$$H_i=(\text{Hash(key)}+i*\text{ReHash(key)}) \bmod m \qquad (i=1, 2, \cdots, m-1)$$

式中，Hash(key)、ReHash(key)为两个哈希函数；m 为哈希表长度。

双哈希函数探测法，先用第一个哈希函数 Hash(key)计算关键字的哈希地址，一旦产生地址冲突，再用第二个函数 ReHash(key)确定移动的步长因子，最后，通过步长因子序列由探测函数寻找空的哈希地址。

例如，Hash(key)=a 时产生地址冲突，就计算 ReHash(key)=b，则探测的地址序列为

$$H_1=(a+b) \bmod m, H_2=(a+2b) \bmod m, \cdots, H_{m-1}=[a+(m-1)b] \bmod m$$

2．拉链法

设哈希函数得到的哈希地址在区间[0, m−1]中，以每个哈希地址作为一个指针，指向一个链表，即分配指针数组 ElemType *eptr[m]；建立 m 个空链表，由哈希函数对关键字进行转换后，映射到同一哈希地址 i 的同义词均加入*eptr[i]指向的链表。

例 8.11 设关键码序列为 47, 7, 29, 11, 16, 92, 22, 8, 3, 50, 37, 89, 10，哈希函数为 Hash(key)=key mod 11，用拉链法处理冲突，规定向链表中插入结点时均在表头进行，建立的哈希表如图 8.35 所示。

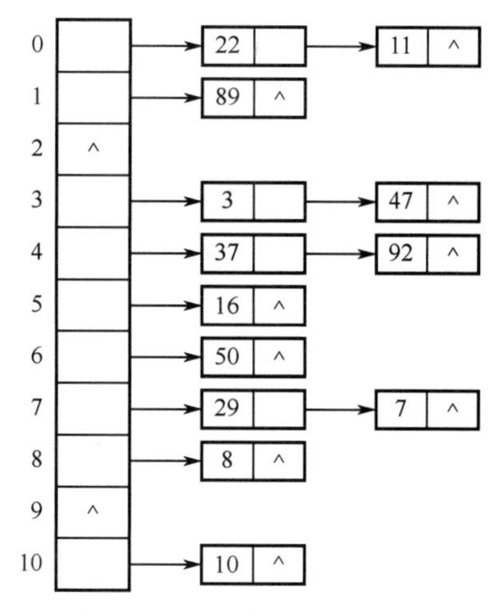

图 8.35　拉链法处理冲突建立的哈希表

3．公共溢出区法

设哈希函数产生的哈希地址区间为[0，m−1]，则分配两个表。一个基本表：ElemType base_tbl[m]，每个单元只能存放一个元素；一个溢出表：ElemType over_tbl[k]，只要关键字对应的哈希地址在基本表中产生冲突，则将元素存入该表。查找时，对给定值关键字 key，通过哈希函数计算出哈希地址 i，先与基本表的 base_tbl[i]单元比较，若相等，则查找成功；否则到溢出表中查找。

8.4.4　哈希表的查找性能分析

哈希表的查找过程基本上和构造表过程相同。一些关键字可以通过哈希函数转换成的地址直接找到，另一些关键字在哈希函数得到的地址上产生了冲突，需要按照处理冲突的方法进行查找。在上述介绍的三种处理冲突的方法中，产生冲突后的查找仍然是给定值与关键字进行比较的过程。

所以，哈希表查找效率依然用平均查找长度来衡量。

在查找过程中，关键字的比较次数取决于产生冲突的多少。冲突越少，查找的效率就越高，冲突越多，查找效率就越低。因此，影响产生冲突多少的因素也就是影响查找效率的因素。影响冲突产生多少的因素有三个：①哈希函数的好坏；②处理冲突的方法；③哈希表的装填因子。

分析这三个因素，尽管哈希函数的“好坏”直接影响冲突产生的频度，但一般情况下，我们总认为所选的哈希函数是“好”的，因此，可以不考虑哈希函数对平均查找长度的影响。

1. 哈希查找算法平均查找长度的精确计算方法

就线性探测法和二次探测法处理冲突的例子来看，相同的关键字集合、同样的哈希函数，但在数据元素等概率查找的情况下，它们的平均查找长度是不同的。

一般地，设关键字个数为 n，哈希表长度是 m。在等概率的情况下，采用不同的解决冲突的策略，计算查找成功和不成功时的平均查找长度有的方法如下。

（1）开放地址法。设开放地址法查找成功时的平均查找长度为 $\mathrm{VSL_{nl}}$，查找不成功的平均查找长度为 $\mathrm{USL_{nl}}$，则有

$$\mathrm{VSL_{nl}} = \frac{1}{n}\sum_{i=1}^{n} h_i$$

式中，h_i 为每个关键字的散列次数。

$$\mathrm{USL_{nl}} = \frac{1}{m}\sum_{i=1}^{n} d_i$$

式中，d_i 为各关键字到第一个空表项的距离。

（2）链地址法。设链地址法查找成功时的平均查找长度为 $\mathrm{VSL_{nr}}$，查找不成功时的平均查找长度为 $\mathrm{USL_{nr}}$，则有

$$\mathrm{VSL_{nr}} = \frac{1}{n}\sum_{i=1}^{n} c_i$$

式中，c_i 为各结点在单链表中的位置序号。

$$\mathrm{USL_{nr}} = \frac{1}{m}\left(c + \sum_{i=1}^{n} c_i\right)$$

式中，c_i 为各结点在单链表中的位置序号；c 为空哈希表项的个数

例 8.12 分别计算例 8.9 和例 8.11 在不同解决冲突策略的哈希查找过程的成功与成功时的平均查找长度。

线性探测法查找成功时的平均查找长度为

$$\mathrm{VSL_{nl}}=\frac{5\times1+3\times2+4}{9}=\frac{15}{9}$$

线性探测法查找不成功时的平均查找长度为

$$\mathrm{USL_{nl}}=\frac{2+3+2+3+4+5+6+7+8}{11}=\frac{40}{11}$$

拉链法查找成功时的平均查找长度为

$$\mathrm{VSL_{rl}}=\frac{9+2\times4}{9}=\frac{17}{9}$$

拉链法查找不成功时的平均查找长度为

$$\mathrm{USL_{rl}}=\frac{2+9+2\times4}{11}=\frac{19}{11}$$

2．哈希查找算法平均查找长度的粗略估计法

为了估计哈希查找算法平均查找长度，需要引入哈希表装填因子的概念。

哈希表的装填因子定义为$\alpha=\dfrac{n}{m}$，其中，n 是填入哈希表中的数据元素个数，m 是哈希表的长度。

装填因子是哈希表装满程度的一个度量指标。由于哈希表的长度是定值，装填因子与“填入表中的数据元素个数”成正比，所以装填因子越大，填入哈希表的数据元素越多，产生冲突的可能性就越大；装填因子越小，填入哈希表中的数据元素越少，产生冲突的可能性就越小。

实际上，哈希表的平均查找长度是装填因子 α 的函数，只是在不同处理冲突的方法前提下有不同的函数。以下给出几种不同处理冲突方法的平均查找长度估计公式。

线性探测法查找成功和不成功的平均查找长度分别为

$$\mathrm{VSL_{nl}} \approx \frac{1}{2}\left(1+\frac{1}{1-\alpha}\right) \qquad \mathrm{USL_{nl}} \approx \frac{1}{2}\left(1+\frac{1}{(1-\alpha)^2}\right)$$

二次探测法与双哈希法查找成功和不成功的平均查找长度分别为

$$\mathrm{VSL_{nr}} \approx -\frac{1}{\alpha}\ln(1-\alpha) \qquad \mathrm{USL_{nr}} \approx \frac{1}{1-\alpha}$$

拉链法查找成功和不成功的平均查找长度分别为

$$\mathrm{VSL_{nc}} \approx 1+\frac{\alpha}{2} \qquad \mathrm{USL_{nc}} \approx \alpha + e^{-\alpha}$$

例 8.13　分别估计例 8.9、例 8.10、例 8.11 在不同的解决冲突方法的哈希查找的成功与不成功时的平均查找长度。

先计算装填因子：$\alpha=\dfrac{9}{11}$。

线性探测法查找成功和不成功时的平均查找长度分别为

$$\mathrm{VSL_{nl}} \approx \frac{1}{2}\left(1+\frac{1}{1-\frac{9}{11}}\right)=\frac{13}{4}$$

$$\mathrm{USL_{nl}} \approx \frac{1}{2}\left(1+\frac{1}{\left(1-\frac{9}{11}\right)^2}\right)=\frac{125}{8}$$

二次探测法查找成功和不成功时的平均查找长度分别为

$$\mathrm{VSL_{nr}} \approx -\frac{11}{9}\ln\left(1-\frac{9}{11}\right)=-\frac{11}{9}\ln\frac{2}{11}=\frac{11}{9}\ln\frac{11}{2}$$

$$\mathrm{USL_{nr}} \approx \frac{1}{1-\frac{9}{11}}=\frac{9}{2}$$

拉链法查找成功和不成功时的平均查找长度分别为

$$\mathrm{VSL_{nc}} \approx 1+\frac{\frac{9}{11}}{2}=\frac{31}{22}$$

$$\mathrm{USL_{nc}} \approx \frac{9}{11}+\mathrm{e}^{-\frac{9}{11}}$$

哈希法存取速度快，节省空间，对静态查找、动态查找均适用，但由于存取是随机的，因此，不便用于顺序查找。

课外阅读：密码学家王小云，十年破解 MD5 和 SHA-1 两大国际加密算法

MD5 和 SHA-1 算法都属于哈希算法，其作用是可以将不定长的信息（原文）经过处理后得到一个定长的信息摘要串，对同样的原文用同样的散列算法进行处理，每次得到的信息摘要串相同。哈希算法是单向的，数据一旦被转换，就无法再以确定的方法获得其原始值。事实上，在绝大多数情况下，原文的长度都超过信息摘要串的长度，因此，在哈希算法的过程中，原文的部分信息会丢失，这使得无法从摘要重构原文。哈希算法的这种不可逆特征使其很适合被用来确认原文（如公文）的完整性，因而被广泛用于数字签名的场合。MD5 和 SHA-1 这两种应用广泛的数字签名加密算法都被山东大学的数学教授王小云独创的“模差分”算法破解。她的创新性密码分析方式揭示了被广泛使用的密码哈希函数的弱点，促进了新一代密码哈希函数标准生成。中共中央总书记习近平在中国科学院第十九次院士大会、中国工程院第十四次院士大会上提出：“我国广大科技工作者要把握大势、抢占先机，直面问题、迎难而上，瞄准世界科技前沿，引领科技发展方向，肩负起历史赋予的重任，勇做新时代科技创新的排头兵，努力建设世界科技强国。”中国的科技工作者，面向世界科技前沿，艰苦奋斗，在多个领域取得了大量的世界级成就，王小云教授就是密码学领域的佼佼者。

本章小结

查找是一种十分有用的操作，本章的基本学习要点如下。

（1）理解并掌握查找的基本概念。

（2）熟练掌握线性表上的各种查找方法的基本思路、算法实现及查找效率分析等。

（3）掌握各种树表的查找算法，包括二叉排序树、平衡二叉树、红黑树、B-树和 B+树的各种操作。

（4）熟练掌握哈希表的构造方法、处理冲突的方法，深刻理解哈希表与其他结构的表的实质性的差别，了解各种哈希函数的特点。

（5）灵活运用各种查找算法解决一些综合应用问题。

习题 8

一、选择题

1．对线性表进行折半查找时，要求线性表必须（　　）。

A．以顺序存储结构存储

B．以顺序存储结构存储，且结点按关键字有序排列

C．以链式存储结构存储

D．以链式存储结构存储，且结点按关键字有序排列

2．用折半查找法查找具有 n 个数据元素的线性表时，查找每个数据元素的平均比较次数是（　　）。

A．$O(n^2)$　　B．$O(n\log_2 n)$　　C．$O(n)$　　D．$O(\log_2 n)$

3．利用逐个插入结点的方法建立序列{50, 72, 43, 85, 75, 20, 35, 45, 65, 30}对应的二叉排序树后，查找结点 35 时，需要进行（　　）次比较。

A．4　　B．5　　C．7　　D．10

4．设哈希表的长度 m=14，哈希函数 H(key)=key MOD 11，哈希表中已有 4 个结点，其地址分别是 addr(15)=4；addr(38)=5；addr(61)=6；addr(84)=7；其余地址空。如果采用二次探测法处理冲突，则关键字为 49 的结点地址为（　　）。

A．8　　B．3　　C．5　　D．9

5．一棵深度为 k 的平衡二叉树，其每个分支结点的平衡因子均为 0，则该平衡二叉树共有（　　）个结点。

A．$2^{k-1}-1$　　B．$2^{k-1}+1$　　C．$2^{k}-1$　　D．$2^{k}+1$

6．有一个长度为 12 的有序表，按折半查找法对该表进行查找，在表内各数据元素查找概率相等的情况下，查找成功所需的平均比较次数为（　　）。

A．35/12　　B．37/12　　C．39/12　　D．43/12

7．若结点的存储地址与其关键字之间存在某种映射关系，则称这种存储结构为（　　）。

A．顺序存储结构　　B．链式存储结构　　C．索引存储结构　　D．散列存储结构

8．具有 5 层结点的平衡二叉树至少有（　　）个结点。

A．12　　B．11　　C．10　　D．9

9．既有较快的查找速度，又便于线性表动态变化的查找方法是（　　）。

A．顺序查找　　B．折半查找　　C．分块查找　　D．哈希查找

10．在平衡二叉树中插入一个结点后造成了不平衡，设最低的不平衡结点为 A，并已知结点 A 左孩子结点的平衡因子为 0，右孩子结点的平衡因子为 1，则应做（　　）型二叉树调整以使其平衡。

A．LL　　B．LR　　C．RL　　D．RR

11．设有一组记录的关键字为{19, 14, 23, 1, 68, 20, 84, 27, 55, 11, 10, 79}，用除留余数法构造哈希函数为 H(key)=key MOD 13，散列地址为 1 的链中有（　　）个记录。

A．1　　B．2　　C．3　　D．4

12．假定有 k 个关键字互为同义词，若用线性探测法把这 k 个关键字存入哈希表，至少要进行（　　）次探测。

A．$k-1$　　B．k　　C．$k+1$　　D．$k(k+1)/2$

13．哈希函数有一个共同的性质，即函数值应当以（　　）取其值域中的每个值。

A．同等概率　　B．最小概率　　C．最大概率　　D．平均概率

14．哈希表的地址区间为 0～17，哈希函数为 $H(K)=K$ mod 17。采用线性探测法处理冲突，并将关键字序列 26, 25, 72, 38, 8, 18, 59 依次存储到哈希表中。

（1）数据元素 59 存放在哈希表中的地址是（　　）。

A．8　　B．9　　C．10　　D．11

（2）存放数据元素 59 需要搜索的次数是（　　）。

A．2　　B．3　　C．4　　D．5

15．下面关于 B-树和 B+树的叙述中，不正确的是（　　）。

A．B-树和 B+树都是平衡多叉树　　B．B-树和 B+树都可用于文件的索引存储结构

C．B-树和 B+树都能有效地支持顺序查找　　D．B-树和 B+树都能有效地支持随机检索

16．二叉查找树的查找效率与二叉树的（　　）有关，在（　　）时其查找效率最低。

A．深度　　B．结点多少　　C．树形　　D．结点位置

E．二叉树结点太多　　F．二叉树为完全二叉树　G．二叉树呈单枝树　　H．二叉树结点太复杂

17．当采用分快查找时，数据元素的组织方式为（　　）。

A．数据元素分成若干块，块内数据元素有序

B．数据元素分成若干块，块内数据元素不必有序，但块间必须有序，每块内最大（或最小）的数据元素组成索引块

C．数据元素分成若干块，块内数据元素有序，每块内最大（或最小）的数据元素组成索引块

D．数据元素分成若干块，块（除最后一块外）中数据元素个数需相同。

18．已知一个长度为 16 的顺序表，其数据元素按关键字有序排列，若采用折半法查找一个不存在的数据元素，则比较的次数最多为（　　）。

A．4　　B．5　　C．6　　D．7

19．已知一个长度为 16 的顺序表，其数据元素按关键字有序排列，若采用折半法查找一个不存在的数据元素，则比较的次数最多是（　　）。

A．4　　B．5　　C．6　　D．7

20．在下列表示的平衡二叉树中插入关键字 48 后得到一棵新平衡二叉树，在平衡二叉树中，关键字 37 所在结点的左、右孩子结点中保存的关键字分别为（　　）。

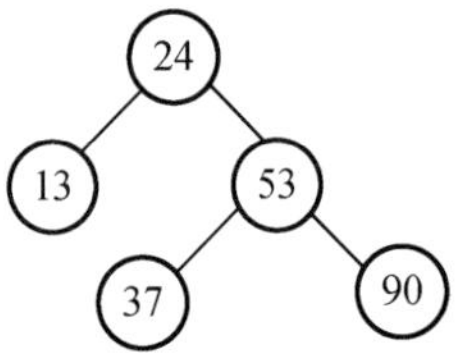

A．13、48　　B．24、48　　C．24、53　　D．24、90

21．下列叙述中，不符合 m 阶 B-树定义要求的是（　　）。

A．根结点最多有 m 棵子树　　B．所有叶结点都在同一层中

C．各结点内关键字均按升序或降序排列　　D．叶结点之间通过指针连接

二、填空题

1．已知一个有序表{1, 8, 12, 25, 29, 32, 40, 62, 98}，当用折半查找值为 29 和 98 的数据元素时，分别需要（　　）次和（　　）次比较才能查找成功；若采用顺序查找时，分别需要（　　）次和（　　）次比较才能查找成功。

2．采用哈希算法进行查找，需要解决的两个问题是（　　）和（　　）。

3．在各种查找方法中，平均查找长度与结点个数 n 无关的是（　　）。

4．对于长度为 255 的表，采用分块查找，每块的最佳长度为（　　）。对于哈希表的查找，若用拉链法处理冲突，则平均查找长度为（　　）。

5．在分块查找中，对 256 个数据元素组成的线性表分成（　　）块最好，每块的最佳长度为（　　）。若每块的长度为 8，则平均查找长度为（　　）。

6．在 n 个数据元素的有序表中进行折半查找，最大比较次数为（　　）。

7．假设有 K 个关键字互为同义词，若用线性探测法把这 K 个关键字存入哈希表，至少需要进行（　　）次探测。

8．假设有一个长度为 10 的已排好序的表，用折半查找法进行查找，若查找不成功，至少与关键字比较（　　）次。

9．深度为 8 的平衡二叉树的结点数至少有（　　）个。

10．动态查找表和静态查找表的重要区别在于前者包含有（　　）和（　　）运算，而后者不包含这两种运算。

11．查找算法基本上分成（　　）查找、（　　）查找和（　　）查找三类。处理哈希冲突的方法有（　　）、（　　）、（　　）和（　　）四种。

12．以下是有序表的折半查找的递归算法，在画线处填入适当语句将算法补充完整。

```
int  Binsch(ElemTye  A[ ], int  low, int  high ,KeyType  K)
    {  if( ______________ ){
           int  mid = (low + high) / 2;
          if  (________________)return  mid;         //查找成功，返回数据元素的下标
          else  if  (K < A[mid].key)
          return  Binsch(A , low , mid -1, K );      //在左子表上继续查找
        else return  ______________________;         //在右子表上继续查找
      }
    else ______________________________;             //查找失败，返回-1
    }
```

三、计算与算法设计题

1．画出对长度为 10 的有序线性表进行折半查找的判定树，并求其在等概率时查找成功的平均查找长度。

2．计算图 1 所示的二叉排序树在等概率条件下，查找成功和失败时的平均查找长度。

$ASL_{成功}$=（　　），$ASL_{失败}$=（　　）。

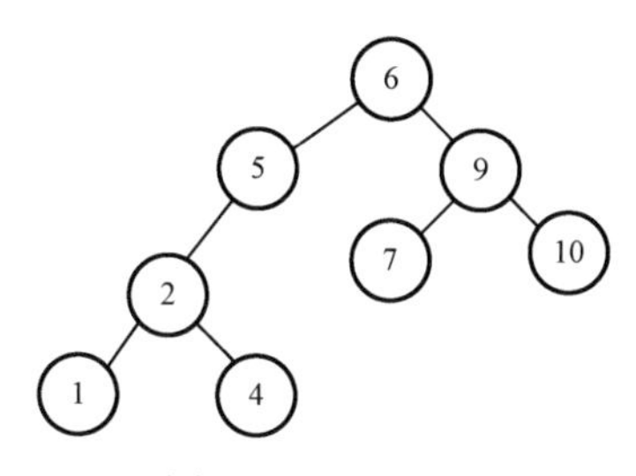

图 1　二叉排序树

3．由序列{46, 88, 45, 39, 70, 58, 101, 10, 66, 34}建立一棵二叉排序树，画出此二叉排序树，并求在等概率情况下查找成功时的平均查找长度。

4．给定的一组关键字 K={4, 5, 2, 3, 6, 1}，试按二叉排序树生成规则画出这棵二叉排序树，并说明用这组关键字以不同的次序输入后建立起来的二叉排序树的形态是否相同？当中序遍历这些二叉排序树时，其遍历序列是否相同？为什么？

5．二叉排序树如图 1 所示，画出依次插入结点 8、结点 3 后的形态。

6．图 1 所示的二叉排序树，画出依次删除结点 5、结点 6 后的形态。

7．构造以{4, 5, 7, 2, 1, 3, 6}为关键字的平衡二叉树，并注明用了何种旋转（写出步骤）。

8．3 阶 B-树如图 2 所示，画出依次插入结点 18、结点 33、结点 97 后的 B-树。

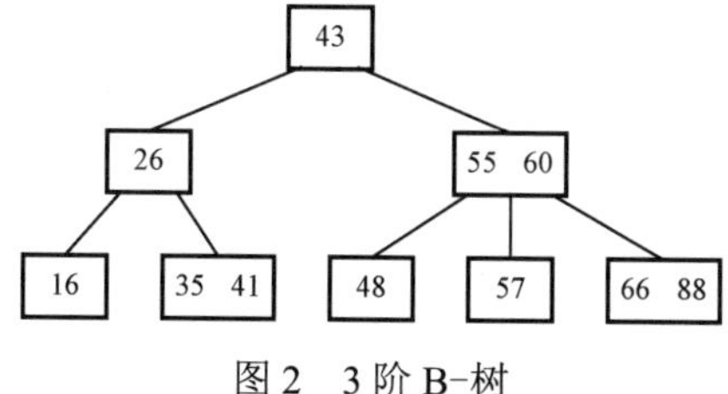

图 2　3 阶 B-树

9．在图 2 所示的 B-树上，分别画出删除结点 66、结点 16、结点 43 后的 B-树。

10．设散列表的地址范围是[0...9]，散列函数为 $H(\text{key})=(\text{key}^2+2)\text{MOD } 9$，并采用拉链法处理冲突，请画出数据元素 7、4、5、3、6、2、8、9 依次插入散列表的存储结构。

11．已知待散列的线性表为{36, 15, 40, 63, 22}，散列用的一维地址空间为[0…6]，假定选用的哈希函数是 $H(K)=K \bmod 7$，若发生冲突采用线性探查法处理，试求：

（1）计算出每一个数据元素的哈希地址并在图 3 中填写出哈希表。

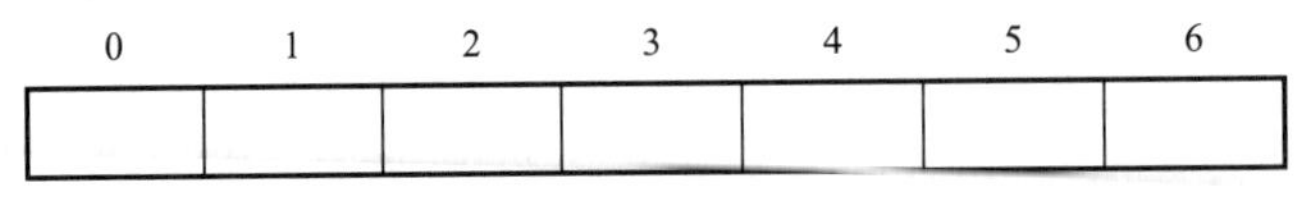

0	1	2	3	4	5	6

图 3　哈希表

（2）求出在查找每一个数据元素概率相等情况下的平均查找长度。

12．关键字集合 K= {15, 22, 50, 13, 20, 36, 28, 48, 31, 41, 18}，哈希表地址空间为 HT [0…15]，哈希函数 $H(K)=K$　MOD 13，采用二次探测再散列的开放地址法解决冲突，试将 K 填入 HT，并把查找每个关键字所需的比较次数 m 填入表 1，然后计算出查找成功时的平均查找长度。

表 1　哈希表

I	0	1	2	3	4	5	6	7	8	9	10	11	12	13	14
K															
m															

13．将关键字序列{7, 8, 30, 11, 18, 9, 14}散列存储到哈希表中。哈希表的存储空间是从 0 开始的一维数组。哈希函数 $H(\text{key})=(\text{key}\times 3)\text{MOD } T$，处理冲突采用线性探测法，要求装填因子为 0.7。

（1）请画出构造的哈希表。

（2）在等概率情况下分别计算查找成功和查找不成功时的平均查找长度。

14．设哈希函数 $H(k)=3k \bmod 11$，散列地址空间为 0～10，对关键字序列{32, 13, 49, 24, 38, 21, 4, 12}按下述两种解决冲突的方法构造哈希表：（1）线性探测法；（2）拉链法。并分别求出等概率下查找成功时和查找不成功时的平均查找长度 $ASL_{成功}$和 $ASL_{不成功}$。

15．编写在以 BT 为树根结点指针的二叉排序树上查找关键字为 key 的结点的非递归算法。

```
BiTree    search(BiTree BT, keytype   key)
```

16．已知长度为 11 的表为{xal, wan, wil, zol, yo, xul, yum, wen, wim, zi, yon}，按表中数据元素顺序依次插入一棵初始为空的平衡二叉树，画出插入完成后的平衡二叉树，并求其在等概率的情况下查找成功时的平均查找长度。

17．写出从哈希表中删除关键字为 K 的一个数据元素的算法，设哈希函数为 H，解决冲突的方法为拉链法。

18．设二叉排序树中结点的结构由下述三个域构成：数据域 data；左孩子结点地址域 left；右孩子结点地址域 right。设 data 域为正整数，该二叉树的根结点地址为 T。现给出一个正整数 x，请编写非递归程序，实现将 data 域的值小于或等于 x 的结点全部删掉。

第 9 章　排序

排序（Sorting）是计算机程序设计中经常使用的一种重要操作。为了便于查找，通常希望计算机中的数据表是按关键字有序排列的。日常生活中也离不开排序，我们常用的手机 APP 中都包含排序功能，如我们在淘宝购物时，可以根据自己的需要对搜索到的商品进行排序，既可以按销量从高到低进行排序，也可以按价格从低到高进行排序。这样可以帮助我们尽快地找到中意的商品。对于大量的商品记录如果采用高效的排序算法将有助于缩短排序时间，提高计算速度，改善用户的购买体验。本章主要讨论常用的五类排序的方法，包括插入排序、交换排序、选择排序、二路归并排序和基数排序。

9.1　基本概念

排序是指将一个数据元素的集合按某个数据项的值重新排列成一个有序序列。排序的数据元素称为记录，用作排序依据的数据项称为关键字。若关键字是主关键字，则排序后得到的结果是唯一的，若关键字是次关键字，排序结果可能不唯一，这是因为具有相同关键字的记录，在排序结果中的位置关系与排序前不一定能保持一致。下面给出排序操作的确切描述。

1. 排序的确切定义

对任意给定的记录序列$\{R_1, R_2, \cdots, R_n\}$，其相应的关键字序列为$\{K_1, K_2, \cdots, K_n\}$，则称以下操作为排序，确定 $1, 2, \cdots, n$ 的一个排列 $p_1, p_2, \cdots, p_n$，使得关键字序列满足：

$$K_{p1}\leqslant K_{p2}\leqslant\cdots\leqslant K_{pn}\text{（或 }K_{p1}\geqslant K_{p2}\geqslant\cdots\geqslant K_{pn}\text{）}$$

并使记录序列按关键字有序排列$\{R_{p1}, R_{p2}, \cdots, R_{pn}\}$。

使用某个排序方法，对记录按关键字进行排序，相同关键字记录间的位置关系，排序前与排序后保持一致的，即当 $K_i=K_j$（$1\leqslant i\leqslant n, 1\leqslant j\leqslant n, i\neq j$）且排序前 R_i 在 R_j 之前，排序后 R_i 仍在 R_j 之前，此时称这种排序方法是稳定的，否则称排序方法是不稳定的。

2. 排序方法的分类

（1）按待排序记录的存储位置可以将排序方法分为两类：内部排序和外部排序。内部排序是指，在内存中对记录序列进行的排序过程，这种排序方法适合于记录个数不太多的情况。外部排序是指，待排序记录序列以文件的形式存放在外部存储器中，排序过程中需访问外存储器，当记录个数足够多的，因不能完全放入内存，只能使用外部排序。这种排序方法适用于个数较多的记录序列。如果将内存中的数据称为内部数据，外存中的数据称为外部数据，那么，内部排序就是对内部数据进行的排序，外部排序就是对外部数据进行的排序。

（2）内部排序按所采用的排序策略不同又可分为插入排序、交换排序、选择排序、归并排序、基数排序等；还可以按排序过程的时间复杂度不同分为时间复杂度为 $O(n^2)$数量级的简单排序、时间复杂度为 $O(n\log_2 n)$ 数量级的先进排序、时间复杂度为 $O(dn)$数量级的基数排序。

（3）按排序要求不同，排序可分为升序排序和降序排序。按记录关键字由小到大的顺序排列记录称为升序排序，按记录关键字由大到小的顺序排列记录称为降序排序，本章主要讨论升序排序，降序排序与之类似。

3．排序算法的评价

排序过程的主要操作有两种：比较关键字和移动记录，移动记录比比较关键字操作耗费的时间更多。其中比较操作是必需的，移动操作在某些情况下可能没有，因此，评价一个排序算法的优劣主要考虑关键字的比较次数，有时也讨论记录的移动次数。另外，排序算法的空间复杂度也需要考虑。

4．排序算法使用的存储结构

选择适当的存储结构存储记录对排序算法的复杂性和效率有直接影响。例如，用顺序表存储记录比用单链表存储记录的排序算法要简单得多。为了使某种排序算法的实现方便，可以灵活选择存储结构。通常采用的存储结构有：顺序表、静态链表、辅助地址向量表等。

本章讨论的排序算法主要基于顺序表，其定义如下。

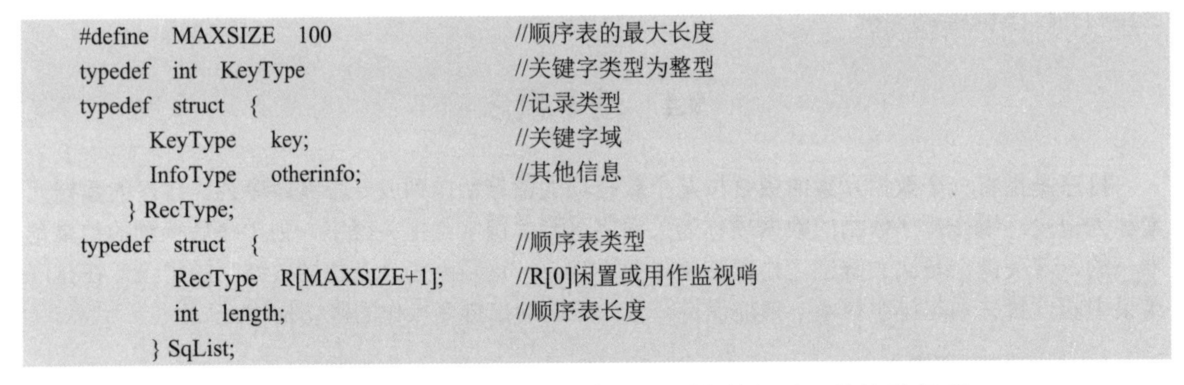

```
#define   MAXSIZE   100                     //顺序表的最大长度
typedef   int   KeyType                     //关键字类型为整型
typedef   struct   {                        //记录类型
        KeyType     key;                    //关键字域
        InfoType    otherinfo;              //其他信息
    } RecType;
typedef   struct   {                        //顺序表类型
          RecType   R[MAXSIZE+1];           //R[0]闲置或用作监视哨
          int   length;                     //顺序表长度
        } SqList;
```

排序记录的顺序存储结构如图 9.1 所示，其中 $R[0]$不存放记录，作为监视哨。

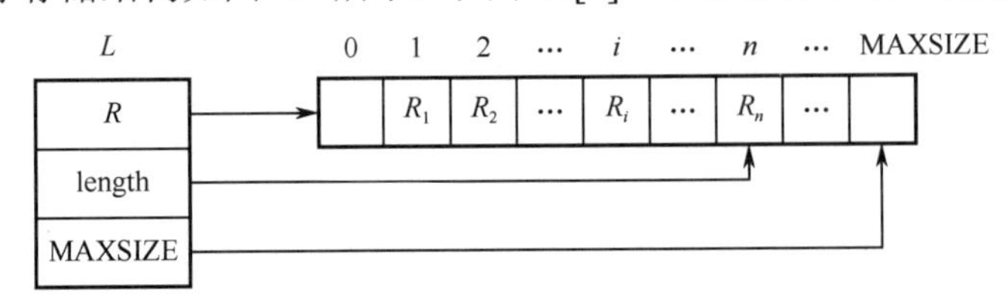

图 9.1　排序记录的顺序存储结构

9.2　插入排序

插入排序的基本思想是，设排序记录集合为{ $R[1], R[2], \cdots, R[i], R[i+1], R[i+2], \cdots R[n]$ }，又假定{ $R[1], R[2], \cdots, R[i]$ }为已排好序的部分，{ $R[i+1], R[i+2], \cdots R[n]$ }为未排序的部分。每次从未排序部分取一个记录 $R[i+1]$，按关键字的大小将其插到已排序部分中的适当位置。开始取 i=1，{$R[1]$}为已排序部分，{$R[2], \cdots, R[i], R[i+1], R[i+2], \cdots R[n]$}为未排序部分，经过 $n-1$ 趟排序结束。

可以选择不同的方法在已排好序的记录中寻找插入位置。根据查找方法的不同，有多种插入排序方法，本节将介绍三种插入排序方法：直接插入排序、折半插入排序和希尔排序。

9.2.1　直接插入排序

直接插入排序是一种最简单的排序方法，其基本操作是向含 $i-1$ 个记录的有序表中插入一个记录，得到一个含 i 个记录的新有序表。

1. 算法思想

顺序表直接插入排序：设1<i≤n，R[1].key≤R[2].key≤…≤R[i−1].key，现将R[i]插到R[1], R[2], …, R[i−1]序列中的适当位置，使R[1].key≤R[2].key≤…≤R[i].key，得到新的有序表，记录个数加1。

算法过程如下。

```
① 若 R[i].key<R[i-1].key   R[0]=R[i]; //R[i]送入 R[0]，使 R[i]成为待插入记录的空位
   j = i-1;                          //从第 i 个记录向前测试插入位置，R[0]作为辅助单元，可免去测试 i<1
② 若 R[0].key≥R[j].key，转④。      //插入位置确定
③ 若 R[0].key < R[j].key 时，
   R[j+1]=R[j]; j=j-1; 转②。         //调整待插入位置
④ R[j+1]=R[0]; 结束。                //存放待插入记录
```

例 9.1 向有序表中插入一个记录的实例。

```
R[0]  R[1]  R[2]  R[3]  R[4]  R[5]                   //存储单元
       2     10    18    25    9                      //将 R[5]插入 4 个记录的有序表中，j=5
   R[0]=R[i]; j=i-1;                                  //初始化，设置待插入位置
 9     2     10    18    25    □                      //R[i+1]为待插入位置
   j=4，R[0] .key < R[j] .key，R[j+1]=R[j]; j--;      //调整待插入位置
 9     2     10    18    □     25
   j=3，R[0] .key < R[j] .key, R[j+1]=R[j]; j--;      //调整待插入位置
 9     2     10    □     18    25
   j=2，R[0] .key < R[j] .key, R[j+1]=R[j]; j--;      //调整待插入位置
 9     2     □     10    18    25
   j=1，R[0] .key ≥R[j] .key, R[j+1]=R[0];            //插入位置确定，向空位中插入记录
       2     9     10    18    25                     //结束
```

直接插入排序方法的实现：仅有一个记录的表总是有序的，因此，对n个记录的表，可以从第二个记录开始直到第n个记录，逐个向有序表中进行插入操作，经过n−1轮，就能得到n个记录按关键字有序的顺序表。

2. 算法描述

直接插入排序算法描述如下。

```
void    InsertSort( SqList   &L )
    { for(i=2; i<=L.length; i++)
        If ( L.R[i].key < L.R[i-1].key )            //当 R[i]的 key 小于 R[i-1]的 key 时，需将 R[i]插入有序表
            { L.R[0] = L.R[i];                      //设置监视哨
              for( j = i-1; L. R[0].key < L.[j].key; j--)
                    L.R[j+1].key = L.R[ j];         //记录后移
                    L.R [j+1] = L.R [0];            //插到正确位置
            }
    }
```

3. 算法性能分析

（1）时间复杂度。向有序表中逐个插入记录的操作，共进行了n−1趟，每趟操作有比较关键字和移动记录，比较关键字的次数和移动记录的次数取决于待排记录序列的初始状态。在最好情况下，待排序的记录序列已按关键字有序，每趟操作只需1次比较，不移动记录，总比较次数为n−1次，时间复杂度为$O(n)$，在最坏情况下，记录序列的初始状态与排序结果恰好相反，此时第

i 趟操作，插入记录需要同前面的 i−1 个记录进行 i−1 次关键字比较，移动记录的次数为 i+2 次。

（2）空间复杂度。仅用了一个辅助单元 $R[0]$，空间复杂度是 $O(1)$。

$$\text{总比较次数}=\sum_{i=2}^{n}(i-1)=\frac{1}{2}n(n-1)$$

$$\text{总移动次数}=\sum_{i=1}^{n-1}(i+2)=\frac{(n-1)(n+4)}{2}$$

平均情况下，即第 i 趟操作，插入记录大约同前面的 $\frac{i}{2}$ 个记录进行关键字比较，移动记录的次数为 $\frac{i}{2}$+2，故总的比较次数和移动次数为

$$\sum_{i=1}^{n-1}\left(\frac{i}{2}+\frac{i}{2}+2\right)=\sum_{i=1}^{n-1}(i+2)=\frac{(n-1)(n+4)}{2}$$

由此可见，直接插入排序的时间复杂度为 $O(n^2)$。

（3）算法稳定性。直接插入排序算法是一种稳定的排序算法。

9.2.2 折半插入排序

直接插入排序的基本操作是向有序表中插入一个记录，插入位置的确定是通过对有序表中记录按关键字逐个比较得到的。平均情况下总比较次数约为 $\frac{1}{4}n^2$。在有序表中确定插入位置可以用折半查找算法，从而可以减少比较次数，提高排序算法效率。

1. 算法思想

用折半查找法确定插入位置的过程如下。

```
① low=1；high=j-1；R[0]=R[j];          //有序表长度为 j-1，第 j 个记录为待插入的记录
                                        //设置有序表区间，将待插入记录送入辅助单元
② 若 low>high，得到插入位置，转⑤
③ low≤high，m=(low+high)/2;            //取表的中点，并将表一分为二，确定待插入区间
④ 若 R[0].key<R[m].key，则 high=m-1;   //插入位置在低半区
   否则，low=m+1;                       //插入位置在高半区
   转②
⑤ high+1 为待插入位置，从 j-1 到 high+1 的记录，逐个后移，R[high+1]=R[0]；存放待插入记录。
```

2. 算法描述

折半插入排序算法描述如下。

```
void    InsertSort(SqList &L )              //对顺序表 s 进行折半插入排序
  { for(i=2; i<=L.length;i++)
      { L.R[0]=L.R[i];                      //保存待插入记录
        low=1; high=i-1;                    //设置初始区间
        while(low<=high)                    //确定插入位置
            { mid=(low+high)/2;
              if(L.R [0].key> L.R [mid].key)
                  low=mid+1;                //插入位置在高半区
              else    high=mid-1;           //插入位置在低半区
            }      // end while
          for(j=i-1; j>=high+1; j--)        //high+1 为插入位置
```

```
            L.R [j+1]= L.R [j];                    //后移记录，留出插入空位
            L.R [high+1]= L.R [0];                 //插入记录
        } // end for
    } // end InseRtSort
```

3．算法性能分析

（1）时间复杂度。确定插入位置所进行的折半查找，关键字的比较次数至多为$\lceil \log_2(n+1) \rceil$，移动记录的次数和直接插入排序相同，故时间复杂度仍为$O(n^2)$。

（2）空间复杂度。只是多用了$R[0]$一个额外单元，所以空间复杂度为$O(1)$。

（3）算法稳定性。折半插入排序算法是一种稳定的排序算法。

9.2.3 希尔排序

直接插入排序算法简单，在记录个数n较少时，效率比较高，但是当n很大时，若序列按关键字基本有序，效率依然较高，其时间效率可提高到$O(n)$。希尔排序是从这两点出发给出的插入排序的改进方法，该算法是由D.L.Shell在1959年提出的，它较前述几种插入排序方法有较大的改进。

希尔排序又称为缩小增量排序，将待排序记录按下标的一定增量分组（减少记录个数），对每组记录使用直接插入排序算法排序（达到基本有序），随着增量逐渐减少，每组包含的记录越来越多，当增量减至1时，整个序列基本有序，再对全部记录进行一次直接插入排序。

1．算法思想

（1）选择一个步长序列$d_1, d_2, \cdots, d_i, \cdots, d_j, \cdots, d_k$，其中$d_i>d_j$，$d_k=1$。

（2）按步长序列个数k，对记录序列进行k趟排序。

（3）每趟排序，根据对应的步长d_i，将待排序表间隔分割成若干个长度为d_i的子表，分别对各子表进行直接插入排序。当步长增量为1时，整个序列作为一个表来处理，表长为整个序列的长度。

例9.2 设待排序列的关键字为39, 80, 76, 41, 13, 29, 50, 78, 30, 11, 100, 7, <u>41</u>, 86，利用希尔排序算法进行递增排序。

（1）初始状态，假设增量序列为{5, 3, 1}。

（2）第一趟排序增量d_1=5，所有间隔为5的记录分在一组，分组如图9.2（a）所示。

子序列分别为{39, 29, 100}，{80, 50, 7}，{76, 78, <u>41</u>}，{41, 30, 86}，{13, 11}。

第一趟排序结果为29　7　<u>41</u>　30　11　39　50　76　41　13　100　80　78　86。

（3）第二趟排序增量d_2=3，所有间隔为3的记录分在一组，分组如图9.2（b）所示。

子序列分别为{29, 30, 50, 13, 78}，{7, 11, 76, 100, 86}，{<u>41</u>, 39, 41, 80}。

第二趟排序结果为13　7　39　29　11　<u>41</u>　30　76　41　50　86　80　78　100。

（4）第三趟排序增量d_3=1，即所有的记录分在一组，如图9.2（c）所示。

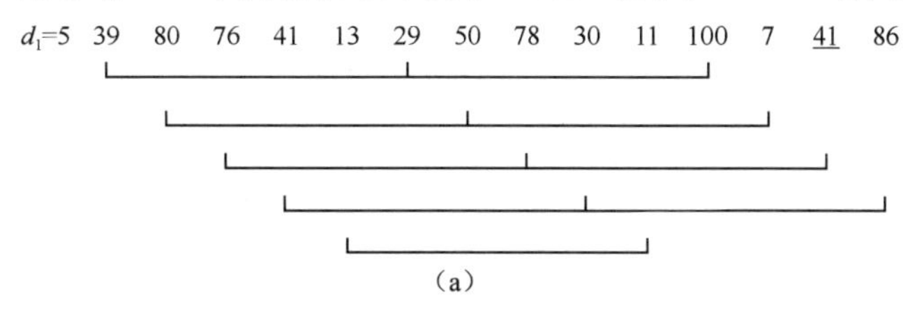

图9.2　希尔排序过程

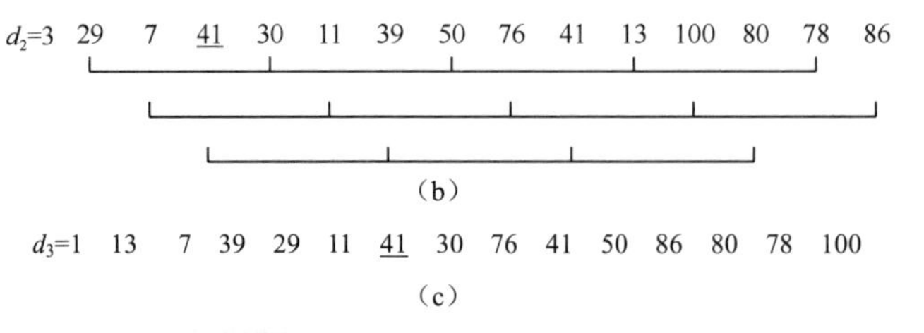

图 9.2　希尔排序过程（续）

此时，序列基本有序，对其进行直接插入排序，得到最终结果为

7　11　13　29　30　39　41　41　50　76　78　80　86　100

2. 算法实现

希尔排序的算法描述如下。

```
void    ShellInsert(SqList &L, int dk)                  //一趟增量为 dk 的希尔排序，dk 为步长因子
    { for (i=dk+1; i<=L.length; i++)
        If (L.R[i].key < L.R[i-dk].key)                 //当 R[i]的 key 小于 R[i-dk]的 key 时，需将 elem[i]插入有序表
          { L.R [0]= L.R [i];                           //为统一算法设置监视哨
            for(j=i-dk; j>0&& L.R [0].key < L.R [j].key; j=j-dk)
                L.R [j+dk]= L.R [j];                    //记录后移
            L.R [j+dk]= L.R [0];                        //插到正确位置
          }
    }
void    ShellSort(SqList &L, int dt[], int t)           //按增量序列 dt[0, 1···, t-1]对顺序表 L 进行希尔排序
    { for(k=0; k<t; t++)
          ShellInsert(L, dt[k]);                        //一趟增量为 dt[k]的希尔排序
    }
```

3. 算法性能分析

（1）时间复杂度。希尔排序的时间复杂度分析起来很难，关键字的比较次数与记录移动次数依赖于步长因子的选取，特定情况下可以估算出关键字的比较次数和记录的移动次数。目前还没有人给出选取最优的步长因子序列的方法。步长因子序列可以有各种取法，有取奇数的，也有取质数的，但需要注意：步长因子中除 1 外没有公因子，且最后一个步长因子必须为 1。大量实验结果表明，n 在某个特定范围内，希尔排序的时间复杂度约为 $O(n^{1.3})$。

（2）空间复杂度。该算法中使用了一个额外的增量数组，空间复杂度等于附加数组元素的个数。

（3）算法稳定性。希尔排序算法是一种不稳定的排序算法。

9.3　交换排序

交换排序的基本思想是，两两比较待排序记录的关键字，若发现两个记录不满足顺序要求，则进行交换，直到整个序列全部满足顺序要求为止。

交换排序按照两两比较交换策略的不同分为冒泡排序（Bubble Sort）和快速排序。

9.3.1　冒泡排序

最简单的交换排序就是冒泡排序。其基本思想是两两比较相邻记录的关键字，如果发现不符合顺序要求就交换，从而使关键字最小的记录如气泡一般逐渐往上“漂浮”（左移）直至“水面”，或者使关键字大的记录如石块一样逐渐向下“坠落”（右移）直至“水底”。

1．算法思想

（1）设待排序的记录存放在数组 $R[1...n]$中。首先将第一个记录的关键字和第二个记录的关键字进行比较，若为逆序(L.R[1].key>L.R[2].key)则交换两个记录。然后比较第二个记录和第三个记录的关键字。依次类推，直至第 $n-1$ 个记录和第 n 个记录的关键字比较。上述过程称为第一趟起泡排序，其结果使得关键字最大的记录被放到最后一个记录的位置上。

（2）然后进行第二趟起泡排序，对前 $n-1$ 个记录进行同样操作，其结果是使关键字次大的记录被放到第 $n-1$ 个记录的位置上。

（3）重复上述比较和交换过程，第 i 趟是从 L.R[1]到 L.$R[n-i+1]$依次比较相邻两个记录的关键字，并在“逆序”时交换相邻记录，其结果是这 $n-i+1$ 个记录中关键字最大的记录被交换到第 $n-i+1$ 的位置上。直到在某一趟排序过程中没有进行过交换记录的操作，说明序列已全部达到排序要求，则完成排序。

例 9.3 已知待排序记录的关键字序列为{49, 38, 65, 97, 76, 13, 27, $\underline{49}$ }，请给出用冒泡排序法进行排序的过程。

冒泡排序过程如图 9.3 所示，其中{}中为已排好序的记录的关键字。

初始关键字序列	49	38	65	97	76	13	27	$\underline{49}$	{}
第一趟排序结果	38	49	65	76	13	27	$\underline{49}$	{97	}
第二趟排序结果	38	49	65	13	27	$\underline{49}$	{76	97	}
第三趟排序结果	38	49	13	27	$\underline{49}$	{65	76	97	}
第四趟排序结果	38	13	27	49	{$\underline{49}$	65	76	97	}
第五趟排序结果	13	27	38	{49	$\underline{49}$	65	76	97	}
第六趟排序结果	{13	27	38	49	$\underline{49}$	65	76	97	}

图 9.3 冒泡排序过程

待排序的记录共有 8 个，但算法在第六趟排序过程中没有进行过交换记录的操作，则完成排序。

2．算法描述

冒泡排序的算法描述如下。

```
Void  BubbleSort1 ( SqList &L )                         //冒泡排序
   {  for (i=L.length, change=TRUE; i>1 && change; i- -)
          { change = FALSE;
            for ( j=1; j<i; j++ )
                if ( L.R[j].key > L.R[j+1] )
                   { L.R[j].key ←→ L.R[j+1] );          //交换相邻的两个记录
                     change=TRUE;
                   }
          }
   }
```

3．算法性能分析

（1）时间复杂度。在最好的情况下（初始序列为正序）：待排序序列已有序，比较次数为 $n-1$，无须移动记录。

在最坏的情况下（初始序列为逆序）：总共要进行 $n-1$ 趟冒泡，对 i 个记录的表进行一趟冒泡需要 $i-1$ 次关键字比较，每次比较后均要进行 3 次移动。

$$\text{总比较次数}=\sum_{i=2}^{n}(i-1)=\frac{1}{2}n(n-1)$$

$$\text{总移动次数}=\sum_{i=2}^{n}3(i-1)=\frac{3}{2}n(n-1)$$

平均情况下，冒泡排序关键字的比较次数和记录的移动次数分别为 $n^2/4$ 和 $3n^2/4$，时间复杂度为 $O(n^2)$。

（2）空间复杂度。仅用了一个辅助单元，空间复杂度为 $O(1)$。

（3）算法稳定性。冒泡排序算法是一种稳定的排序算法。

4. 双向冒泡排序

每趟先自左向右将关键字大的记录后移，称为向右上浮冒泡，再自右向左将关键字小的记录前移，称为下沉向左冒泡，经过 $\frac{n}{2}$ 趟完成排序。算法描述如下。

```
void BubbleSort2(SqList   &L )                                   //相邻两趟向相反方向冒泡的排序算法
  { change=1; low = 0; high = L.length-1;                        //冒泡的上下界
    while(low<high && change)
      { change=0;                                                //不发生交换
        for(i=low; i<high; i++)                                  //从左向右冒泡
            if(L.R[i]>L.R[i+1]){L.R[i]↔L.R[i+1];change=1;}      //发生交换，修改标志 change
        high - -;                                                //修改上界
        for(i=high; i>low; i- -)                                 //从右向左冒泡
            if(L.R[i]<L.R[i-1]){L.R[i]↔L.R[i-1]; change=1;}
      low ++;                                                    //修改下界
      }                                                          //end while
  }                                                              //BubbleSort2
```

9.3.2 快速排序

1. 算法思想

快速排序也是通过比较关键字和交换记录实现，但不是两两相邻比较交换，而是间隔比较交换。每趟以某个记录为界（该记录称为支点或枢轴），将待排序记录序列分成两部分，一部分中所有记录的关键字都大于或等于支点的关键字，另一部分中所有记录的关键字都小于支点的关键字。这样将待排序记录按关键字分成两部分的过程，称为一次划分。然后对各部分进行同样的划分，直到整个记录序列按关键字有序为止。下面以一个具体的例子说明划分过程。

例 9.4 一趟快速排序过程示例。

待排序记录：*R*[0]　*R*[1]　*R*[2]　*R*[3]　*R*[4]　*R*[5]　*R*[6]　*R*[7]　*R*[8]　*R*[9]　*R*[10]

关键字序列：□　49　14　38　74　96　65　8　<u>49</u>　55　27

初始状态：设置两个搜索指针，指针 low=1，指针 high=10；取 *R*[1]为支点。*R*[0]=*R*[low]（支点送 *R*[0]）。

R[0]	*R*[1]	*R*[2]	*R*[3]	*R*[4]	*R*[5]	*R*[6]	*R*[7]	*R*[8]	*R*[9]	*R*[10]
49	□	14	38	74	96	65	8	<u>49</u>	55	27
	↑									↑
	low=1									high=10

第一次搜索、比较、移动情况如下。

从右边界指针 high 开始向前搜索，找到第一个小于 *R*[0].key 的记录 *R*[10].key=27，此时指针 high=10，将 *R*[10]移动到 *R*[1]位置，并将指针 low 加 1，此时指针 low=2，*R*[10]为空，排序结果如下。

R[0]	*R*[1]	*R*[2]	*R*[3]	*R*[4]	*R*[5]	*R*[6]	*R*[7]	*R*[8]	*R*[9]	*R*[10]
49	27	14	38	74	96	65	8	$\underline{49}$	55	□
		↑ low=2								↑ high=10

从左边界指针 low 向后搜索，找到不小于 *R*[0].key 的记录 *R*[4].key=74，将 *R*[4]移动到 *R*[10]位置，将指针 high 减 1，此时 *R*[4]为空，指针 high=9，排序结果如下。

R[0]	*R*[1]	*R*[2]	*R*[3]	*R*[4]	*R*[5]	*R*[6]	*R*[7]	*R*[8]	*R*[9]	*R*[10]
49	27	14	38	□	96	65	8	$\underline{49}$	55	74
				↑ low=4					↑ high=9	

第二次搜索、比较、移动情况如下。

从右边指针 high=9 向前搜索小于 *R*[0].key 的记录，找到 *R*[7].key=8，将 *R*[7]移动到 *R*[4]位置，将指针 low 加 1，此时 *R*[7]为空，指针 low=5，排序结果如下。

R[0]	*R*[1]	*R*[2]	*R*[3]	*R*[4]	*R*[5]	*R*[6]	*R*[7]	*R*[8]	*R*[9]	*R*[10]
49	27	14	38	$\underline{8}$	96	65	□	$\underline{49}$	55	74
					↑ low=5		↑ high=7			

从左边指针 low=5 向后搜索大于 *R*[0].key 的记录，找到 *R*[5].key=96，将 *R*[5]移动到 *R*[7]位置，将指针 high 减 1，此时 R[5]为空，指针 high=6，排序结果如下。

R[0]	*R*[1]	*R*[2]	*R*[3]	*R*[4]	*R*[5]	*R*[6]	*R*[7]	*R*[8]	*R*[9]	*R*[10]
49	27	14	38	$\underline{8}$	□	65	96	$\underline{49}$	55	74
					↑ low=5	↑ high=6				

从右边指针 high=6 向前搜索，此时出现了指针 low=high=5，将支点 *R*[0]移动到 *R*[5]位置，一趟划分结束，得到的排序结果如下。

R[0]	*R*[1]	*R*[2]	*R*[3]	*R*[4]	*R*[5]	*R*[6]	*R*[7]	*R*[8]	*R*[9]	*R*[10]
	27	14	38	8	49	65	96	$\underline{49}$	55	74
					↑↑ low=5 high=5					

上述划分过程通过从两端向中间轮番比较关键字移动记录的方法，寻找支点应插入的位置，找到后将其放到它所在的最终位置上。

现将一次划分方法的一般步骤归结如下。

```
设 1<=p<q<=n, R[p], R[p+1], …, R[q]为待排序列
① low=p; high=q;                   //设置两个搜索指针，low 是向后搜索指针，high 是向前搜索指针
   R[0]=R[low];                     //取第一个记录作为支点，指针 low 指向空位
② 当 low=high 时，支点应插入的位置为 R[low]。
   R[low]=R[0];                                //插入支点，一次划分结束
   否则，low<high，搜索需要交换的记录，并交换之
③ 若 low<high 且 R[high].key≥R[0].key            //从指针 high 所指位置向前搜索，至多到 low+1 处
   high=high-1; 转③                            //寻找 R[high].key<R[0].key
```

```
    R[low]=R[high];                              //找到 R[high].key<R[0].key，设置 high 为新支点位置
                                                 //小于支点关键字的记录前移
 ④ 若 low<high 且 R[low].key<R[0].key            //从指针 low 所指位置向后搜索，至多到 high-1 位置
    low=low+1；转④                               //寻找 R[low].key≥R[0].key
    R[high]=R[low]；转②;                          //找到 R[low].key≥R[0].key，设置 low 为新支点位置
                                                 //大于或等于支点关键字的记录后移,继续寻找支点空位
```

2．算法描述

快速排序算法描述如下。

```
int Partition(SqList   &L, int low, int high)    //一趟快速排序
    {                                            //交换顺序表 L 中的记录，使支点到位，并返回其所在位置，此
                                                 时，在它之前（后）的记录均不大（小）于它
      L.R[0]=t L.R[low];                         //以表中的第一个记录作为支点
      pivotkey=L.R[low].key;                     //取支点的关键字
      while(low<higu)                            //从表的两端交替地向中间扫描
          { while(low<high && L.R[high].key>=pivotkey)   high--;
                L.R[low]= L.R[high];             //将比支点关键字小的交换到低端
          while(low<high && L.R[high].key<=pivotkey)   low++;
                L.R[high]= L.R[low];             //将比支点关键字大的交换到高端
          }
      L.R[low]= L.R[0];                          //支点到位
      Returrn low;                               //返回支点所在位置
  }
    void   QSort(SqList   &L,   int low, int high ) //递归形式的快速排序
        {                                        //对顺序表中的子序列 tbl->[low…high]进行快速排序
         if(low<high)
           { pivotloc=partition(L, low, high);   //将表一分为二
            QSort(L, low, pivotloc-1);           //对左子表递归排序
            QSort(L, pivotloc+1, high);          //对右子表递归排序
        }
    }
    void   QuickSort ( SqList &L )               //对顺序表 L 进行快速排序
        {
         QSort ( L, 1, L.length ) ;
        }
```

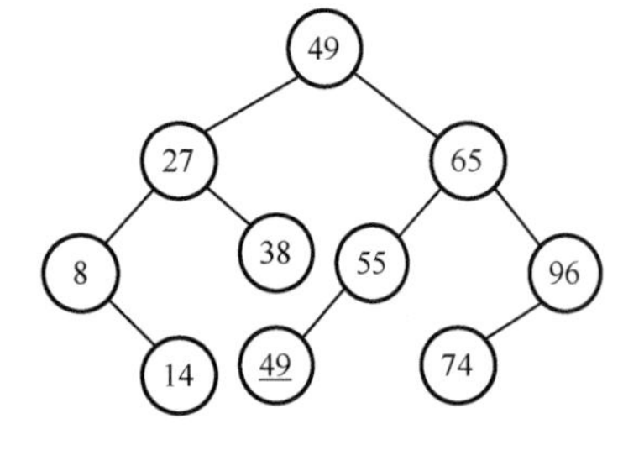

图 9.4　例 9.4 中排序过程对应的二叉树

3．算法性能分析

快速排序的递归过程可以用一棵二叉树形象地给出，图 9.4 所示为例 9.4 中排序过程对应的二叉树。

（1）时间复杂度。对 n 个记录进行快速排序，一次划分大约需要 n 次关键字比较，时间复杂度为 $O(n)$，若设 $T(n)$ 为对 n 个记录进行快速排序所需要的总时间，理想情况下：每次划分，正好将分成两个等长的子序列，则有

$$
\begin{aligned}
T(n) &\leqslant cn+2T(n/2) \\
&\leqslant cn+2(cn/2+2T(n/4))=2cn+4T(n/4) \\
&\leqslant 2cn+4(cn/4+T(n/8))=3cn+8T(n/8) \\
&\cdots \\
&\leqslant cn\log_2 n+nT(1)=O(n\log_2 n)
\end{aligned}
$$

式中，c 是一个常数。

最坏情况下：每次划分，只得到一个子序列，时间复杂度为 $O(n^2)$。

快速排序是在数量级为 $O(n\log_2 n)$ 的排序方法中平均性能最好的。但若初始序列按关键字有序或基本有序时，快速排序反而退化为冒泡排序。

对快速排序算法可以做几种改进：一是用“三者取中法”来选取支点，即将排序区间的两个端点与中点三个记录关键字居中的调整为支点；二是每次取排序范围的最右边记录为支点；三是存储结构改用双向链表存储结构。

（2）空间复杂度。快速排序是递归的，每层递归调用时的指针和参数均要使用一个栈来存放，递归调用层数与上述二叉树的深度一致。因而，空间复杂度在理想情况下为 $O(\log_2 n)$，即树的形态比较均衡；在最坏情况下，即二叉树是一个单分支树，空间复杂度为 $O(n)$。

（3）算法稳定性。快速排序算法是一种不稳定的排序算法。

课外阅读：奋斗的青春最美丽

1960 年，年仅 26 岁的 Hoare 提出了世界上使用最广泛的算法之一——快速排序。快速排序被认为是目前平均速度最快的一种内部排序方法。Hoare 是英国的计算机科学家，因其对 Algol 60 程序设计语言理论、互动式系统及 APL 的贡献，1980 年被美国计算机协会授予“图灵奖”。2000 年 Hoare 因为其在计算机科学与教育上做出的贡献被封为爵士。

9.4 选择排序

选择排序的基本思想是，每趟从未排序的记录序列中选取一个关键字最小的记录放到已排序记录部分的最后，经过 $n-1$ 趟排序结束。排序过程的确切描述如下。

设排序记录集合为{ $R[1], R[2], \cdots, R[i], R[i+1], R[i+2], \cdots, R[n]$ }，又假定{ $R[1], R[2], \cdots, R[i]$ }为已排好序的部分，{ $R[i+1], R[i+2], \cdots, R[n]$ }为未排序的部分。每次从未排序部分取一个关键字最小的记录 $R[j]$（$i<j\leqslant n$）放到已排好序部分的最后位置。开始取 $i=1$，已排序部分为空{ }，{$R[1], R[2], \cdots, R[i], \cdots, R[n]$ }为未排序部分，经过 $n-1$ 趟排序结束。

按选择策略的不同，选择排序可分为简单选择排序、树形选择排序（Tree Selection Sort）和堆排序（Heap Sort）等。

9.4.1 简单选择排序

1. 算法思想

排序过程：第一趟从 n 个记录中找出关键字最小的记录与第一个记录交换；第二趟，从第二个记录开始的 $n-1$ 个记录中再选出关键字最小的记录与第二个记录交换；第 i 趟从第 i 个记录开始的 $n-i+1$ 个记录中选出关键字最小的记录与第 i 个记录交换，如此重复，直至经过 $n-1$ 趟选择交换，即可得到记录的有序序列。

例 9.5 已知待排序记录的关键字序列为{49 38 65 97 76 $\underline{49}$ 13 27}，请给出用简单选择排序方法进行排序的过程。

简单选择排序过程如图 9.5 所示，其中{}中为已排好序的记录的关键字。

初始关键字序列	{}49	38	65	97	76	49	13	27
第一趟排序结果	{13}	38	65	97	76	49	49	27
第二趟排序结果	{13	27}	65	97	76	49	49	38
第三趟排序结果	{13	27	38}	97	76	49	49	65
第四趟排序结果	{13	27	38	49}	76	97	49	65
第五趟排序结果	{13	27	38	49	49}	97	76	65
第六趟排序结果	{13	27	38	49	49	65}	76	97
第七趟排序结果	{13	27	38	49	49	65	76}	97

图 9.5　简单选择排序过程

2. 算法描述

简单选择排序算法描述如下。

```
void   SelectSort(SqList &L)                    //简单选择排序
   { for(i=1; i<L.length; i++)                  //length-1 趟选取
        k=i;
     { for (j=i+1, t=i; j<=L.length; j++)       //在从 i 开始的 length-n+1 个记录中选取关键字最小的记录
          { if(L.R [j].key> L.R [k].key)
               k=j;                             //t 中存放关键字最小的记录的下标
         if(k!=i)
       L.R[k]<--> L.R [i];                      //关键字最小的记录与第 i 个记录交换
     }
}
```

从排序过程中不难看出，简单选择排序移动记录的次数较少，但关键字的比较次数依然是 $n(n-1)/2$，所以时间复杂度仍为 $O(n^2)$。空间复杂度为 $O(1)$，该算法是一种不稳定的排序算法。

9.4.2　树形选择排序

在某些大型竞技项目的锦标赛中，经常采用选手之间进行两两比赛的淘汰制，这种比赛规则可以用二叉树表示，即将 n 个参赛的选手看作完全二叉树的叶结点，该完全二叉树有 $2n-2$ 或 $2n-1$ 个结点。首先，两两进行比赛（在树中是兄弟结点之间进行比赛，否则轮空，直接进入下一轮），胜出者之间再两两进行比赛，直到产生第一名；接下来，将作为第一名的结点看作最差的，并从该结点开始，沿该结点到根结点的路径上，依次进行各分枝结点孩子结点间的比较，又胜出的就是第二名。因为和他比赛的均是刚刚输给第一名的选手。如此，继续进行下去，直到所有选手的名次排定。

利用上述思想，对记录表按关键字进行排序，称为树形选择排序或锦标赛排序（Tournament Sort）。按照锦标赛的晋级规则，每个同学都要面临竞争，在竞争中会有优胜劣汰，只有做最棒的自己，才能在残酷的社会竞争中勇攀人生高峰。

例 9.6　含有 16 个叶结点的完全二叉树如图 9.6 所示。从叶结点开始的兄弟结点间两两比较，大者上升到父结点；大的兄弟结点间再两两比较，直到根结点为止，此时就选出第一个最大者 91，第一轮结束。比较次数为 $2^3+2^2+2^1+2^0=2^4-1=15$（$n-1$）。

在图 9.7 中，将第一名的结点置为最差的，与其兄弟结点比赛，胜者上升到父结点，胜者兄弟结点间再比赛，直到根结点，产生第二名 83。比较次数为 4，即 $\log_2 n$ 次。其后各结点的名次均是这样产生的，所以，对于 n 个参赛选手来说，对 n 个记录进行树形选择排序，总的关键字比较次数至多为 $(n-1)\log_2 n+n-1$，故时间复杂度为 $O(n\log_2 n)$。该方法占用空间较多，除需要输出排序结果的 n 个单元外，尚需 $n-1$ 个辅助单元。

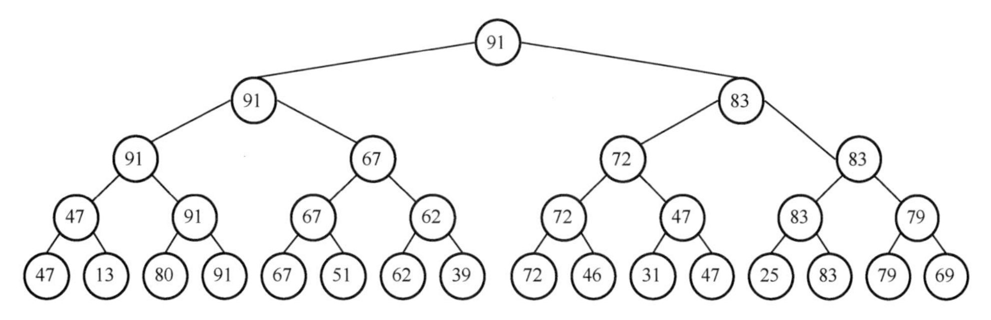

图 9.6　含有 16 个叶结点的完全二叉树

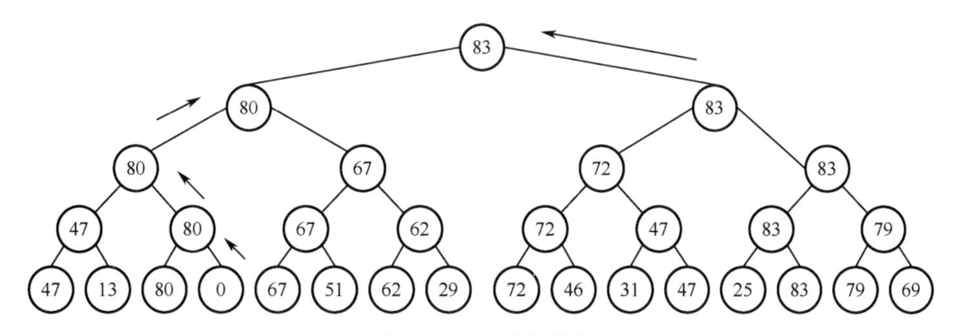

图 9.7　树形选择排序

9.4.3　堆排序

1964 年，J.Willioms 和 Robert W.Floyd 提出了一种改进的树形选择排序——堆排序。堆排序只需要一个记录大小的辅助存储空间即可，每个待排序的记录仅仅占用一个记录大小的存储空间。

1．堆的概念

设有 n 个数据元素构成的序列$\{K_1, K_2, \cdots, K_n\}$，当且仅当满足下述关系之一时，称之为堆。

（1）$\begin{cases} K_i \geqslant K_{2i} \\ K_i \geqslant K_{2i+1} \end{cases}$。

（2）$\begin{cases} K_i \leqslant K_{2i} \\ K_i \leqslant K_{2i+1} \end{cases} \quad i = 1, 2, \cdots, \left\lfloor \dfrac{n}{2} \right\rfloor$。

满足（1）式的堆称为大根堆，满足（2）式的堆称为小根堆。大根堆用于升序排序，小根堆用于降序排序。

例如，图 9.8 所示为两个堆，其中，图 9.8（a）所示为大根堆，图 9.8（b）所示为小根堆。

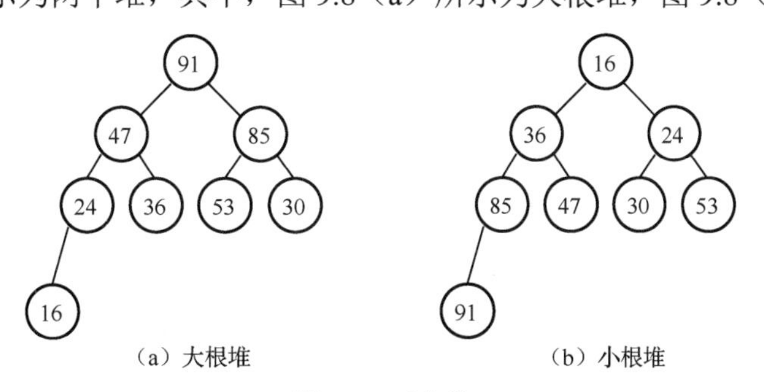

（a）大根堆　　（b）小根堆

图 9.8　两个堆

若用一维数组存储一个堆，则堆可以看作一棵完全二叉树的顺序存储结构，其特点是，对于大根堆，任何非叶结点的值均不小于其孩子结点的值，根结点的值是最大的；对于小根堆，任何非叶结点的值均不大于其孩子结点的值，根结点的值是最小的。这正是称其为大根堆和小根堆的原因。

因为堆可以看作一棵完全二叉树的顺序存储结构，所以关于堆的操作可以用对应的完全二叉树操作来说明。

2．算法思想

用堆进行选择排序的基本思想是：设有 n 个数据元素，将其按关键字排序。首先将这 n 个数据元素按关键字构建成一个堆（称为初始堆），将堆顶元素输出，得到 n 个数据元素中关键字最小（或最大）的数据元素。然后将剩下的 $n-1$ 个数据元素调整为堆，输出堆顶元素，得到 $n-1$ 个数据元素中关键字次小（或次大）的数据元素。如此反复，便得到一个按关键字有序的数据元素序列。这种排序过程称为堆排序。

实现堆排序需解决两个问题。

（1）如何将 n 个数据元素序列按关键字大小构建成堆？

（2）输出堆顶元素后，怎样调整剩余 $n-1$ 个数据元素，使其按关键字大小构建成一个新堆。

先讨论输出堆顶元素后，对剩余数据元素重新建成堆的调整过程。

调整方法：设有 n 个数据元素的堆，输出堆顶元素后，剩下 $n-1$ 个数据元素。将堆底元素送入堆顶，此时不再是堆，其原因仅是根结点不满足堆的性质。于是可以将根结点与左、右孩子结点中关键字较小（或较大）的数据元素进行交换。若与左孩子结点交换，则左子树堆被破坏，且仅左子树的根结点不满足堆的性质；若与右孩子结点交换，则右子树堆被破坏，且仅右子树的根结点不满足堆的性质。继续对不满足堆性质的子树进行上述交换操作，直到叶结点，最终变成新的堆。这个自根结点到叶结点的调整过程称为筛选。

例 9.7 已知关键字序列 12、36、24、85、47、30、53、91，判断其是否为堆，若不是，将其调整为堆。

由关键字序列画出一棵完全二叉树，如图 9.9（a）所示，由图 9.9（a）可知该堆是小根堆，输出关键字为 12 的结点并与关键字为 91 的结点交换后，此时不再是小根堆了，需要重新调整为堆。调整过程如图 9.9（b）～图 9.9（d）所示。

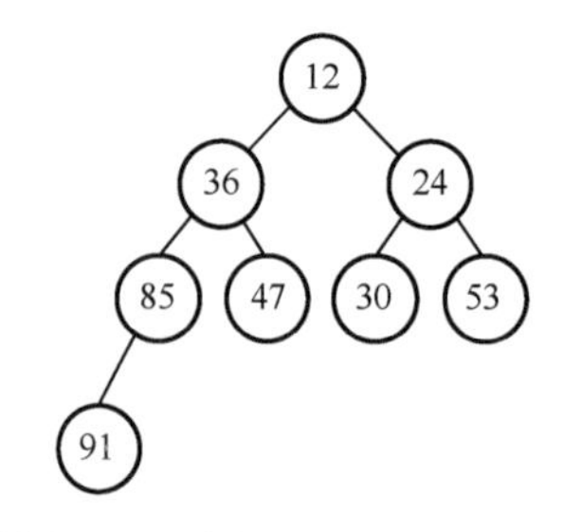

（a）输出堆顶关键字为12的结点，并将关键字为91的结点调到堆顶

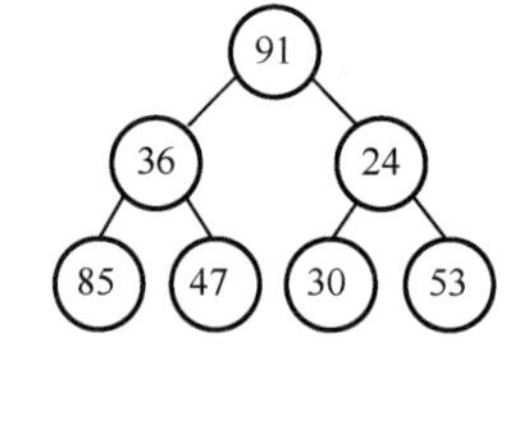

（b）不再是堆，根结点与右孩子结点交换

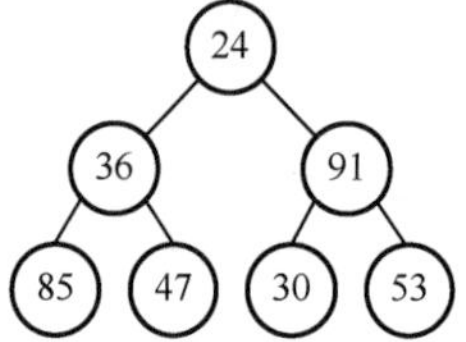

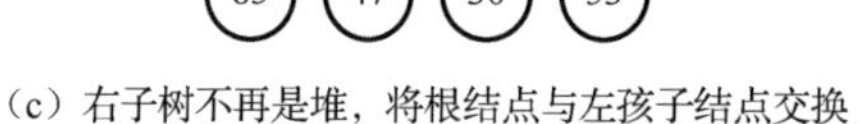

（c）右子树不再是堆，将根结点与左孩子结点交换

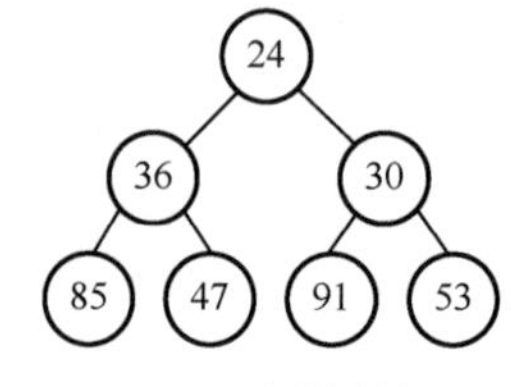

（d）已调整为堆

图 9.9 自堆顶到叶结点的调整过程

再讨论如何将 n 个数据元素按关键字构建成堆。

以建立大根堆为例讨论 n 个数据元素建立初始堆的过程。初始序列建堆的过程就是一个反复进行筛选的过程。将关键字序列看作含 n 个结点的完全二叉树，由完全二叉树的性质可知，最后一个分支结点是第 $\left\lfloor \frac{n}{2} \right\rfloor$ 个结点，其左孩子结点为第 $2\times\left\lfloor \frac{n}{2} \right\rfloor$ 个结点，若它有右孩子结点，则是第 $2\times\left\lfloor \frac{n}{2} \right\rfloor+1$ 个结点。对以第 $\left\lfloor \frac{n}{2} \right\rfloor$ 个结点为根结点的子树进行筛选，将左、右孩子结点中关键字较大的结点与根结点交换，使之成为堆。再对以第 $\left\lfloor \frac{n}{2} \right\rfloor-1$ 个结点为根结点的子树进行调整，使之成为堆，然后分别对第 $\left\lfloor \frac{n}{2} \right\rfloor-2$ 个、第 $\left\lfloor \frac{n}{2} \right\rfloor-3$ 个…结点为根结点的子树进行筛选，使该子树成为堆，直到根结点为止。

例 9.8 设关键字序列为 53、36、30、91、47、12、24、85，将其建立为一个堆。

建立大根堆的过程如图 9.10 所示。图 9.10（a）是关键字序列所对应的完全二叉树。图 9.10（b）～图 9.10（e）是调整过程。

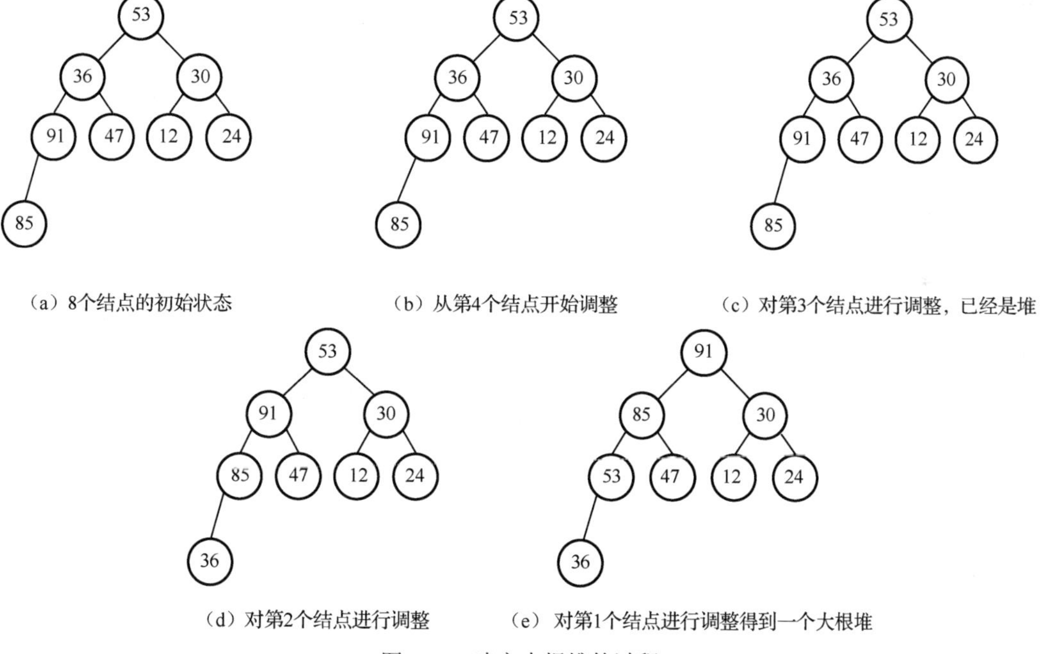

图 9.10　建立大根堆的过程

3. 算法描述

对 n 个数据元素的序列进行堆排序，先建立初始大根堆，将根结点与第 n 个结点交换；调整前 $n-1$ 个结点成为新大根堆，再将根结点与第 $n-1$ 个结点交换并重新调整成堆，……，重复上述操作，直到整个序列有序。

假定采用一维数组 $R[n]$存储 n 个数据元素，堆类型定义为顺序表。

```
typedef   SqList   HeapType;
```

堆排序算法描述如下。

```
void HeapAdjust(HeapType   &H, int s, int m)
```

```
    {  //R[s…m]中的记录关键字除 R[s]外均满足堆的定义，本函数将对以第 s 个结点为根结点的子树进行筛选，使其成为大根堆
        rc=H.R[s];
        for(j=2*s; j<=m; j=j*2)                      //沿关键字较大的孩子结点向下筛选
            { if(j<m && H.R[j].key < H.R[j+1].key)
                    j=j+1;                           //j 为关键字较大的结点下标
                if(rc.key < H.R[j].key)   break;     //结点 rc 应插入在位置 s 上
                  H.R[s]= H.R[j]; s=j;               //使结点 s 满足堆定义
            }
        H.R[s]=rc;                                   //插入
    }
void HeapSort(HeapType &H)
    { for(i= H.length/2; i>0; i--)                   //将 R[1...length]调整为堆
            HeapAdjust(H ,i， H.length);
      for(i= H.length; i>1; i--)
            { H.R[1]<--> H.R[i];                     //堆顶元素与堆底元素交换
               HeapAdjust(h, 1, i-1);                //将 R[1…i-1]重新调整为堆
            }
    }
```

4．算法性能分析

（1）时间复杂度。设树的深度为 k，则 $k=\lfloor \log_2 n \rfloor+1$。从根结点到叶结点的一趟筛选中关键字的比较次数至多是 $2(k-1)$，交换记录次数至多为 k。所以，在建好堆后，排序过程中的筛选次数不超过：

$$2(\lfloor \log_2(n-1) \rfloor+\lfloor \log_2(n-2) \rfloor+\cdots+\log_2 2 \rfloor)< 2n\log_2 n$$

而建堆时的比较次数不超过 $4n$ 次，因此堆排序算法在最坏情况下，时间复杂度也为 $O(n\log_2 n)$，与初始状态无关。

（2）空间复杂度。算法中不需要额外空间，空间复杂度为 $O(1)$。

（3）算法稳定性。堆排序算法是一种不稳定的排序算法。

9.5　二路归并排序

1．算法思想

二路归并排序的基本思想是，开始将含 n 个记录的表分成 n 个有序子表，每个子表只含有一个记录。第一趟对 n 个子表两两合并得到 $\left\lceil \frac{n}{2} \right\rceil$ 个有序子表，第二趟再将 $\left\lceil \frac{n}{2} \right\rceil$ 个有序子表两两合并成 $\left\lceil \frac{n}{4} \right\rceil$ 个有序子表。依次类推，直到剩下两个有序子表为止，再进行合并，最终得到排序结果。总共经过 $\lceil \log_2 n \rceil$ 趟合并。

二路归并排序的基本操作是将两个有序表合并为一个有序表。下面先介绍将两个有序表合并成一个新的有序表的过程。

设 $R[u...t]$ 由两个有序子表 $R[u...v-1]$ 和 $R[v…t]$ 组成，两个子表长度分别为 $v-u$、$t-v+1$。合并方法如下。

```
（1）i=u；j=v；k=u；                    //设置两个子表的起始下标及辅助数组的起始下标
```

```
（2）若 i>v 或 j>t，转（4）；                                //其中一个子表已合并完，比较选取结束
（3）如果 R[i].key<R[j].key，Rf[k]=R[i]；i++；k++；转（2）      //选取 R[i]和 R[j]关键字较小的记录
                                                                  //存入辅助数组 Rf[k]
    否则，Rf[k]=R[j]；j++；k++；转（2）
（4）如果 i<v，将 R[i…v-1]存入 Rf[k...t]                    //前一个子表非空，尚未处理完的子表中记录存入 Rf
    如果 j<=t，将 R[i…v]存入 Rf[k…t]                        //后一个子表非空
（5）合并结束
```

2．算法描述

（1）一趟归并算法如下。

```
void    Merge( RecType    R[ ], RecType &R1[ ], int i, int m, int n)
        { for(j=m+1, k=i; i<=m && j<=n; k++)
              { if(R[i].key<R[j].key)
                    {R1[k]=R[i]; i++; }
                 else    {    R1[k]=R[j]; j++; }
              }
           if(i<=m) R1[k...n]=R[i...m];
           if(j<=n) R1[k…n]=R[j...n];
        }
```

例 9.9　设关键字序列为 45、38、65、97、76、13、27，用二路归并方法排序。

开始将每个记录作为一个有序子表（单记录集合），共 7 个子表。然后两两归并（第 7 个子表不用归并，直接参加下一轮归并），得到 4 个有序子集。再次两两归并得到 2 个有序子集，最后将两个有序子集归并。归并过程如图 9.11 所示。

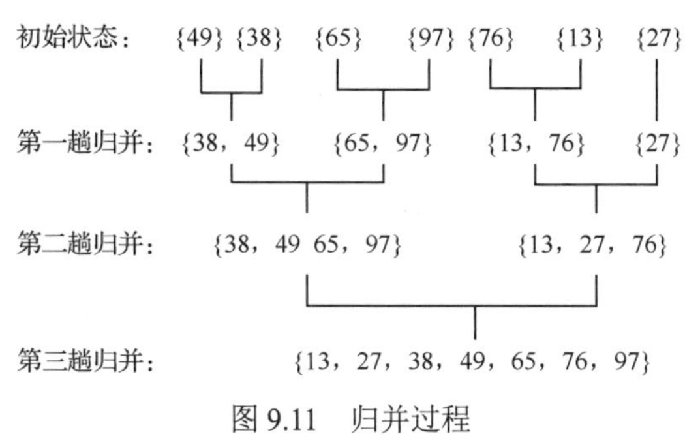

图 9.11　归并过程

经过[$\log_2 7$]+1=3 趟排序结束。

（2）二路归并递归算法如下。

```
void MSort(RecType R[ ], Rec Type R [ ], int s, int t)        //将 R[s..t]归并排序为 R1[s..t]
     { if(s= =t)    R1[s]=R[s]
       else    {    m=(s+t)/2;                                 //平分 R 表
                    MSort(R, R1, s, m);                        //递归地将 R[s…m]归并为有序的 R1[s...m]
                    MSort(R, R1, m+1, t);                      //递归地将 R[m+1...t]归并为有序的 R1[m+1…t]
                    Merge(R1, R2, s, m, t);                    //将 R1[s...m]和 TR[m+1…t]归并到 R1[s…t]
               }
     }
void MeRgeSoRt(SqList &L)                                      //对顺序表 L 进行二路归并排序
     {    MSort(L.R, R2, 1, L.length); }
```

3. 算法性能分析

（1）时间复杂度。对 n 个记录的表，将这 n 个记录看作叶结点，若将两两归并生成的子表看作它们的父结点，则归并过程对应由叶结点向根结点生成一棵二叉树的过程。所以归并趟数约等于二叉树的深度减 1，即 $\log_2 n$，每趟归并需移动记录 n 次，故时间复杂度为 $O(n\log_2 n)$。

（2）空间复杂度。二路归并排序需要一个与待排序表等长的辅助数组空间，所以空间复杂度为 $O(n)$。

（3）算法稳定性。二路归并排序算法是一种稳定的排序算法。

9.6 基数排序

基数排序是一种借助于多关键字排序的方法，是一种将单关键字按基数分为“多关键字”进行排序的方法。与前面介绍的排序算法不同，这种方法不基于关键字的比较操作。

9.6.1 多关键字排序

先看一个例子：扑克牌中的 52 张牌，可按花色和面值分成两个字段，其大小关系为

花色：梅花<方块<红桃<黑桃。

数字：2<3<4<5<6<7<8<9<10<J<Q<K<A。

若对扑克牌按花色、数字进行升序排序，可得到的序列为梅花 2, 梅花 3, …, 梅花 A，方块 2, 方块 3, …, 方块 A，红桃 2, 红桃 3, …, 红桃 A，黑桃 2, 黑桃 3, …, 黑桃 A，即两张牌若花色不同，不论数字是多少，花色低的那张牌小于花色高的，只有在同花色的情况下，大小关系才由数字决定。这就是多关键字排序。

为得到排序结果，我们讨论两种排序方法。

方法 1：先对花色排序，将其分为 4 个组，即梅花组、方块组、红桃组、黑桃组。再对每个组分别按数字进行排序，最后，将四个组连接起来即可。

方法 2：先按 13 个数字给出 13 个编号组（2 号, 3 号, …, A 号），将牌按数字依次放入对应的编号组，分成 13 堆。再按花色给出 4 个编号组（梅花组、方块组、红桃组、黑桃组），将 2 号组中牌取出分别放入对应花色组，接着将 3 号组中牌取出分别放入对应花色组，……，这样，4 个花色组中均按数字有序，最后，将 4 个花色组依次连接起来即可。

按照上述思想，下面对多关键字排序方法的基本思想给出确切描述。

设含有 n 个记录的待排序序列包含 d 个关键字 $\{k^1, k^2, \cdots, k^d\}$，序列对关键字 $\{k^1, k^2, \cdots, k^d\}$ 有序是指，对于序列中任意两个记录 $R[i]$ 和 $R[j](1\leqslant i\leqslant j\leqslant n)$ 都满足以下关系：

$$k_i^1, k_i^2, \ldots, k_i^d < k_j^1, k_j^2, \ldots, k_j^d$$

式中，k^1 称为最主位关键字；k^d 称为最次位关键字。

多关键字排序是按照从最主位关键字到最次位关键字或从最次位到最主位关键字的逐次排序过程，可以分为两种方法。

最高位优先（Most Significant Digit First）排序法，简称 MSD 法：先按 k^1 排序分组，同一组中记录的关键字 k^1 相等时，再对各组按 k^2 分成子组，之后，对后面的关键字继续这样排序分组，直到按最次位关键字 k^d 对各子组排序为止。再将各组连接起来，便得到一个有序序列。例如，扑克牌按花色、数字排序中介绍的方法 1 就是 MSD 法。

最低位优先（Least Significant Digit First）排序法，简称 LSD 法：先按 k^d 开始排序，再按 k^{d-1} 进行排序，依次重复，直到对 k^1 排序后便得到一个有序序列。例如，扑克牌按花色、数字排序中介绍的方法 2 就是 LSD 法。

9.6.2 链式基数排序

将关键字拆分为若干项，每项作为一个“关键字”，则对单关键字的排序可按多关键字排序的方法进行。例如，关键字为 4 位的整数，可以按每位对应一项，拆分成 4 项；又如，关键字是由 5 个字符组成的串，可以将每个字符作为一个关键字。这样拆分后，每个关键字都在相同的范围内(数字为0～9,字符为a～z或A～Z)。关键字中所有可能出现的符号个数称为基数,记作RADIX。例如，以数字为关键字的“基数”为 10；以英文字母为关键字的“基数”为 26。基于这一特性，用 LSD 法排序较为方便。

1. 算法思想

设关键字的最大长度（所含字符个数）为 d。基数排序的过程，就是每趟分别进行“分配”和“收集”的过程。“分配”就是用 RADIX 个链队列作为分配队列，每个队列的头尾指针用两个数组存放，从最低位关键字起，分别将关键字相同的记录存入同一个链队列，按关键字的不同值将序列中的记录“分配”到 RADIX 个队列中；“收集”就是将 RADIX 个队列中的关键字按大小顺序拉成一个单链表。如此重复 d 趟即可。

例 9.10 用单链表存储待排序记录，头结点指向第一个记录。链式基数排序过程如图 9.12 所示。

初始记录的单链表如图 9.12（a）所示。

第一趟按关键字的个位数字分配，将关键字个位数字按 0～9 分配到相应的链队列中，如图 9.12（b）所示。

第一趟收集。将各队列链接起来，形成单链表，如图 9.12（c）所示。

第二趟按十位数字分配，将关键字十位数字按 0～9 分配到相应的链队列中，如图 9.12（d）所示。

第二趟收集。将各队列链接起来，形成单链表，如图 9.12（e）所示。

第三趟按关键字的百位数字分配。将关键字百位数字按 0～9 分配到相应的链队列中，如图 9.12（f）所示。

第三趟收集：将各队列链接起来，形成单链表，如图 9.12（y）所示。此时，序列已有序。

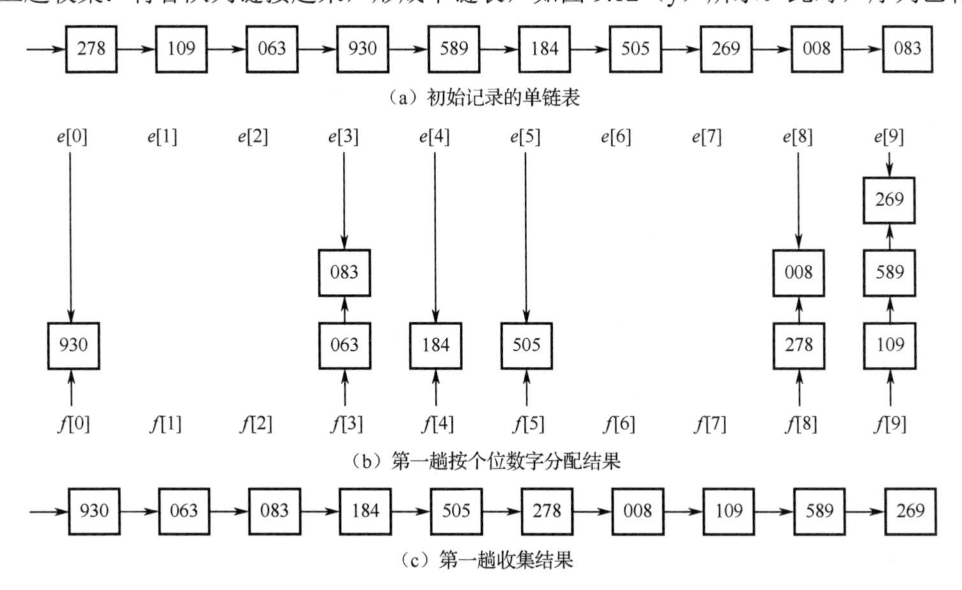

图 9.12 链式基数排序过程

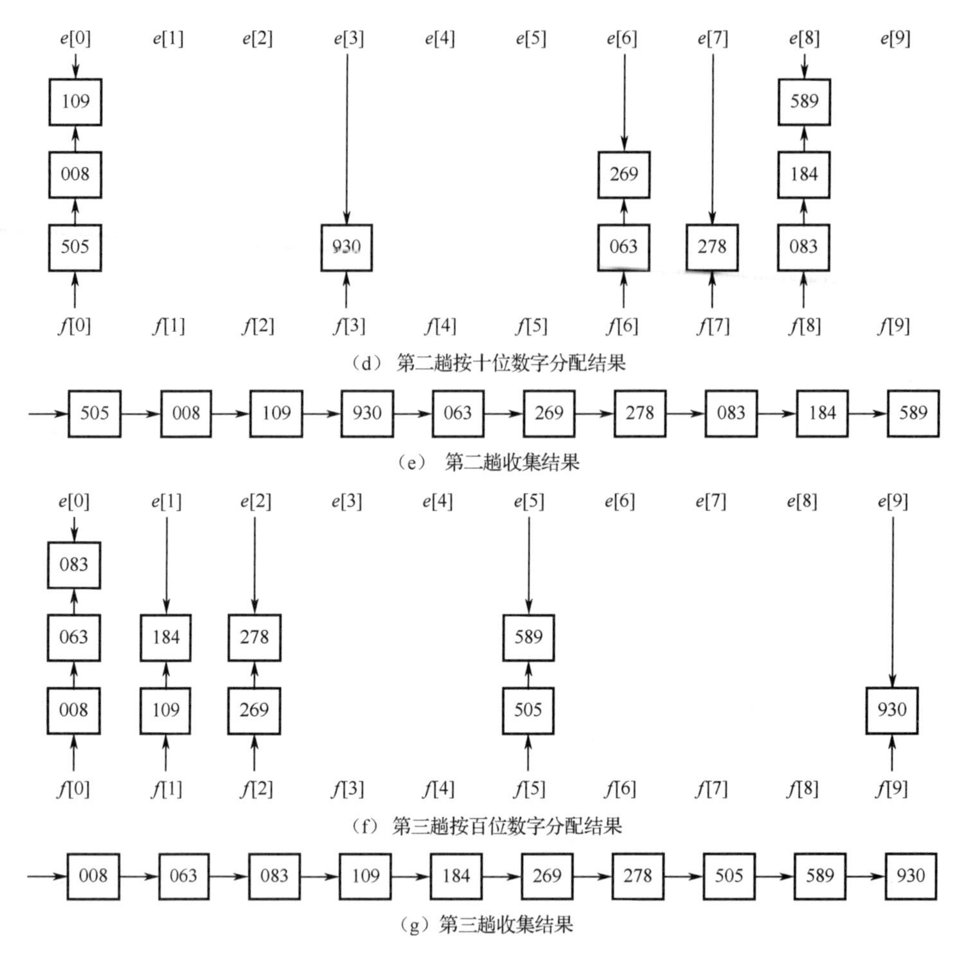

图 9.12 链式基数排序过程（续）

2. 基于链式存储结构的基数排序算法描述

存储结构定义如下。

```
#define   MAX_KEY_NUM   8               //关键字长度的最大值
#define   RADIX   10                    //关键字的基数，此时为十进制整数的基数
#define    MAX_SPACE   1000             //分配时可利用的最大存储空间
typedef     struct{
     KeyType   keys[MAX_KEY_NUM];       //关键字类型
     InfoType   otheRitems;             //其他信息
     Int     next;                      //指针域
  }  NodeType;                          //表结点类型
typedef     struct{
     NodeType   R[MAX_SPACE];           //静态链表，R[0]为头结点
     Int   keynum;                      //关键字个数
     Int   length;                      //当前表中的记录数
  } SLList;                             //静态链表类型
typedef   int    ArrayPtr[RADIX];       //数组指针，分别指向各队列
```

分配算法如下。

```
void   Distribute(NodeType   &R, int i, ArrayPtr   f, ArrayPtr   e)
```

```
    { //静态链表 SLList 的 R 域中记录已按 kyes[0], keys[1], …, keys[i-1]有序
      //按第 i 个关键字 keys[i]建立 RADIX 个子表，使同一子表中的记录的 keys[i]相同
      //f[0…RADIX-1]和 e[0…RADIX-1]分别指向各子表的第一个和最后一个记录
       for(j=0; j<RADIX; j++) f[j]=0;                //各子表初始化为空表
       for(p=R[0].next; p; p=R[p].next)
          { j=ord(R[p].keys[i]);                      //ord 将记录中第 i 个关键字映射到[0…RADIX-1]中
            if(!f[j])   f[j]=p;
            else    R[e[j]].next=p;
            e[j]=p;                                   //将指针 p 所指的结点插到第 j 个子表中
          }
    }
```

收集算法如下。

```
void  Collect (NodeType *R, int i, ArrayPtr f, ArrayPtr e)
  { //按 keys[i]从小到大的顺序将 f[0…RADIX-1]所指的各子表依次连接成一个链表，*e[0…RADIX-1]为各子表的尾指针
      for(j=0;!f[j]; j=succ(j));                      //查找第一个非空子表，succ 为求后继函数
      R[0].next=f[j]; t=e[j];                         //R[0].next 指向第一个非空子表中的第一个结点
      while(j<RADIX)
          for(j=succ(j); j<RADIX-1&&!f[j]; j=succ(j));     //查找下一个非空子表
            if(f[j])   { R[t].next=f[j]; t=e[j];}          //连接两个非空子表
          R[t].next=0;                                     //指针 t 指向最后一个非空子表中的最后一个结点
  }
```

基数排序算法如下。

```
void  RadixSort( SLList  &L)
    { //对链表 L 进行基数排序，使其成为按关键字升序的静态链表，L. R[0]为头结点
      for(i=0; i<L.length; i++)   L.R[i].next=i+1;
      L.R[L.keynum].next=0;                          //将链表 L 改为静态链表
      for(i=0; i<L. keynum; i++)                     //按最低位优先依次对各关键字进行分配和收集
          { Distribute(L.R, i, f, e);                //第 i 趟分配
            Collect(L.R, i, f, e);                   //第 i 趟收集
          }
    }
```

3. 算法性能分析

（1）时间复杂度。设待排序序列有 n 个记录，d 为关键字的基数，关键字的最大长度为 RADIX，则进行链式基数排序的时间复杂度为 $O(d(n+\mathrm{RADIX}))$，其中，一趟分配过程的时间复杂度为 $O(n)$，一趟收集过程的时间复杂度为 $O(\mathrm{RADIX})$，共进行 d 趟分配和收集，总的时间复杂度为 $O(d(n+\mathrm{RADIX}))$。

（2）空间复杂度。需要 2*RADIX 个指向队列的辅助空间，以及用于静态链表的 n 个指针，总的空间复杂度为 $O(n+\mathrm{RADIX})$。

（3）算法稳定性。基数排序算法是一种稳定的排序算法。

9.6.3 计数排序

计数排序的算法思想是，设待排序记录数组为 $R[n]$，并假定 n 个记录的关键字互不相同。附设一个数组 $S[n]$，第一趟统计小于第一个记录关键字的记录个数 i_1，将第一个记录移动到数组 $S[i_1]$ 中，第二趟统计小于第二个记录关键字的记录个数 i_2，将第二个记录移动到数组 $S[i_2]$中，依次类推，经过 n 趟排序结束。

算法描述如下。

```
void   CountSort (SList R[ ], int n )            //对 n 个记录进行计数排序
     { SList S[n];                                  //附设数组 S[n],
       for (i=1; i<=n; i++ )                        //n 趟排序
          {   count =0;                             //计数器初始化
              for ( j=1; j<n; j++ )                 //统计关键字大于第 i 个记录关键字的记录个数
                  if (R[j].key >R[i] .key) count ++;
              S[count]=R[i];                        //移动到数组 S 中的最终所在位置
          }
       for (i=1; i<n; i++ )   R[i]=S[i] ;           //将纪录移回 R 中
       free(S);                                     //释放数组 S
     }
```

计数排序算法的比较次数为 n^2，移动记录次数为 $2n$，时间复杂度为 $O(n^2)$，空间复杂度为 $O(n)$。

9.7　各种排序算法的比较

前面介绍了 5 种排序算法，以下从时间复杂度、空间复杂度、稳定性、与初始状态的相关性等几个方面对各种排序算法进行比较，如表 9.1 所示。

表 9.1　各种排序算法的比较

排序算法	最好情况下的时间复杂度	最坏情况下的时间复杂度	平均时间复杂度	空间复杂度	算法稳定性	与初始状态的相关性	适应场合
直接插入排序算法	$O(n)$	$O(n^2)$	$O(n^2)$	$O(1)$	稳定	有关	n 较小且初始状态基本有序
希尔排序算法			$O(n^{1.3})$	$O(1)$	不稳定	有关	n 较大且初始状态无序
冒泡排序算法	$O(n)$	$O(n^2)$	$O(n^2)$	$O(1)$	稳定	有关	n 较小且初始状态基本有序
快速排序算法	$O(n\log_2 n)$	$O(n^2)$	$O(n\log_2 n)$	$O(\log_2 n)$	不稳定	有关	n 较大且初始状态无序
简单选择排序算法	$O(n^2)$			$O(1)$	不稳定	无关	n 较小且初始状态基本有序
堆排序算法	$O(n\log_2 n)$			$O(1)$	不稳定	无关	n 较大且初始状态无序
二路归并排序算法	$O(n\log_2 n)$			$O(n)$	稳定	无关	n 较大且初始状态无序
基数排序算法	$O(d(n+\text{RADIX}))$			$O(n+\text{RADIX})$	稳定	无关	关键字为数字

进一步说明如下。

（1）从平均时间复杂度来看，快速排序算法、堆排序算法和二路归并排序算法的平均时间复杂度都属于同一数量级 $O(n\log_2 n)$，其中快速排序算法好于其他几种，但其与记录序列的初始状态有关。堆排序算法和二路归并排序算法都与记录序列的初始状态无关，当 n 较大时二路归并排序算法好于堆排序算法。希尔排序的速度与增量序列的选择有较大关系，不易掌握。直接插入排序、冒泡排序和简单选择排序三种算法的平均时间复杂度都属于 $O(n^2)$ 数量级，当 n 较小且初始记录序

列基本有序时，是较好的排序算法，尤其是直接插入排序算法，更是首选的算法。基数排序算法的平均时间复杂度属于 $O(dn)$数量级，当 n 较大且关键字较小时是最佳的排序方法。

（2）从空间复杂度来看，快速排序算法、二路归并排序算法和基数排序算法都需要 $O(n)$数量级的辅助空间，当 n 较大时，额外空间开销不容忽视，尤其在存储空间紧张的情况下，用这些算法不是最好的选择。其他算法基本上都只需一个记录的辅助空间。

（3）从算法稳定性来看，时间复杂度好的排序算法除二路归并排序算法外都不稳定。而时间复杂度差的排序算法除简单选择排序算法外都是稳定的。基数排序算法也是稳定的。算法稳定性并不是作为评价排序算法的一个重要指标，多数情况下可以忽略。

最后强调一点，在评价排序算法优劣时，不能说哪一种算法绝对好或不好，只能说各有长处和不足，各自适应不同的场合，应根据具体情况选择适当的排序算法，以达到最佳效果。

9.8　外部排序

前几节所讨论的各种排序算法都是针对内存中的数据，当数据量较少时，上述排序算法是可行的。如果待排序的数据量很大，内存无法容纳，此时需要把大部分数据放到外存中，内存只能作为当前小部分排序数据的工作区使用。外存上的数据称为外部数据，这些数据具有永久性、可重复使用性和动态性等特点。外部数据通常以文件的形式保存，外部排序就是对外部数据的排序。外部排序的基本思想是，从文件中每次读出一部分数据放到内存中，进行内部排序，排好后写入一个文件，称其为有序文件，经过若干次处理得到多个有序文件，然后对多个有序文件进行归并排序，最后得到一个有序文件。从这种排序方法不难看出，外部排序涉及大量的磁盘读写操作，需要花费许多时间，减少读写磁盘时间成为提高外部排序的效率的主要因素。由于外部排序较为复杂，本节不做深入讨论，仅就主要问题进行介绍。

9.8.1　外部排序的方法

外部排序基本上由两个相互独立的阶段组成。首先，按可用内存大小，将外存上含 n 个记录的文件分成若干个长度为 k 的子文件或段（Segment），依次读入内存并利用有效的内部排序方法对它们进行排序，并将排序后得到的有序子文件重新写入外存，通常称这些有序子文件为归并段。然后，对这些归并段进行逐趟归并，使归并段（有序子文件）逐渐由小到大排序，直到得到整个有序文件为止。显然，第一阶段的工作已经讨论过。以下主要讨论第二阶段的归并过程。

先从一个例子说明外部排序中的归并是如何进行的。假设有一个含 10 000 个记录的文件，首先通过 10 次内部排序得到 10 个初始归并段 R_1～R_{10}，其中每段都含 1000 个记录。然后对它们进行如图 9.13 所示的两两归并，直至得到一个有序文件为止。

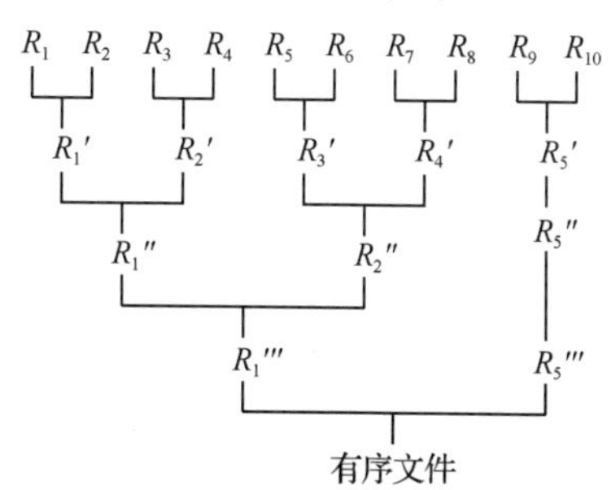

图 9.13　二路归并排序过程

从图 9.13 可知，由 10 个初始归并段到一个有序文件，共进行了四趟归并，每一趟从 m 个归并段得到$\left\lfloor \frac{m}{2} \right\rfloor$个归并段。这种方法称为二路平衡归并。将两个有序段归并成一个有序段的过程，若在内存中进行，则很简单，用前面讨论的二路归并排序中的 Merge 函数便可实现。但是，在外部排序中实现两两归并时，不仅要调用 Merge 函数，还要进行外存的读、写，这是由于我们不可能将两个有序段及其归并结果同时放在内存中。对外存上信息的读、写是以“物理块”为单位进行的。假设在上例中每个物理块可以容纳 200 个记录，则每一趟归并需进行 50 次“读”操作和 50 次“写”操作，四趟归并加上内部排序所需进行的读、写操作，使得在外部排序中总共需要进行 500 次的读、写操作，所花费的时间很多。

一般情况下，设外部排序所需的总时间为 T，内部排序（产生初始归并段）所需时间为 mt_{is}，外存信息读写的时间为 dt_{io}，外部归并排序所需的时间为 sut_{mg}，则有

$$T=mt_{is}+dt_{io}+sut_{mg}$$

式中，t_{is} 是为得到一个初始归并段进行的内部排序所需时间的平均值；t_{io} 是进行一次外存读、写时间的平均值；ut_{mg} 是对 u 个记录进行内部归并所需的时间；m 为经过内部排序之后得到的初始归并段的个数；d 为总的读、写次数；s 为归并的趟数。由此可见，上例 10 000 个记录利用二路归并进行排序所需总的时间为 $10t_{is}+500t_{io}+4\times10000t_{mg}$。

其中，t_{io} 取决于所用的外存设备，显然，t_{io} 较 t_{mg} 要大得多。因此，提高排序效率应主要着眼于减少外存信息的读、写次数 d。

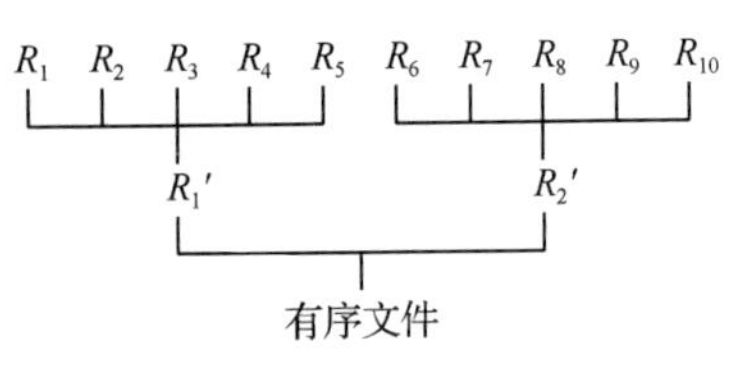

图 9.14　多路归并排序

下面来分析外存信息读写次数 d 和“归并过程”的关系。若对上例中所得的 10 个初始归并段进行五路平衡归并（每一趟将 5 个或 5 个以下的有序子文件归并成一个有序子文件)，如图 9.14 所示，则由图 9.14 可知，仅需进行二趟归并，外部排序时总的读、写次数便减少至 2×100+100=300，比二路归并减少了 200 次的读、写。

对同一文件而言，进行外部排序时所需读、写次数和归并的趟数 s 成正比。在一般情况下，对 m 个初始归并段进行 k 路平衡归并时，归并的趟数为

$$s=\lfloor \log_k m \rfloor$$

由上式可见，若增加路数 k 或减少初始归并级数 m 都能减少归并趟数 s。9.8.2 节分别就这两个方面进行讨论。

9.8.2　多路平衡归并的实现

从上式可见，增加路数 k 可以减少归并趟数 s，从而减少外存读、写次数。但是，单纯增加路数 k 将导致增加内部归并的时间 ut_{mg}。那么如何解决这个矛盾呢？

先看二路归并，令 u 个记录分布在两个归并段上，用 Merge 函数进行归并，每得到归并后的含 u 个记录的归并段需进行 $u-1$ 次比较。

再看 k 路归并。令 u 个记录分布在 k 个归并段上，显然，归并后的第一个记录应是 k 个归并段中关键字最小的记录，即应从每个归并段的第一个记录的相互比较中选出最小者，这需要进行 $k-1$ 次比较。同理，每得到归并后的有序段中的一个记录，都要进行 $k-1$ 次比较。显然，为得到含 u 个记录的归并段需进行$(u-1)(k-1)$次比较。由此，对 n 个记录的文件进行外部排序时，在内部归并过程中进行的总的比较次数为 $s(k-1)(n-1)$。假设所得初始归并段为 m 个，则可得到内部归并过程中进行比较的总次数为

$$\lceil \log_k m \rceil (k-1)(n-1)t_{mg} = \left\lceil \frac{\log_2 m}{\log_2 k} \right\rceil (k-1)(n-1)t_{mg}$$

由于 $\dfrac{k-1}{\log_2 k}$ 随 k 的增加而增加，所以内部归并时间也随 k 的增加而增加，这将抵消由于增大 k 而减少外存信息读写时间所得到的效益，这是我们所不希望的。然而，若在进行 k 路归并时利用“败者树”（Tree of Loser）可使在 k 个记录中选出关键字最小的记录时仅需进行 $\lceil \log_2 k \rceil$ 次比较，从而使总的归并时间变为

$$\lceil \log_2 m \rceil (n-1)t_{\text{mg}}$$

显然它不再随 k 的增加而增加。

“败者树”是树形选择排序的一种变形。图 9.8 和图 9.9 中的二叉树为“胜者树”（Tree of Winner），因为每个分支结点均表示其左、右孩子结点中“胜者”。反之，若在双亲结点中记下刚进行完的这场比赛中的败者，而让胜者去参加更高一层的比赛，便可得到一棵“败者树”。

例 9.11 利用败者树进行五路归并排序。

图 9.15（a）所示为一棵实现五路归并的败者树 ls[0…4]，图中的方形结点表示叶结点（也可看作外部结点），分别为 5 个归并段中参加当前归并的待选择记录的关键字；败者树中根结点 ls[1] 的双亲结点 ls[0]为“冠军”，在此指示各归并段中的最小关键字记录为第三段中的记录；结点 ls[3] 指示 b1 和 b2 两个叶结点中的败者，即结点 b2，而胜者 b1 和 b3（b3 是叶结点 b3、b4 和 b0 经过两场比赛后选出的胜者）进行比较，结点 ls[1]则指示它们中的败者，即结点 b1。在选得最小关键字的记录之后，只要修改叶结点 b3 中的值，使其为同一归并段中的下一个记录的关键字，然后从该结点向上和双亲结点中的关键字进行比较，败者留在该双亲结点，胜者继续向上直至根结点的双亲结点，如图 9.15（b）所示。当第三个归并段中的第二个记录参加归并时，选得最小关键字记录为第一个归并段中的记录。为了防止在归并过程中某个归并段变为空，可以在每个归并段中附加一个关键字为最大的记录。当选出的“冠军”记录的关键字为最大值时，表明此次归并已完成。由于实现 k 路归并的败者树的深度为 $[\log_2 k]+1$，则在 k 个记录中选择最小关键字仅需进行 $[\log_2 k]$ 次比较。败者树的初始化也容易实现，只要先令所有的分支结点指向一个含最小关键字的叶结点，然后从各叶结点出发调整分支结点为新的败者即可。

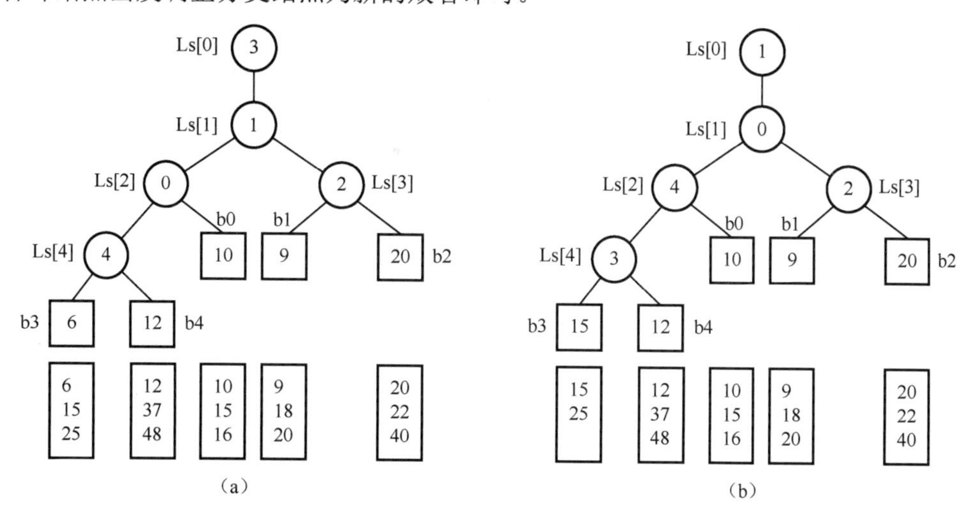

图 9.15 实现五路归并的败者树

下面的程序中简单描述了利用败者树进行 k 路归并的过程，为了突出如何利用败者树进行归并，避开了外存信息存取的细节，可以认为归并段存在。

算法描述如下。

```
typedef   int LoserTree[k]                    //败者树是完全二叉树且不含叶结点，可采用顺序存储结构
```

```
typedef  struct{
        KeyType  key;
    }  ExNode,External[k+1];                      //外部结点，只存放待归并记录的关键字
void  K_Merge(LoserTree &ls , External &b)//k 路归并处理程序
   {                                          //利用败者树 ls 将编号从 0 到 k-1 的 k 个输入归并段中的记录归
并到输出归并段
                                              //b[0]到 b[k-1]为败者树上的 k 个叶结点，分别存放 k 个输入归并
段中当前记录的关键字
      for(i=0; i<k; i++)  input(b[i].key);//别从 k 个输入归并段读入该归并段归并当前第一个记录的关键字到外部
结点
      CreateLoserTree(ls);                 //构建败者树 ls，选得最小关键字为 b[0].key
      while(b[ls[0]].key!=MAXKEY)
          { q=ls[0];                       //编号 q 表示当前最小关键字所在的归并段
            output(q);                     //将编号为 q 的归并段中当前关键字为 b[q].key 的记录写至输出归并段
            input(b[q].key，q);            //从编号为 q 的输入归并段中读入下一个记录的关键字
            Adjust(ls,q);                  //调整败者树，选择新的最小关键字
          }
     output(ls[0]);                        //将含最大关键字 MAXKEY 的记录写至输出归并段
   }
void  Adjust(LoserTree &ls , int s)       //选择最小关键字记录后，从叶结点到根结点调整败者树，选择下一个
最小关键字
   {                                       //沿从叶结点 b[s]到根结点 ls[0]的路径调整败者树
     t=(s+k)/2;                            //结点 ls[t]是结点 b[s]的双亲结点
     while(t>0)
         { if(b[s].key>b[ls[t]].key)
                s←→ls[t];                  //指针 s 指向新的胜者
           t=t/2;
         }
     ls[0]=s;
   }
void  CreateLoserTree(LoseRTRee &ls)      //建立败者树
   {                                          //已知 b[0]到 b[k-1]为完全二叉树 ls 的叶结点存有的 k 个关键字，
沿从叶结点到根结点的 k 条路径
                                              //将 ls 调整为败者树
      b[k].key=MINKEY;                        //设 MINKEY 为关键字可能的最小值
      for(i=0;i<k;i++)   ls[i]=k;             //设置 ls 中“败者”的初值
      for(i=k-1;k>0;i--)  Adjust(ls,i);       //依次从 b[k-1],b[k-2],⋯,b[0]出发调整败者
   }
```

最后要提及一点，k 的选择并非越大越好，如何选择合适的 k 是一个需要综合考虑的问题。

本章小结

为了提高数据的查找效率，需要对数据进行排序，本章的学习要点如下。

（1）理解并掌握排序的基本概念和排序方法的分类。

（2）掌握插入排序（包括直接插入排序、折半插入排序和希尔排序）的算法思想、算法实现和算法性能分析。

（3）掌握交换排序（包括冒泡排序和快速排序）的算法思想、算法实现和算法性能分析。

（4）掌握选择排序（包括简单选择排序、树形选择排序和堆排序）的算法思想、算法实现

和算法性能分析。

（5）掌握二路归并排序的算法思想、算法实现和算法性能分析。

（6）掌握基数排序的算法思想、算法实现和算法性能分析。

（7）掌握各种排序方法的性能和选择方法。

（8）了解外部排序的特点和利用败者树实现多路平衡归并的过程。

（9）灵活运用各种排序算法解决一些综合应用问题。

习题 9

一、选择题

1．在下列排序算法中，稳定的是（　　），平均速度最快的是（　　），所需辅助存储空间最多的是（　　）。

A．希尔排序　　B．快速排序　　C．堆排序　　D．归并排序

2．若要在 $O(n\log_2 n)$ 数量级的时间内完成对数组的排序，且要求排序是稳定的，则可选择的排序方法为（　　）。

A．快速排序　　B．堆排序　　C．归并排序　　D．希尔排序

3．在下列排序算法中，（　　）算法的时间复杂度与初始排序无关。

A．直接插入排序　　B．冒泡排序　　C．快速排序　　D．简单选择排序

4．一组记录的关键字序列为 46, 79, 56, 38, 40, 84，用堆排序方法建立的初始大根堆为（　　）。

A．79, 46, 56, 38, 40, 84　　B．84, 79, 56, 38, 40, 46

C．84, 79, 56, 46, 40, 38　　D．84, 56, 79, 40, 46, 38

5．一组记录的关键字序列为 46, 79, 56, 38, 40, 84，用快速排序方法，以第一个关键字为支点，得到的第一次划分结果为（　　）。

A．38, 40, 46, 56, 79, 84　　B．40, 38, 46, 79, 56, 84

C．40, 38, 46, 56, 79, 84　　D．40, 38, 46, 84, 56, 79

6．一组记录的关键字序列为 25, 48, 16, 35, 79, 82, 23, 40, 36, 72，用二路归并排序方法进行排序，第二趟归并的结果为（　　）。

A．16, 25, 35, 48, 23, 40, 79, 82, 36, 72　　B．16, 25, 35, 48, 79, 82, 23, 36, 40, 72

C．16, 25, 35, 46, 23, 36, 40, 79, 82, 72　　D．16, 25, 35, 48, 79, 23, 36, 40, 72, 82

7．在以下排序方法中，关键字比较的次数与记录的初始排列次序有关的是（　　）。

A．归并排序　　B．堆排序　　C．插入排序　　D．选择排序

8．下列排序算法中，（　　）算法可能会出现下面情况：初始数据有序时，花费的时间反而更多。

A．堆排序　　B．冒泡排序　　C．希尔排序　　D．快速排序

9．关键字序列为 8, 9, 10, 4, 5, 6, 20, 1, 2，它只能是下列排序算法中的（　　）的两趟排序后的结果。

A．选择排序　　B．冒泡排序　　C．插入排序　　D．堆排序

10．直接插入排序在最好的情况下，其时间复杂度为（　　）。

A．$O(\log_2 n)$　　B．$O(n)$　　C．$O(n^2)$　　D．$O(n\log_2 n)$

11．对一组记录（关键字 84, 47, 25, 15, 21）排序，记录的排列次序在排序的过程中的变化如下。

初始状态：84, 47, 25, 15, 21。

第一趟：15, 47, 25, 84, 21。

第二趟：15, 21, 25, 84, 47。

第三趟：15, 21, 25, 47, 84。

则采用的是（　　）排序方法。

A．选择　　B．冒泡　　C．快速　　D．插入

12．下列排序方法中，（　　）不能保证每趟排序至少能将一个记录放到其最终的位置上。

A．快速排序　　B．希尔排序　　C．堆排序　　D．冒泡排序

13．在序列“局部有序”或序列长度较小的情况下，最佳内部排序的方法是（　　）。

A．直接插入排序　　B．冒泡排序　　C．简单选择排序　　D．快速排序

14．如果只想得到 1000 个记录组成的序列中第五个最小关键字记录之前的部分排序的序列，用（　　）方法最快。

A．冒泡排序　　B．快速排列　　C．希尔排序　　D．堆排序

E．简单选择排序

15．对初始状态为递增序列的表按递增顺序排序，最省时间的是（　　）算法，最费时间的是（　　）算法。

A．堆排序　　B．快速排序　　C．插入排序　　D．归并排序

16．冒泡排序在最好情况下的时间复杂度为（　　）

A．$O(\log_2 n)$　　B．$O(n)$　　C．$O(n\log_2 n)$　　D．$O(n^2)$

17．若需在 $O(n\log_2 n)$的时间内完成对数组的排序，且排序方法与初始状态无关，则可选择的排序方法是（　　）。

A．快速排序　　B．堆排序　　C．归并排序　　D．直接插入排序

18．在含有 n 个关键字的小根堆中，关键字最大的记录有可能存储在第（　　）位置上。

A．$\frac{n}{2}$　　B．$\frac{n}{2}-1$　　C．1　　D．$\frac{n}{2}+2$

19．采用递归方式对顺序表进行快速排序，下列关于递归次数的叙述中，正确的是（　　）。

A．递归次数与初始状态无关

B．每次划分后先处理较长的分区可以减少递归次数

C．每次划分后先处理较短的分区可以减少递归次数

D．递归次数与每次划分后得到的分区处理次序无关。

20．对一组记录（关键字为 2, 12, 16, 85, 5, 10）进行排序，若前三趟排序结果如下。

第一趟：2, 12, 16, 5, 10, 88。

第二趟：2, 12, 5, 10, 16, 88。

第三趟：2, 5, 10, 12, 16, 88。

则采用的排序方法可能是（　　）

A．冒泡排序　　B．希尔排序　　C．归并排序　　D．基数排序

二、填空题

1．若不考虑基数排序，则在排序过程中，主要进行的两种基本操作是关键字的（　　　　）和记录的（　　　　）。

2．不受待排序初始状态的影响，时间复杂度为 $O(n^2)$的排序算法是（　　　　）。

3．分别采用堆排序、快速排序、冒泡排序和归并排序，对初始状态有序的表，最省时间的是

（　　　　）算法，最费时间的是（　　　　）算法。

4．设字符序列为 Q, H, C, Y, P, A, M, S, E, D, F, X，则用初始步长为 4 的希尔排序方法将其按字符升序排序，第一趟排序结果为（　　　　　　　　　　　　）。

5．快速排序的最大递归深度是（　　　　），最小递归深度是（　　　　）。

6．对 n 个数据元素的序列利用冒泡排序时，最好情况时的最少比较次数是（　　　　）。

7．在直接插入排序、希尔排序、简单选择排序、快速排序、堆排序、二路归并排序和基数排序中，平均比较次数最少的是（　　　　　　　），需要辅助内存空间最大的是（　　　　）。

8．在直接插入序排、希尔排序、简单选择排序、快速排序、堆排序、二路归并排序和基数排序中，排序算法不稳定的有（　　　　　　　　　　　　　　　　　　　　）。

9．在插入排序和选择排序两种算法中，若待排序的序列已基本正序，则选用（　　　　）较好，若待排序的序列已基本反序，则选用（　　　　　）较好。

10．在堆排序和快速排序两种算法中，若待排序的序列已基本有序，则选用（　　　　　）较好，若待排序的序列完全无序，则选用（　　　　）较好

三、计算与算法设计题

1．已知序列 10, 18, 4, 3, 6, 12, 1, 9, <u>18</u>, 8，请用希尔排序（增量 d_1=3，d_2=1）算法进行排序，并写出每一趟排序的结果。

2．已知序列 10, 18, 4, 3, 6, 12, 1, 9, <u>18</u>, 8，请用快速排序算法进行排序，并写出每一趟排序的结果（每次取第一个记录为支点）。

3. 已知序列 10, 18, 4, 3, 12, 9, <u>18</u>, 8，请用堆排序写出每一趟排序的结果（已建好初始堆，L.r[1]与 L.r[n]互换后为第一趟排序）。

4．已知关键字序列 $K_1, K_2, K_3, \cdots, K_{n-1}$ 是大根堆。

（1）试编写一个将 $K_1, K_2, K_3, \cdots, K_{n-1}, K_n$ 调整为大根堆的算法。

（2）利用（1）的算法编写一个建立大根堆的算法。